Moderne Physik

Sieben Vorträge über Materie und Strahlung

von

Dr. Max Born

Professor der theoretischen Physik an der Universität
Göttingen

Veranstaltet durch den

Elektrotechnischen Verein, e. V. zu Berlin in Gemeinschaft
mit dem Außeninstitut der Technischen Hochschule zu Berlin

Ausgearbeitet von

Dr. Fritz Sauter

Assistent am Institut für theoretische Physik
der Technischen Hochschule, Berlin

Mit 95 Textabbildungen

Berlin

Verlag von Julius Springer

1933

ISBN-13: 978-3-642-98783-0   e-ISBN-13: 978-3-642-99598-9
DOI: 10.1007/978-3-642-99598-9

Geleitwort.

Die moderne Physik ist nach Inhalt und Form in den letzten Jahren Wege gegangen, die für den Außenstehenden nicht leicht zu verstehen sind. Auf der anderen Seite hat begreiflicherweise gerade der Elektroingenieur das größte Interesse daran, diese Entwicklung zu verfolgen, um nicht die Verbindung mit seiner Grundwissenschaft zu verlieren. Dies ist um so notwendiger, als die Entwicklung der modernen Elektrotechnik zweifellos in der Richtung geht, daß sie sich z. B. in der Röhrentechnik die moderne physikalische Forschung bereits nutzbar gemacht hat. Diese Einsicht hat das Außeninstitut der Technischen Hochschule Berlin und den Elektrotechnischen Verein, die es sich seit langen Jahren angelegen sein lassen, die Fortbildung der Elektroingenieure zu pflegen, veranlaßt, eine größere Vortragsreihe über die Fragen der modernen Physik durchzuführen.

Die größte Schwierigkeit war dabei, einen Mann zu finden, der hoch über den Dingen steht und willens war, die nicht leichte Aufgabe zu übernehmen, sich dem Gedankenkreis seiner Zuhörer anzupassen. Er wurde in Herrn Professor Dr. Born aus Göttingen gefunden, der der elektrotechnischen Welt aus seinem Vortrage auf dem Dresdener Elektrotechnikertag wohlbekannt war (vgl. Elektrotechn. Z. 1924 S. 889).

Es sei an dieser Stelle Herrn Professor Dr. Born der wärmste Dank dafür ausgesprochen, daß er trotz stärkster Belastung durch seine Göttinger Tätigkeit keine Mühe, Arbeit und Unbequemlichkeit gescheut hat, um im März und April 1932 jede Woche einmal nach Berlin zu kommen und die Vorlesungen zu halten; die überwältigend große Zuhörerschaft, die den großen Physiksaal der Technischen Hochschule bis auf den letzten Platz füllte und unerschütterlich bis zur letzten Vorlesung durchhielt, zeigt am besten, daß das Richtige getroffen war.

Aber zu schnell und leicht verfliegt die Wirkung des gesprochenen Wortes. Deshalb war von vornherein geplant, die Vortragsreihe nach ihrer Beendigung im Druck erscheinen zu lassen; und zwar möglichst bald danach. Im Einverständnis mit Herrn Professor Dr. Born, der unmöglich diese Arbeit allein auf sich nehmen konnte, wurde in Aussicht genommen, daß die Vorträge durch einen jüngeren Fachgenossen mitgeschrieben, ausgearbeitet und nach Durchsicht von Herrn Born druckfertig gemacht werden sollten. Zum Glück fanden wir in Herrn

Dr. Sauter, Assistent am Institut für theoretische Physik der Technischen Hochschule Berlin, den richtigen Mann, der die große Arbeit in kürzester Frist geleistet hat und dessen Ausarbeitungen — das darf wohl im Interesse der Sache an dieser Stelle festgestellt werden — den ungeteilten Beifall von Herrn Professor Dr. Born gefunden haben.

Natürlich handelt es sich nicht um eine genaue wortgetreue Wiedergabe der Vorträge; gesprochenes und geschriebenes Wort müssen verschieden sein. Der Inhalt der Vorträge ist in der Hauptsache unverändert von Herrn Dr. Sauter wiedergegeben worden. Aber es hat sich natürlich nicht vermeiden lassen, daß in der Form seine persönliche Note sich geltend gemacht hat.

Die den Vorträgen beigefügten Anhänge, in denen mathematische Ableitungen der im Text gegebenen Formeln zu finden sind, gehen zum Teil beträchtlich über das hinaus, was im mündlichen Vortrage gesagt oder in den Blättern geschrieben war, die den Hörern zur Erleichterung der Auffassung in die Hand gegeben wurden; diese Anhänge sind von Herrn Dr. Sauter nach Entwürfen von Prof. Born bearbeitet worden.

Auch Herrn Dr. Sauter sei an dieser Stelle für seine mit großer Schnelle sachgemäß durchgeführte Arbeit im Namen des Vortragenden, der Zuhörer und der Veranstalter bestens gedankt; ebenso der Verlagsbuchhandlung, die alles getan hat, um das Buch in würdiger Form möglichst bald herauszubringen.

Über dem Unternehmen hat ein glücklicher Stern geschwebt; durch schnelles und energisches Zusammenarbeiten aller Beteiligten, die dasselbe Ziel im Auge hatten, ist ein Werk entstanden, das hoffentlich weitesten Kreisen von Nutzen sein wird.

E. Orlich.

Inhaltsverzeichnis.

I. Kinetische Gastheorie.

1. Chemische Atomistik.

Bei dem großen Umfang des Stoffes, den wir in diesen Vorträgen zu bewältigen haben, wollen wir von jeder allgemeinen Einleitung absehen und gleich in medias res gehen.

Die Begriffe Energie und Materie in der heutigen Physik sind auf das engste mit der Atomistik verknüpft. Wir müssen daher zunächst einen Blick auf die Entstehung der atomistischen Vorstellungen werfen. Bekanntlich stammen sie aus der Chemie und bieten sich fast zwangsläufig dar bei der Deutung der einfachen Gesetzmäßigkeiten, die sich offenbaren, sobald man die bei den Reaktionen umgesetzten Substanzmengen mit der Waage quantitativ bestimmt. Man stellt zunächst fest, daß sich ihr Gesamtgewicht bei einer chemischen Reaktion nicht ändert. Zweitens ergibt sich, daß sich Substanzen nur nach festen einfachen Gewichtsverhältnissen verbinden, daß also eine bestimmte Gewichtsmenge einer Substanz nur mit bestimmten Gewichtsmengen einer zweiten Substanz eine Reaktion eingehen kann, und daß das Verhältnis dieser Gewichtsmengen unabhängig ist von den äußeren Bedingungen, wie z. B. vom Mengenverhältnis, in welchem man die beiden Substanzen miteinander vermengt hat. Diese Gesetzmäßigkeiten finden in der Sprache der Chemiker ihren Ausdruck in den Gesetzen der konstanten und der multiplen Proportionen (Prout, Dalton). So verbindet sich z. B.

1 Gew.-Teil Wasserstoff mit 8 Gew.-Teilen Sauerstoff zu 9 Gew.-Teilen Wasser,

1 Gew.-Teil Wasserstoff mit 35,5 Gew.-Teilen Chlor zu 36,5 Gew.-Teilen Chlorwasserstoff.

Ein Beispiel für das Gesetz der multiplen Proportionen geben die Stickstoff-Sauerstoffverbindungen: Es verbinden sich 7 Gewichtsteile Stickstoff mit

1×4 Gew.-Teilen Sauerstoff zu 11 Gew.-Teilen	Stickoxydul,
2×4 ,, ,, ,, ,, 15 ,, ,,	Stickoxyd,
3×4 ,, ,, ,, ,, 19 ,, ,,	Salpetrigsäureanhydrid,
4×4 ,, ,, ,, ,, 23 ,. ,,	Stickstoffdioxyd,
5×4 ,, ,, ,, ,, 27 ,, ,,	Salpetersäureanhydrid.

Im Falle von Gasen gelten aber nicht nur für die Gewichtsmengen der reagierenden Substanzen einfache Gesetzmäßigkeiten, sondern auch für ihre **Volumina** (Avogadro). So verbinden sich

2 Vol. Wasserstoff mit 1 Vol. Sauerstoff zu 2 Vol. Wasser,
1 Vol. Wasserstoff mit 1 Vol. Chlor zu 2 Vol. Chlor-Wasserstoff.

Diese Volumenverhältnisse sind es, die man in den **chemischen Formeln** zum Ausdruck bringt. So liefern unsere Beispiele eindeutig bis auf triviale Faktoren:

$$2\,H_2 + O_2 = 2\,H_2O ,$$
$$H_2 + Cl_2 = 2\,HCl ;$$

beziehungsweise:

$$2\,N_2 + O_2 = 2\,N_2O ,$$
$$2\,N_2 + 2\,O_2 = 4\,NO ,$$
$$2\,N_2 + 3\,O_2 = 2\,N_2O_3 ,$$
$$2\,N_2 + 4\,O_2 = 4\,NO_2 ,$$
$$2\,N_2 + 5\,O_2 = 2\,N_2O_5 .$$

Theoretisch läßt sich dieser Tatbestand nach Avogadro folgendermaßen deuten: Jedes Gas besteht aus einer großen Zahl von Teilchen, den Atomen bzw. Molekülen; und zwar befinden sich bei gleichem Druck und gleicher Temperatur bei allen Gasen in gleichen Volumina gleich viel Moleküle.

Wir wollen die Bedeutung dieses Gesetzes für die Gesetzmäßigkeiten der chemischen Reaktionen an Hand unserer Beispiele zeigen: Die Tatsache, daß sich zwei Volumteile Wasserstoff mit einem Volumteil Sauerstoff zu zwei Volumteilen Wasser vereinigen, ist nach Avogadro äquivalent mit der Aussage, daß sich zwei Moleküle Wasserstoff mit einem Molekül Sauerstoff zu zwei Molekülen Wasser verbinden. Entsprechend bedeutet die Vereinigung von 1 Gewichtsteil Wasserstoff und 8 Gewichtsteilen Sauerstoff zu 9 Gewichtsteilen Wasser, daß ein Molekül Sauerstoff achtmal und zwei Moleküle Wasser neunmal so schwer sein müssen wie zwei Moleküle Wasserstoff.

Man wird so auf den Begriff des **Molekulargewichtes** bzw. des **Atomgewichtes** geführt. Es ist das Gewicht eines Moleküls bzw. eines Atoms der betreffenden Substanz. Man gibt es aber nicht in Gramm an, sondern bezieht es auf ein Normgas, dessen Atomgewicht man gleich 1 setzt; dabei hat man sich darauf geeinigt, nicht auf $H = 1$, sondern auf $O = 16$ zu beziehen; wir werden auf diese Festsetzung später noch zu sprechen kommen (s. Abschn. 12). Wir bezeichnen im folgenden das so gemessene Molekulargewicht mit μ.

Jene Menge einer Substanz, die das Gewicht μ g besitzt, nennt man, in weiterem Sinne als in der Chemie, ein **Mol**; ein Mol H-Atome wiegt also 1 g, dagegen ein Mol Wasserstoff-Moleküle 2 g usw. Aus dieser Definition des Mols folgt, daß in der Menge „1 Mol" stets die gleiche Anzahl Moleküle enthalten ist. Diese Anzahl Moleküle pro Mol spielt in der kinetischen Gastheorie eine große Rolle; wir bezeichnen sie mit L und nennen sie nach dem Forscher, der sie zuerst bestimmt hat, die Loschmidtsche Zahl. Ihr Wert ist $L = 6{,}06 \cdot 10^{23}$ Mol^{-1}.

Wegen des Avogadroschen Gesetzes nimmt bei gleichem Druck p und gleicher Temperatur T ein Gas von der Menge 1 Mol stets das gleiche Volumen ein; für einen Druck von 760 mm Hg und eine Temperatur von 0^0 C ist dieses gleich 22,4 Liter.

Wir bringen hier noch eine Zusammenstellung von Bezeichnungen, die wir im folgenden verwenden werden. Ist m die Masse eines Moleküls in g, so gilt $\mu = Lm$; insbesondere hat man für atomaren Wasserstoff (μ fast genau $= 1$): $Lm_\mathrm{H} = 1$. Ist ferner n die Anzahl Moleküle in der Volumeinheit, N diejenige im Volumen V, und ist v die Anzahl der Mole im Volumen V, so besteht die Gleichung $vL = nV = N$. Schließlich bezeichnen wir mit $\varrho = nm$ die Dichte des Gases und mit $v_s = \dfrac{1}{\varrho}$ sein spezifisches Volumen.

2. Grundannahmen der kinetischen Gastheorie.

Nach diesen Vorbemerkungen über die chemische Atomistik gehen wir nun zur kinetischen Gastheorie über. Bei der großen Zahl von Gaspartikeln in der Volumeinheit wäre es natürlich ein vollständig aussichtsloses Unterfangen, wollte man versuchen, den Zustand des Gases durch Angabe der Lage und der Geschwindigkeit der einzelnen Partikel zu beschreiben. Wie bei allen Massenphänomenen müssen wir auch hier unsere Zuflucht zur Statistik nehmen. Die Statistik, die wir hier betreiben müssen, ist jedoch von etwas anderer Art, als die, welche wir aus dem gewöhnlichen Leben kennen. Dort besteht die Statistik darin, daß man eine große Anzahl von eingetretenen Ereignissen registriert und aus den so gewonnenen Zahlen Schlüsse zieht. So beantwortet z. B. die Sterbestatistik die Frage, wieviel wahrscheinlicher ein Mensch seinen Tod mit 60 als mit 20 Jahren findet; zu diesem Zwecke zählt man die Anzahl der Todesfälle von Menschen in diesen beiden Altersklassen während einer langen Zeitdauer ab und setzt die so gewonnenen Zahlen den gesuchten Wahrscheinlichkeiten proportional.

Wesentlich anders müssen wir vorgehen, wenn wir Gasstatistik betreiben wollen; denn ein Abzählen der Moleküle, welche sich z. B. zu einer bestimmten Zeit in einem bestimmten Volumelement des Raumes befinden, ist schlechterdings unmöglich. Wir müssen daher einen indirekten Weg einschlagen, indem wir zunächst plausibel erscheinende Annahmen einführen und auf ihnen die Theorie aufbauen. Über die Berechtigung dieser Annahmen entscheidet, wie bei jeder naturwissenschaftlichen Theorie, die Übereinstimmung ihrer Schlußfolgerungen mit der Erfahrung.

Wir fragen z. B. nach der Wahrscheinlichkeit, an einer bestimmten Stelle des Kastens, in den das Gas eingeschlossen sein möge, ein Gasmolekül anzutreffen. Wenn keine äußeren Kräfte auf die Moleküle einwirken, so werden wir keinen Grund angeben können, warum sich eine Gaspartikel häufiger an einer Stelle des Kastens befinden sollte als an einer anderen. Desgleichen ist in diesem Fall auch kein Grund dafür angebbar, daß sich etwa ein Gasteilchen lieber in einer Richtung bewegen sollte als in einer anderen. Wir führen daher folgende Hypothese, das **Prinzip der molekularen Unordnung**, ein: Für die Gasmoleküle in einem abgeschlossenen Kasten sind beim Fehlen äußerer Kräfte **alle Orte des Kastens und alle Geschwindigkeitsrichtungen gleichwahrscheinlich**.

Wir werden in der kinetischen Gastheorie nur mit Mittelwerten zu tun haben, wie Zeitmittel, Raummittel, Mittelwerte über alle Richtungen usw.; Einzelwerte entziehen sich ja der Beobachtung. Wenn n_a die Anzahl der Moleküle pro Volumeinheit mit einer bestimmten Eigenschaft a, z. B. mit einem bestimmten Geschwindigkeitsbetrag oder mit einer bestimmten x-Komponente der Geschwindigkeit, bedeutet, dann verstehen wir unter dem Mittelwert von a den Ausdruck

$$\bar{a} = \frac{\sum n_a\, a}{\sum n_a} \quad \text{oder} \quad n\,\bar{a} = \sum n_a\, a\,,$$

wobei $n = \sum n_a$ die Anzahl Moleküle pro Kubikzentimeter darstellt. Denken wir uns z. B. die Geschwindigkeit jedes Moleküls dargestellt durch einen Vektor $\mathfrak{v}$ mit den Komponenten ξ, η, ζ und daher mit dem Betrage $v = \sqrt{\xi^2 + \eta^2 + \zeta^2}$, und fragen wir nach dem Mittelwert $\bar{\xi}$ (für Moleküle mit der Geschwindigkeit v), so werden im Gas wegen des Prinzips der molekularen Unordnung hinsichtlich der Bewegungsrichtungen im Durchschnitt genau so viele Moleküle eine Geschwindigkeitskomponente $+\,\xi$ wie eine Komponente $-\,\xi$ besitzen; der Mittelwert $\bar{\xi}$ muß daher verschwinden. Ein von Null verschiedener Wert von $\bar{\xi}$ wäre ja gleichbedeutend mit einer mittleren Wanderung des ganzen Gases in der einen Richtung mit dieser mittleren Geschwindigkeit.

Im Gegensatz dazu ist jedoch $\overline{\xi^2}$ von Null verschieden. Aus Symmetriegründen gilt

$$\overline{\xi^2} = \overline{\eta^2} = \overline{\zeta^2}\,.$$

Wenn wir den Mittelwert über alle Richtungen nehmen bei festgehaltenem v, so folgt aus $v^2 = \xi^2 + \eta^2 + \zeta^2$ durch Mittelwertbildung

$$v^2 = \overline{\xi^2} + \overline{\eta^2} + \overline{\zeta^2} = 3\,\overline{\xi^2} \quad \text{oder} \quad \overline{\xi^2} = \overline{\eta^2} = \overline{\zeta^2} = \frac{v^2}{3}\,.$$

3. Berechnung des Gasdruckes.

Mit den bisher entwickelten Begriffen ist es bereits möglich, den
Gasdruck p als die auf die Flächeneinheit wirkende Kraft zu berechnen.
Nach der kinetischen Gastheorie ist diese Kraft gleich der Impulsände-
rung der auf die Flächeneinheit der Wand pro Sekunde
auftreffenden Moleküle. Wenn $n_\mathfrak{v}$ die Anzahl der Moleküle im Kubikzentimeter bedeutet, die die Geschwindig-
keit $\mathfrak{v}$ besitzen, so treffen in der kleinen Zeit dt auf 1 cm²
der Wand $n_\mathfrak{v}\xi dt$ Moleküle mit der Geschwindigkeit $\mathfrak{v}$;
wir denken uns die x-Achse dabei senkrecht zur Wand ge-
wählt (s. Abb. 1). Es sind dies alle jene Moleküle, die sich
zu Beginn des Zeitelementes dt im Innern des schiefen Zylinders über dem cm² der Wand mit der Kante $\mathfrak{v}\,dt$ be-
funden haben. Da die Höhe dieses Zylinders ξdt ist, so ist
auch das Volumen des Zylinders gleich ξdt; die Zahl der
Moleküle in ihm ist daher $n_\mathfrak{v}\xi dt$, wie oben behauptet
wurde. Pro Zeiteinheit treffen daher auf das betrachtete
Wandstück $n_\mathfrak{v}\,\xi$ Moleküle mit der Geschwindigkeit $\mathfrak{v}$.

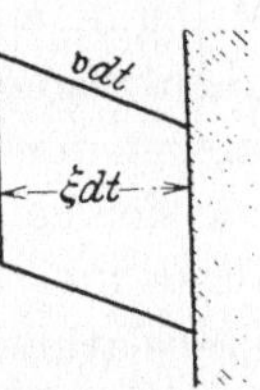

Abb. 1. Anzahl
der Stöße von
Molekülen mit
der Geschwindig-
keit $\mathfrak{v}$ im Zeitele-
ment dt gegen die
Wand; sie ist
gleich der Anzahl
Moleküle, die sich
in einem be-
stimmten Augen-
blick in dem
schiefen Zylinder
der Höhe ξdt
über dem ge-
troffenen Flä-
chenelement der
Wand befinden.

Denken wir uns die Moleküle als Billardbälle, so erfährt
jedes Molekül beim Auftreffen auf die Wand eine Impuls-
änderung $2\,m\,\xi$ senkrecht zur Wand; die Impulskomponente parallel zur Wand wird nicht geändert (Abb. 2).
Daher geben die betrachteten Moleküle zum Gesamt-
druck p den Anteil $2\,m\,\xi^2\,n_\mathfrak{v}$. Wir summieren diese
Beträge zunächst über alle Einfallsrichtungen
bei festgehaltenem v, also über die Halbkugel. Diese
Summe ist im vorliegenden Fall gleich der halben
Summe über die ganze Kugel, daher folgt

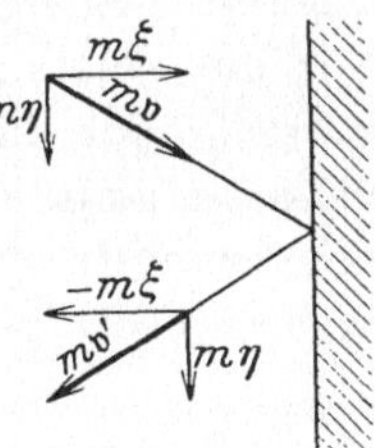

Abb. 2. Impulsdia-
gramm beim elastischen
Stoß eines Moleküls
gegen die Wand; die
Energie, der Betrag des
Impulses und seine
Komponente parallel
zur Wand ändern sich
beim Stoß nicht, die
Komponente senkrecht
zur Wand kehrt ihr
Vorzeichen um; es wird
daher beim Stoß eines
Moleküls der Impuls
$2\,m\,\xi$ auf die Wand
übertragen.

$$2\,m\sum \xi^2\,n_\mathfrak{v} = 2\,m\,\frac{1}{2}\,\xi^2\,n_v = \frac{m}{3}\,v^2\,n_v;$$

n_v ist hier die Anzahl Moleküle im cm³ mit einer Geschwindigkeit vom Betrage v. Summieren wir jetzt
noch über alle Geschwindigkeitsbeträge, so ergibt
sich als Gesamtdruck der Ausdruck

$$p = \frac{m}{3}\sum n_v\,v^2 = \frac{m\,n}{3}\,\overline{v^2}.$$

Wenn V das Gesamtvolumen des Gases und N die Gesamtzahl Moleküle im Gas bedeutet, so folgt aus der obigen Gleichung
durch Multiplikation mit V wegen $n\,V = \nu\,L = N$

$$V\,p = N\,\frac{m}{3}\,\overline{v^2} = \frac{2}{3}\,\nu\,U,$$

wobei wir

$$U = L \frac{m}{2} \overline{v^2}$$

gesetzt haben. U bedeutet offenbar die mittlere kinetische Energie pro
Mol und ist bei einatomigen Gasen identisch mit der Gesamtenergie der
Moleküle eines Mols. Bei mehratomigen Molekülen werden die Verhältnisse wegen des Auftretens von Rotationen der Moleküle und Schwingungen der Atome innerhalb eines Moleküls komplizierter. Es gilt jedoch,
wie sich zeigen läßt, in diesem Falle auch noch die obige Formel für den
Gasdruck; U bedeutet nach wie vor die mittlere kinetische Energie der
Translationsbewegung der Moleküle pro Mol, ist aber nicht mehr mit
der Gesamtenergie identisch.

4. Gastemperatur.

Wir haben aus der kinetischen Gastheorie, ohne Kenntnis des
Gesetzes der Geschwindigkeitsverteilung, also der Abhängigkeit der
Zahl n_v von v, gefunden, daß das Produkt aus Druck und Volumen nur
eine Funktion der mittleren kinetischen Energie des Gases ist. Nun gilt
empirisch das Boyle-Mariottesche Gesetz: Bei konstanter Temperatur ist das Produkt aus Druck und Volumen eines idealen Gases
konstant. Man muß daraus den Schluß ziehen, daß U, die mittlere
kinetische Energie pro Mol, nur von der Temperatur des Gases abhängt.
Für die kinetische Gastheorie ist der Temperaturbegriff vorerst ein
Fremdkörper, da ja die einzelnen Gasmoleküle nur durch ihre Geschwindigkeit charakterisiert sind. Es liegt jedoch nahe, die absolute Gas-
temperatur T durch die mittlere kinetische Energie zu definieren. Dies geschieht in üblicher Weise durch die Gleichung

$$\frac{m}{2} \overline{\xi^2} = \frac{k}{2} T,$$

in der links die mittlere kinetische Energie einer Komponente der
Schwerpunktsbewegung steht; k heißt die Boltzmannsche Konstante. Dann gilt entsprechend für die gesamte Schwerpunktsbewegung

$$\frac{m}{2} \overline{v^2} = \frac{3}{2} k T$$

und bezogen auf ein Mol

$$U = L \frac{m}{2} \overline{v^2} = \frac{3}{2} R T,$$

wobei

$$L k = R$$

gesetzt wurde. Die Berechtigung zu dieser Definition der Temperatur
ergibt sich dadurch, daß man durch Einführung des letzten Ausdruckes

in die oben abgeleitete Formel für den Gasdruck formal das Boyle-Mariotte-Gay-Lussacsche Gesetz

$$p\,V = v\,R\,T$$

erhält. R wird als absolute Gaskonstante bezeichnet und läßt sich leicht aus der Messung von drei zusammengehörigen Werten von p, V und T bestimmen. Ihr Wert ist gleich

$$R = 8{,}313 \cdot 10^7 \,\text{erg grad}^{-1}\,\text{Mol}^{-1} = 1{,}986 \,\text{cal grad}^{-1}\,\text{Mol}^{-1}\,.$$

Auf eine eingehendere Diskussion der obigen Temperaturdefinition vom thermodynamischen und axiomatischen Standpunkt wollen wir hier verzichten und nur noch eine kurze Bemerkung über die Maßeinheiten zur Temperaturmessung anknüpfen. Verwendet man als thermometrische Substanz ein ideales Gas, d. h. ein solches, bei dem das Produkt pV bei konstanter Temperatur konstant ist (Abweichungen vom idealen Charakter des Gases treten ein, sobald die Dichte des Gases so groß ist, daß der mittlere Abstand zweier Gasmoleküle vergleichbar wird mit dem Moleküldurchmesser), verwendet man also ein solches Gas als Bezugssubstanz, so wird die Celsiusskala so festgelegt: Es sei $(pV)_g$ der Wert von pV für das Gas, wenn man es mit schmelzendem Eis in Berührung bringt, $(pV)_s$ sein Wert für den Kontakt mit siedendem Wasser[1], so wird die Temperatur des Gases für den Fall, daß pV gemessen wird, laut Celsiusskala definiert durch

$$t = 100 \cdot \frac{p\,V - (p\,V)_g}{(p\,V)_s - (p\,V)_g}\,.$$

Man sieht sofort, daß dann die Temperatur des schmelzenden Eises 0^0 C und die des kochenden Wassers 100^0 C beträgt.

Der Übergang von der Celsiusskala zur absoluten Temperaturskala, die wir oben durch den Buchstaben T charakterisiert haben, ergibt sich folgendermaßen: Es wurde experimentell festgestellt, daß sich bei konstant gehaltenem Druck und bei der Temperatur 0^0 C ein ideales Gas um $1/273$ seines Volumens ausdehnt, wenn man es um 1^0 C erwärmt; also gilt z. B.

$$\frac{(p\,V)_s}{(p\,V)_g} = \frac{T_s}{T_g} = 1 + \frac{100}{273} = \frac{373}{273}\,.$$

Behält man die Einheit der Celsiusskala auch in der absoluten Temperaturskala bei, so müssen sich T_g und T_s um 100^0 unterscheiden. Daraus folgt, daß schmelzendes Eis ($t = 0^0$ C) die absolute Temperatur $T_g = 273^0$ und siedendes Wasser ($t = 100^0$ C) die Temperatur $T_s = 373^0$ besitzt. Der Nullpunkt der absoluten Temperaturskala liegt daher bei -273^0 C.

---

[1] g = Gefrierpunkt, s = Siedepunkt.

Wir bemerken noch, daß die absolute Temperaturskala mitunter auch als Kelvin-Skala bezeichnet und zum Unterschied gegen die Celsiusskala mit K bezeichnet wird.

5. Spezifische Wärme.

Die spezifische Wärme (bezogen auf ein Mol) einer Substanz ist durch die Energiemenge gegeben, die man der Substanz zuführen muß, um ihre Temperatur um 1^0 zu erhöhen. Für ein einatomiges Gas folgt aus dieser Definition für die spezifische Wärme bei konstantem Volumen sofort der Ausdruck

$$c_v = \frac{dU}{dT} = \frac{3}{2} R.$$

Führt man Wärmeenergie zu, hält jedoch nicht das Volumen, sondern den Druck konstant, so dehnt sich das Gas bei der Erwärmung aus und leistet dabei gegen den äußeren Druck (der ja dem Gasdruck im Falle des Gleichgewichts entgegengesetzt gleich sein muß) die Arbeit

$$p\,\Delta V = R\,\Delta T, \quad \text{also} \quad = R \quad \text{für} \quad \Delta T = 1^0.$$

Mithin ist R der Anteil der spezifischen Wärme, der der Ausdehnungsarbeit entspricht; für die gesamte spezifische Wärme bei konstantem Druck erhält man daher

$$c_p = \frac{5}{2} R.$$

Das Verhältnis c_p/c_v bezeichnet man allgemein als $\varkappa$, und es gilt daher für ein einatomiges Gas die Gleichung

$$\varkappa = \frac{c_p}{c_v} = \frac{5}{3} = 1{,}667.$$

Bei mehratomigen Molekülen treten zu den drei Freiheitsgraden der Translationsbewegung noch weitere Freiheitsgrade hinzu, die den Rotationen und Schwingungen der Moleküle entsprechen und die bei einer Energiezufuhr an das Gas auch einen Teil der Energie aufnehmen können. Nun gilt allgemein der Satz (Äquipartitionstheorem), daß die spezifische Wärme pro kinetischen Freiheitsgrad, bezogen auf ein Molekül $k/2$, bezogen auf ein Mol daher $R/2$ beträgt. Z. B. besitzt ein (starr gedachtes) zweiatomiges Molekül (Hantelmodell) zwei wesentliche Rotationsfreiheitsgrade. Der Rotationsfreiheitsgrad um die Kernverbindungsachse ist bei der Abzählung der Freiheitsgrade nicht zu berücksichtigen. Für punktförmige Atome ist das evident; bei Beachtung der räumlichen Ausdehnung der Atome stößt man auf eine begriffliche Schwierigkeit, die erst von der Quantentheorie behoben wird (siehe

Abschnitt 21, S. 74 und Abschnitt 34, S. 151). Es wird also in diesem Falle

$$c_v = \frac{5}{2} R, \quad c_p = \frac{7}{2} R \quad \text{und daher} \quad \varkappa = \frac{c_p}{c_v} = \frac{7}{5} = 1{,}4.$$ Diese Werte

wurden in der Tat z. B. an molekularem Sauerstoff gefunden.

6. Gesetz der Energie- und Geschwindigkeitsverteilung.

Wir wollen nun in der Entwicklung der kinetischen Gastheorie einen Schritt weiter gehen und nach dem Gesetz für die Energie- bzw. Geschwindigkeitsverteilung in einem Gas fragen, also im besondern nach der Abhängigkeit der oben verwendeten Größe n_v von der Geschwindigkeit. Während wir bisher mit einigen wenigen einfachen Vorstellungen ausgekommen sind, müssen wir jetzt wirklich die statistischen Methoden der Wahrscheinlichkeitsrechnung heranziehen.

Um mit einem einfachen Beispiel zu beginnen, wollen wir zunächst nach der Anzahl der Moleküle fragen, die sich im Mittel in einem bestimmten Volumelement ω befinden, ohne uns um ihre Geschwindigkeit zu kümmern. Eine genaue Abzählung für einen bestimmten Zeitpunkt würde uns, abgesehen davon, daß sie restlos unmöglich ist, wenig nützen, da sich diese Zahl wegen der Bewegung der Moleküle sofort ändern würde; es kann daher lediglich auf die mittlere Anzahl von Molekülen ankommen. Wir bestimmen aber jetzt nicht diese mittlere Anzahl,

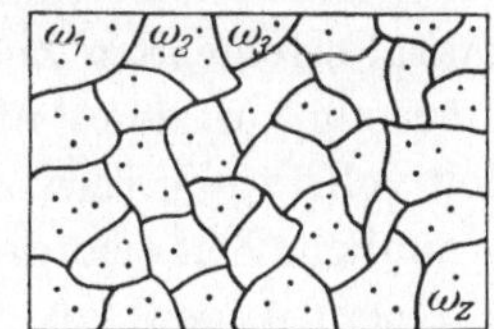

Abb. 3. Zelleneinteilung zur Ermittlung der wahrscheinlichsten Dichteverteilung der Moleküle eines Gases.

sondern die wahrscheinlichste Verteilung der Gasmoleküle im ganzen Raum. Dies ist so zu verstehen: Denken wir uns den ganzen vom Gas erfüllten Kasten in einzelne Zellen von der Größe $\omega_1, \omega_2, \ldots, \omega_z$ geteilt (zur Erhöhung der Anschaulichkeit wollen wir uns die ganze Sache zweidimensional vorstellen, s. Abb. 3) und „werfen" nun die Gasmoleküle, die wir uns als kleine Kugeln denken wollen, beliebig auf dieses Zellensystem. Wir stellen dann fest, daß eine bestimmte Anzahl Kugeln in die erste Zelle, eine andere Anzahl in die zweite Zelle gefallen ist usf. Bei einem zweiten Versuch werden wir vielleicht in den einzelnen Zellen andere Mengen von Kugeln finden. Wiederholen wir den Versuch sehr oft, so werden wir feststellen, daß in die erste Zelle im Mittel über die vielen Versuche n_1 Kugeln, in die zweite n_2 Kugeln gefallen sind usw. Die durch die so gewonnenen Zahlen $n_1, n_2, \ldots, n_z$ festgelegte Verteilung bestimmt sich nach den Gesetzen der Wahrscheinlichkeit, und wir werden später sehen, wie sich diese Verteilung rechnerisch ermitteln läßt.

Zuvor müssen wir jedoch noch auf eine Frage prinzipieller Natur eingehen. Wir haben von einer mittleren Verteilung der Moleküle gesprochen, und es ist jetzt zu fragen, ob diese Verteilung überhaupt mit der eben gefundenen wahrscheinlichsten Verteilung übereinstimmt. Es scheint da folgende Schwierigkeit zu bestehen: Wenn man zu einem bestimmten Zeitpunkt die genaue Lage und. Geschwindigkeit aller Gaspartikel kennen würde, so wäre damit der weitere Ablauf der Gasbewegung vollkommen bestimmt. Das Verhalten des Gases ist durch die mechanischen Gesetze streng kausal determiniert und scheint von vornherein nichts mit Wahrscheinlichkeitsgesetzen zu tun zu haben. Wenn man zu einer Zeit $t = 0$ die Lagen und Geschwindigkeiten der Moleküle nach irgendeinem statistischen Gesetz verteilt annimmt, so darf man zunächst nicht erwarten, daß zu irgendeiner späteren Zeit t der Zustand unabhängig von jenem Anfangszustand durch das Spiel der Wahrscheinlichkeiten bestimmt ist. Es wäre ja denkbar, daß bei dem gewählten Anfangszustand auf Grund der mechanischen Gesetze im Zeitpunkt t sich alle Moleküle in einer bestimmten Ecke des Kastens befinden. Damit überhaupt die Anwendung der Statistik möglich ist, muß man voraussetzen, daß keine Kopplung der Zustände in verschiedenen Zeitmomenten besteht. Man muß sich vorstellen, daß die mechanisch-kausal erfolgenden Zusammenstöße durch ihre ungeheure Zahl die „Erinnerung" an den Anfangszustand bereits nach (makroskopisch) kurzer Zeit vollständig verwischen. Ferner ist dabei zu beachten, daß Messungen ja endliche Zeit erfordern; man bestimmt also gar nicht den Mikrozustand in einem Augenblick t, sondern seinen Mittelwert über eine lange Zeit. Vorausgesetzt wird, daß die so gebildeten Zeitmittelwerte unabhängig von der Wahl des Zeitabschnittes sind und daß sie mit den Mittelwerten übereinstimmen, die man durch das bloße Spiel der Wahrscheinlichkeit aus dem oben definierten wahrscheinlichsten Zustand ermittelt.

Wenn auch diese Hypothese, die sogenannte Quasi-Ergodenhypothese, sehr plausibel ist, so bereitete ihr strenger Beweis doch bisher unüberwindliche Schwierigkeiten. Doch haben kürzlich die Mathematiker v. Neumann und Birkhoff einen Satz bewiesen, der praktisch mit dem Quasi-Ergodensatz gleichwertig ist. Nach den neuesten Vorstellungen in der theoretischen Physik, von denen später die Rede sein wird, verliert allerdings das Problem eines strengen Beweises für die Ergodenhypothese insofern an Bedeutung, als es jetzt überhaupt keinen Sinn mehr hat, über die genaue Lage der einzelnen Moleküle Auskunft zu geben. Um zu wiederholen: die Hypothese sagt aus, daß auch bei beliebigem Anfangszustand sich durch die Zusammenstöße der Moleküle untereinander und mit der Wand mit der Zeit ein stationärer Zustand einstellen wird und daß dieser Zustand mit dem Zustand größter Wahrscheinlichkeit im obigen Sinne übereinstimmt. Voraussetzung dafür ist allerdings, daß die Wände des Kastens nicht absolut spiegelnd sind, daß sie vielmehr „rauh" sind.

Wir kehren nun zur Berechnung der wahrscheinlichsten Verteilung der Moleküle auf die einzelnen Zellen des Kastens zurück. Eine bestimmte

Verteilung beschreiben wir durch die Besetzungszahlen $n_1, n_2, \ldots, n_z$; ihre Summe ist natürlich gleich der Anzahl Gaspartikeln im Kasten:

$$n_1 + n_2 + \cdots + n_z = n .$$

Einfachheitshalber nehmen wir an, daß der Kasten das Volumen 1 besitzt; dann gilt

$$\omega_1 + \omega_2 + \cdots + \omega_z = 1 .$$

Wie oft kann nun diese bestimmte Verteilung verwirklicht werden? Zunächst ist es klar, daß wir die gleiche Verteilung erhalten, wenn wir die einzelnen Moleküle untereinander vertauschen; die Anzahl dieser Vertauschungen ist durch $n!$ gegeben. Hierbei werden aber auch die Fälle mitgezählt, bei denen die in einer Zelle liegenden Moleküle untereinander vertauscht werden; da diese Vertauschungen keine neuen Verwirklichungsmöglichkeiten der vorgegebenen Verteilung darstellen, müssen wir $n!$ noch durch die Anzahl $n_1!$ der Vertauschungen innerhalb der ersten Zelle usf. dividieren und erhalten so als Anzahl der Realisierungsmöglichkeiten

$$\frac{n!}{n_1!\, n_2! \ldots n_z!} .$$

Um die Wahrscheinlichkeit dieser Verteilung zu bekommen, müssen wir diese Anzahl noch mit der Aprioriwahrscheinlichkeit für diese Verteilung multiplizieren, die durch $\omega_1^{n_1} \omega_2^{n_2} \ldots$ gegeben ist. Denn die Aprioriwahrscheinlichkeit dafür, daß ein Teilchen in die erste Zelle fällt, ist gleich ω_1, also die Wahrscheinlichkeit für n_1 Teilchen $\omega_1^{n_1}$ usw. Die Wahrscheinlichkeit unserer durch die Zahlen $n_1, n_2 \ldots$ gegebenen Verteilung wird daher gleich

$$W = \frac{n!}{n_1!\, n_2! \ldots n_z!} \cdot \omega_1^{n_1} \omega_2^{n_2} \ldots \omega_z^{n_z} .$$

Eine Probe dafür, daß wir bei ihrer Berechnung wirklich alle Möglichkeiten der Verwirklichung erfaßt haben, besteht darin, daß wir die Wahrscheinlichkeiten für alle möglichen Verteilungen zusammenzählen, deren Summe natürlich gleich 1 sein muß; denn irgendeine von diesen Verteilungen muß stets realisiert sein. Wir bilden also die Summe über alle Verteilungen $n_1, n_2, \ldots$, für die $n_1 + n_2 + \cdots = n$ ist. Nach dem polynomischen Lehrsatz läßt sich diese Summe leicht ausführen, und wir erhalten

$$\sum_{n_1, n_2 \ldots} \frac{n!}{n_1!\, n_2! \ldots n_z!}\, \omega_1^{n_1} \omega_2^{n_2} \ldots \omega_z^{n_z} = (\omega_1 + \omega_2 + \cdots + \omega_z)^n = 1$$

wegen $\omega_1 + \omega_2 + \cdots + \omega_z = 1$.

Wir schreiben zunächst noch die obige Formel für die Wahrscheinlichkeit einer bestimmten Verteilung um, vermöge der für große Werte von n gültigen Stirlingschen Formel

$$\log n! = n(\log n - 1).$$

Man erhält dann durch Logarithmieren des Ausdruckes für W

$$\log W = \text{const} + n_1 \log \frac{\omega_1}{n_1} + n_2 \log \frac{\omega_2}{n_2} + \cdots.$$

Um die wahrscheinlichste Verteilung zu ermitteln, müssen wir das Maximum von $\log W$ berechnen für eine Variation der Besetzungszahlen unter Berücksichtigung der Nebenbedingung $n_1 + n_2 + \cdots + n_z = n$. Nach der Methode der Lagrangeschen Faktoren erhält man als Bedingungsgleichungen für dieses Maximum die Gleichungen

$$\frac{\partial \log W}{\partial n_1} = \log \frac{\omega_1}{n_1} - 1 = \lambda, \qquad \frac{\partial \log W}{\partial n_2} = \log \frac{\omega_2}{n_2} - 1 = \lambda, \ldots,$$

wobei λ eine Konstante ist, deren Wert durch $n_1 + n_2 + \cdots = 1$ bestimmt ist. Daraus folgt

$$\frac{\omega_1}{n_1} = \frac{\omega_2}{n_2} = \cdots = e^{\lambda+1} = \text{const}; \qquad n_1 = n\,\omega_1, \quad n_2 = n\,\omega_2, \ldots.$$

D. h. die Besetzungszahlen für die einzelnen Zellen sind proportional der Größe der Zellen; es ergibt sich also eine gleichmäßige Verteilung der Moleküle über den ganzen Kasten; auf die Größe der Zellen kommt es gar nicht an.

Während das eben abgeleitete Resultat für die Dichteverteilung der Moleküle von vorneherein zu erwarten war, führt die gleiche Methode, angewandt auf die Geschwindigkeitsverteilung der Moleküle zu einem neuen Resultat. Die Rechnungen verlaufen hier vollkommen analog: Wir konstruieren den „Geschwindigkeitsraum" dadurch, daß wir von einem festen Punkte aus die Geschwindigkeiten der einzelnen Moleküle der Größe und Richtung nach als Vektoren auftragen, und untersuchen nun die Verteilung der Endpunkte dieser Vektoren auf den Geschwindigkeitsraum. Auch hier kann man wie früher eine Einteilung in Zellen durchführen und nach der Anzahl von Vektoren fragen, deren Endpunkte in eine bestimmte Zelle fallen. Ein wesentlicher Unterschied gegen früher besteht aber darin, daß nun zwei Nebenbedingungen gelten, nämlich neben der Bedingung

$$n_1 + n_2 + \cdots + n_z = n$$

für die Gesamtzahl der Partikeln auch noch die für die Gesamtenergie E des Gases

$$n_1 \varepsilon_1 + n_2 \varepsilon_2 + \cdots + n_z \varepsilon_z = E,$$

wobei ε_l die Energie eines Moleküls bedeutet, dessen Geschwindigkeitsvektor in die Zelle l weist. Unter Berücksichtigung dieser zwei Nebenbedingungen ergeben sich dann für das Maximum der Wahrscheinlichkeit die Gleichungen (λ und β sind die beiden Lagrangeschen Multiplikatoren)

$$\frac{\partial \log W}{\partial n_l} = \log \frac{\omega_l}{n_l} - 1 = \lambda + \beta\,\varepsilon_l \qquad (l = 1, 2, \ldots, z)\,.$$

Daraus folgt das **Boltzmannsche Verteilungsgesetz**

$$n_l = \omega_l\, e^{-1-\lambda-\beta\,\varepsilon_l} = \omega_l\, A \cdot e^{-\beta\,\varepsilon_l},$$

wobei A und β zwei Konstanten darstellen, die aus den beiden Nebenbedingungen ermittelt werden müssen. In den Ausdruck für die Besetzungszahl der Zelle l geht daher neben ihrer Größe ω_l noch die zu dieser Zelle gehörige Energie wesentlich ein, und zwar so, daß bei gleicher Zellengröße die Zellen mit größerer Energie schwächer besetzt sind als die mit kleinerer Energie; der Abfall der Besetzungszahlen in der Abhängigkeit von der Energie gehorcht einem Exponentialgesetz (s. Abb. 4).

Wir wollen nun das **Boltzmannsche Verteilungsgesetz** auf den **Spezialfall** des **einatomigen Gases** anwenden. Hier ist die Energie gegeben durch

$$\varepsilon = \frac{m}{2}\, v^2 = \frac{m}{2}\,(\xi^2 + \eta^2 + \zeta^2)\,.$$

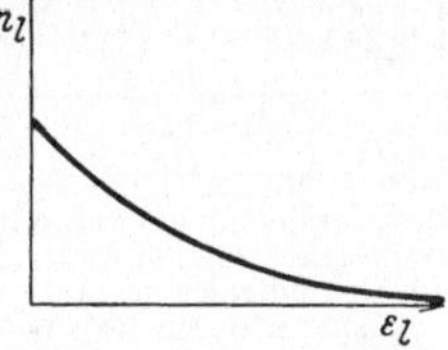

Abb. 4. Boltzmannsches Verteilungsgesetz: Bei gleicher Zellengröße sind die Zellen mit größerer Energie schwächer besetzt als die mit kleinerer Energie.

Die Lage im Geschwindigkeitsraum wird durch die drei Komponenten ξ, η, ζ eindeutig bestimmt. Die Zellen ω sind ihrem Sinne nach endlich. Vom makroskopischen Standpunkt aus aber kann man sie als „infinitesimal" betrachten und mit $d\xi\, d\eta\, d\zeta$ bezeichnen. Auf diese Weise können wir in der Mittelwertbildung die Summen durch Integrale ersetzen:

$$\sum_l \omega_l \cdots \to \int\!\!\!\int\!\!\!\int_{-\infty}^{+\infty} d\xi\, d\eta\, d\zeta \cdots$$

Da ferner wir uns nur für die Mittelwerte von $v, v^2 \ldots$ interessieren ($\bar\xi, \bar\eta, \bar\zeta$ verschwinden aus Symmetriegründen, $\overline{\xi^2} = \overline{\eta^2} = \overline{\zeta^2} = \tfrac{1}{3}\overline{v^2}$), so hängt der Integrand in den zu berechnenden Integralen stets nur von v ab, so daß es angezeigt ist, im Geschwindigkeitsraum Polarkoordinaten mit v als Radius einzuführen. Die Integration über die Polarwinkel läßt sich dann unmittelbar ausführen und ergibt 4π als Oberfläche der Einheitskugel, so daß also

$$\int\!\!\!\int\!\!\!\int_{-\infty}^{+\infty} d\xi\, d\eta\, d\zeta \cdots = 4\pi \int_0^{\infty} v^2\, dv \cdots$$

Die Gesamtzahl n der Moleküle erhält man aus dem Boltzmannschen Verteilungsgesetz durch Berechnung des Integrals

$$n = 4\,\pi\,A \int\limits_0^\infty v^2\, e^{-\beta \cdot \frac{m}{2}\, v^2}\, dv,$$

während für die Gesamtenergie die Gleichung gilt

$$E = 4\,\pi\,A \int\limits_0^\infty \frac{m}{2}\, v^4\, e^{-\beta\, \frac{m}{2}\, v^2}\, dv.$$

Diese zwei Gleichungen bestimmen die vorerst noch unbekannten Konstanten A und β eindeutig. Die Auswertung der Integrale läßt sich leicht durchführen (s. Anhang I); man erhält die Beziehungen

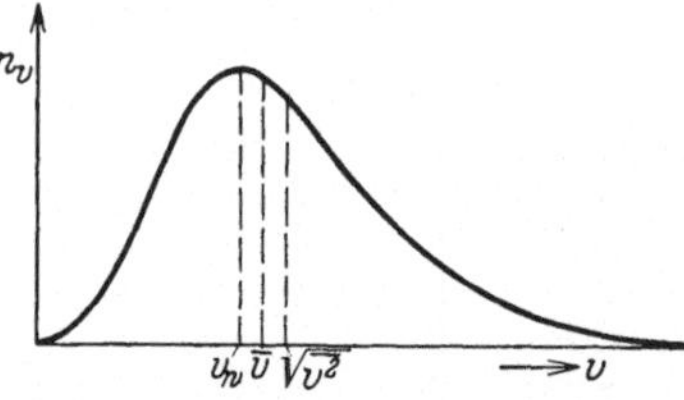

Abb. 5. Maxwellsches Verteilungsgesetz der Geschwindigkeiten mit Angabe der wahrscheinlichsten (v_w), der mittleren Geschwindigkeit (v) und der Wurzel aus dem mittleren Geschwindigkeitsquadrat $\left(\sqrt{\overline{v^2}}\right)$.

$$n = A \sqrt{\left(\frac{\pi}{\lambda}\right)^3}, \qquad \left(\lambda = \frac{\beta\,m}{2}\right)$$

$$E = \frac{3}{4}\, m\, A \sqrt{\frac{\pi^3}{\lambda^5}} = \frac{3}{4}\,\frac{m\,n}{\lambda} = \frac{3}{2}\,\frac{n}{\beta}.$$

Nun wissen wir aber von früher, daß im Mittel ein Molekül, entsprechend seinen drei Freiheitsgraden der Translationsbewegung, die kinetische Energie $\frac{3}{2}\,kT$ besitzt. Da also die gesamte kinetische Energie E des Gases gleich $\frac{3}{2}\,nkT$ ist, so folgt

$$\beta = \frac{1}{kT}.$$

Damit sind die Konstanten des Boltzmannschen Gesetzes durch die Zahl der Moleküle des Gases und durch dessen absolute Temperatur ausgedrückt.

Wir fragen noch, wie viele Moleküle eine Geschwindigkeit zwischen v und $v + dv$ besitzen. Diese Zahl $n_v dv$ ist offenbar durch den Integranden des obigen Integrals für n gegeben:

$$n_v = 4\,\pi\,A\, e^{-\lambda v^2}\, v^2 = 4\,\pi\,n \left(\frac{m}{2\,\pi\,k\,T}\right)^{3/2} e^{-\frac{m v^2}{2\,k\,T}}\, v^2.$$

Diese Beziehung wird als das Maxwellsche Geschwindigkeitsverteilungsgesetz bezeichnet; sein Verlauf wird durch die obenstehende Abb. 5 dargestellt.

Um einen Überblick über die Größenordnung der Geschwindigkeiten von Gasmolekülen zu bekommen, kann man auf Grund des Verteilungsgesetzes die wahrscheinlichste v_w oder die mittlere Geschwindigkeit $\bar{v}$ oder ähnliche Mittelwerte berechnen (vgl. Anhang I); man erhält

z. B. für die wahrscheinlichste Geschwindigkeit den Wert $v_w = \sqrt{\dfrac{2\,R\,T}{\mu}}$, also für Wasserstoff ($\mu = 2$) bei 0^0 C ($T = 273^0$ K)

$$v_w = 1506 \ \text{m/sec} \ .$$

Zur experimentellen Prüfung des Maxwellschen Verteilungsgesetzes kann man folgendermaßen vorgehen: In einem Ofen O befinde sich ein Gas auf einer bestimmten Temperatur T. In der Wand des Ofens sei eine Öffnung, durch die die Gasmoleküle in einen Raum austreten können, der hoch evakuiert ist (s. Abb. 6). Die austretenden Moleküle fliegen dann geradlinig mit der Geschwindigkeit weiter, die sie im Ofenraum im Moment des Durchtrittes durch die Öffnung besessen haben. Durch ein Blendensystem hinter der Öffnung kann man nach Dunoyer aus den in allen Richtungen austretenden Molekülen einen Molekularstrahl ausblenden. Die Geschwindigkeitsverteilung im Strahl läßt sich nach mehreren Methoden direkt messen, von denen wir die wichtigsten sogleich kennenlernen werden. Beim Rückschluß von dieser Verteilung auf die Geschwindigkeitsverteilung im eingeschlossenen Gas muß man jedoch berücksichtigen, daß im Strahl prozentual mehr schnelle Moleküle enthalten sind als im Gas. Denn der Strahl besteht aus allen Molekülen, die pro Zeiteinheit von innen her durch die Öffnung durchtreten; ihre Zahl ist nach Abschnitt 3 proportional zu $n_v\,v\,dv$, wenn $n_v\,dv$ die Geschwindigkeitsverteilung im Gas darstellt. Die beiden Verteilungen unterscheiden sich also um den Faktor v.

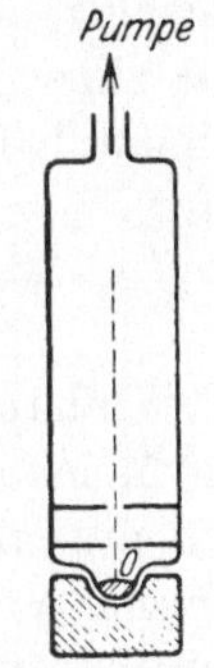

Abb. 6. Schematische Darstellung der Erzeugung eines Molekularstrahls. Der Ofenraum O, in dem sich das Gas befindet, wird von außen geheizt.

Eine ältere Methode (Stern) zur Geschwindigkeitsmessung im Strahl beruht auf folgendem Prinzip: Einen Strahl, bestehend z. B. aus Silberatomen, kann man leicht dadurch nachweisen, daß man in den Strahlenweg eine Glasplatte stellt, auf der sich das Silber niederschlägt. Läßt man nun die ganze Röhre um eine Achse senkrecht zum Strahlengang rotieren, so werden sich die Moleküle nicht mehr auf der gleichen Stelle der Glasplatte niederschlagen wie früher, als die Röhre ruhte, sondern je nach ihrer Geschwindigkeit mehr oder weniger weit entfernt von diesem Punkte, da sich ja die Röhre und mit ihr die Glasplatte während der Flugdauer der Moleküle vom Ofen zur Glasplatte gedreht hat. Man bekommt so auf der Platte unmittelbar die Geschwindigkeitsverteilung im Strahl durch Ausmessung der Stärke des Niederschlages in einer bestimmten Entfernung vom ursprünglichen Punkt.

Eine neuere Methode benutzt das gleiche Prinzip, das von Fizeau zur Messung der Lichtgeschwindigkeit herangezogen wurde, nämlich das der gekoppelten rotierenden Zahnräder. Eine ausführlichere Beschreibung der Methode dürfte sich wohl erübrigen. Die Messungen, die vorwiegend von Stern und dessen Schülern ausgeführt wurden, zeigten in der Tat, daß die Geschwindigkeitsverteilung der Moleküle im Ofenraum dem Maxwellschen Gesetz genügt.

Eine andere Methode beruht auf der Tatsache des Dopplereffektes: Wenn ein Molekül, das im Ruhezustand eine bestimmte Frequenz v_0 emittiert, sich gegen den Beobachter mit der Geschwindigkeitskomponente v_r bewegt, so erscheint diesem das Licht um den Faktor $1 + \dfrac{v_r}{c}$ nach höheren Frequenzen verschoben. Bei spektraler Zerlegung des Lichtes, das von einem leuchtenden Gas emittiert wird, treten neben der Frequenz v_0 auch alle Frequenzen auf, die aus v_0 infolge der Dopplerverschiebung wegen der Bewegung der Moleküle hervorgehen, und zwar mit einer Intensität, die durch die Anzahl der Moleküle mit einer bestimmten Geschwindigkeitskomponente gegen den Beobachter gegeben wird.

7. Freie Weglänge.

Wir haben oben von einem Molekularstrahl gesprochen. Dieser besteht aus Molekülen, welche durch das Blendensystem hindurchgetreten sind und nun als Bündel durch den evakuierten Raum geradlinig hindurchfliegen. Voraussetzung dafür ist hochgradiges Vakuum. Befindet sich jedoch darin noch ein Gasrest (derselben oder einer fremden Molekülsorte), so werden je nach dem Druck dieses Gases mehr oder weniger Moleküle des Strahles mit den Gasmolekülen zusammenstoßen und bei diesen Prozessen gestreut werden; infolgedessen wird der Molekularstrahl geschwächt, und zwar offenbar nach einer e-Potenz, da die Anzahl der Streuprozesse proportional der Anzahl vorhandener Moleküle im Strahl ist. Bezeichnen wir also mit $n(s)$ die Anzahl der Strahlmoleküle, die nach Durchlaufung der Strecke s von der Öffnung des Ofenraumes durch eine Fläche senkrecht zum Strahl pro Zeiteinheit treten, so gilt ein Gesetz von der Form

$$n(s) = n(0)\, e^{-\frac{s}{l}}.$$

l ist dabei eine vorerst noch unbestimmte Größe von der Dimension einer Länge; man überlegt sich leicht, daß diese Größe gleich der Länge der Strecke ist, die im Mittel ein Molekül des Strahles durchfliegt, bevor es mit einem Molekül des Fremdgases zusammenstößt. Daher nennt man l die „mittlere freie Weglänge" des Strahls im Gase. Sie läßt sich, entsprechend ihrer Definition durch das Exponentialgesetz, im Anschluß an Born und Bormann bestimmen durch Messung der Schwächung, die ein Strahl von Silberatomen beim Durchtritt durch das ruhende Gas (Luft) erfährt. Wichtiger ist der Fall, daß Strahl und Gas aus gleichen Molekülen bestehen; dann ist die mittlere freie Weglänge l eine Eigenschaft dieses Gases.

Man kann sich theoretisch überlegen, von welchen Größen die mittlere freie Weglänge abhängen muß. Offenbar kommt es auf die Anzahl der Zusammenstöße an, die ein bestimmtes Molekül beim Durchtritt durch das Gas mit den Molekülen des Gases erfährt. Für die folgenden Betrachtungen können wir uns letztere ruhend denken, die Berücksichtigung ihrer Bewegung ergibt dann nichts wesentlich Neues. Die Moleküle wollen wir als Kugeln vom Durchmesser σ auffassen, und wir müssen die Frage beantworten, wieviel Zusammenstöße eine solche bewegte Kugel beim Durchfliegen des aus ruhenden Kugeln bestehenden Gases erleidet. Da ein Zusammenstoß immer dann eintritt, wenn der Mittelpunkt des bewegten Moleküls auf seiner Bahn näher als im Abstand σ am Mittelpunkt des ruhenden Moleküls vorbeifliegen würde, so erhalten wir auch die Anzahl dieser Zusammenstöße, wenn wir ruhende Kugeln vom Radius σ und einen bewegten Punkt betrachten (s. Abb. 7). Es liegt also hier das gleiche Problem vor wie im Falle, daß man mit einem Gewehr in einen Wald hineinschießt und nach der Anzahl von Bäumen fragt, die man dabei trifft. Die Zahl ist offenbar proportional der Dicke des einzelnen Baumes und der Anzahl der Bäume; ihr reziproker Wert bestimmt die mittlere Schußweite. Auch im Fall des Gases muß die Stoßzahl proportional sein der Anzahl n der Gasmoleküle pro Volumeinheit und ihrem gaskinetischen Querschnitt $\pi \sigma^2$. Da die mittlere freie Weglänge umgekehrt proportional dieser Stoßzahl ist, so ist sie proportional zu

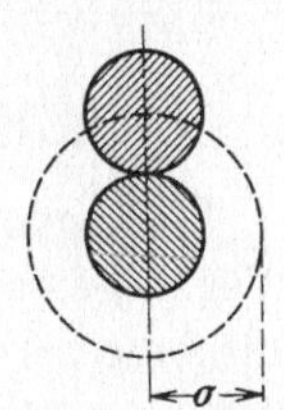

Abb. 7. Gaskinetischer Wirkungsquerschnitt; beim Stoß können sich die Schwerpunkte zweier Moleküle nur auf den Abstand σ nahekommen (σ = Durchmesser eines Moleküls).

$$\frac{1}{n\,\pi\,\sigma^2} = \frac{V}{\pi\,L\,\sigma^2}\,,$$

wobei V das Volumen eines Mols darstellt.

Aus einer Messung der mittleren freien Weglänge l bekommt man daher Aufschluß über die Größe des Produktes $L\sigma^2$. Eine direkte Methode zur l-Bestimmung (für einen Strahl aus gasfremden Molekülen) wurde bereits oben angegeben. An indirekten Methoden ist zunächst die Bestimmung aus der Wärmeleitung des Gases zu erwähnen (s. Anhang II). Würden die Gasmoleküle nicht zusammenstoßen, so würde sich eine Temperaturerhöhung an einer Stelle des Gases, die ja mit einer Erhöhung der kinetischen Energie der Gasteilchen identisch ist, mit der großen Geschwindigkeit der Moleküle von rund tausend Metern pro Sekunde durch das Gas hindurch fortpflanzen; erfahrungsgemäß sind jedoch die Gase relativ schlechte Wärmeleiter. Dies hat seinen Grund darin, daß ein Gasmolekül nur eine relativ kurze Strecke

von der Größenordnung der freien Weglänge durchfliegen kann, bevor
es mit einem andern Gaspartikel zusammenstößt und dabei nicht nur
seine Bewegungsrichtung ändert, sondern auch einen Teil seiner kinetischen Energie an das getroffene Teilchen abgibt.

Weitere Verfahren zur l-Bestimmung beruhen auf der inneren
Reibung bzw. auf der Diffusion (s. Anhang II). Gerade der letztere
Fall ist sehr anschaulich, wenn man z. B. Chlorgas in Luft diffundieren
läßt. Da das Chlorgas infolge seiner Farbe sichtbar ist, kann man direkt
beobachten, wie langsam es in die Luft hineindiffundiert.

Aus allen diesen Versuchen ergibt sich als Größenordnung für die
mittlere freie Weglänge beim Druck von einer Atmosphäre $l \sim 10^{-6}$ cm,
beim Druck von 10^{-4} mm Hg, der dem normalen Röntgenvakuum entspricht, ungefähr $l \sim 10$ cm.

8. Bestimmung der Loschmidtschen Zahl.

Wie schon oben hervorgehoben wurde, ist zugleich mit der freien
Weglänge auch das Produkt $L\sigma^2$ bekannt, also das Produkt aus Molekül-
durchmesser-Quadrat und der Loschmidtschen Zahl. Um σ^2 und L einzeln zu bestimmen, benötigt man noch eine zweite Beziehung zwischen
diesen beiden Größen. Eine solche wird, wenigstens größenordnungsmäßig, gegeben durch das Molvolumen des festen Körpers. Im festen
Aggregatzustand ist die Vorstellung berechtigt, daß sich die Moleküle
im Zustand dichtester Packung befinden, daß also das von einem Mol
eingenommene Volumen — bis auf einen Faktor von der Größenordnung 1 — gegeben wird durch die Anzahl Moleküle pro Mol mal
dem von einem Molekül eingenommenen Raum, d. h. durch $L\sigma^3$. Aus
$L\sigma^2$ und $L\sigma^3$ lassen sich nun L und σ bestimmen, und man erhält ungefähr

$$L \sim 10^{23}\,\mathrm{Mol}^{-1}, \qquad \sigma \sim 10^{-8}\ \mathrm{cm}\ .$$

Übrigens zeigt sich der Einfluß des „Eigenvolumens" der Moleküle
nicht nur im kondensierten Zustand (fester Körper), sondern schon im
Gaszustand als Abweichung vom Gesetz der idealen Gase

$$p\,V = R\,T\ .$$

Wird nämlich das Volumen V einer bestimmten Gasmenge so ver-
ringert, daß das Eigenvolumen der Moleküle bereits mit V vergleichbar
wird, so steht dem einzelnen Molekül nur ein freies Volumen kleiner als V
zur Verfügung, und man erhält die Zustandsgleichung

$$p(V - b) = R\,T\ .$$

Die genaue Rechnung ergibt für b das Vierfache des Eigenvolumens
der Moleküle. (Bei kugelförmigen Teilchen vom Durchmesser σ ist

$$b = 4\,L\,\frac{4\,\pi\,(\sigma/2)^3}{3} = \frac{2\,\pi}{3}\,L\sigma^3;\quad \text{vgl. Anhang III.)}$$ Bei dichten Gasen
zeigen sich dann aber noch andere Abweichungen von der idealen Zu-
standsgleichung, die von der Kohäsion der Moleküle herrühren und
in dem Sinne wirken, daß der Druck bei gegebenem T und V kleiner
ist als nach der Formel $pV = RT$. Zur Darstellung dieses Verhaltens
sind viele Zustandsgleichungen aufgestellt worden; am bekanntesten ist
die von van der Waals

$$\left(p + \frac{a}{V^2}\right)(V - b) = RT\,.$$

Uns interessiert hier hauptsächlich, daß man durch Bestimmung der
Konstanten b wieder das Produkt $L\sigma^3$ erhält. Auf die durch a gemessene
Größe der Kohäsion kommen wir in Abschnitt 48 zurück.

Die oben gegebene Abschätzung der Loschmidtschen Zahl ist natur-
gemäß ziemlich ungenau. Zu einer genaueren Methode kommt man durch
Berücksichtigung der Schwankungserscheinungen: Wenn wir $1\,cm^3$
eines Gases betrachten, so werden wir in ihm genau so viele Moleküle
finden wie in einem anderen Kubikzentimeter des Gases, nämlich rund
10^{19}; Unterschiede in den Zahlen um einige hundert Moleküle sind bei
diesen großen Zahlen natürlich belanglos. Anders aber, wenn wir zu
kleineren Volumelementen übergehen; in einem Würfel von $0,1\,\mu$ befinden sich im Mittel nur mehr 10^4 Moleküle, und es ist klar, daß nun
Dichteschwankungen um einige hundert Moleküle relativ viel aus-
machen. Gehen wir zu noch kleineren Volumbereichen über, so werden
wir schließlich solche finden, in denen sich nur ein oder zwei oder
überhaupt kein Molekül befindet. Je kleiner also die Anzahl von Teilchen ist, die in Betracht kommen, um so größer werden die Schwankungserscheinungen sein (vgl. Anhang IV).

Beispiele für diese Schwankungserscheinungen bieten die Brownsche Bewegung, die sich an mikroskopischen Teilchen (z. B. kolloide
Lösungen oder Rauch in Luft) beobachten läßt und die sich auch makroskopisch in den Schwankungen eines an einem dünnen Drahte auf-
gehängten Spiegels äußert; ferner die Sedimentierung von Sus-
pensionen, bei der die kolloidalen Teilchen zwar bestrebt sind, wegen
ihrer Schwere zum Boden des Gefäßes zu sinken, infolge von Zusammenstößen mit den Teilchen des Lösungsmittels jedoch mehr oder weniger
nach oben gestoßen werden und so zu einer Dichteverteilung Anlaß
geben, die den gleichen Charakter besitzt wie die durch die barometrische
Höhenformel gegebene Dichteverteilung der Atmosphäre. Ein drittes
Beispiel bietet die Lichtzerstreuung in der Atmosphäre, die
als Grund für die Farbe des Himmels anzusehen ist: Wäre die Dichte
der Luft überall die gleiche, so würde gerau so wie bei einem idealen
Kristall das Licht nicht gestreut werden, da die von den einzelnen Luft-

molekülen ausgehenden Streuwellen sich gegenseitig durch Interferenz vernichten; der Himmel würde schwarz erscheinen. Erst wenn Unregelmäßigkeiten in der gleichmäßigen Verteilung, also Dichteschwankungen, auftreten, ist die Möglichkeit einer Streuung gegeben; und zwar müssen diese Dichteschwankungen so stark sein, daß sie auf der Strecke von der Größenordnung einer Wellenlänge bereits merklich sind. Da die Schwankungen in kleinen Volumina größer sind, werden kurze (blaue) Wellen stärker gestreut als lange (rote); wir sehen daher den Himmel blau.

Eine viel genauere Bestimmung von L beruht auf der von **Ehrenhaft** erdachten und von **Millikan** durchgeführten Methode zur **Messung des elektrischen Elementarquantums** e. Bei der Elektrolyse gilt folgendes, von **Faraday** gefundenes Grundgesetz: Bei der elektrolytischen Ausscheidung von einem Mol wird die Elektrizitätsmenge von 96 540 Coulomb transportiert, d. h.

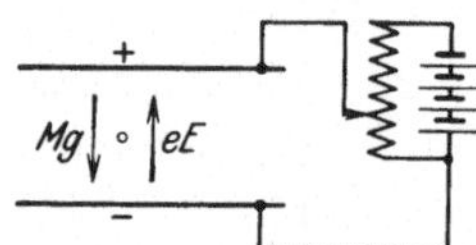

$$\frac{e}{m_H} = e\,L = F = 96\,540 \text{ Coulomb}.$$

Abb. 8. Kondensator zur Bestimmung der Elementarladung e nach Millikan. Die Schwerkraft Mg wird durch ein elektrisches Feld E kompensiert.

Kennt man also e, so kann man daraus L berechnen. Zur Bestimmung von e kann man nach **Ehrenhaft** und **Millikan** folgendermaßen vorgehen: Wenn die Elektrizität wirklich aus Elementarquanten besteht, so kann die Gesamtladung eines Körpers nur gleich einem ganzzahligen Vielfachen dieser Ladung e sein. Wegen der Kleinheit des Elementarquantums ist es natürlich schwierig, diesen Sachverhalt an makroskopischen, geladenen Körpern zu prüfen; aussichtsreich ist dies nur für den Fall, daß die Gesamtladung aus ganz wenigen Elementarquanten besteht. Dies ist der Fall bei der Öltröpfchenmethode von **Millikan** (Abb. 8). Die Ladung eines Öltröpfchens läßt sich dadurch mit hinreichender Genauigkeit bestimmen, daß man es in das Feld eines Kondensators bringt, dessen Kraftlinien vertikal nach oben gerichtet sind. Dann wirken auf das Teilchen zwei entgegengesetzt gerichtete Kräfte, einerseits die elektrische Kraft nach oben, andrerseits die Schwerkraft nach unten; das Tröpfchen wird dann im Gleichgewicht sein, wenn die Spannung am Kondensator gerade so gewählt wird, daß

$$e\,E = M\,g$$

ist (e und M sind Ladung und Masse des Öltröpfchens; E ist die elektrische Feldstärke, g die Erdbeschleunigung). Die größte Schwierigkeit besteht in der Bestimmung der Masse M. Sie läßt sich aus der Dichte und dem Radius des Tropfens berechnen, wenn angenommen wird, daß die Dichte den normalen Wert besitzt. Der Radius wird dadurch bestimmt, daß man das elektrische Feld ausschaltet, so daß das Teilchen herunterfällt, und nun die konstante Geschwindigkeit mißt, mit der das Teilchen infolge der Reibung im umgebenden Medium sinkt. Geht man mit dieser Geschwindigkeit in die Stokessche Fallformel ein, so erhält man auf diese Weise den Radius des Teilchens. Die Ausführung des Versuches durch Millikan und andere Autoren zeigte nicht nur eindeutig, daß die Ladung der Tröpfchen aus ganzen Vielfachen eines Elementarquantums besteht, sondern gestattete auch eine genaue Bestimmung dieser Elementarladung e; es ergab sich der Wert

$$e = 4{,}77 \cdot 10^{-10}\, \text{el. st. E.}$$

Unter Verwendung dieses Wertes erhält man aus dem Faradayschen Grundgesetz für die Loschmidtsche Zahl den Betrag

$$L = 6{,}06 \cdot 10^{23}\ \text{Moleküle pro Mol.}$$

Im Anschluß daran sei auf verschiedene Methoden zur Bestimmung von L hingewiesen, die die radioaktiven Strahlungen benutzen. Man kann z. B. entweder auf dem Leuchtschirm aus dem Aufblitzen der Szintillationen oder mit Hilfe des Geigerschen Spitzenzählers die Anzahl der auftreffenden Teilchen zählen und daraus L berechnen.

Zum Schluß sei noch erwähnt, daß sich die Boltzmannsche Konstante k, die ja definitionsgemäß gleich Gaskonstante durch Loschmidtsche Zahl ist, auch direkt messen läßt durch Bestimmung der spektralen Intensitätsverteilung der von einem schwarzen Körper ausgesandten Strahlung. In der Funktion, die die Abhängigkeit der Intensität von der Frequenz und von der Temperatur darstellt, gehen nur zwei universelle Konstante k und h ein, von denen die erste die Boltzmannsche Konstante ist; die zweite wird die Plancksche Konstante genannt und stellt die Fundamentalkonstante der Quantentheorie dar (vgl. Vorl. VI, Abschnitt 33).

II. Elektrische Elementarteilchen; Protonen, Elektronen.

9. Stromdurchgang durch verdünnte Gase.

Die Entwicklung der Chemie und der kinetischen Gastheorie haben, wie in dem letzten Vortrag ausgeführt wurde, zur Annahme geführt, daß die Materie aus Molekülen und Atomen besteht. Diese Teilchen stellen für den Chemiker die letzten Bausteine dar, aus denen die festen Körper, Flüssigkeiten und Gase aufgebaut sind und auf die er bei allen Trennungsversuchen mit rein chemischen Mitteln stößt.

Wir wollen nun an die Frage nach den kleinsten Bausteinen vom Standpunkt des Physikers herantreten. Und zwar wollen wir das Problem so behandeln, daß wir zunächst einmal eine Reihe von experimentellen Ergebnissen betrachten und versuchen, sie möglichst einfach zu deuten. Wir werden so z. B. folgern, daß die Atome aus einem Kern und mehreren Elektronen aufgebaut sind, daß die Kerne selbst nicht unteilbar sind, sondern ihrerseits wieder aus Protonen und Elektronen bestehen usw. Wir werden aber sehen, daß wir bei unseren einfachen Erklärungsversuchen auch auf krasse Widersprüche stoßen werden, indem z. B. ein Elektronenstrahl sich in einigen Versuchen eindeutig wie ein aus einzelnen Teilchen bestehender Geschoßhagel, in anderen jedoch ebenso eindeutig wie ein Wellenzug verhält. Diese Widersprüche zwingen dann zur Aufstellung einer neuen Theorie, der sog. Quantenmechanik.

Wir beginnen mit der Untersuchung des Stromdurchganges durch verdünnte Gase. Ein Gas ist unter normalen Verhältnissen im allgemeinen ein schlechter Elektrizitätsleiter. Schließt man jedoch das Gas in ein Gefäß ein, in dem sich zwei Elektroden befinden, und erniedrigt den Druck des Gases, so stellt man fest, daß bei Drucken von einigen mm Hg ein Elektrizitätstransport durch das Gas hindurch eintritt, der sich im Fließen eines elektrischen Stromes in den Zuleitungen zu den Elektroden äußert, und daß gleichzeitig ein intensives Leuchten des Gases einsetzt, eine vom theoretischen Standpunkt ziemlich komplizierte Erscheinung, die jedoch technisch in Form der sog. Geißlerröhren (besonders bei der Lichtreklame) ausgedehnte Verwendung findet.

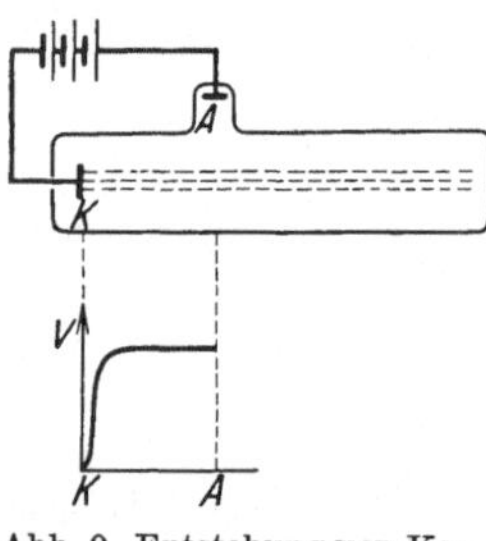

Abb. 9. Entstehung von Kathodenstrahlen; von der Kathode K gehen die Kathodenstrahlen aus, die man bei nicht zu geringen Gasdrucken in der Röhre als bläulichen Faden sehen kann. A ist die Anode. Die geradlinige Ausbreitung der Strahlen von der Kathode aus beruht darauf, daß die zwischen K und A liegende Spannung infolge der schwachen Gasreste (Raumladungen) in der Röhre nicht gleichmäßig von K nach A ansteigt, sondern daß der Anstieg fast vollständig in unmittelbarer Nähe der Kathode erfolgt. [Der Potentialverlauf ist unterhalb der Abbildung angedeutet.] Der Strom wird durch einen schwachen Transport von positiven Ionen geschlossen.

Erniedrigt man den Druck des eingeschlossenen Gases noch weiter, so verschwindet diese Leuchterscheinung (unterhalb 0,1 mm Hg) fast vollständig. Bei sehr niederen Drucken (ungefähr 10^{-5} bis 10^{-6} mm Hg) bemerkt man jedoch das Auftreten von Strahlen, die von der Kathode ausgehen und an der ihr gegenüberliegenden Glaswand eine Fluoreszenzerscheinung hervorrufen. (Unter Umständen kann man diese Strahlen in Form eines bläulichen Fadens direkt sehen, der sich von der Kathode aus durch die Röhre hindurchzieht.) Man nennt diese Strahlen Kathodenstrahlen (Abb. 9).

Ihre Eigenschaften kann man auf folgende Arten untersuchen. Stellt man in den Strahlengang einen Körper, so erscheint dieser als

Schattenriß auf der fluoreszierenden Stelle der Glaswand. Aus den geometrischen Verhältnissen kann man den Schluß ziehen, daß sich die das Schattenbild erzeugenden Strahlen **geradlinig ausbreiten**. Ferner zeigt es sich, daß mit dem Auftreten dieser Strahlen ein Transport **elektrischer Ladung** durch die Röhre verbunden ist. Weiter lassen sich die Strahlen sowohl durch äußere **elektrische** wie auch **magnetische Felder** aus ihrer geradlinigen Bahn ablenken in einer Weise, die den Schluß zuläßt, daß die Strahlen aus schnell fliegenden, negativ geladenen Teilchen bestehen; man nennt sie **Elektronen**.

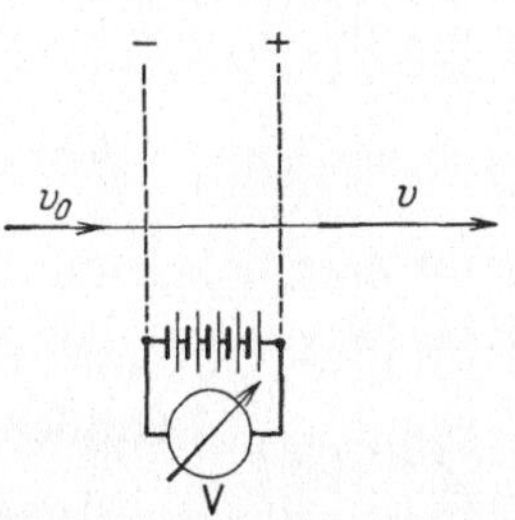

Abb. 10. Beschleunigung von Elektronen durch ein elektrisches Feld; der Zuwachs an kinetischer Energie ist gleich der durchlaufenen Potentialdifferenz, multipliziert mit der Ladung $-e$ des Elektrons.

Man kann ferner die Geschwindigkeit und die spezifische Ladung, also das Verhältnis e/m aus Ladung und Masse dieser Teilchen bestimmen. Stellen wir in den Strahlengang senkrecht zur Strahlrichtung zwei Drahtgitter auf und legen an diese eine Spannung V an (Abb. 10), so werden die Elektronen in dem zwischen den Gittern befindlichen **longitudinalen elektrischen Feld** beschleunigt, bzw. gebremst. Die Größe der Geschwindigkeitsänderung, welche die Elektronen beim Durchfliegen dieses Feldes erleiden, ergibt sich aus dem Energiesatz: Ist v_0 die Geschwindigkeit vor Durchgang durch das Feld, v die nach Durchfliegen des Feldes, so gilt für den Fall, daß das Feld der Geschwindigkeit entgegengerichtet ist, also die negativen Elektronen beschleunigt,

$$\frac{m}{2} v_0^2 = \frac{m}{2} v^2 + e V .$$

Bei kleiner Anfangsgeschwindigkeit kann $v_0 \simeq 0$ gesetzt werden:

$$\frac{m}{2} v^2 = - e V .$$

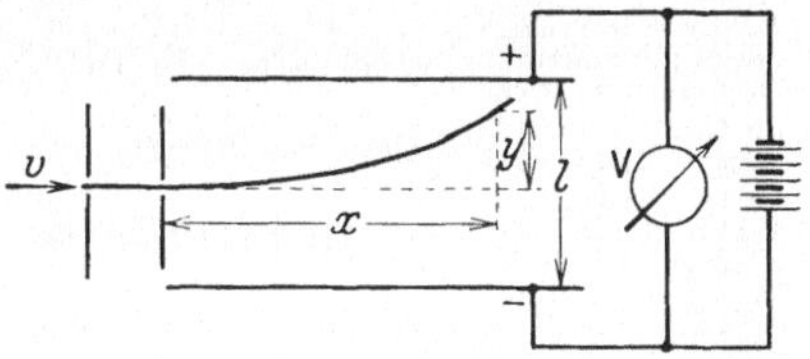

Abb. 11. Ablenkung des Elektrons im transversalen elektrischen Feld (zwischen den Platten eines Kondensators). Die Bahn ist eine Parabel (Wurfparabel).

Ist also V bekannt, so kann man auf diese Weise die Größe $\frac{m}{e} v^2$ bestimmen.

Die gleiche Größe kann man auch durch Ablenkung in einem **transversalen elektrischen Feld** messen (Abb. 11): Stellt man parallel zum Strahlengang zwei Kondensatorplatten im Abstand l auf und legt an sie die Spannung V, so wirkt auf die Elektronen eine konstante ablenkende Kraft $e \dfrac{V}{l}$ senkrecht zu ihrer ursprünglichen Geschwindigkeitsrichtung. Ihre Bahn ist daher eine Parabel, die durch die Gleichungen be stimmt wird

$$x = v_0 t, \qquad y = \frac{g}{2} t^2,$$

wobei v_0 die Anfangsgeschwindigkeit ist und $g = \frac{e}{m} \frac{V}{l}$ die Beschleunigung durch das Feld darstellt. Elimination der Zeit t ergibt

$$y = \frac{e}{2m} \frac{V}{l} \frac{x^2}{v_0^2} \quad \text{oder} \quad \frac{m}{e} v_0^2 = \frac{V}{l} \frac{x^2}{2y}.$$

Mißt man daher die Ablenkung des Strahls y nach einer durchlaufenen Strecke von der Länge x, so erhält man wiederum Aufschluß über die Größe $\frac{m}{e} v_0^2$.

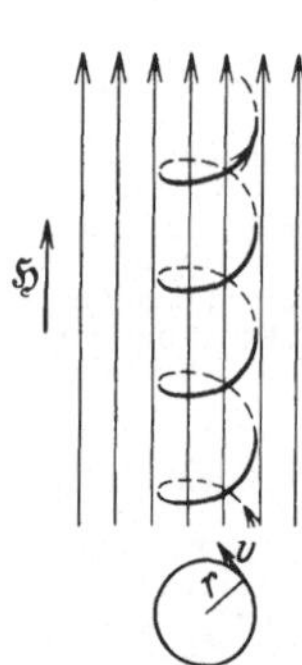

Abb. 12. Bewegung eines Elektrons in einem konstanten Magnetfeld $\mathfrak{H}$; die Bahn ist im allgemeinen eine Schraubenlinie (Achse $\parallel$ zum Magnetfeld); im Spezialfall, daß sich das Elektron senkrecht zu $\mathfrak{H}$ bewegt, ist die Bahn ein Kreis.

In einem magnetischen Feld H wirkt bekanntlich auf eine bewegte Ladung e eine Kraft, die senkrecht sowohl auf der Feldrichtung wie auch auf der Geschwindigkeitsrichtung steht; der Betrag dieser sog. Lorentzkraft ist gegeben durch $e \frac{v}{c} H$, multipliziert mit dem Sinus des Winkels zwischen Feld- und Geschwindigkeitsrichtung ($c = 300\,000$ km/sec = Lichtgeschwindigkeit). Die Bahn des Elektrons ist eine Schraubenlinie, deren Achse parallel zum Feld liegt (Abb. 12). Wenn speziell die Bewegungskomponente parallel zu H verschwindet, so schrumpft die Schraubenlinie auf einen Kreis senkrecht zum Feld zusammen. Sein Radius r läßt sich leicht berechnen: Die Lorentzkraft $e \frac{v}{c} H$ hat die Richtung gegen den Kreismittelpunkt. Sie muß offenbar gleich sein der Zentrifugalkraft $\frac{m v^2}{r}$, mithin gilt

$$e \frac{v}{c} H = \frac{m v^2}{r} \quad \text{oder} \quad \frac{m}{e} v = \frac{H r}{c}.$$

Eine Messung des Radius r und der magnetischen Feldstärke gibt daher Aufschluß über die Größe $\frac{m}{e} v$.

Wir erhalten also das Resultat, daß Ablenkungsmessungen im elektrischen Feld die Größe $\frac{m}{e} v^2$, solche im magnetischen Feld die Größe $\frac{m}{e} v$ geben. Daraus lassen sich e/m und v bestimmen. Die ausgeführten Messungen ergaben Geschwindigkeiten der Elektronen, die mit wachsender Spannung an der Kathodenröhre bis nahe an die Lichtgeschwindigkeit reichten.

Was die Messung von e/m betrifft, so zeigten genaue Versuche, daß diese spezifische Ladung nicht genau konstant ist, sondern schwach

von der Geschwindigkeit der Elektronen abhängt (Kaufmann). Für
diese Erscheinung gibt die Relativitätstheorie eine Erklärung:
Nach Einstein besitzt zwar die Ladung e des Elektrons einen unver-
änderlichen Wert: jedoch erweist sich die Masse als veränderlich, und
zwar hängt ihre Größe von der Geschwindigkeit ab, die sie gegenüber
dem Beobachter, der sie messen will, besitzt. Es sei m_0 die „Ruhemasse"
des Elektrons, also seine Masse für den Fall, daß es relativ zum Beobachter ruht; bei einer Bewegung relativ zum Beobachter mit der Geschwindigkeit v verhält es sich jedoch (z. B. in einem Kraftfeld) so,
als ob es die Masse

$$m = \frac{m_0}{\sqrt{1 - \dfrac{v^2}{c^2}}}$$

besitzen würde. Diese Aussage der Theorie läßt sich an Hand der Ablenkungsversuche an Kathodenstrahlen prüfen; die Experimente be-
stätigten sie vollständig.

Aus den Ablenkungsversuchen ergab sich für den Grenzwert e/m_0,
also für die auf Geschwindigkeit Null reduzierte spezifische Ladung der
Elektronen der Wert

$$\frac{e}{m_0} = 1840\,F,$$

wobei F die Faradaysche Konstante bedeutet, also die bei der elektrolytischen Ausscheidung eines Mols transportierte Elektrizitätsmenge darstellt. Sie ist gegeben durch (s. I, Abschnitt 8, S. 20)

$$F = \frac{e}{m_H},$$

wobei m_H die Masse eines Wasserstoffatoms bedeutet. Es folgt also für
die Ruhemasse des Elektrons die Beziehung

$$m_0 = \frac{m_H}{1840} = 9{,}0 \cdot 10^{-28}\,g\,.$$

10. Kanal- und Anodenstrahlen.

Wir haben in den Kathodenstrahlen elektrisch negativ geladene
Teilchen kennengelernt. Es ist nun die Frage naheliegend, ob man nicht
auch positiv geladene Strahlen in ähnlicher Weise wie die Kathodenstrahlen herstellen kann. In der Tat gelang es Goldstein, auf folgende
Weise solche Strahlen zu erzeugen. Wenn in der Entladungsröhre noch
Gasreste enthalten sind, so werden die Elektronen auf ihrem Weg von
der Kathode zur Anode mit diesen Gasmolekülen zusammenstoßen und
diese ionisieren. Die so gebildeten Ionen werden, sofern sie positiv
elektrisch geladen sind, infolge der am Entladungsrohr liegenden Span-

nung in der Richtung gegen die Kathode beschleunigt. Sie stürzen also auf die Kathode zu und würden natürlich in dieser steckenbleiben, wenn man nicht, wie Goldstein es getan hat, durch die Kathode

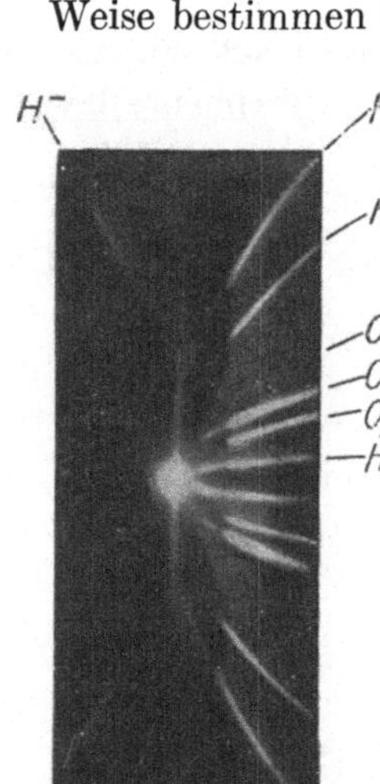

Kanäle bohrt, die den Ionen den Durchtritt ermöglichen (Abb. 13). Man nennt daher die so gewonnenen Strahlen Kanalstrahlen.

Unter gewissen Bedingungen gehen auch von der Anode positiv geladene Strahlen aus, die aus Ionen bestehen, welche aus dem Atomgefüge der Anode herausgerissen wurden; diese Art von Strahlen nennt man Anodenstrahlen.

Abb. 13. Erzeugung von Kanalstrahlen nach Goldstein; die vor der Kathode erzeugten positiven Ionen stürzen auf die Kathode hin und treten durch die Kanäle in der Kathode hindurch.

Die Eigenschaften dieser positiven Strahlen lassen sich in analoger Weise bestimmen wie bei den Kathodenstrahlen. Aus den Ablenkungsversuchen ergeben sich für die spezifische Ladung dieser Partikeln Werte von der Größenordnung der Faradayzahl F. Es handelt sich daher bei diesen Strahlen um einfach oder mehrfach geladene Atome oder Moleküle (Ionen); und zwar ergeben sich für die Massenverhältnisse dieser Ionen die gleichen Werte, welche die Chemiker mit ihren Mitteln hierfür gefunden haben.

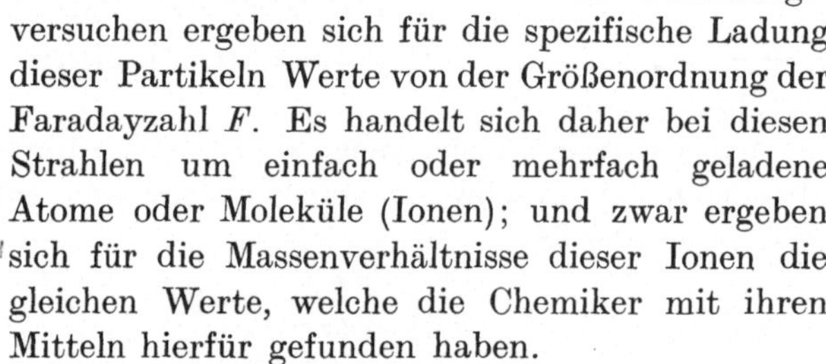

Zur genauen Bestimmung der spezifischen Ladung hat man Apparate konstruiert (Massenspektrographen), bei denen die Ionen in einem elektrischen und einem dazu parallel gerichteten magnetischen Felde abgelenkt werden. Stellt man senkrecht zur ursprünglichen Strahlrichtung eine photographische Platte auf, so ergibt sich auf dieser als Bild eine Schar von Parabeln. (Abb 14). Aus einer leichten Rechnung (siehe Abschnitt 9) erkennt man, daß die Punkte einer bestimmten Parabel durch die Ablenkung einer bestimmten Teilchensorte mit dem gleichen e/m-Wert entstehen und daß den einzelnen Punkten dieser Parabel verschiedene Geschwindigkeiten der Teilchen entsprechen; und zwar liegen die Spuren der Teilchen mit kleineren Geschwindigkeiten entsprechend ihrer größeren Ablenkbarkeit weiter weg vom Scheitel der Parabel.

Abb. 14. Kanalstrahlparabeln nach J. J. Thomson. Die Auswertung dieser Ablenkungsbilder führt auf die angegebene Zuordnung der einzelnen Parabeln zu den chemischen Elementen und Verbindungen. Das elektrische und magnetische Ablenkungsfeld stehen parallel zur Scheiteltangente der Parabeln. (Nach Geiger-Scheel: Handbuch der Physik Bd. 22.)

Da also jedem e/m-Wert eine bestimmte Parabel entspricht, kann man leicht durch Ausmessung der Lage der einzelnen Parabeln die spezifischen Ladungen der im Strahl enthaltenen Ionen bestimmen und damit auch ihre Masse (wenn man die Größe ihrer Ladung, die ja ein ganzzahliges Vielfache der Elementarladung ist, kennt). Die vollkommenste Apparatur dieser Art hat Aston konstruiert (s. Abschnitt 12).

Der „Astonsche Massenspektrograph" (Konstruktion s. Abb. 15; „Massenspektrum" s. Abb. 16) erlaubt eine direkte Massenbestimmung, die schon deshalb den chemischen Methoden überlegen ist, weil es hier wirklich auf die Massenbestimmung am einzelnen Ion ankommt, während die Chemiker stets nur den Mittelwert der Masse über eine sehr große Zahl von Teilchen messen. Wir werden darauf noch später zurückkommen.

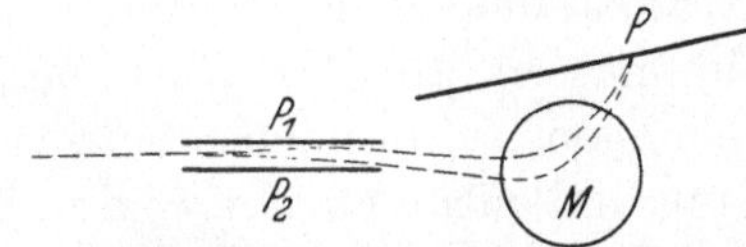

Abb. 15. Schematische Darstellung des Astonschen Massenspektrographen. Der Kanalstrahl wird zuerst in einem elektrischen Feld (zwischen den Kondensatorplatten P_1 und P_2) nach unten und dann in einem Magnetfeld (angedeutet durch die Spule M) nach oben abgelenkt. Dabei läßt sich, wie Aston und Fowler gezeigt haben, durch geeignete Dimensionierung und Anordnung der Apparatur erreichen, daß die Kanalstrahlteilchen mit dem gleichen e/m auf ein und denselben Punkt P der photographischen Platte „fokussiert" werden. Die Parabel von J. J. Thomson, die gleichzeitig das Geschwindigkeitsspektrum dieser Teilchen darstellt, schrumpft hier auf einen Punkt P zusammen; man erhält auf der photographischen Platte ein „Massenspektrum", wie es Abb. 16 zeigt.

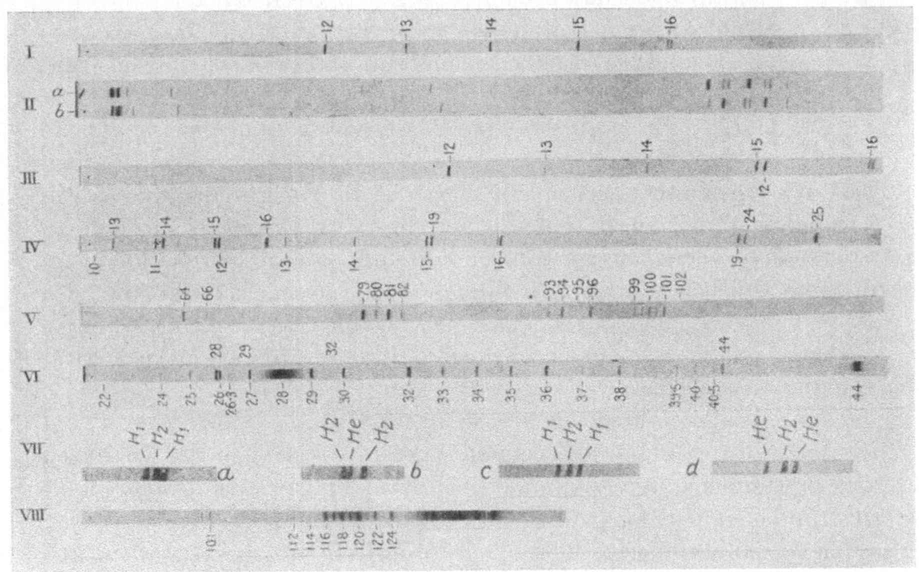

Abb. 16. Beispiele von Massenspektren nach Aston. (Nach Geiger-Scheel: Handbuch der Physik Bd. 22.)

11. Radioaktive Strahlen.

Wir haben uns bisher nur mit künstlich erzeugten Strahlen beschäftigt. Bekanntlich gibt es auch natürliche Strahlen in Form der von radioaktiven Substanzen ausgehenden Strahlung. Man unterscheidet dabei drei verschiedene Arten von Strahlen:

1. α-Strahlen: Aus den Ablenkungsversuchen ergibt sich, daß man es hier mit positiv geladenen Teilchen zu tun hat, die viel weniger ablenkbar sind als Kathodenstrahlen, daher viel schwerer als Elektronen sein müssen. Ihr e/m-Wert entspricht dem eines doppelt ionisierten Heliumions, also einem He^{++}-Teilchen. Daß es sich hier wirklich um He^{++} und nicht etwa um ein einfach geladenes Teilchen vom Atomgewicht 2 handelt, das ja den gleichen Wert für die spezifische Ladung besitzen würde, ergibt sich am eindruckvollsten aus dem von Rutherford angestellten Versuch: Rutherford ist es gelungen, α-Teilchen in einem evakuierten Gefäß aufzufangen; bringt man dann das Gas der α-Teilchen zum Leuchten, so erhält man im Spektralapparat einwandfrei die Linien des Heliums.

2. β-Strahlen: Sie bestehen, wie aus Ablenkungsversuchen eindeutig hervorgeht, aus Elektronen und unterscheiden sich von den Kathodenstrahlen nur durch ihre Geschwindigkeit. Während man Kathodenstrahlen bis zu Geschwindigkeiten herstellen kann, die sich um einige % von der Lichtgeschwindigkeit unterscheiden, weichen die Geschwindigkeiten der β-Strahlen nur noch um wenige $^0/_{00}$ von ihr ab.

3. γ-Strahlen: Sie erweisen sich im elektrischen und magnetischen Feld als unablenkbar. Wir haben es hier mit extrem kurzwelligem Licht zu tun (Ultra-Röntgenstrahlen).

Wir führen jetzt noch ein paar Versuche an, die eindeutig für die korpuskulare Natur der α- und β-Strahlen zu sprechen scheinen. Wir legen dabei besonderen Wert auf die Feststellung, daß es von vornherein unmöglich zu sein scheint, diese Versuche von einem anderen Standpunkt verstehen zu können, als daß es sich hier wirklich um diskrete Teilchen handelt. Wir werden jedoch im nächsten Vortrag eine Reihe von Versuchen an ebendenselben Strahlen besprechen, die ebenso eindeutig dafür zu sprechen scheinen, daß diese Strahlen einen Wellenvorgang darstellen.

Zunächst betrachten wir die Szintillationserscheinungen, auf die schon am Schlusse des letzten Vortrages anläßlich der Methoden zur Bestimmung der Loschmidtschen Zahl hingewiesen wurde. Stellt man in die Nähe eines radioaktiven Präparats einen Fluoreszenzschirm, so sieht man auf diesem bald da, bald dort ein plötzliches Aufleuchten der Schirmsubstanz. Jeder, der eine mit „selbstleuchtendem" Ziffernblatt versehene Uhr besitzt, kann sich mit Hilfe einer Lupe selbst von dem Vorhandensein dieser Lichtblitze überzeugen. Die Leuchtsubstanz besteht aus einer Schicht einer radioaktiven Substanz, über die eine Schicht von Zinkblende gestrichen ist. An der Stelle, an der letztere von der radioaktiven Strahlung getroffen wird, leuchtet sie auf, und zwar sieht man bei hinreichender Vergrößerung wirklich das Aufblitzen von einer Reihe Lichtpunkten. Diese Erscheinungen scheinen zur Annahme zu zwingen, daß die radioaktive Strahlung (α- und β-Strahlen) aus einem Geschoßhagel von diskreten Teilchen besteht, und daß der Fluoreszenzschirm überall dort aufleuchtet, wo er von einem solchen Teilchen getroffen wird.

Ein weiterer anschaulicher Beweis für die Korpuskularnatur dieser Strahlen wird durch eine andere Methode zur Zählung der einzelnen Teilchen gegeben: Der Geigersche Spitzenzähler besteht im wesentlichen aus einer Metallplatte, der eine Metallspitze gegenübersteht (Abb. 17); das Ganze befindet sich in einem Gefäß mit Gas- (Luft-) Füllung. Man legt nun an die Platte und die Spitze eine Spannung an, die gerade so groß ist, daß trotz der

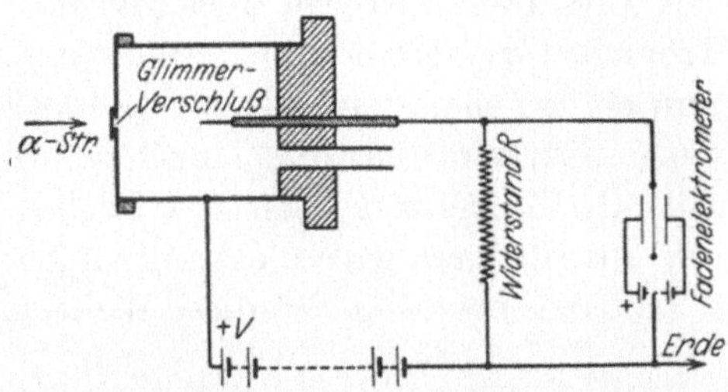

Abb. 17. Schematische Darstellung eines Spitzenzählers zur Registrierung von α- und β-Teilchen. Die angelegte Spannung ist gerade so groß, daß keine selbständige Entladung zwischen Spitze und Zählerwand eintritt. Die Entladung wird durch ein hereinfliegendes ionisierendes Teilchen ausgelöst; zur Strombegrenzung und damit zum Abreißen der Entladung dient der Widerstand R. Die Entladungen zählt man z. B. mit Hilfe einer an den obigen Stromkreis induktiv angeschlossenen Registrieranlage (Verstärker mit Telephon), oder, wie in der Abbildung, an den Ausschlägen eines Fadenelektrometers. (Nach Hevesy und Paneth: Lehrbuch der Radioaktivität.)

Spitzenwirkung eben noch kein Überschlag erfolgt. Fliegt nun ein α-Teilchen vorüber, so wird es die von ihm getroffenen Luftmoleküle ionisieren, und diese geringfügige Änderung in der Feldverteilung bewirkt nun gerade den Überschlag zwischen Spitze und Platte. Nach dieser Entladung werden Spitze und Platte wieder aufgeladen, und das Spiel kann von neuem beginnen. Jedes vorbeifliegende Teilchen bewirkt auf diese Weise eine momentane Entladung, die mit Hilfe geeigneter Apparate registriert oder vermittels eines Verstärkers direkt abgehört werden kann.

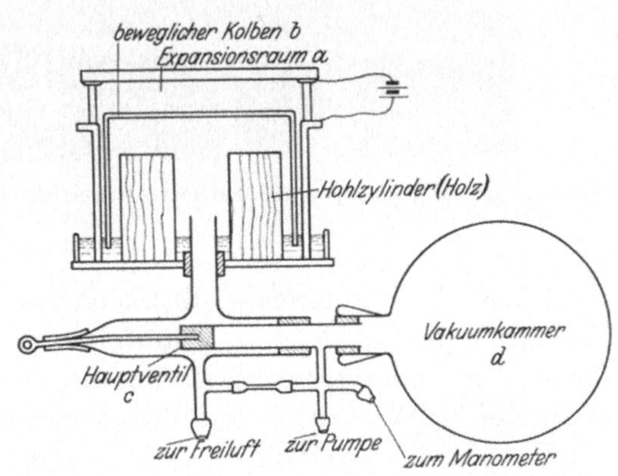

Abb. 18. Schematische Darstellung der Wilsonschen Nebelkammer. Der bewegliche Kolben wird plötzlich dadurch gesenkt, daß das Hauptventil c geöffnet und so eine Verbindung der Vakuumkammer d mit dem unter dem Kolben befindlichen Apparateteil hergestellt wird. (Nach Hevesy und Paneth.)

Die anschaulichste Methode zum Nachweis der Korpuskularnatur der radioaktiven Strahlungen bildet die direkte Sichtbarmachung der einzelnen Teilchen in der Wilsonschen Nebelkammer (Abb. 18). Wenn man reinen Wasserdampf, in dem sich keine Kondensationskerne in Form von Staubteilchen usw. befinden, durch plötzliche Expansion so weit abkühlt, daß der Dampfdruck des Wassers überschritten wird, so kann sich der Dampf wegen Fehlens von Kondensationskernen nicht in Tröpfchen kondensieren; wir erhalten übersättigten Wasserdampf. Fliegt nun ein α-Teilchen in dieses Gas hinein, so wird es die Moleküle, mit denen es zusammenstößt, ionisieren. Die Ionen wirken nun aber ihrerseits als Kondensationskerne, an denen sich die benachbarten Moleküle des übersättigten Dampfes in Tröpfchenform anlagern. Die Bahn des α-Teilchens erscheint auf diese Weise in Form einer Reihe von Wasser-

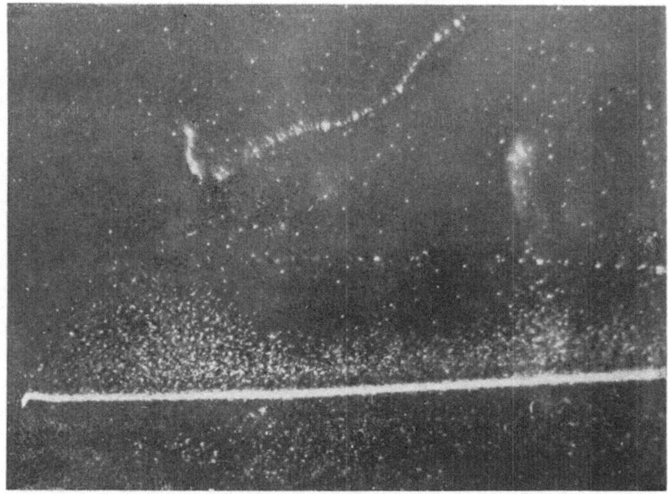

Abb. 19. Wilsonsche Aufnahme mit der Nebelkammer. Man sieht die dicke, gerade Nebelspur eines α-Teilchens (mit Knick am Ende) und die dünne, vielfach geknickte Spur eines β-Teilchens.

tröpfchen. Eine sinnreiche Konstruktion ermöglicht es, mit einem Handgriff gleichzeitig den Dampf bis über die Sättigung zu expandieren, den radioaktiven Strahlen den Weg zum Dampf freizugeben, die ganze Sache zu belichten und momentan zu photographieren. Auf der Platte sieht man dann eine Reihe von geradlinigen oder geknickten Bahnen. Man kann die Bahnen der α-Teilchen von denen der β-Teilchen nicht nur durch die größere Ionisationswirkung der ersteren (stärkere Kondensation), sondern auch durch die ihrer größeren Masse entsprechende größere Durchschlagskraft (stärkere, geradere, längere, weniger geknickte Bahnen) unterscheiden (Abb. 19). Durch Sammlung eines genügend großen Aufnahmenmaterials kann man dann statistische Aussagen über die mittlere Länge der Bahnen, über die Größe der Knicke usw. machen.

12. Proutsche Hypothese, Massenspektrograph, Isotopie.

Nachdem wir uns jetzt hinreichend vom korpuskularen Charakter der aus einer radioaktiven Substanz austretenden geladenen Teilchen überzeugt haben, wollen wir nun dazu übergehen, die eingangs aufgeworfene Frage nach dem Aufbau der Atome und Moleküle aus elementareren Bausteinen zu behandeln. Schon Anfang des letzten Jahrhunderts wurde von Prout die Hypothese aufgestellt, daß alle Atome letzten Endes aus Wasserstoffatomen aufgebaut seien. Sie geriet jedoch in Vergessenheit, als die Chemiker an eine genauere Bestimmung der Atomgewichte der chemischen Elemente gingen. Wenn die Proutsche Hypothese richtig wäre, dann müßten ja alle Atome ein Gewicht gleich einem ganzen Vielfachen von dem des Wasserstoffatoms besitzen. Es zeigte sich jedoch, daß dies bei einer ganzen Reihe von Atomen nicht der Fall ist; ein krasses Beispiel dafür bietet Chlor mit einem Atomgewicht, das, bezogen auf Wasserstoff gleich 1, den Wert 35,5 besitzt.

Die Erscheinungen beim radioaktiven Zerfall legten erstmalig die Vermutung nahe, daß Elemente, welche sich chemisch als vollkommen rein erwiesen, in Wirklichkeit ein Gemisch aus verschiedenen Atomsorten darstellen, die zwar die gleiche Struktur, aber verschiedene Masse besitzen. Man nennt solche chemisch völlig äquivalente Atomsorten mit verschiedener Masse Isotope. Zum besseren Verständnis des Folgenden möchten wir kurz an das periodische System der Elemente erinnern (Tab. 1). Das chemische Verhalten eines jeden Elementes ist durch die Stelle, an der es in diesem System eingeordnet ist, bereits weitgehend bestimmt; so stehen z. B. die Alkalien mit ihrem chemisch ähnlichen Verhalten in einer Vertikalreihe untereinander, ebenso die Erdalkalien, die Edelmetalle, die Schwermetalle usw. und schließlich die Halogene und die Edelgase. Die Einordnung der Elemente in dieses System wurde ursprünglich auf Grund ihres Atomgewichtes durchgeführt; heute ordnet man sie nach ihrer „Kernladungszahl" ein, wie wir weiter unten sehen werden.

Am Schluß des periodischen Systems stehen die radioaktiven Elemente; auch sie lassen sich nach ihrem chemischen Verhalten einordnen. So gehört z. B. das Radium in die Gruppe der Schwermetalle, muß also im periodischen System in der Vertikalreihe unter Ba und Ca stehen; Radiumemanation dagegen verhält sich wie ein Edelgas und rangiert daher unter He, Ne, ... Aus diesen und ähnlichen Ergebnissen wurde der radioaktive Wechselsatz abgeleitet: Eine α-Teilchen-Emission (Abgabe der Ladung $+2e$) verschiebt das Restatom im periodischen System um zwei Stellen nach links, d. h. in der Richtung zu kleineren H-Valenzen; beispielsweise wandelt sich Ra unter Abgabe

Tabelle 1. Periodisches System der Elemente[1].

	I	II	III	IV	V	VI	VII	VIII
1	1 H 1,0078							2 He 4,002
2	3 Li 6,940	4 Be 9,02	5 B 10,82	6 C 12,00	7 N 14,008	8 O 16,0000	9 F 19,00	10 Ne 20,183
3	11 Na 22,997	12 Mg 24,32	13 Al 26,97	14 Si 28,06	15 P 31,02	16 S 32,06	17 Cl 35,457	18 Ar 39,944 ←
4	19 K 39,10 29 Cu 63,57	20 Ca 40,08 30 Zn 65,38	21 Sc 45,10 31 Ga 69,72	22 Ti 47,90 32 Ge 72,60	23 V 50,95 33 As 74,93	24 Cr 52,01 34 Se 78,962	25 Mn 54,93 35 Br 79,916	26 Fe 27 Co 28 Ni 55,84 58,94 ←→ 58,69 36 Kr 83,7
5	37 Rb 85,44 47 Ag 107,880	38 Sr 87,63 48 Cd 112,41	39 Y 88,92 49 In 114,8	40 Zr 91,22 50 Sn 118,70	41 Nb 93,3 51 Sb 121,76	42 Mo 96,0 52 Te 127,587	43 Ma ←→ 53 J 126,92	44 Ru 45 Rh 46 Pd 101,7 102,91 106,7 54 X 131,3
6	55 Cs 132,81 79 Au 197,2	56 Ba 137,36 80 Hg 200,61	57 La 138,92 81 Tl 204,39	72 Hf 178,6 82 Pb 207,22	73 Ta 181,4 83 Bi 209,00	74 W 184,0 84 Po (210,0)	75 Re 186,31 85 Am	76 Os 77 Ir 78 Pt 190,8 193,1 195,23 86 Rn 222
7	87 Vi	88 Ra 225,97	89 Ac (227)	90 Th 232,12 ←→	91 Pa (231)	92 U 238,14		

Zwischen 57 La und 72 Hf einzuschalten: die seltenen Erden

58 Ce 140,13	59 Pr 140,92	60 Nd 144,27	61 Il	62 Sm 150,43	63 Eu 152,0	64 Gd 157,3
65 Tb 159,2	66 Dy 162,46	67 Ho 163,5	68 Er 167,64	69 Tu 169,4	70 Yb 173,5	71 Cp 175,0

Die Zahlen vor den Symbolen der Elemente bedeuten die „Ordnungszahlen", die Zahlen darunter die Atomgewichte. Letztere sind dem Bericht der Internationalen Atomgewichts-Kommission für 1932 entnommen. Der Doppelpfeil ←→ kennzeichnet die Stellen, wo das Atomgewicht nicht mit der Ordnungszahl wächst.

---

[1] Die Angaben berücksichtigen schon den Bericht von O. Hahn: Ber. dtsch. chem. Ges. Bd. 66 (1933); im Erscheinen.

eines α-Teilchens um in RaEm. Dafür verschiebt die Abgabe eines β-Teilchens (Abgabe der Ladung $-e$) das Restatom um eine Stelle nach rechts. Verfolgt man nach dieser Regel die drei radioaktiven Reihen (Abb. 20), so findet man, daß viele Stellen des Systems mehrfach besetzt sind. Um ein besonders krasses Beispiel anzuführen, kommen nach dem radioaktiven Wechselsatz an die Stelle des periodischen Systems, an der das gewöhnliche Blei sitzt, überdies die Endprodukte der drei radioaktiven Reihen RaG, AcD und ThD, die alle drei experimentell einwandfrei Bleicharakter besitzen. Dazu kommen noch RaD, AcB, ThB und RaB. Alle diese Elemente besitzen trotz gleichen chemischen Verhaltens ver-

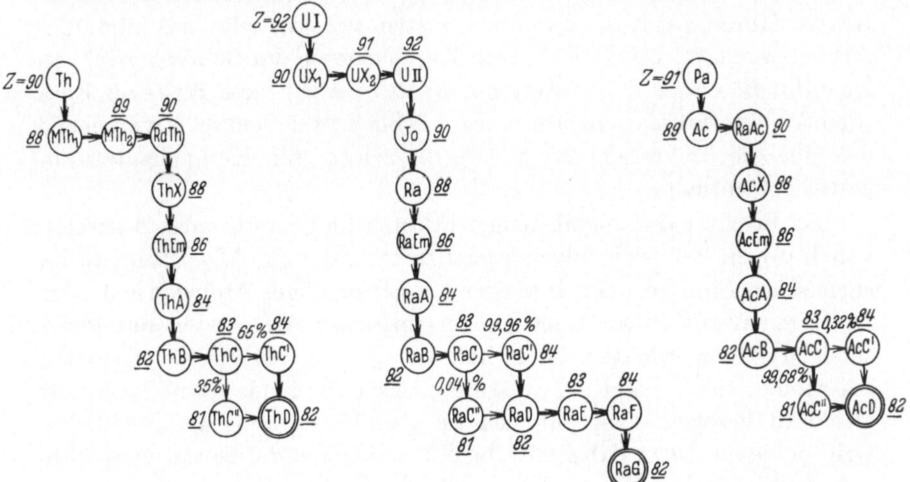

Abb. 20. Die radioaktiven Zerfallsreihen. Die durch vertikale Pfeile angedeuteten Übergänge stellen einen α-Zerfall, die horizontalen einen β-Zerfall dar; bei ersteren nimmt das Atomgewicht um 4, die Kernladung um 2 Einheiten ab, bei letzteren bleibt die Masse des Atoms angenähert konstant und die Kernladung wächst um eine Einheit. (Nach Gamow: Der Bau des Atomkerns und die Radioaktivität.)

schiedene Massen. Denn bei einer α-Emission gibt das Atom die Heliummasse 4 ab, beim β-Zerfall ändert sich wegen der kleinen Elektronenmasse die Masse des Atoms praktisch nicht. Es müssen sich daher die oben angegebenen drei Elemente der Radiumreihe RaB, RaD und RaG je um die Masse 4 unterscheiden.

Übrigens kommt es auch vor (z. B. bei jedem β-Zerfall), daß zwei chemisch verschiedene Elemente gleiches Atomgewicht haben; man nennt sie Isobaren.

Nachdem damit die Existenz von Isotopen bei den radioaktiven Substanzen nachgewiesen war, gelang es J. J. Thomson, durch elektromagnetische Ablenkungsversuche nachzuweisen, daß auch bei gewöhnlichen Elementen Isotope auftreten; so besteht das gewöhnliche Chlor, dessen Atomgewicht die Chemiker mit 35,5 angeben, aus einer Mischung einer Chlorart vom Gewicht 35,0 und einer zweiten mit 37,0. Die Thomsonschen Untersuchungen fanden ihre Vervollkommnung in dem von Thomsons Schüler Aston konstruierten Massenspektrographen, den wir bereits früher erwähnt haben (Abschnitt 10, S. 27) und der zur Zeit die genaueste Methode zur Bestimmung von Atomgewichten darstellt. Die neueste Entdeckung auf diesem Gebiet ist die, daß es ein Wasserstoffisotop mit der Masse 2 gibt, dessen Kern also aus zwei Protonen und einem Elektron besteht (s. Tabelle 2).

Wir erwähnen ferner noch, daß es neuerdings G. Hertz gelungen ist, Isotope dadurch auf rein mechanischem Wege zu trennen, daß er das Isotopengemisch in einem entsprechend konstruierten Zirkulationsverfahren mehrmals durch ein System von Tonzylindern hindurchdiffundieren läßt. Da die leichteren Komponenten des Gemisches schneller diffundieren als die schwereren, erhält man auf diese Weise als Endprodukte des Zirkulationsprozesses schließlich zwei Gemische, von denen das eine die leichteren, das andere die schwereren Komponenten angereichert enthält.

Das Resultat der ausführlichen Untersuchungen über das Auftreten von Isotopen läßt sich folgendermaßen formulieren. Alle Elemente im chemischen Sinn besitzen entweder ein ganzzahliges Atomgewicht oder sie bestehen aus einem Gemisch verschiedener Atomsorten mit ganzzahligen Atomgewichten. Man hat von je aus praktischen Gründen die Atomgewichte nicht auf Wasserstoff gleich 1, sondern auf Sauerstoff gleich 16 bezogen. Dies hat sich für das Verständnis als glücklicher Griff erwiesen. Denn dabei tritt die Ganzzahligkeit der Isotopengewichte viel deutlicher hervor, als bei der Wahl H = 1. Zwar bekommt für O = 16 Wasserstoff den von 1 recht abweichenden Wert H = 1,0078, aber alle andern reinen Isotope erhalten gut ganzzahlige Gewichte.

Um zu verstehen, woher dies kommt, müssen wir vorwegnehmen, daß die Massen der Atome fast vollständig in den Atomkernen konzentriert sind. Jedes Atom besteht aus einem Kern, der von einer Wolke von Elektronen umgeben ist (s. Abschnitt 13). Dieser Kern ist der wesentliche Teil des Atoms. Das Ergebnis der Untersuchungen Astons müssen wir auf die Kerne beziehen: Jeder Kern besteht aus einer ganzen Anzahl von Wasserstoffkernen oder Protonen, den positiven Uratomen, die durch einige negative Elektronen zusammengehalten werden.

Die Abweichungen von der Ganzzahligkeit, die sog. Massendefekte, lassen sich theoretisch deuten, und zwar auf Grund des von der Relativitätstheorie aufgestellten Satzes, daß jeder Energie E eine Masse m zukommt, die durch die Gleichung

$$E = m\,c^2$$

Tabelle 2. Tabelle der Isotopen[1].

Die Isotopen sind jeweils in der Reihenfolge der Häufigkeit ihres Auftretens angeordnet; die radioaktiven Isotope sind mit einem Stern versehen.

Element	Z	Isotope	Element	Z	Isotope
H	1	1, 2	Ru	44	102, 101, 104, 100, 99, 96, 98?
He	2	4			
Li	3	7, 6	Ag	47	107, 109
Be	4	9, 8?	Cd	48	114, 112, 110, 113, 111, 116
B	5	11, 10			
C	6	12, 13	In	49	115
N	7	14, 15	Sn	50	120, 118, 116, 119, 117, 124, 122, 121, 112, 114, 115
O	8	16, 18, 17			
F	9	19			
Ne	10	20, 22, 21	Sb	51	121, 123
Na	11	23	Te	52	130, 128, 126, 125, 124, 122, 123, 127?
Mg	12	24, 25, 26			
Al	13	27	J	53	127
Si	14	28, 29, 30	Xe	54	129, 132, 131, 134, 136, 130, 128, 124, 126
P	15	31			
S	16	32, 34, 33	Cs	55	133
Cl	17	35, 37, 39	Ba	56	138, 135, 136, 137
Ar	18	40, 36	La	57	139
K	19	39, 41*	Ce	58	140, 142
Ca	20	40, 44	Pr	59	141
Sc	21	45	Nd	60	146, 144, 142, 145?
Ti	22	48, 50?	Ta	73	181
V	23	51	W	74	184, 186, 182, 183
Cr	24	52, 53, 50, 54	Re	75	187, 185
Mn	25	55	Os	76	192, 190, 189, 188, 186, 187
Fe	26	56, 54			
Co	27	59	Hg	80	202, 200, 199, 201, 198, 204, 196
Ni	28	58, 60			
Cu	29	63, 65	Tl	81	205, 203, 207*, 208*, 210*
Zn	30	64, 66, 68, 67, 70	Pb	82	208, 206, 207, 204, 203?, 205?, 209?, 210*, 211*, 212*, 214*
Ga	31	69, 71			
Ge	32	74, 72, 70, 73, 76, 75, 71, 77	Bi	83	209, 210*, 211*, 212*, 214*
As	33	75			
Se	34	80, 78, 76, 82, 77, 74	Po	84	210*, 211*, 212*, 214*, 215*, 216*, 218*
Br	35	79, 81			
Kr	36	84, 86, 82, 83, 80, 78	Em	86	222*, 219*, 220*
Rb	37	85, 87*	Ra	88	226*, 223*, 224*, 228*
Sr	38	88, 86, 87	Ac	89	227*, 228*
Y	39	89	Th	90	232*, 227*, 228*, 230*, 234*
Zr	40	90, 94, 92, 96?			
Nb	41	93	Pa	91	231*, 234*
Mo	42	98, 96, 95, 92, 94, 100, 97	U	92	238*, 234*

gegeben wird. Auf die genaue Begründung dieses fundamentalen Satzes soll hier zwar nicht eingegangen werden, wir wollen aber kurz an einem Gedankenexperiment zeigen, daß es sich hierbei keineswegs um eine

---

[1] Nach O. Hahn: Ber. dtsch. chem. Ges. Bd. 66 (1933), im Erscheinen. Für die Möglichkeit der Einsichtnahme in das Manuskript haben wir Herrn Hahn sehr zu danken.

theoretische Spitzfindigkeit handelt, sondern um einen begrifflich groben Effekt. Denken wir uns einen geschlossenen Kasten, an dessen Stirnwänden sich zwei genau gleiche Apparate (I und II) befinden, die so gebaut sind, daß sie für kurze Zeit ein Lichtsignal in einer bestimmten Richtung aussenden oder ein ankommendes Lichtsignal restlos absorbieren können (Abb. 21). Nun soll der Apparat I zu einer bestimmten Zeit ein Lichtsignal in der Richtung gegen den Apparat II aussenden. Durch diesen Emissionsprozeß erhält der Apparat I und damit der ganze Kasten einen Rückstoß. Das Auftreten eines solchen Rückstoßes ist durch den Strahlungsdruck bedingt. Dieser wurde experimentell von Lebedew in guter Übereinstimmung mit der Theorie gefunden, später von Hull u. a., zuletzt sehr genau von Gerlach und seinen Schülern untersucht. Infolge des Rückstoßes wird sich der Kasten während der ganzen Zeit, die das Licht von I nach II braucht, in der entgegengesetzten Richtung bewegen und erst dann zum Stillstand kommen, wenn das Licht auf den Apparat II auftrifft und dort infolge des Strahlungsdruckes die Bewegung des Kastens wieder vollständig abbremst. Nun vertauschen wir die beiden Apparate, wodurch sich nichts ändert, da ja die beiden Apparate gleich schwer sein sollen. Dann sende der Apparat II die gleiche Lichtmenge, wie früher I, gegen den Apparat I aus, wodurch sich der ganze Kasten wieder um die gleiche Strecke wie früher nach links verschiebt, und dann tauschen wir wieder die beiden Apparate aus. Auf diese Weise wäre es möglich, den Kasten um beliebig große Strecken zu verschieben, ohne daß im Innern des Kastens und in seiner Umgebung irgendeine Veränderung eingetreten ist, was offenbar mit dem Schwerpunktsatz in Widerspruch steht.

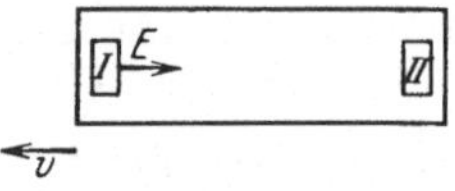

Abb. 21. Illustration des Einsteinschen Gedankenexperiments zum Beweise der Relation $E = m c^2$. Der Sender I strahlt dem Empfänger II eine bestimmte Lichtenergie E zu; dadurch erfährt der ganze Kasten einen Rückstoß.

Der Widerspruch löst sich jedoch sofort, wenn man die Einsteinsche These von der Äquivalenz von Energie und Masse berücksichtigt. Durch die Emission des Lichtsignals beim ersten Schritt unseres Gedankenexperimentes gibt der erste Apparat eine bestimmte Energiemenge E ab, sein Energieinhalt und damit auch seine Masse werden kleiner. Entsprechend wird der Energieinhalt des Apparates II bei der Absorption des Lichtsignals vermehrt und damit die Masse des Apparates größer, so daß jetzt II schwerer ist als I und eine Vertauschung der beiden Apparate wegen des Schwerpunktsatzes nur so möglich ist, daß sich dabei der ganze Kasten wieder um eine bestimmte Strecke nach rechts verschiebt. Fragt man nun nach dem Zusammenhang, der zwischen Masse und Energie bestehen muß, damit die Kastenverschiebung infolge der Strahlungsrückwirkung durch die Vertauschung der beiden Apparate gerade kompensiert wird, so erhält man durch eine kurze Rechnung (s. Anhang V) die oben angegebene Einsteinsche Formel.

Wir kehren nun zum Problem der Massendefekte zurück. Bei der Vereinigung von Wasserstoffkernen (Protonen) und Elektronen zu Kernen tritt im allgemeinen ein Energieverlust auf; denn um aus dem Endprodukt, also aus dem Kern eines höheren Elementes ein Proton oder ein α-Teilchen abzuspalten, müssen wir Energie zuführen (mit Ausnahme der radioaktiven Substanzen, bei denen ein solcher Abspaltungsprozeß spontan, also ohne vorherige Energiezufuhr erfolgen kann). Der Energieverlust bei der Vereinigung der Protonen und Elektronen zu Kernen ist nun aber nach Einstein äquivalent mit dem Verlust an Masse, so daß das Endprodukt leichter ist als die Summe der Gewichte der einzelnen Bausteine im getrennten Zustand. Wir wollen noch ein Zahlenbeispiel angeben: Der größte Fehlbetrag tritt bei der Bildung eines Heliumatoms aus vier Wasserstoffatomen auf. Letztere besitzen zusammen die Masse $4 \cdot 1{,}008$, im vereinigten Zustand (Helium) die Masse $4{,}002$; also ist der bei der Vereinigung freiwerdende Energiebetrag nach der Einsteinschen Formel gegeben durch

$$E = (4 \cdot 1{,}008 - 4{,}002) \cdot c^2 = 0{,}27 \cdot 10^{20} \text{ erg/Mol} .$$

Um also ein Heliumatom in vier Wasserstoffatome aufzuspalten, ist eine Energiezufuhr von mindestens dieser Größe nötig. Zur Veranschaulichung der Größenordnung dieses Energiebetrages rechnen wir ihn auf große Kalorien pro Mol um; es ergibt sich der enorme Betrag von $6{,}9 \cdot 10^8$ kcal/Mol. Zum Vergleich führen wir an, daß die Verbrennungswärmen in der Größenordnung von etwa 100 kcal/Mol liegen.

Die von Aston mit größter Genauigkeit ausgeführten Messungen der Massendefekte geben somit Aufschluß über die „Bildungswärmen" der Kerne, also über die Energieverhältnisse beim Kernaufbau. Man findet dabei einen durchaus gesetzmäßigen Gang. Es hat sich als zweckmäßig erwiesen, die Kerne in vier Gruppen einzuteilen, je nachdem ihre Atomgewichte durch 4 teilbar sind oder bei Teilung durch 4 den Rest 1, 2 oder 3 geben. Da sich vermutlich im Kern je vier Protonen (mit zwei Elektronen) zu einem α-Teilchen zusammenschließen, so würden die Kerne der ersten Gruppe nur aus α-Teilchen bestehen, während die anderen noch locker gebundene Protonen enthalten. In Abb. 22 sind die Bindungsenergien (und damit die Massendefekte) dargestellt; man sieht, daß die Bindungsenergien (Massendefekte) zuerst stark anwachsen und dann gegen die radioaktiven Elemente hin wieder schwach abfallen.

An dieser Stelle möchten wir die berühmten Versuche Rutherfords und seiner Schüler über die Kernzertrümmerung erwähnen. Es gelang ihnen, mit der Wilsonschen Nebelmethode nachzuweisen, daß α-Teilchen, die durch Substanzen kleinen Atomgewichtes hindurchfliegen, gelegentlich mit diesen Atomen so heftig zusammenstoßen, daß ein α-Teilchen im Kern steckenbleibt und statt dessen ein Proton,

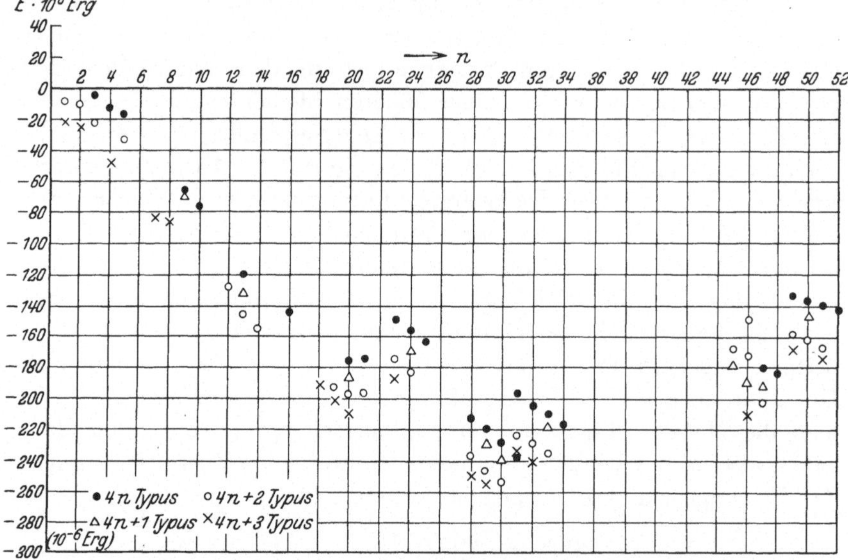

Abb. 22. Diagramm der Bindungsenergien (Massendefekte) in erg in der Abhängigkeit von n, wobei n die größte ganze Zahl ist, deren Vierfaches das Atomgewicht der einzelnen Elemente nicht überschreitet; in der Abbildung ist zwischen den einzelnen, im Text erwähnten vier Gruppen (je nach ihrem Rest 0, 1, 2, 3 bei Division mit 4) unterschieden. (Nach Gamow.)

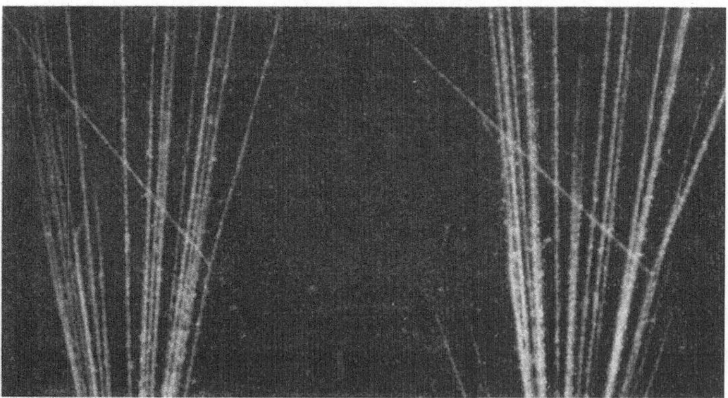

Abb. 23. Stereoskopische Wilsonaufnahme eines Atomzertrümmerungsprozesses (nach Blackett). Stickstoffumwandlung unter Einfangung des α-Teilchens. Man sieht deutlich die Gabelung des Strahls (α-Bahn); von den beiden Ästen nach der Gabelung entspricht der schwächere dem aus dem Stickstoffkern herausgeschlagenen Proton, der stärkere dem Restkern.

kenntlich durch seine Wilsonspur, herausfliegt (Abb. 23). Eine genaue Bestimmung der Energieverhältnisse zeigt, daß die Energien des herausfliegenden Protons und des neu entstandenen Atoms zusammen größer sind als die des herankommenden α-Teilchens; es handelt sich hier also um einen explosionsartigen Vorgang (Energieabgabe), der durch das α-Teilchen ausgelöst wird. Die Abbildung von Blackett zeigt eine stereoskopische Aufnahme dieses Stoßes mit der Wilsonschen Methode; man sieht deutlich die Gabelung des ankommenden Strahls.

Der größte Erfolg auf diesem Gebiet ist neulich zwei Schülern Rutherfords, Cockcroft und Walton gelungen. Sie arbeiteten nicht mit α-Strahlen, sondern mit Protonenstrahlen, die sie in einem Vakuumrohr (400 bis 600 kV) beschleunigten und auf Lithium fallen ließen. Lithium hat das Atomgewicht 7, besteht also erwartungsgemäß aus einem α-Teilchen und aus drei locker gebundenen Protonen; da es ferner die Kernladungszahl 3 besitzt, so müssen im Kern noch zwei Elektronen eingebaut sein. Wenn nun ein Proton mit dem Lithiumkern zusammenstößt, so ist es denkbar, daß sich das stoßende Proton mit den drei Protonen und den zwei Kernelektronen des Lithiums unter großer Energieabgabe zu einem neuen α-Teilchen vereinigt und daß diese Energie die beiden jetzt vorhandenen α-Teilchen mit größter Geschwindigkeit auseinandertreibt. Genau das, was wir hier geschildert haben, wurde von den genannten Forschern beobachtet. Man hat also hier den Fall der Zertrümmerung eines Atoms in zwei gleiche Splitter. Übrigens wurden auch bereits an anderen Elementen ähnliche Zertrümmerungsversuche mit positivem Erfolg ausgeführt.

Die Lehre vom Aufbau der Kerne ist damit um eine neue Feststellung bereichert. Wenn wir auch heute noch über eine Reihe grundlegender Fragen der Kernphysik vollständig im unklaren sind, so ist doch gerade dieser Teil der Physik ein äußerst dankbares Arbeitsgebiet sowohl für die Theoretiker wie für die Experimentatoren.

13. Aufbau der Atome.

Nachdem wir uns in den letzten Abschnitten mit der Natur der Elementarteilchen befaßt haben, aus denen die Atome aufgebaut sind und die beim radioaktiven Zerfall von der zerfallenden Substanz ausgeschleudert werden, wenden wir uns nun der Untersuchung zu über die Art und Weise, in welcher sich diese Elementarteilchen zum Atomgefüge zusammensetzen. Eine der wichtigsten Methoden zur Untersuchung des Atombaues besteht darin, daß man die Substanz, die man untersuchen will, mit irgendwelchen Strahlen bestrahlt und nun erforscht, was mit dieser primären Strahlung beim Durchgang durch die Materie geschieht.

Wir beginnen mit der Zerstreuung von Licht durch Atome. Nach der Vorstellung der Maxwellschen elektromagnetischen Lichttheorie besteht das Licht (und auch die Röntgenstrahlung) aus einem periodisch veränderlichen, elektromagnetischen Wechselfeld. Trifft die

Lichtwelle auf ein geladenes Teilchen, so wird dieses zum Mitschwingen veranlaßt, und zwar um so stärker, je leichter das Teilchen ist und je näher die Frequenz des einfallenden Lichtes der Eigenfrequenz des gebundenen Teilchens liegt. Also werden einerseits die Elektronen wegen ihrer geringen Masse viel stärker mitschwingen als etwa Protonen oder noch schwerere Teilchen; andrerseits werden durch sichtbares Licht vorwiegend nur die an der Atomoberfläche sitzenden und daher relativ locker gebundenen Teilchen zum Mitschwingen angeregt werden, während zum Anregen der weiter innen im Atom gebundenen Elektronen bereits Röntgenstrahlen notwendig sind.

Nun wirkt bekanntlich ein schwingendes geladenes Teilchen wie eine Antenne, es sendet selbst wieder elektromagnetische Schwingungen in Form von Kugelwellen aus. Und zwar ist die von einem (freien, bzw. locker gebundenen) Elektron pro Zeiteinheit dem Primärstrahl entzogene und in Streustrahlung umgewandelte Energie gegeben durch (Anhang VI)

$$J = \frac{8\,\pi}{3} \left(\frac{e^2}{m\,c^2}\right)^2 J_0\,,$$

wobei J_0 die Intensität der Primärstrahlung bedeutet. Besitzt jedes Atom n Elektronen, die am Streuprozeß teilnehmen, und ist N die Anzahl der Atome pro Volumeinheit, so ist der Energieverlust der Primärstrahlung pro cm Weg, die Schwächungskonstante, nach J. J. Thomson gegeben durch

$$\frac{n\,N\,J}{J_0} = \frac{8\,\pi}{3} \left(\frac{e^2}{m\,c^2}\right)^2 n\,N\,.$$

Kennt man N, so kann man aus Schwächungsmessungen an Röntgenstrahlen die Anzahl n bestimmen. Voraussetzung für die Anwendbarkeit der Formel ist jedoch, um es nochmals zu betonen, einerseits genügend große Härte der Röntgenstrahlen und andrerseits die Durchführung der Messung an nicht zu schweren Atomen, da sonst die Elektronen im Innern der Atome nicht mehr als praktisch frei angesehen werden können, was wir ja bei der Durchführung der Rechnung angenommen haben.

Aus den Messungen ergab sich, daß n für alle leichteren Atome, die untersucht werden konnten, ungefähr gleich ist dem halben Atomgewicht.

Es sei hier noch eine anschauliche Deutung der Thomsonschen Streuformel angefügt. Sie gibt den Energieverlust einer Lichtwelle durch Streuung an einem freien Elektron; da die Intensität J_0 der einfallenden Welle als Energie pro 1 cm² definiert ist, J jedoch die gesamte gestreute Energie bedeutet, so besitzt der Quotient J/J_0 die Dimension einer Fläche. Man kann sie gleich einem „wirksamen Querschnitt" des Elektrons $a^2\pi$ setzen und hat dann

$$\frac{J}{J_0} = \frac{8\,\pi}{3}\left(\frac{e^2}{m\,c^2}\right)^2 = a^2\,\pi\,,$$

also

$$a = \sqrt{\frac{8}{3}}\,\frac{e^2}{m\,c^2}\,.$$

Diese Größe ist aber als „Radius" des Elektrons bekannt. Man definiert sie so: Die Aufladung einer Kugel vom Radius a auf die Gesamtladung e erfordert die Energie $\alpha \cdot \dfrac{e^2}{a}$, wo α ein Zahlenfaktor ist, der von der Verteilung der Ladung über das Kugelinnere abhängt und von der Größenordnung 1 ist. Diese Energie muß nach der Einsteinschen Relation mit der Masse m durch die Gleichung

$$\alpha\,\frac{e^2}{a} = m\,c^2$$

zusammenhängen, woraus

$$a = \alpha\,\frac{e^2}{m\,c^2}$$

folgt, in Übereinstimmung mit dem oben abgeleiteten Wirkungsradius, wenn $\alpha = \sqrt{\dfrac{8}{3}}$ gesetzt wird.

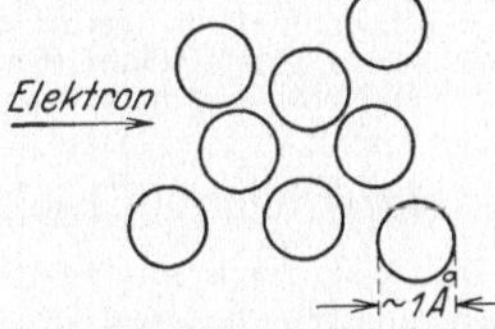

Abb. 24. Durchgang von Elektronen durch Materie; nach der Vorstellung der kinetischen Gastheorie sind die Moleküle Gebilde von der Größe ~ 1 Å; wären sie für ein Elektron undurchdringlich, so könnte es eine dünne Folie nicht durchsetzen.

Das Bemerkenswerte an dieser Betrachtung ist nun, daß sie keine hypothetische Extrapolation der Elektrostatik auf das Innere des Elektrons benützt, sondern mit einem punktförmigen Elektron operiert. Der Radius a erscheint eigentlich als „Unbestimmtheit des Elektronenortes". Wir werden später Unbestimmtheitsrelationen zwischen Koordinaten und Geschwindigkeiten kennenlernen; dort handelt es sich um „relative" Unbestimmtheiten, hier dagegen um eine „absolute". Vielleicht ist diese Bemerkung für eine künftige Quantenelektrodynamik wichtig.

Wir gehen nun zu den Versuchen über, die Atomstruktur mit Hilfe von Streuversuchen mit Elektronenstrahlen zu erforschen. Sie wurden vorwiegend von Lenard und seinen Schülern unter Verwendung von Kathodenstrahlen durchgeführt. Wir haben im ersten Kapitel gesehen, daß die Atome ungefähr Durchmesser von der Größenordnung 10^{-8} cm besitzen. Denken wir uns diese als massive Kugeln nach dem Schema der Abb. 24, so müßte ein Kathodenstrahlteilchen binnen kurzem infolge der Zusammenstöße mit diesen Kugeln vollständig abgebremst sein. Die systematischen Untersuchungen von Lenard ergaben jedoch gerade das Gegenteil. Es zeigte sich nämlich, daß Atome für schnelle Elektronen fast völlig durchlässig sind. Das führte ihn zur Vorstellung, daß ein Atom aus einem sehr kleinen, undurchdringlichen Zentrum besteht, das er Dynamide nannte; dieses Zentrum ist umgeben von einer lockeren Elektronenwolke, die für die auftreffenden Kathoden-strahlteilchen fast gar kein Hindernis dar-stellen. Mit dieser Hypothese ist Lenard der eigentliche Begründer der modernen Atomvorstellung.

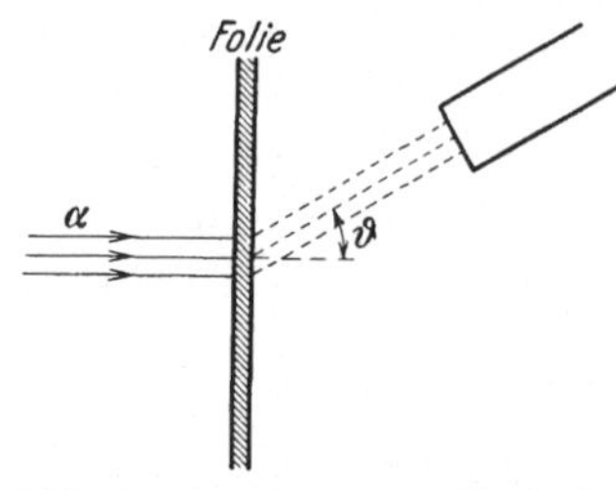

Abb. 25. Anordnung zur Beobach-tung der Streuung von α-Teilchen; mit Hilfe eines Spitzenzählers werden die α-Teilchen gezählt, die um einen bestimmten Winkel ϑ aus der pri-mären Richtung abgelenkt werden.

Als Vater der Atomtheorie wird jedoch im allgemeinen Rutherford bezeichnet, der die Untersuchungen mit besseren Mit-teln aufgenommen und weitergeführt hat; ihm verdanken wir die konkreten, zahlen-mäßig festgelegten Vorstellungen über den Aufbau der Atome. Rutherford benutzt zu seinen Streuversuchen nicht, wie Lenard, die relativ leichten Elektronen, sondern die viel schwereren α-Teilchen (Abb. 25). Diese werden wegen ihrer großen Masse bei Zusammen-stößen mit den Atomelektronen nicht merklich abgelenkt und regi-strieren daher nur die Zusammenstöße mit den schweren Teilchen. Das Verhältnis in der Durchschlagskraft zwischen Elektronen und α-Teil-chen kann man sich anschaulich ungefähr so vorstellen wie das zwischen den leichten Gewehrkugeln und den schweren Granaten.

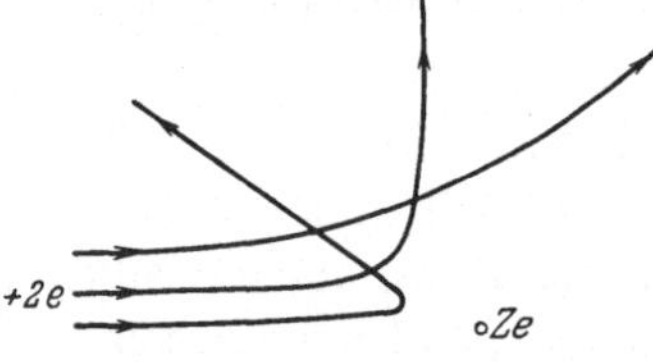

Abb. 26. Streuung von α-Teilchen an einem Z-fach geladenen Kern; die Bahnen der α-Teilchen sind Hyperbeln.

Zunächst einmal folgt aus den Ver-suchen Rutherfords eindeutig die be-reits von Lenard gefundene Tatsache, daß ein Atom, bis auf einen kleinen schweren Kern, fast völlig leer ist. Da das α-Teilchen merklich nur am Kern abgelenkt wird, kann man aus der In-tensitätsverteilung der durch eine Folie gestreuten α-Teilchen auf das Ab-lenkungsgesetz schließen. Es ergab sich eindeutig, daß als ablenkende Kraft die Coulombkraft $\dfrac{2\,Z\,e^2}{r^2}$ wirkt, wobei $2e$ bekanntlich die Ladung des α-Teilchens ist und Ze die Ladung des Kerns bedeutet. Die Bahnen der α-Teilchen sind Hyperbeln mit dem Kern als Brennpunkt (Abb. 26). Die Ableitung der Rutherfordschen Streuformel bringen wir im An-hang VII.

Aus den Versuchen ergab sich ferner, daß die Kernladungszahl Z gleich ist der Nummer, die das betreffende Element bei fortlaufender Durchnumerierung der Elemente im periodischen System erhalten würde. Damit das Atom neutral ist, muß die Kernladungszahl übereinstimmen mit der aus den optischen Streuversuchen bestimmten Anzahl der Elektronen in der den Kern umgebenden Elektronenwolke. Für das chemische Verhalten eines Atoms kommt es natürlich auf die äußeren Elektronen an; es ist also hierfür nicht seine Masse, sondern seine „Atomnummer" = Kernladungszahl maßgebend. Isotope besitzen die gleiche Kernladungszahl.

Bei nahezu zentralen Stößen, also bei Streuung unter großen Winkeln, treten Abweichungen von der durch das Coulombsche Gesetz bedingten Verteilung der gestreuten α-Teilchen auf. Daraus muß man den Schluß ziehen, daß das Coulombsche Gesetz nur bis zu Abständen von ungefähr 10^{-13} cm gilt. Man stellt sich das so vor, daß auch dem Kern eine endliche Ausdehnung zukommt und daß der „Kernradius" eben von dieser Größenordnung ist.

Nach Rutherford sieht das Kernatom folgendermaßen aus: In der Mitte des Atoms sitzt der Kern; dieser besteht aus n_+ Protonen und n_- Elektronen, seine Ladung ist daher gleich

$$Z\,e = (n_+ - n_-)\,e\,,$$

seine Masse, abgesehen vom früher besprochenen Massendefekt, gleich n_+ bezogen auf $H = 1$. Mögliche Isotope müssen die gleiche Kernladungszahl Z haben, können daher nur aus

$$n_+ \pm x \ \text{Protonen}$$

und

$$n_- \mp x \ \text{Elektronen}$$

bestehen.

Um den Kern bewegen sich, wie erwähnt, beim neutralen Atom Z Elektronen, die eine Kugel vom Radius $\sim 10^{-8}$ cm füllen. Um sich eine Vorstellung von den Dimensionen und von der Leere zu geben, die in einem Atom besteht, geben wir folgendes Beispiel. Wenn man sich einen Wassertropfen bis zu den Dimensionen der Erdkugel aufgeblasen denkt und mit ihm im gleichen Verhältnis auch die Atome vergrößert vorstellt, so erhält ein Atom den Durchmesser von einigen Metern. Der Kerndurchmesser beträgt dann jedoch nur rund $^1/_{100}$ mm, und von der gleichen Größenordnung kann man sich auch die Z Elektronen denken, die in der dem Atom entsprechenden Kugel herumfliegen.

III. Wellen-Korpuskeln.

14. Wellentheorie des Lichtes. Interferenz und Beugung.

Im letzten Vortrag haben wir eine Reihe von Versuchen kennengelernt, die in ihren Ergebnissen kaum anders zu deuten sind als durch die Annahme, daß die Materie aus kleinsten Bausteinen korpuskularer Natur, aus Protonen und Elektronen aufgebaut ist; im besondern erinnern wir nochmals an die Wilsonschen Nebelkammeraufnahmen, bei denen die Bahnen der einzelnen Korpuskeln unmittelbar zur Anschauung gelangen. Wir werden heute Versuche kennenlernen, die ebenso eindeutig nur mit der Vorstellung vereinbar zu sein scheinen, ein Molekül- oder Elektronenstrahl sei ein Wellenzug. Bevor wir jedoch darauf eingehen, wollen wir uns an Hand der optischen Beugungserscheinungen in Kürze die Grundtatsachen jeder Wellenbewegung ins Gedächtnis zurückrufen.

Während sich im 18. Jahrhundert die Physiker noch fast ausschließlich zur Emissionstheorie Newtons bekannten, nach der das Licht aus einer Menge kleinster Korpuskeln besteht, welche von der Lichtquelle ausgesandt werden, und die Huygenssche Wellentheorie nur wenig Anhänger (darunter den großen Mathematiker Euler) besaß, änderte sich die Sachlage sofort, als Anfang des 19. Jahrhunderts Young die Entdeckung machte, daß sich zwei Lichtstrahlen unter Umständen schwächen können, eine Erscheinung, die nach der Korpuskulartheorie völlig unerklärlich war. Die weiteren Untersuchungen von Young und von Fresnel sprachen in ihren Ergebnissen eindeutig für die Wellenvorstellung

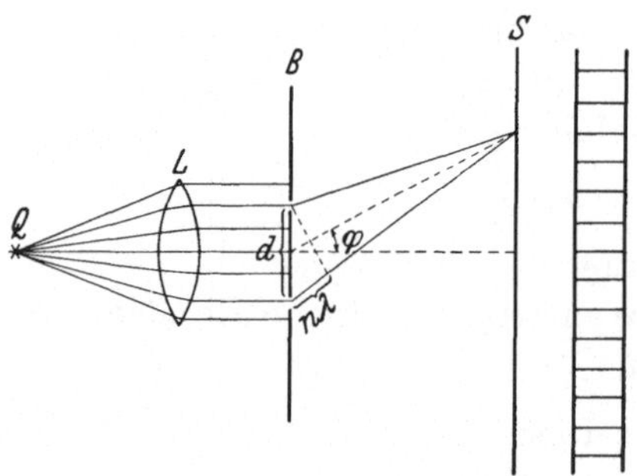

Abb. 27. Beugung an zwei nahe beisammen liegenden schmalen Spalten. Die Beugungsfigur ist ein System von äquidistanten hellen bzw. dunklen Streifen.

Huygens', denn es ist nicht möglich, Interferenzerscheinungen anders zu deuten als durch eine Wellentheorie.

Wir wollen hier kurz den Interferenzversuch von Young besprechen (Abb. 27): Die einfarbige (monochromatische) Lichtquelle Q beleuchtet durch die Linse L den Doppelspalt in der Blende B mit parallelem Licht. Auf dem Schirm S hinter der Blende erscheint ein System von äquidistanten hellen und dunklen Streifen, deren Zustandekommen folgendermaßen zu verstehen ist. Von beiden Öffnungen der Blende gehen Kugelwellen aus, die „kohärent" sind, d. h. miteinander interferieren können. Die beiden Wellenbewegungen überlagern sich und verstärken sich dort, wo ein Wellenberg der einen Welle mit einem solchen der andern Welle zusammenfällt; hingegen löschen sie sich dort gegenseitig aus, wo sich ein Wellenberg der einen Welle einem Tal der andern überlagert. Aus dieser Tatsache lassen sich sofort die Stellen angeben, an denen auf dem Schirm Helligkeit herrscht: Es sind das die Punkte, deren Abstände von den beiden Blendenöffnungen sich gerade um ein ganzzahliges Vielfaches der Wellenlänge unterscheiden. Aus Abb. 27 liest man sofort ab, daß diese Differenz der Abstände gleich $d \sin \varphi$ ist; es entsteht also auf dem Schirm

$$\left.\begin{aligned} &\text{Helligkeit, wenn } d \sin \varphi = n\,\lambda, \\ &\text{Dunkelheit, wenn } d \sin \varphi = (n + \tfrac{1}{2})\,\lambda \end{aligned}\right\} \quad (n = 0,\ \pm 1,\ \pm 2,\ \ldots)$$

(d ist der Abstand der beiden Öffnungen, φ der Ablenkungswinkel).

Ein ähnliches Beugungsbild erhält man auch beim Durchgang des Lichtes durch einen Spalt. Man kann sich sein Zustandekommen grob so vorstellen, daß die von den einzelnen Punkten des Spaltes ausgehenden Huygensschen Elementarwellen miteinander zur Interferenz gelangen. Es bestehen jedoch zwei wesentliche Unterschiede gegenüber früher: Zunächst sieht man leicht, daß die Beziehung

$$d \sin \varphi = n\,\lambda \qquad (n = \pm 1,\ \pm 2,\ \ldots)$$

(d ist die Spaltbreite) jetzt nicht mehr die Stellen angibt, an denen Helligkeit herrscht, sondern die Stellen mit Dunkelheit. Denn in dem Bündel von Wellenzügen, die in der durch die Gleichung angegebenen Richtung von der Blende ausgehen, sind in diesem Falle alle „Phasen" gerade gleich oft vertreten, d. h. wir finden in dem Bündel genau so viele Wellenzüge, die auf dem Schirm gerade mit einem Wellenberg auftreffen, wie

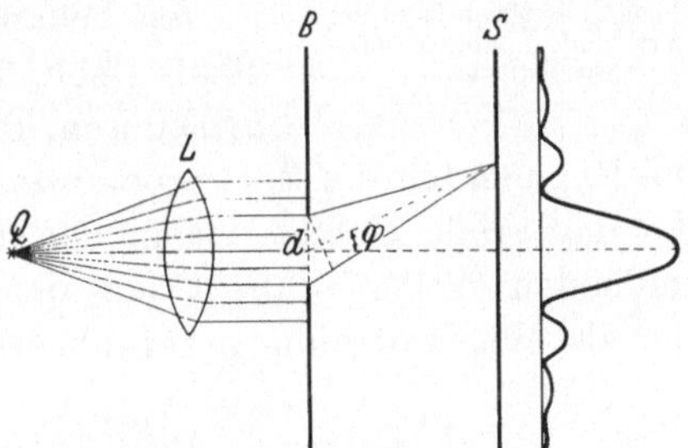

Abb. 28. Beugung an einem Spalt. Das Beugungsbild besitzt ein großes Intensitätsmaximum für den Beugungswinkel $\varphi = 0$, außerdem eine Reihe von äquidistanten, bei zunehmendem Beugungswinkel immer schwächer werdenden Intensitätsmaxima.

solche, die mit einem Tal ankommen; sie werden sich daher gegenseitig auslöschen. Ferner ergibt sich, daß nicht, wie früher, alle Beugungsmaxima gleich hell sind, sondern daß ihre Intensität vom mittleren Maximum sehr stark nach außen abfällt in einer Weise, wie es in Abb. 28 durch die daneben gezeichnete Schlangenlinie angedeutet ist. Es sei noch besonders betont, daß bei Verkleinerung des Spaltes die Beugungsfigur auseinander rückt, wie man aus der oben angegebenen Beziehung für die Lage der Beugungsminima oder auch aus der Abb. 28 direkt leicht entnehmen kann.

Die Tatsache, daß die Form des Beugungsbildes von der Wellenlänge des Lichtes wesentlich abhängt, ermöglicht die Durchführung von Spektraluntersuchungen mit Hilfe von Interferenzerscheinungen (Strichgitter, Stufengitter, Perot-Fabryplatte, Lummerplatte). Für das Zustandekommen von Beugungsbildern ist erforderlich, daß die Breite der verwendeten Spalte von der Größenordnung der Wellenlänge des Lichtes ist. Will man daher Interferenzerscheinungen an Röntgenstrahlen erhalten, so braucht man dazu Gitter mit Strichabständen von der Größenordnung $1\,\text{Å} = 10^{-8}\,\text{cm}$. Solche Gitter gibt uns, wie v. Laue gezeigt hat, die Natur in Form der Kristalle in die Hand, deren Gitterabstände eben von dieser Größenordnung sind. Durchstrahlt

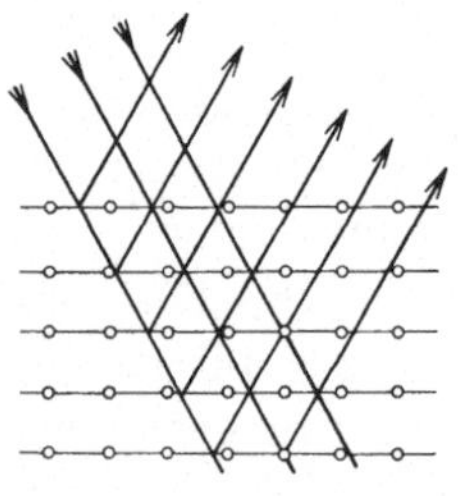

Abb. 29. Beugung von Röntgenstrahlen an einem Kristall. Nach Bragg werden die Strahlen an den Netzebenen des Kristalls reflektiert und gelangen dabei zur Interferenz.

man einen Kristall mit Röntgenlicht, so erhält man in der Tat typische Interferenzerscheinungen. Man kann sie nach Bragg als Interferenz der an verschiedenen Netzebenen des Gitters reflektierten Strahlen deuten (Abb. 29). Übrigens gelang es Compton und anderen Forschern Röntgeninterferenzen auch an künstlichen Gittern herzustellen; und zwar ist dies möglich bei streifender Inzidenz der Strahlung.

Wir stellen hier noch die Wellenlängen der derzeit bekannten Strahlungsarten in Form einer Skala (Abb. 30) zusammen. Der Maßstab ist logarithmisch, die angegebenen Zahlen bedeuten also die Exponenten der Zehnerpotenzen. Als Einheit wählen wir $\lambda_0 = 1$ cm. An das große Gebiet der in der drahtlosen Telegraphie Verwendung findenden Wellen schließt sich der Bereich der ultraroten Wellen an, die als Wärmestrahlung auf unsere Sinne wirken. Dann kommt der

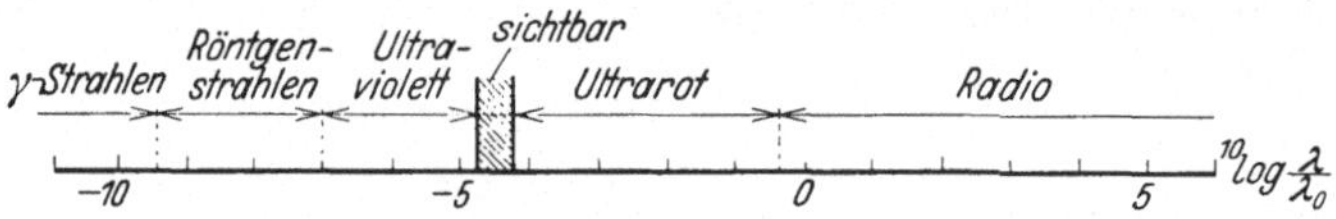

Abb. 30. Skala der Wellenlängen (im logarithmischen Maßstab); die Angaben beziehen sich auf die Einheitsstrecke $\lambda_0 = 1$ cm.

relativ schmale Bereich des sichtbaren Gebietes (6000 bis 2000 Å), an den sich das Gebiet der ultravioletten und der Schumannstrahlung anschließt, der dann ins Röntgenstrahlengebiet (100 bis 0,05 Å) überleitet. Abgeschlossen wird die Reihe durch die radioaktive γ-Strahlung, die bis rund 0,001 Å reicht.

15. Lichtquanten.

So sehr sich die klassischen Vorstellungen bei der Deutung der Interferenzphänomene bewährt haben, so wenig vermögen sie Rechenschaft über die Prozesse der Lichtabsorption und -emission zu geben. Hier versagen die klassische Elektrodynamik und die klassische Mechanik vollständig.

Um einige Beispiele für dieses Versagen zu geben, so erinnern wir an den experimentellen Befund, daß z. B. ein H-Atom eine unendliche Reihe von scharfen Spektrallinien emittiert. Nun besitzt aber das

H-Atom nur ein einziges Elektron, welches sich um den Kern bewegt. Ein solches beschleunigtes Elektron sendet nach den Regeln der Elektrodynamik beständig Strahlung aus, verliert also dabei Energie, müßte daher auf seiner Bahn immer näher an den Kern herankommen und schließlich in diesen hineinstürzen. Das Elektron, das anfänglich mit einer bestimmten Frequenz umgelaufen ist, wird zwar Licht von dieser Frequenz ausstrahlen und für den Fall, daß sich die Umlaufsfrequenz während des Ausstrahlungsprozesses (stetig) ändert, auch der Grundfrequenz benachbarte Frequenzen emittieren; es ist jedoch ganz unverständlich, wieso das Spektrum des Wasserstoffes aus einer Reihe diskreter, scharf getrennter Linien besteht.

Ferner ist die Stabilität der Atome unerklärlich. Man denke etwa zum Vergleich an das System der um die Sonne kreisenden Planeten, die im ungestörten Zustand alle auf ihren festen Bahnen laufen. Würde nun aber das ganze Sonnensystem in die Nähe z. B. des Sirius gelangen, so würde die bloße Annäherung genügen, um alle Planeten aus ihren Bahnen abzulenken; wenn dann das Sonnensystem sich wieder vom Sirius entfernt, so würden alle Planeten jetzt in neuen Bahnen und mit neuen Umlaufszeiten und -geschwindigkeiten um die Sonne kreisen. Wenn die Elektronen im Atom den gleichen mechanischen Gesetzen gehorchen würden wie die Planeten im Sonnensystem, so müßte ein Zusammenstoß des Atoms mit einem andern zur Folge haben, daß sich die Grundfrequenzen aller Elektronen vollständig ändern würden, so daß das Atom nach dem Zusammenstoß Licht von ganz anderen Wellenlängen ausstrahlen müßte als vor dem Stoße. Dem steht die Erfahrungstatsache gegenüber, daß ein Gasatom, das nach der kinetischen Gastheorie rund 100 Millionen Zusammenstöße pro Sekunde erleidet, doch nach wie vor die gleichen scharfen Spektrallinien aussendet.

Schließlich versagt die klassische Mechanik und Statistik bei der Erklärung der Gesetze der Wärmestrahlung. Wir wollen auf diesen Fragenkomplex erst später (Vortr. VI) ausführlich eingehen und führen hier nur das Resultat an, zu dem Planck (1900) durch diese Betrachtungen geführt wurde. Er fand, daß zum Verständnis der Gesetze der Wärmestrahlung die Hypothese notwendig sei: Emission und Absorption von Licht durch Materie erfolgt nicht kontinuierlich, sondern in endlichen „Energiequanten“ $h\nu$ (h = Plancksche Konstante = $6{,}54 \cdot 10^{-27}$ erg sec, ν = Schwingungszahl). Dafür soll jedoch der Anschluß an die elektromagnetische Lichttheorie insofern gewahrt bleiben, als für die Lichtausbreitung (Beugung, Interferenz) die klassischen Gesetze gelten sollen.

Einstein ging jedoch in dieser Hinsicht noch einen Schritt über Planck hinaus, indem er das quantenmäßige Verhalten der Strahlung nicht nur für die Absorptions- und Emissionsprozesse forderte, sondern dieses als eine Eigenschaft des Lichtes selbst deutete. Nach der von ihm aufgestellten Hypothese der Lichtquanten (Photonen) besteht das Licht aus Quanten (Korpuskeln) von der Energie $h\nu$, welche sich mit Lichtgeschwindigkeit in Form eines Geschoßhagels durch den Raum bewegen. So verwegen diese Hypothese auf den ersten Blick auch aussieht, so gibt es doch eine Reihe von Experimenten, die wellentheoretisch wohl kaum erklärbar sein dürften, auf Grund der Lichtquantenhypothese jedoch sofort verstanden werden können. Wir wollen diese Experimente, die von Einstein selbst zum Beweis seiner Hypothese herangezogen wurden, im folgenden näher besprechen.

Die direkteste Umsetzung von Licht in mechanische Energie geschieht beim lichtelektrischen oder Photoeffekt (Hertz, Hallwachs, Elster und Geitel, Ladenburg). Fällt kurzwelliges (ultraviolettes) Licht im Hochvakuum auf eine Metallfläche (Alkalien) auf, so bemerkt man zunächst, daß sich diese positiv auflädt (Abb. 31); sie gibt also negative Elektrizität ab in Form von Elektronen, die aus ihrer Oberfläche austreten. Man kann nun einerseits durch Auffangen der Elektronen den gesamten, aus der Metallfläche austretenden Strom messen, andrerseits die Geschwindigkeit der Elektronen durch Ablenkungsversuche oder durch ein Gegenfeld bestimmen. Genaue

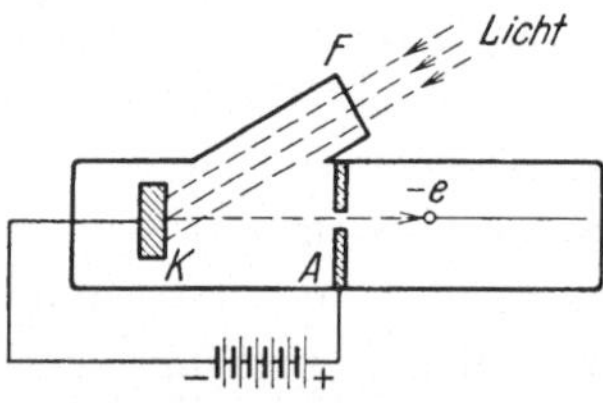

Abb. 31. Erzeugung von Photoelektronen (nach Lenard). Durch das Fenster F trifft Licht auf die Kathode K auf und löst dort Photoelektronen aus, die in dem Feld zwischen K und A beschleunigt (oder verzögert) werden.

Versuche zeigten, daß nicht, wie man zunächst erwarten würde, die Geschwindigkeit der austretenden Elektronen von der Intensität des Lichtes abhängt, sondern daß bei zunehmender Lichtstärke nur ihre Anzahl größer wird, und zwar ist diese proportional der Lichtstärke. Die Geschwindigkeit der Photoelektronen ist nur abhängig von der Frequenz ν des Lichtes; für die Energie E der Elektronen ergab sich die Beziehung

$$E = h\nu - A,$$

wobei A eine für das Metall charakteristische Konstante ist.

Vom Standpunkt der Lichtquantenhypothese sind diese beiden Ergebnisse sofort verständlich. Jedes auf das Metall auftreffende Lichtquant überträgt beim Zusammenstoß mit einem Metallelektron seine ganze Energie auf dieses und schlägt es so aus dem Metall heraus; beim Austritt aus dem Metall verliert das Elektron jedoch noch einen Energiebetrag in der Höhe der Austrittsarbeit A. Die Menge der herausgeschlagenen Elektronen ist gleich der Anzahl der auftreffenden Lichtquanten, und diese ist gegeben durch die Lichtstärke des auffallenden Lichtes.

Einen noch handgreiflicheren Beweis für die Existenz der Lichtquanten geben die Versuche von Edgar Meyer und W. Gerlach über den Photoeffekt an kleinen Metallstäubchen; durch Bestrahlung derselben mit ultraviolettem Licht werden auch hier Photoelektronen ausgelöst und dadurch die Metallteilchen positiv aufgeladen. Der Fortschritt gegen früher besteht aber darin, daß man jetzt den zeitlichen Ablauf der Aufladung der Teilchen dadurch beobachten kann, daß man sie, ähnlich wie bei der Tröpfchenmethode von Millikan zur Bestimmung der elektrischen Elementarladung, in einem elektrischen Feld zur Schwebe bringt; eine neuerliche Emission eines Photoelektrons äußert sich dann in einer wegen der jetzt größer gewordenen Ladung auftretenden Beschleunigung.

Setzt man nun voraus, daß das auftreffende Licht wirklich ein elektromagnetisches Wechselfeld darstellt, so kann man aus der Größe der Teilchen die Zeit berechnen, welche vergehen müßte, bis ein Metallstäubchen diesem Feld diejenige Energiemenge durch Absorption entzogen hat, welche zur Loslösung eines Photoelektrons erforderlich ist. Diese Zeiten sind von der Größenordnung von einigen Sekunden; wäre die klassische Lichttheorie richtig, so dürfte vor Ablauf dieser Zeit nach Einsetzen der Bestrahlung auf keinen Fall ein Photoelektron ausgelöst werden. Die Ausführung des Versuches ergab im Widerspruch dazu die Tatsache, daß die Photoelektronen-Emission unmittelbar nach Beginn der Bestrahlung einsetzt, was offenbar nicht anders verstanden werden kann als auf Grund der Vorstellung, das Licht bestehe aus einem Geschoßhagel von Lichtquanten, die eben beim Auftreffen auf ein Metallstäubchen sofort ein Elektron herausschlagen können. Wir erwähnen noch das weitere Resultat, daß die mittlere Zeit, die bis zur Auslösung eines Photoelektrons aus einem bestimmten Metallteilchen vergeht, gerade gleich ist der aus der klassischen Theorie errechneten Zeitdauer von einigen Sekunden.

16. Quantentheorie des Atoms.

Plancks ursprüngliche Quantenhypothese war die, daß jeder Spektrallinie ein harmonischer Oszillator von bestimmter Frequenz ν entspricht, der, abweichend von der klassischen Theorie, nicht jede Energie aufnehmen und abgeben kann, sondern nur ganze Vielfache von $h\nu$. Niels Bohr hat den großen Schritt getan, den Zusammenhang aller dieser „Oszillatoren" untereinander und mit der Struktur des Atoms aufzuklären. Er machte sich von der Idee frei, daß sich die Elektronen wirklich wie Oszillatoren verhalten, d. h. daß sie quasielastisch gebunden seien. Sein Grundgedanke ist etwa der folgende: Das Atom verhält sich nicht wie ein klassisches mechanisches System, das beliebig kleine

Energiemengen aufnehmen kann. Aus der Tatsache der Existenz scharfer Emissions- und Absorptionslinien einerseits, der Einsteinschen Lichtquantenhypothese andrerseits ist vielmehr der Schluß zu ziehen, daß das Atom nur in bestimmten diskreten stationären Zuständen mit den Energien $E_0, E_1, E_2, \ldots$, existieren kann. Dann können nur diejenigen Spektrallinien absorbiert werden, deren $h\nu$ gerade so groß ist, daß es das Atom von einem stationären Zustand in einen höheren hinaufheben kann; die Absorptionslinien werden also bestimmt durch die Gleichungen $E_1 - E_0 = h\nu_1$, $E_2 - E_0 = h\nu_2$, $\ldots$, wobei E_0 die Energie des tiefsten Zustandes bedeutet, in dem sich das Atom ohne besondere Anregung befindet.

Wird das Atom durch irgendeinen Prozeß angeregt, d. h. wird es in einen Zustand mit der Energie $E_n > E_0$ hinaufgehoben, so kann es diese Energie wieder in Form von Ausstrahlung abgeben. Und zwar kann es alle diejenigen Quanten ausstrahlen, deren Energie gleich ist der Differenz zwischen den Energien zweier stationärer Zustände. Die Emissionslinien werden also durch die Beziehung

$$E_n - E_m = h\nu_{n\,m}$$

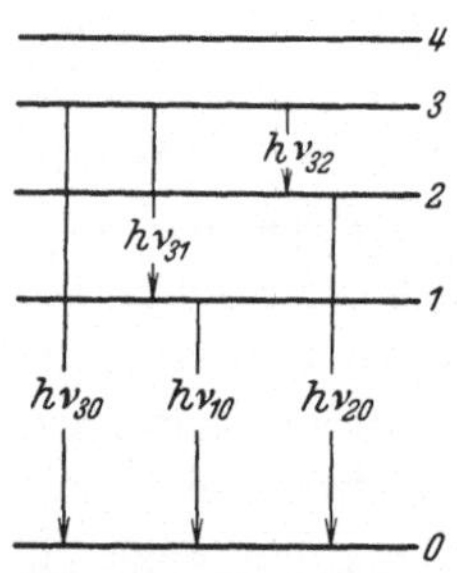

Abb. 32. Kombinationsprinzip von Ritz. Ein Atom im dritten angeregten Zustand kann seine Energie entweder in Form eines einzigen Lichtquantes der Frequenz ν_{30} ausstrahlen oder als zwei Quanten, deren Frequenzen addiert gerade ν_{30} ergeben müssen.

gegeben. Eine direkte Bestätigung dieser Theorie kann man in der folgenden Tatsache sehen: Wenn die Bohrsche Hypothese richtig ist, so besitzt ein angeregtes Atom verschiedene Möglichkeiten, durch Abgabe von Strahlungsenergie in den Grundzustand zurückzufallen. So kann z. B. ein Atom im dritten angeregten Zustand seinen Energieüberschuß gegen den Grundzustand entweder in einem Elementarprozeß abgeben durch Ausstrahlung einer Linie von der Frequenz $h\nu_{30}$, oder es kann zuerst in den ersten angeregten Zustand mit der Energie E_1 unter Abgabe des Energiequants $h\nu_{31}$ übergehen und dann in einem zweiten Ausstrahlungsprozeß (Frequenz ν_{10}) in den Grundzustand zurückfallen usw. (Abb. 32). Da die gesamte ausgestrahlte Energie stets die gleiche, nämlich gleich $E_3 - E_0$ sein muß, so muß also zwischen den ausgestrahlten Frequenzen die Relation bestehen

$$\nu_{30} = \nu_{31} + \nu_{10} = \nu_{32} + \nu_{20} = \nu_{32} + \nu_{21} + \nu_{10}\,.$$

Dieses Kombinationsprinzip muß natürlich allgemeine Gültigkeit besitzen und ist eine experimentell leicht zu prüfende Aussage der Theorie. Historisch spielte sich die Sache allerdings in umgekehrter Reihenfolge ab, indem acht Jahre vor der Aufstellung der Bohrschen

Theorie der Göttinger Physiker Ritz dieses Kombinationsprinzip aus dem experimentell gefundenen und zusammengestellten spektroskopischen Material ableitete. Allerdings kommen keineswegs alle möglichen „Kombinationslinien" auch wirklich mit merklicher Intensität vor.

Eine weitere direkte Bestätigung der Bohrschen Theorie über die Existenz diskreter Energieniveaus im Atom wird durch die Versuche von Franck und Hertz gegeben. Führt man den Atomen Energie in irgendeiner Weise zu, z. B. durch Elektronenstoß, also durch Beschießung des Atoms mit Elektronen, so können die Atome nur solche Energiebeträge aufnehmen, die gerade einer Anregungsenergie der Atome entsprechen.

Bestrahlt man z. B. die Atome mit Elektronen, deren kinetische Energie kleiner ist als die erste Anregungsenergie $E_1 - E_0$ der Atome, so findet überhaupt keine Energieübertragung vom stoßenden Elektron auf das Atom statt (außer der geringen Energiemenge, die nach den Gesetzen des elastischen Stoßes übertragen wird und sich nur in der kinetischen Energie der Relativbewegung der Stoßpartner gegeneinander äußert). Gegen schwache Stöße sind also die Atome im Grundzustand stabil. Zu solchen schwachen Stößen gehören auch die Stöße, die ein Gasatom infolge der thermischen Bewegung der Gaspartikeln erfährt. Dies kann man leicht folgendermaßen überschlagen: Die mittlere kinetische Energie eines Gaspartikels ist nach den Ausführungen des ersten Kapitels gegeben durch $\bar{E} = \tfrac{3}{2} kT$ mit $k = R/L = 1{,}37 \cdot 10^{-16}$ erg/grad; würde dieser ganze Energiebetrag bei einem Zusammenstoß in Anregungsenergie umgewandelt werden, so würde auf das gestoßene Teilchen das Energiequant $h\nu = \tfrac{3}{2} kT$ übertragen werden, wobei ν für den Fall, daß man $T = 300^0$ K (Zimmertemperatur) setzt, ungefähr gleich 10^{13} sec^{-1} wird. Dem gegenüber betragen Frequenzen der im Sichtbaren und auch noch der im Ultraroten gelegenen Absorptionslinien rund 10^{14} bis 10^{15} sec^{-1}. Es wird daher erst bei höheren Temperaturen eine „thermische Anregung" der Gasatome möglich sein.

Kehren wir nun zu den Elektronenstoßversuchen von Franck und Hertz zurück. Wenn also die Energie der Elektronen kleiner ist als die erste Anregungsenergie $E_1 - E_0$, so bleiben die Atome im Grundzustand. Wird E größer als $E_1 - E_0$, ist es aber noch kleiner als $E_2 - E_0$, so wird das Atom durch den Stoß in den ersten angeregten Zustand gebracht und strahlt entsprechend beim Zurückfallen in den Grundzustand nur die Linie $\nu_1 = \nu_{10}$ aus. Liegt $E + E_0$ zwischen E_2 und E_3, so kann das gestoßene Atom sowohl in den ersten wie in den zweiten angeregten Zustand übergehen, es kann dann die Linien ν_{20}, ν_{21} und ν_{10} ausstrahlen usw. (Abb. 33a und 33b). Man kann andrerseits auch die Energien der Elektronen nach dem Zusammenstoße messen, indem man sie gegen ein Gegenfeld von bekannter Potentialdifferenz anlaufen läßt und die Anzahl der durchgegangenen Elektronen mißt. Auch hier zeigte sich, daß insofern genau die Energiebeziehung erfüllt ist, als der Energieverlust des Elektrons durch den Zusammenstoß mit einem Atom gerade gleich einer Anregungsenergie $E_n - E_0$ des Atoms ist.

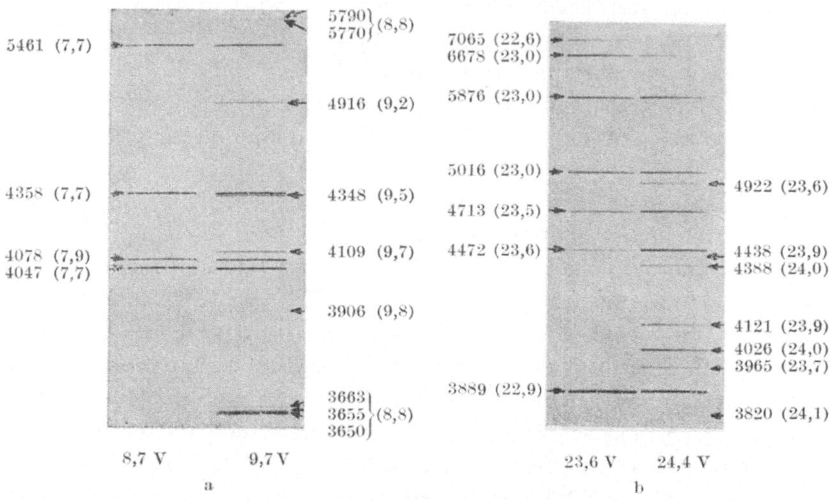

Abb. 33 a und b. Anregung von Spektrallinien durch Elektronenstoß (nach Hertz). Im Spektrum erscheinen nur die Linien, deren Anregungsspannung (Zahlen in den Klammern) kleiner ist als Energie der Elektronen (Angaben unter den Spektren). Abb. 33a bezieht sich auf Quecksilber, Abb. 33b auf Helium. Die Wellenlängen sind in Å angegeben. (Nach Hertz: Z. Physik Bd. 22 S. 24.)

17. Comptoneffekt.

Die bisher geschilderten Erscheinungen beweisen alle nur, daß der Energieaustausch zwischen Licht und Atomen (bzw. zwischen Elektronen und Atomen) quantenmäßig erfolgt. Die korpuskulare Natur des Lichtes selbst wird am sinnfälligsten bewiesen durch die Gesetze der Frequenzänderung bei der Streuung von Röntgenstrahlen. Wir haben in einem früheren Vortrag (II, Abschnitt 13) die klassische Theorie der Streuung von Röntgenstrahlen an relativ schwach gebundenen (nahezu freien) Elektronen behandelt und sind zu dem Ergebnis gekommen, daß die Streustrahlung stets die gleiche Frequenz ν besitzt wie die primäre Strahlung; denn das Elektron schwingt im gleichen Rhythmus wie der elektrische Vektor der einfallenden Lichtwelle und erzeugt, wie jeder schwingende Dipol, eine Sekundärwelle von der gleichen Frequenz.

Compton untersuchte nun die Streuung von Röntgenstrahlen an einem Paraffinblock und fand, daß die unter 90° gestreute Strahlung eine größere Wellenlänge besitzt als die Primärstrahlung, daß also das

ν' der Streuwelle im Gegensatz zur Voraussage der klassischen Theorie kleiner ist als das ν der einfallenden Strahlung. Nach wellenmäßigen Vorstellungen ist diese Erscheinung nicht zu verstehen.

Das Ergebnis läßt sich jedoch nach Compton und Debye ohne weiteres deuten, wenn man den Prozeß korpuskular auffaßt als elastischen Stoß zweier Teilchen, des Elektrons und des Lichtquants (Abb. 34). Denn wenn das Lichtquant $h\nu$ ein Elektron trifft, wird es diesem kinetische Energie übertragen, also selbst Energie verlieren. Das gestreute Lichtquant wird also eine kleinere Energie $h\nu'$ haben. Die genaue Berechnung des Energieverlustes verläuft wie im Falle des Stoßes zweier elastischer Kugeln; vor und nach dem Stoße muß der Gesamtimpuls, bzw. die Gesamtenergie die gleiche sein. Wir bringen die ausführliche Durchrechnung im Anhang VIII und geben hier nur das Resultat an. Die Comptonformel für die Wellenlängenänderung des Lichtquants durch den Streuprozeß lautet

$$\Delta\lambda = 2\,\lambda_0 \sin^2 \frac{\varphi}{2} \quad \left(\lambda_0 = \frac{h}{m\,c} = 0{,}0242\ \text{Å, Comptonwellenlänge}\right).$$

Die Vergrößerung der Wellenlänge erweist sich somit unabhängig von der Größe der Wellenlänge selbst, sie hängt nur vom Streuwinkel φ ab.

Die Aussagen der Theorie lassen sich weitgehend durch das Experiment prüfen und erweisen sich durchweg als zutreffend. Zunächst konnte Compton selbst die Abhängigkeit der Wellenlängenänderung vom Streuwinkel in der Form bestätigen, wie sie durch die Comptonsche Formel gegeben wird. Ferner gelang es, die beim

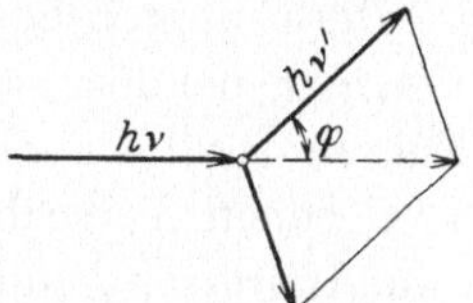

Abb. 34. Comptoneffekt. Beim Zusammenstoß eines Lichtquants mit einem Elektron überträgt es einen Teil seiner Energie auf dieses, seine Wellenlänge wird bei der Streuung größer.

Streuprozeß notwendig nach der Theorie auftretenden Rückstoßelektronen, die ja den Energieverlust $h\nu - h\nu'$ der Lichtquanten in Form von kinetischer Energie übernehmen, nicht nur bei Streuprozessen an festen Körpern, sondern auch bei solchen in der Wilsonschen Nebelkammer ausfindig zu machen, wo man die Bahnen der Rückstoßelektronen direkt an den kondensierten Wassertröpfchen erkennen kann.

Wie Compton und sein Schüler Simon gezeigt haben, kann man aber auch noch darüber hinausgehend die von der Theorie geforderte Beziehung zwischen den Streuwinkeln des Lichtquants φ und des Elektrons ψ experimentell prüfen. Zwar gibt ein Lichtquant in der Nebelkammer keine Spur, wohl aber kann man die Richtung des gestreuten Quants im Falle bestimmen, daß dieses noch einmal gestreut wird und wieder ein Rückstoßelektron auslöst; dann ergibt sich die Richtung des gestreuten Quants aus der Verbindungslinie der Anfangspunkte der Nebelspuren, die von den Bahnen der beiden Rückstoßelektronen erzeugt werden. Wenn auch in der praktischen Durchführung des Versuches eine beträchtliche Unsicherheit dadurch bedingt ist, daß man beim Auftreten mehrerer Nebelspuren nicht immer eindeutig zwei als zusammengehörig im obigen Sinne (d. h. von einem und demselben Quant erzeugt) bestimmen kann, so konnten doch Compton und Simon mit ziemlicher Sicherheit die Übereinstimmung zwischen Theorie und Experiment feststellen.

Eine weitere Bestätigung der Richtigkeit unserer Vorstellungen über den Mechanismus beim Comptoneffekt wurde durch Bothe und Geiger gegeben. Sie ließen Röntgenstrahlen in Wasserstoff streuen und registrierten mit einem Spitzenzähler die auftretenden Rückstoßelektronen; mit einem zweiten Zähler stellten sie die Zeitpunkte des Auftretens von gestreuten Lichtquanten fest. (Der Spitzenzähler reagiert zwar nicht direkt auf ein auftreffendes Lichtquant, wohl aber indirekt auf die vom Lichtquant in der Zählkammer ausgelösten Elektronen.) Sie konnten auf diese Weise den Nachweis erbringen, daß die Auslösung der Rückstoßelektronen im gleichen Augenblick erfolgt wie die Streuung des Lichtquants.

Der Comptonsche Streuprozeß gibt also ein Musterbeispiel für einen Vorgang, bei dem sich das Licht wie eine Korpuskel von wohl bestimmter Energie (und Impuls) verhält; eine wellenmäßige Erklärung der beschriebenen Versuchsergebnisse scheint schlechterdings unmöglich zu sein. Andrerseits sind die Interferenzerscheinungen mit der korpuskularen Auffassung des Lichtes durchaus nicht in Einklang zu bringen. Diesen Widerspruch in der Theorie des Lichtes zu klären, erschien bis vor wenigen Jahren unmöglich.

18. Wellennatur der Materie. Theorie von de Broglie.

Dieses Dilemma wurde noch vermehrt, als 1925 de Broglie die Hypothese aufstellte, daß derselbe Dualismus Welle—Korpuskel, wie er beim Lichte besteht, auch bei der Materie auftreten müßte. Einem materiellen Teilchen müsse ebenso eine Materiewelle entsprechen, wie dem Lichtquant die Lichtwelle. Und zwar muß die Verbindung zwischen diesen beiden diametralen Auffassungen wieder durch die Beziehung $E = h\nu$ gegeben sein. Da ferner Energie und Impuls vom Standpunkt der Relativitätstheorie gleichartige Gebilde sind (der Impuls ist der räumliche Anteil eines relativistischen Vierervektors, dessen Zeitkomponente die Energie ist), so ist es naheliegend und konsequent, den Impuls p in der Form zu schreiben $p = h\tau$; wenn ν die Anzahl der Schwingungen pro Zeiteinheit bedeutet, muß τ die Bedeutung Anzahl von Wellen pro Längeneinheit besitzen, also gleich sein der reziproken Wellenlänge λ des Schwingungsvorganges; es gilt dann $p = \dfrac{h}{\lambda}$.

Die Übertragung des Wellenbegriffes von der Optik auf die Mechanik läßt sich konsequent durchführen. Bevor wir darüber berichten, möchten wir doch nochmals auf die „Irrationalität" (nach Bohr) dieser Verknüpfung des Korpuskel- und des Wellenbegriffes hinweisen: E und p beziehen sich auf einen Massenpunkt von verschwindend kleinen Dimensionen, ν und τ hingegen auf eine in Raum und Zeit unendlich ausgedehnte Welle. Die Phantasie kann kaum zwei Begriffsreihen ersinnen, die weniger vereinbar erscheinen als diese, die nach dem Ansatz der Quantentheorie so eng zusammenhängen sollen. Die Auflösung dieses Paradoxons wird uns später beschäftigen.

Wir wollen zunächst die de Brogliesche Theorie formal weiterführen. Einer Massenpartikel vom Impuls p und von der Energie E ist also eine unendlich ausgedehnte Welle von der Gestalt

$$u(x,t) = A\,e^{2\pi i(\nu t - \tau x)}$$

durch die beiden Beziehungen

$$E = h\nu, \qquad p = h\tau$$

zuzuordnen. Diese Welle läuft mit einer bestimmten Geschwindigkeit, der Phasengeschwindigkeit u, durch den Raum. Ihren Betrag erhält man unmittelbar, wenn man die Flächen (Ebenen) konstanter Phase

$$\varphi \equiv \nu t - \tau x = \text{const} \quad \text{oder} \quad x = \frac{\nu}{\tau}\,t + \text{const}$$

betrachtet; es folgt

$$u = \left(\frac{dx}{dt}\right)_{\varphi=\text{const}} = \frac{\nu}{\tau} = \nu\lambda.$$

Da ν im allgemeinen eine Funktion von λ, bzw. umgekehrt ist, so enthält der obige Ausdruck das Gesetz für die **Dispersion der Wellen**.

Der Begriff der Phasengeschwindigkeit ist nun aber eine reine Konstruktion, insofern sie sich experimentell nicht feststellen läßt. Denn zur Messung dieser Geschwindigkeit wäre es erforderlich, daß man an der unendlich ausgedehnten glatten Welle eine Marke anbringt und die Geschwindigkeit der Marke mißt. Nun kann man jedoch eine Marke an dem Wellenzug nur dadurch anbringen, daß man ihm andere Wellenzüge überlagert, die sich an einer bestimmten Stelle gegenseitig verstärken und so einen Buckel in der glatten Wellenfunktion erzeugen. Wir fragen nun nach der Geschwindigkeit, mit der sich dieser Buckel bewegt; man nennt sie die **Gruppengeschwindigkeit**.

Eine allgemeine Berechnung bringen wir im Anhang IX; hier beschränken wir uns auf einen einfachen Spezialfall, der das gleiche Resultat ergibt und der den Unterschied zwischen Phasen- und Gruppengeschwindigkeit besonders deutlich erkennen läßt. Wir überlagern dazu der Primärwelle, die die Gestalt einer Kosinusschwingung besitzen möge, eine Welle mit der gleichen Amplitude und einer ein wenig verschiedenen Frequenz ν' und Wellenlänge λ'. In diesem Falle treten bekanntlich Schwebungserscheinungen auf, und wir benutzen nun eines der Schwebungsmaxima als Marke in unserem Wellenzug. Uns interessiert also die Geschwindigkeit, mit der das Schwebungsmaximum sich bewegt.

Rechnerisch erhalten wir durch die Überlagerung der beiden Wellenzüge eine Schwingung von der Form

$$u(x,t) = \cos 2\pi(\nu t - \tau x) + \cos 2\pi(\nu' t - \tau' x).$$

Nach den Regeln der Trigonometrie läßt sich dieser Ausdruck in der Form schreiben

$$u = 2\cos 2\pi\left(\frac{\nu - \nu'}{2}\,t - \frac{\tau - \tau'}{2}\,x\right)\cos 2\pi\left(\frac{\nu + \nu'}{2}\,t - \frac{\tau + \tau'}{2}\,x\right).$$

Er stellt also eine Schwingung von der Frequenz $\frac{\nu + \nu'}{2}$ und der Wellenlänge $\frac{2}{\tau + \tau'}$ mit einer relativ dazu langsam veränderlichen Amplitude (Schwebung) dar. Die Phase wandert, wie man aus der Formel sofort entnimmt, mit der Geschwindigkeit $\frac{\nu + \nu'}{\tau + \tau'}$. Das Maximum der Amplitude dagegen bewegt sich jedoch mit der Geschwindigkeit $\frac{\nu - \nu'}{\tau - \tau'}$. Im Grenzfall $\lim \nu' \to \nu$, also $\lim \tau' \to \tau$, erhält man daraus für die Phasengeschwindigkeit den bereits früher gefundenen Wert

$$u = \frac{\nu}{\tau} = \nu\lambda,$$

während die Gruppengeschwindigkeit durch den Grenzwert

$$U = \lim_{\nu' \to \nu}\frac{\nu - \nu'}{\tau - \tau'}$$

gegeben wird. Dieser stellt nun aber gerade den Differentialquotienten der Schwingungszahl ν nach der Wellenzahl τ dar, wenn man ν als Funktion von τ ansieht (Dispersionsgesetz); es gilt also

$$U = \frac{d\nu}{d\tau} = \frac{d\nu}{d\left(\frac{1}{\lambda}\right)}.$$

Wie im Anhang IX gezeigt wird, besitzt dieser Ausdruck für die Gruppengeschwindigkeit allgemeine Gültigkeit.

Wir wenden nun die gefundenen Formeln auf den Fall eines freien Teilchens der Geschwindigkeit v an. Mit der Abkürzung $\beta = \frac{v}{c}$ gilt in diesem Falle (bei Verwendung der relativistischen Formeln für

Energie und Impuls)

$$\nu = \frac{E}{h} = \frac{m_0 c}{h} \frac{c}{\sqrt{1-\beta^2}}, \qquad \tau = \frac{p}{h} = \frac{m_0 c}{h} \frac{\beta}{\sqrt{1-\beta^2}}.$$

Die Phasengeschwindigkeit wird gegeben durch

$$u = \frac{\nu}{\tau} = \frac{c}{\beta} = \frac{c^2}{v},$$

sie ist also größer als die Lichtgeschwindigkeit c, wenn die Teilchengeschwindigkeit kleiner als c ist. Die Phasen der Materiewellen breiten sich also mit Überlichtgeschwindigkeit aus, ein neues Zeichen dafür, daß der Phasengeschwindigkeit keine physikalische Bedeutung zukommt. Für die Gruppengeschwindigkeit ergibt sich die Beziehung

$$U = \frac{d\nu}{d\tau} = \frac{\dfrac{d\nu}{d\beta}}{\dfrac{d\tau}{d\beta}};$$

sie ist genau gleich der Teilchengeschwindigkeit, denn

$$\frac{d\nu}{d\beta} = \frac{m_0 c}{h} \frac{c\beta}{(\sqrt{1-\beta^2})^3}, \qquad \frac{d\tau}{d\beta} = \frac{m_0 c}{h} \frac{1}{(\sqrt{1-\beta^2})^3}$$

und daher

$$U = c\beta = v.$$

Diese Tatsache hat sehr viel Bestechendes in sich; vor allem verlockt sie zum Versuch, die materiellen Teilchen als Überlagerung einer Anzahl von Wellenzügen zu einem Wellenpaket zu deuten. Dieser Deutungsversuch stößt jedoch deshalb auf unüberwindliche Schwierigkeiten, weil solche Wellenpakete im allgemeinen binnen kurzer Zeit zerfließen. Man denke nur an den entsprechenden Fall bei den Wasserwellen. Wenn man an einer Stelle einer sonst glatten Oberfläche einen Wellenberg erzeugt, so wird es nicht lange dauern, bis der Berg vollständig nach außen hin zerflossen ist.

19. Experimenteller Nachweis von Materiewellen.

Bei der Kühnheit der de Brieglieschen Hypothese, die Materie als Wellenvorgang anzusehen, war natürlich sofort die Frage naheliegend, ob und in welcher Weise sich diese Hypothese experimentell prüfen lasse. Da war es zunächst Einstein, der darauf hinwies, daß sich vom Wellenstandpunkt die Entartung der Metallelektronen, die sich im anormalen Verhalten der Metalle hinsichtlich ihrer spezifischen Wärme äußerte und auf Grund des Experimentes den Theoretikern schon vor de Broglie bekannt war, leicht erklären lasse. Wir werden darauf im VI. Vortrag ausführlicher eingehen.

Ferner war aus den Untersuchungen von Davisson und Germer bekannt, daß bei der Reflexion von Elektronenstrahlen an Metallen Abweichungen von dem klassisch zu erwartenden Resultat auftreten, indem in gewissen Richtungen mehr Elektronen reflektiert werden als in den übrigen, daß also unter gewissen Winkeln eine Art selektive Reflexion eintritt. Elsasser hat zuerst die Vermutung ausgesprochen, daß man es hier mit einem Beugungseffekt der Elektronenwellen im Metallgitter zu tun hat, ähnlich wie bei den Röntgenstrahlinterferenzen an Kristallen. Die genauen Untersuchungen, die daraufhin von Davisson und Germer angestellt wurden, ergaben wirklich Interferenzerscheinungen in genau der gleichen Form wie die bekannten Laue-Interferenzen von Röntgenstrahlen.

Die Weiterführung der Versuche durch G. P. Thomson, Rupp u. a. zeigten, daß man auch beim Durchstrahlen dünner Folien (Metalle, Glimmer) mit Elektronenstrahlen Beugungserscheinungen erhält von derselben Art wie die Debye-Scherrer-Ringe bei den Röntgeninterferenzen (Abb. 35). Ferner konnte man aus den Interferenzbedingungen und den bekannten Gitterabständen die Gültigkeit der de Broglieschen Beziehung zwischen Wellenlänge und Impuls der Elektronenstrahlen im vollen Umfange bestätigen.

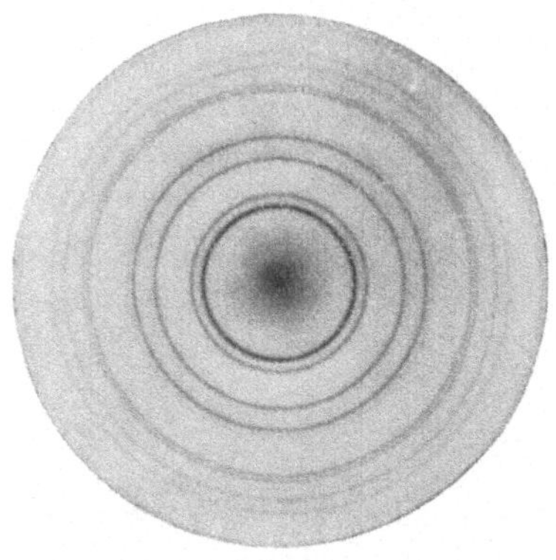

Abb. 35. Beugung von Elektronen an einer dünnen Silberfolie. (Nach H. Mark und R. Wierl.) Der Geschwindigkeit der Elektronen (36 kV Beschleunigungsspannung) entspricht eine de Broglie-Wellenlänge von 0,0645 Å. Die Aufnahmezeit betrug ¹/₁₀ sec.

Wir wollen noch schnell durch eine Überschlagsrechnung sehen, mit was für Wellenlängen man es bei den Elektronenstrahlen zu tun hat. Nach de Broglie gilt $\lambda = \dfrac{h}{p}$ oder, wenn wir uns auf nicht zu schnelle Elektronen beschränken, so daß wir die relativistischen Korrekturen außer acht lassen können, $\lambda = \dfrac{h}{mv}$. Andrerseits ist die Geschwindigkeit der Elektronen durch die an das Kathodenrohr angelegte Spannung V bestimmt: $\dfrac{m}{2}\,v^2 = eV$. Daraus erhält man $\lambda = \dfrac{h}{\sqrt{2\,m\,e\,V}}$ oder, bei Einführung der Zahlenwerte ($e = 4{,}77 \cdot 10^{-10}$ el.st.E., $m = 9{,}0 \cdot 10^{-28}$ g, $h = 6{,}54 \cdot 10^{-27}$ erg sec)

$$\lambda = \sqrt{\frac{150}{V}}\ \overset{\circ}{\mathrm{A}}\,,$$

wenn man V in Volt mißt. Danach entspricht z. B. einer beschleunigenden Spannung von 10000 Volt eine Wellenlänge von 0,122 Å; die Wellenlängen der praktisch verwendeten Elektronenstrahlen liegen also ungefähr im gleichen Gebiet wie die der harten Röntgenstrahlen.

Wenn es auch erstaunlich ist, daß die Entdeckung der Elektronenbeugung nicht früher erfolgte, so ist das für die Entwicklung der Atomtheorie doch als großes Glück zu bezeichnen; welche Verwirrung wäre entstanden, wenn bald nach der Entdeckung der Kathodenstrahlen zu gleicher Zeit Beobachtungen über ihre Ladung und Ablenkbarkeit und über ihre Interferenzfähigkeit angestellt worden wären! Ferner entstand doch gerade unter Verwendung der Tatsache, daß das Elektron eine elektrisch geladene Korpuskel ist, die Bohrsche Theorie des Atoms, die dann später als Grundlage für die Weiterentwicklung der Atomtheorie zur Wellenmechanik diente. Heute ist die Technik der Elektronenbeugung bereits so weit fortgeschritten, daß man sie z. T. in der Industrie an Stelle der früheren Methoden mit Röntgenstrahlen zu Zwecken der Materialuntersuchung verwendet. Ein Vorteil der Verwendung von Elektronen besteht darin, daß man wesentlich höhere Intensitäten zur Verfügung hat als bei Röntgenstrahlen. So kann man z. B. eine Interferenzaufnahme, zu deren Herstellung mit Röntgenstrahlen man Belichtungszeiten von 24 Stunden benötigt, mit Elektronen mit den gleichen Betriebsdaten in der Zeit von rund 1 Sekunde herstellen. Ein weiterer Vorteil besteht darin, daß man die Wellenlänge der Elektronenstrahlen durch Veränderung der Röhrenspannung beliebig variieren kann; man kann am Leuchtschirm unmittelbar sehen, wie bei Änderung der Einstellung am Potentiometer sich das ganze Beugungsbild (bei Verkürzung der Wellenlänge) zusammenzieht, bzw. ausdehnt.

Noch eindrucksvoller als die Feststellung, daß sich Elektronen beim Durchgang durch Kristallgitter wie Wellen verhalten, ist die Entdeckung von Stern und seinen Mitarbeitern, daß auch Molekularstrahlen (von H_2 und He) bei der Reflexion an Kristalloberflächen Beugungserscheinungen zeigen; handelt es sich doch hier um Materieteilchen, die als die Bausteine nicht nur der Gase (wir erinnern an die Ausführungen über die kinetische Gastheorie), sondern auch der flüssigen und festen Körper anzusehen sind. Fängt man den am Kristallgitter gebeugten Molekularstrahl in einem Gefäß auf, so findet man in diesem Gefäß dann wieder ein Gas mit den gewöhnlichen Eigenschaften.

20. Der Widerspruch zwischen Wellen- und Korpuskulartheorie und seine Auflösung.

Wir haben in den letzten Abschnitten eine Reihe von Tatsachen kennengelernt, die eindeutig dafür zu sprechen scheinen, daß nicht nur das Licht, sondern auch die Elektronen und die Materie in einigen

Fällen sich als Wellenvorgang, in andern Fällen als reine Korpuskeln auszuwirken scheinen. Wie ist dieser Widerspruch zu lösen?

Zunächst versuchte Schrödinger, die Korpuskeln, insbesondere die Elektronen, als Wellenpakete zu deuten. Dies läßt sich jedoch deshalb nicht durchführen, weil einerseits, wie wir bereits oben ausgeführt haben, die Wellenpakete im Laufe der Zeit zerfließen müßten, und weil andrerseits die Beschreibung der Wechselwirkung zweier Elektronen als Zusammenstoß zweier Wellenpakete im gewöhnlichen dreidimensionalen Raum auf große Schwierigkeiten stößt.

Ein anderer Deutungsversuch geht auf den Vortragenden zurück. Danach erfolgt das ganze Geschehen nach den Gesetzen der Wahrscheinlichkeit; einem Zustand im Raume entspricht eine bestimmte Wahrscheinlichkeit, und diese wird gegeben durch die dem Zustand zugeordnete de Broglie-Welle. Ein mechanischer Vorgang wird also begleitet durch einen Wellenvorgang, die Führungswelle, deren Bedeutung darin besteht, daß sie die Wahrscheinlichkeit für einen bestimmten Ablauf des mechanischen Vorganges gibt. Wenn z. B. an irgendeinem Ort des Raumes die Amplitude der Führungswelle gleich Null ist, so bedeutet dies, daß die Wahrscheinlichkeit, das Elektron an diesem Orte anzutreffen, verschwindend klein ist. Dieser Deutungsversuch wurde besonders von Jordan und Dirac weiter ausgebaut; es zeigte sich jedoch auch hier, daß man auf Schwierigkeiten stößt, wenn man die Bewegung mehrerer Teilchen beschreiben will, die aufeinander eine Wechselwirkung ausüben. Handelt es sich z. B. bloß um zwei Teilchen, so muß die zugehörige Wahrscheinlichkeitswelle von acht Parametern abhängen, nämlich von je drei Raumkoordinaten und je einer Zeitkoordinate der beiden Elektronen. Eine Veranschaulichung der Führungswelle im gewöhnlichen Raum ist daher unmöglich, man muß dazu in einen achtdimensionalen Raum aufsteigen, wodurch natürlich der ganze Deutungsversuch seine physikalische Anschaulichkeit verliert.

Die endgültige Lösung des Widerspruches zwischen Wellen- und Korpuskulartheorie wurde durch Heisenberg und Bohr gegeben. Nach ihnen muß man sich die Frage vorlegen, was es überhaupt bedeutet, wenn man von der wellenmäßigen oder korpuskularen Beschreibung eines Vorganges spricht. Wir haben bisher immer von Wellen und Korpuskeln als gegebenen Tatsachen gesprochen, ohne überhaupt darüber nachzudenken, ob wir zu der Annahme berechtigt sind, daß es sie wirklich gibt. Die Verhältnisse haben Ähnlichkeit mit denen zur Zeit der Aufstellung der Relativitätstheorie. Vor Einstein hat man sich nie gescheut, vom gleichzeitigen Eintreten zweier Ereignisse zu sprechen, ohne sich darüber Rechenschaft abzulegen, ob die Behauptung der Gleichzeitigkeit zweier Ereignisse an verschiedenen Orten physikalisch feststellbar und der Begriff Gleichzeitigkeit überhaupt sinnvoll ist. In der Tat hat Einstein gezeigt, daß dieser Begriff relativiert werden muß, indem in einem Bezugsystem zwei Ereignisse gleichzeitig erscheinen, die in einem anderen nacheinander einsetzen.

Im gleichen Sinne muß man nach Heisenberg auch den Begriff Korpuskel und den Begriff Welle unter die Lupe nehmen. Mit dem Begriff Korpuskel ist zwangsläufig die Vorstellung verbunden, daß das betrachtete Ding einen vollständig bestimmten Impuls besitzt und daß es sich zu dem betrachteten Zeitpunkt an einem bestimmten Ort befindet. Es erhebt sich nun die Frage, ob man Ort und Geschwindigkeit des „Teilchens" wirklich gleichzeitig genau bestimmen kann. Wenn dies nicht der Fall ist — und es ist auch wirklich nicht der Fall —, wenn wir also nur immer eine der beiden Eigenschaften (einen bestimmten Ort und einen bestimmten Impuls zu besitzen) wirklich feststellen können und zur gleichen Zeit über die andere Eigenschaft auf Grund unseres Versuches überhaupt nichts aussagen können, so sind wir nicht zum Schluß berechtigt, daß es sich bei dem untersuchten „Ding" wirklich um ein Teilchen im üblichen Sinne handelt; wir sind auch nicht zu diesem Schlusse berechtigt, wenn wir beide Eigenschaften zwar gleichzeitig, aber beide nur ungenau feststellen können, wenn wir also aus unserem Versuch nur schließen können, daß sich dieses „Ding" innerhalb eines bestimmten Volumens befindet und daß es sich in irgendeiner Weise mit einer Geschwindigkeit bewegt, die innerhalb eines bestimmten Intervalls liegt. Wir werden später an Beispielen zeigen, daß eine gleichzeitige Bestimmung des Ortes und der Geschwindigkeit auf Grund der empirisch gesicherten Quantengesetze wirklich nicht möglich ist.

Wir können jeden Versuch entweder korpuskular oder wellenmäßig deuten; wir besitzen jedoch nicht die Möglichkeit, den Nachweis zu erbringen, daß es sich dabei wirklich um Korpuskeln oder Wellen gehandelt hat, da wir ja nicht alle anderen Eigenschaften gleichzeitig mitbestimmen können, die für eine Korpuskel oder eine Welle charakteristisch sind. Wir können daher sagen, die wellenmäßige und die korpuskulare Beschreibung sind nur als komplementäre Auffassungen eines und desselben objektiven Vorganges anzusehen, der nur in bestimmten Grenzfällen eine vollkommen anschauliche Deutung zuläßt. Die Grenzen zwischen unseren Begriffen Teilchen und Welle sind eben durch die beschränkte Ausführbarkeit von Messungen bestimmt. Die korpuskulare Beschreibung bedeutet im Grunde, daß wir die Messungen mit dem Ziele ausführen, genauen Aufschluß über die Energie- und Impulsverhältnisse zu bekommen (z. B. beim Comptoneffekt), während wir Versuche, die auf Orts- und Zeitbestimmungen hinauslaufen, uns stets auf Grund der Wellenvorstellung veranschaulichen können (z. B. Durchgang von Elektronen durch dünne Folien und Beobachtung des abgelenkten Strahles).

Wir wollen nun den Beweis für die Behauptung geben, daß sich Ort und Impuls z. B. eines Elektrons nicht gleichzeitig genau bestimmen lassen. Wir veranschaulichen dies am Beispiel der Beugung durch einen Spalt (Abb. 36). Wenn wir den Durchgang eines Elektrons durch einen Spalt und die Beobachtung des Beugungsbildes als gleichzeitige Orts- und Impulsmessung vom Standpunkt des Korpuskelbegriffes auffassen wollen, so gibt die Breite des Spaltes die Ungenauigkeit Δx an, mit der man den Ort senkrecht zur Flugrichtung feststellen kann. Denn man kann ja aus dem Auftreten des Beugungsbildes lediglich aussagen, daß das Elektron durch den Spalt hindurchgegangen ist; an welcher Stelle im Spalt der Durchtritt erfolgte, ist vollständig unbestimmt. Wenn man sich nun auf den Standpunkt der Korpuskulartheorie stellt, so ist das Auftreten des Beugungsbildes auf dem Leuchtschirm nur so zu verstehen, daß das einzelne Elektron im Spalt eine Ablenkung nach oben oder nach unten erfährt, und daß das experimentell festgestellte Beugungsbild als statistische Überlagerung der Spuren der einzelnen Elektronen des Strahles entsteht. Das einzelne Elektron wird also im Spalt abgelenkt, es erhält eine Impulskomponente senkrecht zu seiner ursprünglichen Flugrichtung vom Betrage Δp (bei gleichbleibendem

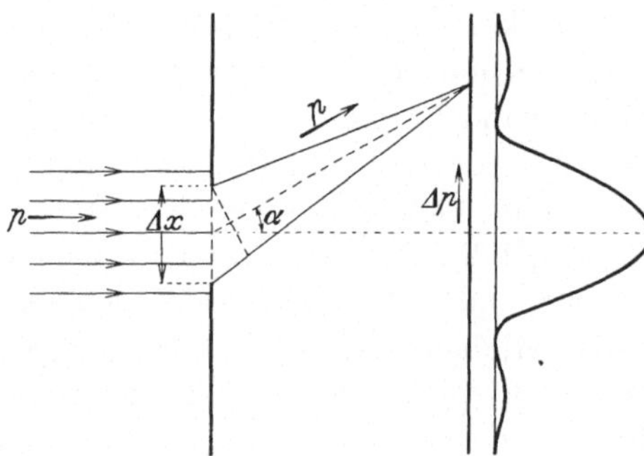

Abb. 36. Beugung von Elektronen an einem Spalt.

Gesamtimpuls p). Die mittlere Größe von Δp ist nach Abb. 36 gegeben durch

$$\Delta p \sim p \sin \alpha \, ,$$

wenn α den mittleren Ablenkungswinkel bedeutet. Wir wissen, daß sich die experimentellen Ergebnisse befriedigend auf Grund der Wellenvorstellung deuten lassen, nach der α mit der Spaltbreite Δx und der Wellenlänge $\lambda = \dfrac{h}{p}$ durch die Beziehung

$$\Delta x \sin \alpha \sim \lambda = \frac{h}{p}$$

verknüpft ist. Also ergibt sich für den mittleren Zusatzimpuls in der Richtung parallel zum Spalt die Beziehung

$$\Delta p \sim p \, \frac{\lambda}{\Delta x} = \frac{h}{\Delta x}$$

oder

$$\Delta x \, \Delta p \sim h \, .$$

Diese Beziehung wird die Heisenbergsche Unschärferelation genannt. Sie besagt in unserem Beispiel also, daß durch die Ortsbestimmung des Elektrons durch den Spalt, die nur mit der Unsicherheit Δx erfolgt, das Teilchen einen zusätzlichen Impuls parallel zum Spalt in der angegebenen Größenordnung (Unschärfe) erhält. Sein Impuls ist uns also aus dem Beugungsbild nur mit dieser Unschärfe bekannt. Nach der Unschärferelation stellt also h eine absolute Schranke für die gleichzeitige Messung von Koordinate und Impuls dar, eine Schranke, die bestenfalls erreicht, niemals aber unterschritten werden kann. Nach der Quantenmechanik gilt diese Unschärferelation übrigens allgemein für ein beliebiges Paar „konjugierter Variabler".

Ein zweites Beispiel für die Unschärferelation ist die Ortsbestimmung durch ein Mikroskop (Abb. 37). Der Gedankengang ist hier der folgende: Will man die Lage eines Elektrons auf optischem Wege dadurch bestimmen, daß man es mit Licht bestrahlt und das Streulicht beobachtet, so ist es klar und allgemein aus der Optik her bekannt, daß die Größe der Wellenlänge des verwendeten Lichtes eine untere Grenze für die Auflösung und damit für die Genauigkeit der Ortsmessung bedeutet. Will man den Ort möglichst genau bestimmen, so wird man also Licht möglichst kurzer Wellenlänge (γ-Strahlen) verwenden. Die Verwendung kurzwelligen Lichtes ist jedoch gleichbedeutend mit dem Auftreten eines Comptonschen Streu-

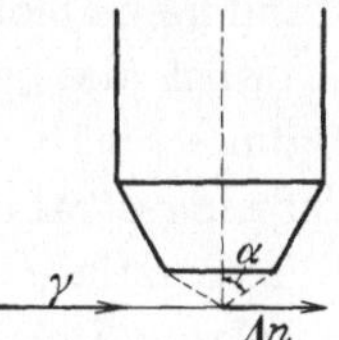

Abb. 37. Ortsbestimmung eines Elektrons mit Hilfe des γ-Strahlmikroskops.

prozesses beim Bestrahlen des Elektrons, welches dadurch einen bis zu einem gewissen Maße unbestimmten Rückstoß erfährt. Wir wollen die Verhältnisse rechnerisch untersuchen: Wir denken uns das Elektron unter dem Mikroskop von irgendeiner Seite her mit Licht der Frequenz ν bestrahlt. Dann läßt sich nach den Regeln der Optik sein Ort nur mit der Genauigkeit

$$\Delta x \sim \frac{\lambda}{\sin \alpha}$$

feststellen (Auflösungsvermögen des Mikroskopes, α ist der Aperturwinkel). Nun erfährt das Teilchen beim Bestrahlungsprozeß nach der korpuskularen Auffassung einen Comptonrückstoß in der Größenordnung $\frac{h\nu}{c}$, dessen Richtung in gleichem Maße unbestimmt ist wie die Richtung, in die das Lichtquant nach dem Prozesse fliegt. Da das Lichtquant im Mikroskop zur Beobachtung gelangt, ist diese Richtungsunbestimmtheit gegeben durch den Aperturwinkel α. Die Impulskomponente des Elektrons senkrecht zur Achse des Mikroskops ist daher nach dem Prozeß unbestimmt mit dem ungefähren Betrag

$$\Delta p \sim \frac{h\nu}{c}\sin \alpha .$$

Also gilt auch hier die Größenordnungsbeziehung

$$\Delta x \, \Delta p \sim h \, .$$

Ebenso wie jede Ortsbestimmung eine Unschärfe des Impulses und, was wir allerdings nicht gezeigt haben, jede Zeitbestimmung eine Unschärfe der Energie erzeugt, gilt auch das Umgekehrte. Je schärfer man Energie und Impuls bestimmt, um so unschärfer werden der Ort des Teilchens und der Zeitpunkt eines Ereignisses. Wir wollen auch hierfür ein Beispiel geben, und zwar die sog. Resonanzfluoreszenz. Wir haben oben gesehen, daß die Atome eines Gases, welches mit Licht der Frequenz ν_{10}, entsprechend der Energiedifferenz zwischen Grundzustand und erstem angeregten Zustand, bestrahlt wird, in diesen oberen Zustand übergeführt werden. Sie fallen dann wieder in den Grundzustand zurück unter Emission der Frequenz ν_{10}; und wenn der Druck hinreichend gering ist, so daß während der Lebensdauer der Atome im angeregten Zustand keine merkliche Anzahl gaskinetischer Zusammenstöße stattfindet, so wird die gesamte absorbierte Energie auch wieder ausgestrahlt. Dann verhält sich das Atom wie ein klassischer Resonator, der mit der eingestrahlten Lichtwelle in Resonanz steht, und man spricht von Resonanzfluoreszenz.

Man kann aber auch die Anregungsenergie der Atome nicht zur Re-emission von Licht, sondern auch zu anderen Wirkungen ausnützen, indem man ein anderes Gas als Indikator zusetzt. Besteht dieses z. B. aus nicht zu fest gebundenen, zweiatomigen Molekülen, so kann die beim Zusammenstoß mit den angeregten Atomen des ersten Gases übertragene Energie zur Dissoziation ausgenützt werden (Franck). Oder ist das Zusatzgas einatomig und hat eine niedrigere Anregungsstufe als das erste Gas, so gerät es durch die Zusammenstöße selbst zum Leuchten; man nennt dies sensibilisierte Fluoreszenz (Franck). Auf jeden Fall sieht man, daß ein Bruchteil der Atome des ersten Gases durch das erregende Licht sicherlich in den angeregten Zustand versetzt worden ist. Man kann nun die Sache so auffassen: Die Anregung mit monochromatischem Licht bedeutet Übertragung scharfer Quanten $h\nu_{10}$ an das Atom. Man kennt daher die Energie der angeregten Atome exakt. Nach der Heisenbergschen Relation $\Delta E \, \Delta t \sim h$ muß daher der Zeitpunkt des Absorptionsprozesses völlig unbestimmt sein. Man kann sich klarmachen, daß es so ist, indem man überlegt, daß jeder Versuch zur Feststellung dieses Zeitpunktes eine Marke im ursprünglichen Wellenzug, also z. B. ein Abschneiden desselben erfordern würde. Das bedeutet aber eine Störung des monochromatischen Charakters der Lichtwelle, die der Voraussetzung widerspricht. Eine genaue Diskussion der Verhältnisse ergibt, daß in der Tat bei Wahrung der Monochromasie der Zeitpunkt des Elementaraktes sich jeder Beobachtung entzieht.

Man kann die Unschärferelation auch aus folgendem allgemeinen Gedanken heraus ableiten: Wenn man ein Wellenpaket, das eine endliche Ausdehnung in der x-Richtung besitzt, aus einzelnen Wellenzügen aufbauen will, so benötigt man dazu einen bestimmten endlichen Frequenz-, bzw. wegen $\lambda = \dfrac{h}{p}$, einen endlichen Impulsbereich von monochromatischen Wellen. Man kann nun allgemein zeigen, daß die Größe des Wellenpakets mit dem erforderlichen Impulsbereich durch die Beziehung

$$\Delta p\, \Delta x \sim h$$

verknüpft ist. Entsprechend kann man die analoge Beziehung

$$\Delta E\, \Delta t \sim h$$

ableiten.

Bohr pflegt zu sagen, Wellen- und Korpuskularauffassung sind komplementär. Das soll heißen: Wenn man den korpuskularen Charakter eines Experiments nachweist, so ist es unmöglich, zugleich seinen Wellencharakter nachzuweisen und umgekehrt. Wir wollen das noch an einem Beispiel erläutern:

Wir denken etwa an den Youngschen Interferenzversuch mit den beiden Spalten; man hat dann auf dem Schirm ein System von Interferenzstreifen. Indem man den Schirm durch eine lichtelektrische Zelle ersetzt, kann man den korpuskularen Charakter des Lichtes auch in den Streifen nachweisen. Es sieht also so aus, als hätte man hier einen Versuch, in dem Wellen und Teilchen gleichzeitig demonstriert werden. Tatsächlich aber ist es nicht so; denn von einem Teilchen zu sprechen hat nur Sinn, wenn mindestens zwei Punkte seiner Bahn experimentell feststellbar sind, von einer Welle nur dann, wenn wenigstens zwei Interferenzmaxima beobachtet werden. Wollen wir also den „Nachweis eines Korpuskels" führen, so haben wir festzustellen, ob seine Bahn durch den oberen oder den unteren der beiden Spalte zum Auffänger gegangen ist. Wir wiederholen also den Versuch, indem wir nicht nur den Auffänger als lichtelektrisch empfindliches Organ konstruieren, sondern irgendeine Einrichtung treffen, die anzeigt, ob das Licht durch den oberen Spalt hindurchgegangen ist (etwa einen dünnen photographischen Film oder dgl.). Diese Einrichtung in dem Spalt wirft aber notwendigerweise das Lichtquant aus seiner ungestörten Bahn; die Wahrscheinlichkeit, es im Auffänger (Schirm) zu bekommen, ist also anders als ursprünglich, d. h. die wellentheoretische Vorberechnung der Interferenzerscheinung ist illusorisch. Wollen wir umgekehrt die Interferenz rein beobachten, so verbietet sich dadurch von selbst jede Beobachtung irgendeines anderen Bahnpunktes der Lichtquanten vor dem Auftreffen auf den Schirm.

Zum Schluß noch einige allgemeine Bemerkungen zur philosophischen Seite des Problems. Zunächst ist es klar, daß man durch den Dualismus Welle–Korpuskel und durch die damit verbundene prinzipielle Unbestimmbarkeit zum Aufgeben des Versuches der Aufstellung einer deterministischen Theorie gezwungen wird. Das Kausalgesetz, nach dem der Ablauf des Geschehens in einem abgeschlossenen System vollkommen durch den Zustand des Systems zur Zeit $t = 0$ bestimmt ist, verliert jedenfalls seine Gültigkeit im Sinne der klassischen Physik. Man kann sich bei Beantwortung der Frage, ob in der neuen Theorie auch ein Kausalgesetz gilt, auf zwei verschiedene Standpunkte stellen. Entweder sieht man die Vorgänge von der anschaulichen Seite an, indem man an dem Korpuskel- und Wellenbild festhält; dann gilt sicher nicht mehr das Kausalgesetz. Oder man beschreibt, wie es bei der weiteren Ausgestaltung der Theorie der Fall ist, den momentanen Zustand des Systems durch eine (komplexe) Größe ψ, die einer Differentialgleichung genügt und daher in ihren zeitlichen Veränderungen vollkommen durch ihre Form zur Zeit $t = 0$ bestimmt ist, die sich also streng kausal verhält. Da jedoch physikalische Bedeutung nur der Größe $|\psi|^2$ (Amplitudenquadrat) und andern ähnlich gebauten, quadratischen Ausdrücken (Matrixelemente) zukommt, durch die ψ nur zum Teil festgelegt wird, so ist auch bei vollständiger Kenntnis der physikalisch bestimmbaren Größen zur Zeit $t = 0$ der Anfangswert der ψ-Funktion prinzipiell nicht vollständig bestimmbar. Dieser Sachverhalt ist äquivalent mit der Aussage, daß das Geschehen zwar streng kausal erfolgt, daß man aber den Anfangszustand nicht genau kennt. In diesem Sinne wird daher das Kausalgesetz leer, die Physik ist prinzipiell indeterministisch und daher eine Angelegenheit der Statistik.

IV. Atombau und Linienspektren.

21. Das Bohrsche Atom; stationäre Bahnen für einfach periodische Bewegungen.

Im Abschnitt 15 haben wir eine Reihe von Argumenten dafür kennengelernt, daß die klassischen Bewegungsgesetze im Innern der Atome ihre Gültigkeit verlieren. Wir erinnern nochmals besonders an die vom klassischen Standpunkt aus völlig unverständliche Existenz von scharfen Spektrallinien und an die große Stabilität der Atome.

Die Bohrsche Deutung der Linienspektren, die wir im Abschnitt 16 dargelegt haben, zeigt den Weg, welchen man bei der Aufstellung einer neuen Atommechanik zu gehen hat. Es gelang in der Tat schon lange vor der Entdeckung der Wellennatur der Materie, im Sinne Bohrs eine

wenigstens provisorische Atommechanik aufzustellen und aus-
zubauen.

Die Grundidee stammt von Niels Bohr; sie läßt sich ungefähr
folgendermaßen formulieren (Bohrs Korrespondenzprinzip): Die
Gesetze der klassischen Physik haben sich erfahrungsgemäß bei allen
makro- und mikroskopischen Bewegungsvorgängen bis herunter zu den
Bewegungen der Atome als Ganzes (kinetische Theorie der Materie)
glänzend bewährt. Es ist daher eine unbedingt notwendige Forderung,
zu verlangen, daß die neue, vorerst noch unbekannte Mechanik in allen
diesen Problemen zu den gleichen Ergebnissen gelangt wie die klassische
Mechanik. Mit anderen Worten, es ist zu fordern, daß die neue Mechanik
für den Grenzfall großer Massen oder großer Bahndimensionen in die
klassische Mechanik übergeht.

Wir veranschaulichen uns die Bedeutung des Korrespondenzprinzips
am Beispiel des H-Atoms, das nach Rutherford aus einem schweren
Kern und einem um diesen Kern herumlaufenden Elektron besteht.
Nach den Gesetzen der klassischen Mechanik (1. Keplersches Gesetz)
ist die Bahn des Elektrons eine Ellipse, bzw. in Spezialfällen ein Kreis;
wir wollen uns bei der folgenden Betrachtung auf diesen Spezialfall
beschränken. Der Radius der Kreisbahn sei gleich a, sie werde mit der
Winkelgeschwindigkeit ω durchlaufen. Diese beiden Größen sind durch
die Beziehung

$$a^3\,\omega^2 = \frac{Z\,e^2}{m}$$

miteinander verknüpft, die dem dritten Keplerschen Gesetz entspricht.
Sie folgt aus der Gleichheit von Fliehkraft $m\,a\,\omega^2$ und Coulombscher
Anziehungskraft $\dfrac{Z\,e^2}{a^2}$; Z ist die Kernladungszahl (1 für H, 2 für He$^+$,
3 für Li^{++} usw.).

Uns interessiert hier besonders die Größe der Energie des umlaufenden
Elektrons. Nach dem Energiesatz ist die Summe aus kinetischer
Energie und potentieller Energie konstant:

$$\frac{m}{2}\,a^2\,\omega^2 - \frac{Z\,e^2}{a} = E\,.$$

Wir haben dabei die nur bis auf eine additive Konstante bestimmte
Energie so normiert, daß E die Arbeit bedeutet, welche man leisten
muß, um das Elektron eben aus dem Atomverbande loszulösen, d. h.
um es in unendlicher Entfernung ($a \to \infty$) vom Kern zur Ruhe
zu bringen ($a\omega \to 0$). Die Verbindung mit der obigen Gleichung ergibt
dann

$$E = -\frac{m}{2}\,a^2\,\omega^2 = -\frac{Z\,e^2}{2\,a} = -\left(\frac{Z^2\,e^4\,m\,\omega^2}{8}\right)^{1/3}.$$

Hieraus folgt, daß

$$\frac{E^{|3}}{\omega^2} = \frac{Z^2 e^4 m}{8}$$

konstant ist. Wir bemerken noch, daß diese Gleichung auch in dem
Falle gilt, daß die Bahnkurve eine Ellipse ist, wenn a die große Halb-
achse ist, und wenn man $\omega = \frac{2\pi}{T}$ setzt ($T =$ Umlaufszeit), (vgl. auch
Anhang XI).

So viel über das H-Atom unter Verwendung der klassischen Vorstellungen und Grundgesetze; zu jedem Bahnradius a, bzw. zu jeder
Frequenz ω gehört ein bestimmter Energiewert E, wobei a, bzw. ω
jeden beliebigen Wert annehmen können.

Demgegenüber steht die Hypothese von Bohr (s. Abschnitt 16),
nach der das Atom nur in bestimmten diskreten Zuständen existieren
kann und bei einem Übergang von einem Zustand mit der Energie E_1
zu einem solchen mit der kleineren Energie E_2 die Spektrallinie aus-

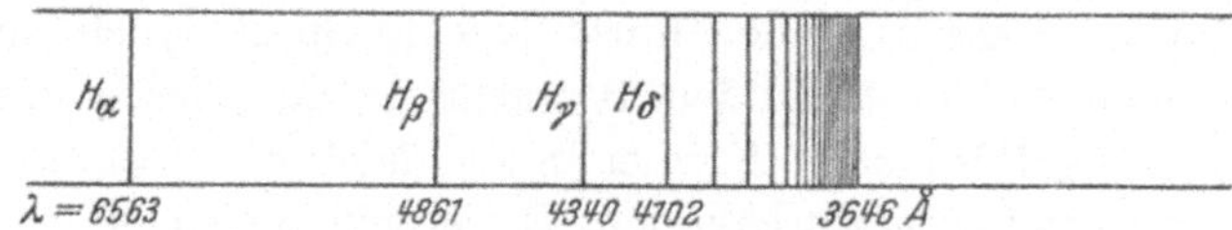

Abb. 38. Schema der Balmerserie mit Angabe der üblichen Bezeichnung für die
einzelnen Linien.

strahlt, deren $h\nu = E_1 - E_2$ ist. Aus den Frequenzen der Emissions-
bzw. Absorptionslinien ergeben sich die Energien der einzelnen Bohrschen Zustände.

Nun kennt man die Gesetzmäßigkeiten des Linienspektrums des
H-Atoms sehr genau (Abb. 38). Als erster war es Balmer, der zeigte,
daß sich die damals bekannten, im sichtbaren Gebiet gelegenen Linien
darstellen lassen durch eine Formel von der Gestalt

$$\nu = R\left(\frac{1}{4} - \frac{1}{m^2}\right),$$

wobei jedem ganzzahligen Wert von $m > 2$ eine Spektrallinie entspricht. R ist dabei eine Konstante, die sog. Rydbergkonstante,
deren Wert später von Paschen sehr genau bestimmt wurde:

$$R = 109678 \text{ cm}^{-1};$$

dabei wird ν, dem Gebrauche der Spektroskopiker folgend, als Wellenzahl, d. h. als Anzahl von Wellenlängen pro cm angegeben: $\nu = \frac{1}{\lambda}$.

Die Gestalt der obigen Formel legt den Gedanken nahe, das all-

gemeine Gesetz für die Frequenzen werde dadurch gewonnen, daß man
statt $4 = 2^2$ allgemein n^2 setzt:

$$\nu = R\left(\frac{1}{n^2} - \frac{1}{m^2}\right).$$

In der Tat konnten daraufhin die Linien, die den Werten $n = 1, 3, 4, \ldots$
entsprechen, ebenfalls spektroskopisch festgestellt werden; sie sind bei
den früheren Untersuchungen nicht aufgefunden worden, da sie außerhalb des sichtbaren Spektralbereiches liegen. Man kennt heute folgende,
nach ihren Entdeckern benannten Serien:

$n = 1$: Lyman-Serie (ultraviolett),
$n = 2$: Balmer-Serie (sichtbar),
$n = 3$: Paschen-Serie (ultrarot),
$n = 4$: Bracket-Serie (ultrarot),
. . . .

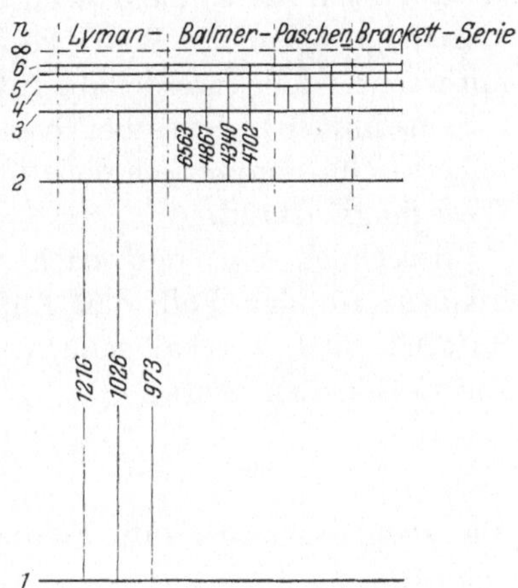

Abb. 39. Termschema des H-Atoms. Es
sind die wichtigsten Linien des H-Spek-
trums als Übergänge zwischen zwei Bal-
mertermen eingetragen (zum Teil unter
Angabe der Wellenlänge).

Es sei noch besonders darauf hingewiesen, daß die Übereinstimmung
zwischen den Aussagen der obigen
Formel und den spektroskopisch gefundenen Werten ausgezeichnet ist. Bei
der hohen spektroskopischen Genauigkeit, die die Lage der Linien bis auf
5 oder 6 Stellen genau bestimmen
läßt, weichen die aus der Formel errechneten Werte höchstens um ein paar
Einheiten in der letzten Stelle ab.

Die Schreibweise der Balmerformel
als Differenz zweier gleichgebauter Ausdrücke legt es im Sinne Bohrs
nahe, diese Ausdrücke mit den Energiestufen (Termen) des Bohrschen Atommodells in Zusammenhang zu bringen:

$$E_n = -\frac{hR}{n^2} \qquad \text{(Balmer-Term)}.$$

Die beim Übergang des Atoms von einem Zustand n zu einem anderen
Zustand m ausgestrahlte Frequenz wird dann in Übereinstimmung mit
der Balmerformel durch die Beziehung $h\nu = E_n - E_m$ gegeben. Kennt
man das Termschema eines Atoms, so kann man daraus sofort die
Struktur des Spektrums ablesen. Beim H-Atom besitzt das Termschema
die obenstehende Gestalt (Abb. 39). Die Energieskala ist so normiert,
daß man ihren Nullpunkt für $n \to \infty$ erhält. Die Terme folgen, wenn
man vom tiefsten Term E_1 ausgeht, immer dichter aufeinander und
nähern sich asymptotisch der Grenze $E_\infty = 0$.

Wir haben im vorstehenden die Aussagen der klassischen Atommechanik den Ergebnissen der experimentellen Forschung gegenübergestellt. Letztere ergaben in der Deutung von Bohr diskrete Energieniveaus im Betrage $E_n = -\dfrac{h\,R}{n^2}$, wobei R eine experimentell bestimmte Konstante für alle Terme darstellt. Aufgabe der neuen Atommechanik ist natürlich, eine Erklärung für die Größe der Balmerterme zu geben. Als Wegweiser zur Lösung der Aufgabe dient das eingangs formulierte Korrespondenzprinzip.

In der Anwendung auf das Wasserstoffatom besagt es, daß ein H-Atom sich um so mehr nach den Gesetzen der klassischen Mechanik verhält, je höher der Bohrsche Zustand liegt, in dem es sich befindet; mit wachsendem n werden die Intervalle zwischen den einzelnen Energieniveaus immer kleiner, die Niveaus liegen immer dichter, und das Atom nähert sich asymptotisch dem von der klassischen Mechanik geforderten Bewegungszustand.

Berechnet man nun nach der Balmerformel die Ausstrahlungsfrequenz für den Fall, daß Anfangs- und Endzustand hochangeregte Zustände sind, so erhält man, wenn $n - m$ klein gegen n und m ist, durch Entwickeln den Wert

$$\nu \sim \frac{2\,R}{n^3}\,(n - m).$$

Die kleinste ausgestrahlte Frequenz erhält man für $n - m = 1$, nämlich

$$\nu_1 \sim \frac{2\,R}{n^3};$$

für $n - m = 2$ ergibt sich eine doppelt so große Frequenz, für $n - m = 3$ eine dreimal so große usw. Das Spektrum besitzt also den gleichen Charakter wie das eines mit der Eigenfrequenz $\omega = 2\pi\nu_1$ schwingenden elektrisch geladenen Teilchens nach der klassischen Theorie bei Auftreten von Oberschwingungen. Führt man die Grundfrequenz ν_1 nun an Stelle der Ordnungszahl n in die Energieformel (Balmerterm) ein, so erhält man den Ausdruck (mit $\omega = 2\pi\,\nu_1$)

$$E \sim -h\,R\left(\frac{\nu_1}{2\,R}\right)^{2/3} = -\left(\frac{R\,h^3\,\nu_1^2}{4}\right)^{1/3} = -\left(\frac{R\,h^3\,\omega^2}{16\,\pi^2}\right)^{1/3}.$$

Diese Formel besitzt hinsichtlich ihrer Frequenzabhängigkeit genau den gleichen Bau wie die Formel, die wir oben für die Energie des klassisch umlaufenden Elektrons erhalten haben. Man hat wie dort

$$\frac{|E|^3}{\omega^2} = \frac{R\,h^3}{16\,\pi^2} = \text{const}.$$

Nach dem Korrespondenzprinzip müssen aber die beiden Formeln im Grenzfall sehr hoher n-Werte, also sehr kleiner Frequenzen übereinstimmen. Daraus folgt

$$R = R_0 Z^2,$$

$$R_0 = \frac{2\,\pi^2\,m\,e^4}{h^3}.$$

Man erhält also auf Grund des Korrespondenzprinzips unter der Annahme, daß die Energiewerte wirklich durch die Balmerterme gegeben werden, bereits eine eindeutige Aussage über die Größe der im Balmerterm eingehenden Rydbergkonstanten.

Hierzu ist noch folgendes zu bemerken: Geht man mit den aus anderen Messungen bestimmten Werten für e, m und h in die Formel für R_0 ein, so erhält man $R_0 \sim 3{,}290 \cdot 10^{15}$ sec^{-1} oder bei Umrechnung auf Wellenzahlen $\sim 109\,700$ cm^{-1}, ein Wert, der im Rahmen der Genauigkeit, mit der e, m und h derzeit bekannt sind (einige Promille). mit dem gefundenen Wert übereinstimmt. Ferner besitzt die obige Formel die richtige Abhängigkeit von der Ordnungszahl Z, wie die Messungen an den Ionen He$^+$, Li^{++}, . . . zeigten.

Ein weiterer Beweis für die Zulässigkeit unserer Schlußweise ist die Tatsache, daß sich durch eine einfache Erweiterung der obigen Formeln auch die **Mitbewegung des Kernes** berücksichtigen läßt und zu einer Aussage über ihren Einfluß auf die Lage der Terme führt, die sich experimentell vollständig bestätigt hat. Wir haben oben so gerechnet, als ob der Kern eine unendlich große Masse besitzt, und daher ihn als ruhend angenommen. In Wirklichkeit ist seine Masse zwar groß gegenüber der Elektronenmasse m ($\sim 1840\,m$ für den Wasserstoffkern), aber doch endlich. Dies hat zur Folge, daß der Kern durch die Umlaufsbewegung des Elektrons zur Mitbewegung veranlaßt wird und eine Kreisbahn um den gemeinsamen Schwerpunkt mit der gleichen Winkelgeschwindigkeit ω durchläuft wie das Elektron, da ja der Schwerpunkt des ganzen Atoms ruhen soll. Bezeichnen wir die Radien der Elektronen- und der Kernbahn mit bzw. a_e und a_k, so besteht zwischen ihnen nach Definition des Schwerpunktes die Beziehung $m\,a_e = M\,a_k$, wobei M die Masse des Kernes ist. Die Gleichheit von Zentrifugalkraft und Coulombscher Anziehung ergibt dann

$$m\,a_e\,\omega^2 = M\,a_k\,\omega^2 = \frac{Z\,e^2}{(a_e + a_k)^2}.$$

In der Formel für die Energie äußert sich die Mitbewegung des Kernes einerseits im additiven Hinzutreten der kinetischen Energie des Kernes $\frac{M}{2}\,a_k^2\,\omega^2$, andrerseits darin, daß in der potentiellen Energie nicht mehr wie früher der Radius der durchlaufenen Kreisbahn, sondern die Summe $a_e + a_k$ eingeht. Man erhält durch den gleichen Rechengang wie oben hier die Formel

$$E = -\left(\frac{Z^2 e^4\, m\, M\, \omega^2}{8\,(m + M)}\right)^{1/3} = -\left(\frac{Z^2 e^4\, m\, \omega^2}{8\left(1 + \dfrac{m}{M}\right)}\right)^{1/3}.$$

Setzt man nun diesen Energiewert korrespondenzmäßig gleich dem aus dem Balmerterm für hohe Quantenzahlen folgenden Wert, so erhält man für die Rydbergkonstante den Ausdruck:

$$R = \frac{R_0\, Z^2}{1 + \dfrac{m}{M}}, \qquad R_0 = \frac{2\,\pi^2\, m\, e^4}{h^3}.$$

Die Mitbewegung des Kernes äußert sich also in einem Korrekturfaktor, der zwar nur Bruchteile von Promillen ausmacht, bei der hohen Genauigkeit der spektroskopischen Methoden jedoch genau geprüft werden kann.

Ohne den Korrekturfaktor fällt nach der Theorie jeder Energieterm gerader Ordnung des einfach ionisierten Heliums mit einem Term des Wasserstoffes zusammen; denn für He^+ ist $Z = 2$, und daher deckt sich der zweite Term von He^+ mit dem ersten von H, der vierte von He^+ mit dem zweiten von H usw. Bei Berücksichtigung der Kernbewegung fallen jedoch diese Terme auseinander, da der He-Kern viermal schwerer ist als der H-Kern und daher die Elektronenbewegung in geringerem Maße mitmacht als letzterer. In der Tat ergeben sich aus der Formel für die Energieterme gerader Ordnung $(2\,n)$ von He^+ die Ausdrücke

$$(E_{\mathrm{He^+}})_{2\,n} = -\frac{4\,R_0\, h}{1 + \dfrac{m}{M_{\mathrm{He}}}}\,\frac{1}{4\,n^2} = -\frac{R_0\, h}{\left(1 + \dfrac{m}{M_{\mathrm{He}}}\right) n^2},$$

während die Terme des Wasserstoffes durch

$$(E_{\mathrm{H}})_n = -\frac{R_0\, h}{\left(1 + \dfrac{m}{M_{\mathrm{H}}}\right) n^2}$$

gegeben sind. Jede zweite Heliumlinie fällt also fast, aber nicht genau mit einer Wasserstofflinie zusammen; ihr Abstand läßt sich leicht aus den angegebenen Formeln berechnen; größenordnungsmäßig ist er ungefähr im Verhältnis $m : M$ kleiner als die Wellenlänge der Linien selbst, also rund von der Größenordnung 1 Å und daher spektroskopisch ohne weiteres meßbar. Die experimentelle Prüfung dieser Aussage der Theorie bestätigte sie vollkommen.

Wir erwähnen noch, daß der von Paschen an den Linien des Wasserstoffes gemessene Wert der Rydbergkonstanten, den wir oben angegeben haben, nicht gleich R_0, sondern gleich $\dfrac{R_0}{1 + \dfrac{m}{M_{\mathrm{H}}}}$ ist. Daraus ergibt sich der Wert

$$R_0 = 109\,737 \text{ cm}^{-1}.$$

Der bisherige Gedankengang läßt sich so zusammenfassen: Die klassische Mechanik gestattet zwar, auf Grund der Vorstellung des um den Kern umlaufenden Elektrons Formeln für den Zusammenhang zwischen Bahnradius, Umlaufsfrequenz und Energie aufzustellen, vermag aber nicht das vom Atom ausgesandte Spektrum zu erklären. Man muß vielmehr dazu im Sinne Bohrs annehmen, daß das Atom nur bestimmte Energiestufen $E_n = -\dfrac{h\,R}{n^2}$ besitzt, und es ist die Aufgabe der neuen Mechanik, diese Energiestufen zu erklären. Aus dem Korrespondenzprinzip, also allein aus der Forderung nach asymptotischem Anschluß der neuen Mechanik an die alte für große Quantenzahlen, konnten wir bereits eindeutig Aufschluß über den Zusammenhang der experimentell bestimmten Rydbergkonstanten mit den Atomkonstanten e, m und h bekommen. Damit ist jedoch noch keine Erklärung für das Auftreten der Balmerterme überhaupt gegeben; wir wissen bisher bloß, daß bei der Annahme diskreter Energieniveaus im Atom und bei der speziellen Annahme der Gültigkeit der Formel $E_n = -\dfrac{R\,h}{n^2}$ der Proportionalitätsfaktor R wegen des Korrespondenzprinzipes in bestimmter Weise von e, m und h abhängen muß. Es ist Aufgabe der neuen Mechanik, diese beiden Annahmen zu erklären, bzw. wenigstens verständlich zu machen. Wir nehmen vorweg, daß diese Aufgabe erst durch die Aufstellung der Wellenmechanik vollständig gelöst wurde und auch überhaupt erst durch Eingehen auf die Wellennatur der Materie gelöst werden konnte. Nichtsdestoweniger werden wir im folgenden in Kürze die Hauptzüge und die wichtigsten Ergebnisse der Bohrschen Quantentheorie des Atoms bringen, da sie nicht nur zum Teil als Grundlagen bei der Aufstellung der Wellenmechanik erforderlich sind, sondern auch eine Reihe von experimentellen Ergebnissen zu deuten vermochten.

Wir stellen zunächst hier im Anschluß an die obigen Rechnungen ein paar Formeln zusammen, die für die Weiterentwicklung der Bohrschen Theorie bedeutungsvoll sind. Denkt man sich auch im Bohrschen Atom die Elektronen auf bestimmten festen Bahnen (Ellipsen, Kreise) den Kern umlaufend, so kann man jedem Energieniveau des Atoms (im Spezialfall der Kreisbahn) einen Radius, eine Umlaufsgeschwindigkeit usw. nach den Formeln der klassischen Mechanik zuordnen. So folgt aus den oben angeführten Formeln (bei Vernachlässigung der Mitbewegung des Kernes) als Radius der zum n-ten Energiezustand gehörigen Kreisbahn

$$a = -\frac{Z\,e^2}{2\,E} = \frac{Z\,e^2\,n^2}{2\,h\,R_0\,Z^2} = a_0\,\frac{n^2}{Z},$$

wobei

$$a_0 = \frac{h^2}{4\,\pi^2\,m\,e^2} = 0{,}528 \text{ Å}$$

den Radius der ersten Bohrschen Kreisbahn im Wasserstoffatom oder kurz den „Bohrschen Radius'' darstellt. Entsprechend erhält man für die Umlauffrequenz den Ausdruck

$$\omega = \frac{4\,\pi\,R_0\,Z^2}{n^3} = \frac{\omega_0\,Z^2}{n^3} \qquad \text{mit} \qquad \omega_0 = 4\,\pi\,R_0 = 4{,}13\cdot 10^{16}\,\text{sec}^{-1}.$$

Besonders wichtig ist die Formel, die man für den Drehimpuls des Elektrons um den Kern erhält; aus den beiden obigen Formeln folgt:

$$p = m\,a^2\,\omega = m\,a_0^2\,\omega_0\,n = n\,\frac{h}{2\,\pi}.$$

Der Drehimpuls ist beim Bohrschen Atom gleich einem Vielfachen von $\frac{h}{2\,\pi}$. Man nennt diese Tatsache die Quantenbedingung des Drehimpulses.

Man kann umgekehrt diese Bedingung postulieren und durch Rückrechnen unter Verwendung der Formeln der klassischen Atommechanik die Balmerterme ableiten. Aus (s. S. 67)

$$E = -\frac{Z\,e^2}{2\,a} \qquad \text{und} \qquad a^3\,\omega^2 = \frac{Z\,e^2}{m}$$

folgt

$$E = -\frac{Z^2\,e^4}{2\,m\,a^4\,\omega^2} = -\frac{Z^2\,e^4\,m}{2\,p^2},$$

wobei $p = m\,a^2\,\omega$ den Drehimpuls bedeutet. Führt man für ihn den Wert aus der Quantenbedingung ein, so ergibt sich sofort

$$E = -\frac{Z^2\,e^4\,m}{2}\cdot\frac{4\,\pi^2}{h^2\,n^2} = -\frac{h\,R_0\,Z^2}{n^2}.$$

Es ist naheliegend anzunehmen, daß die Quantisierungsbedingung des Drehimpulses ein grundlegender Zug der neuen Mechanik ist. Wir postulieren daher, daß sie allgemeine Gültigkeit besitzt, müssen aber dabei an Hand von Beispielen zeigen, daß dieses Postulat zu vernünftigen Resultaten führt. Wenn auch der Grund für diese Quantisierungsvorschrift vom Standpunkt der Bohrschen Theorie aus völlig dunkel bleibt, so hat sie sich doch bei der Weiterentwicklung der Theorie gut bewährt.

Als Beispiel wollen wir den Fall des rotierenden Moleküls behandeln, das wir als Rotator (d. h. als starren, um eine feste Achse drehbaren Körper) betrachten. Wenn A sein Trägheitsmoment um diese Achse ist, so wird nach der klassischen Mechanik bei einer Drehung mit der Winkelgeschwindigkeit ω seine kinetische Energie gleich

$$E = \frac{A}{2}\,\omega^2;$$

eine potentielle Energie tritt nicht auf. Den Drehimpuls um die Achse erhält man aus der Energie durch Differentiation nach ω:

$$p = A\,\omega.$$

Wir wenden nun unsere beim H-Atom gefundene Drehimpulsformel an, nach der

$$p = n\,\frac{h}{2\,\pi}$$

ist, wobei n eine ganze Zahl bedeutet. Daraus folgt durch Elimination von ω die Energieformel

$$E_n = \frac{p^2}{2\,A} = \frac{h^2}{8\,\pi^2\,A}\,n^2.$$

Man nennt diesen Ausdruck für die Energiewerte den „Deslandreschen Term".

Diesem Termschema entspricht ein bestimmtes Emissionsspektrum. Der Übergang vom n-ten Zustand in den $(n-1)$-ten ist verbunden mit der Ausstrahlung einer Linie der Frequenz

$$\nu = \frac{1}{h}\,(E_n - E_{n-1}) = \frac{h}{8\,\pi^2\,A}\,(n^2 - (n-1)^2) = \frac{h}{4\,\pi^2\,A}\,n.$$

Das Spektrum besteht aus einer Folge äquidistanter Linien, man erhält so den einfachsten Typ eines Bandenspektrums. Andere Übergänge als die zum nächst niederen (und nächst höheren) Zustand können beim Rotator korrespondenzmäßig nicht vorkommen; denn, wie wir bereits beim Fall des H-Atoms gezeigt haben und wie man auch hier sofort sieht, entspricht dem Übergang zu dem übernächsten, bzw. drittnächsten Quantenzustand für hohe Quantenzahlen die Ausstrahlung der doppelten, bzw. dreifachen Grundfrequenz, also der „Oberschwingungen". Nun tritt klassisch in der Fourierentwicklung der Kreisbewegung (Rotator)

$$x = a\cos\omega\,t, \qquad y = a\sin\omega\,t$$

nur die Grundfrequenz auf, das gleiche gilt natürlich auch für die klassisch berechnete Ausstrahlung. Daher können nach dem Korrespondenzprinzip auch in der Quantentheorie nicht die Linien ausgestrahlt werden, die den klassischen Oberschwingungen bei der Fourierzerlegung der Bahnbewegung entsprechen; d. h. es gelten für den Rotator die Auswahlregeln $n \to n-1$ für die Emissionsübergänge und $n \to n+1$ für die Absorptionsübergänge. Wir haben diese Regeln wegen Verwendung des Korrespondenzprinzips zwar nur für hohe Quantenzahlen bewiesen, es ist aber naheliegend, ihre Gültigkeit für alle Quantenzahlen zu fordern.

22. Quantenbedingungen für einfach und mehrfach periodische Bewegungen.

Die Quantenbedingung des Drehimpulses, die wir aus dem experimentell begründeten Balmerterm abgeleitet haben und deren Anwendung auf das rotierende Molekül auf den mit der Erfahrung übereinstimmenden Deslandreschen Term geführt hat, gibt einen Fingerzeig, welchen Weg man beim Ausbau der neuen Mechanik zu beschreiten hat. Es kommt offenbar darauf an, daß bestimmte Größen nur ganzzahlige Werte annehmen dürfen — man nennt sie quantisierbare Größen — und es besteht die Frage, wie man allgemein diese quantisierbaren Größen ausfindig machen kann. Wir wollen dies an Hand von einfachen Beispielen klarzumachen versuchen, während wir eine allgemeine Formulierung des Problems auf Grund der Hamiltonschen Theorie im Anhang X bringen.

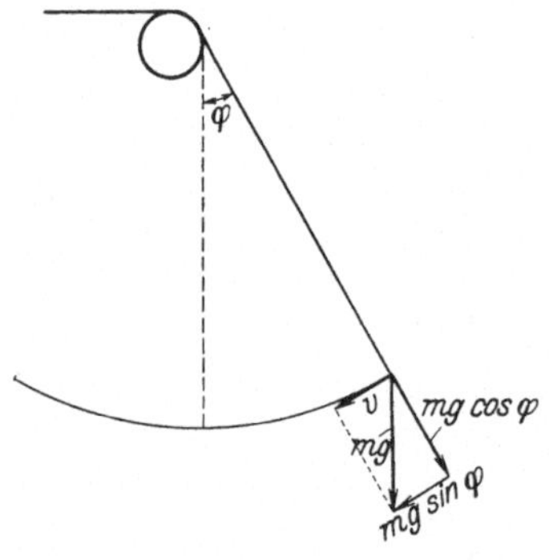

Abb. 40. Fadenpendel mit veränderlicher Fadenlänge. Bei hinreichend langsamer Verkürzung des Fadens bleibt das Verhältnis aus Schwingungsenergie und Schwingungszahl konstant.

Es hilft hier eine Überlegung von Ehrenfest weiter. Wir denken uns ein mechanisches System, in dem solche quantisierbare Variable vorkommen, also Größen, die nur ganzzahliger Werte fähig sind. Führt man nun eine kleine Störung ein, so muß im gestörten System die neue Mechanik in der gleichen Weise gelten wie im ungestörten, auch hier müssen die betreffenden Größen ganzzahlig sein. Sie müssen sich also bei Beginn der Störung entweder sprunghaft um eine ganze Zahl geändert haben oder konstant geblieben sein. Bei langsam veränderlichen Beeinflussungen des Systems muß das letztere der Fall sein; man sagt in diesem Falle, diese Größen sind adiabatisch invariant. Als Umkehrung dieser Überlegungen kann man den Satz formulieren, daß nur adiabatisch invariante Größen quantisierbar sind. Es ist also notwendig, solche Größen in den klassischen Bewegungsgesetzen ausfindig zu machen.

Wir zeigen an einem einfachen Beispiel, wie dies geschehen kann. Dazu betrachten wir ein Fadenpendel (Abb. 40), dessen Länge sich verändern läßt, etwa dadurch, daß man den Faden über eine Rolle zieht. Wenn man den Faden langsam verkürzt um den Betrag Δl, so leistet man Arbeit erstens gegen die Schwere, zweitens gegen die Zentrifugalkraft des schwingenden Pendels. Die Komponente der Schwerkraft, die den Faden spannt, ist $mg \cos \varphi$, die Zentrifugalkraft $ml\dot\varphi^2$, wo $\dot\varphi$ die Winkelgeschwindigkeit bedeutet. Also ist die bei einer langsamen

Verkürzung des Fadens um die Länge Δl geleistete Arbeit

$$A = \int\limits_{l}^{l-\Delta l} (m\,g\cos\varphi + m\,l\,\dot\varphi^2)\,dl\,.$$

Wir nehmen nun an, daß die Verkürzung des Fadens außerordentlich langsam erfolgt, so daß während des Vorganges das Pendel sehr oft hin und her schwingt. Dann kann man von der Veränderlichkeit der Schwingungsamplitude mit der Fadenlänge absehen und über die Bewegung bei fester Schwingungsamplitude integrieren. Man erhält so

$$A = -\,(m\,g\,\overline{\cos\varphi} + m\,l\,\overline{\dot\varphi^2})\,\Delta l\,,$$

wo die Striche Mittelung über die ungestörte Bewegung bedeuten. Beschränken wir uns außerdem auf kleine Amplituden, so kann man $\cos\varphi$ durch $1 - \dfrac{\varphi^2}{2}$ ersetzen. Dann wird

$$A = -\,m\,g\,\Delta l + \left(m\,g\,\frac{\overline{\varphi^2}}{2} - m\,l\,\overline{\dot\varphi^2}\right)\Delta l\,.$$

Das erste Glied entspricht einer Hebung der Gleichgewichtslage, die uns nicht interessiert. Die beiden anderen, durch die Klammer zusammengefaßten Glieder sind die der Pendelbewegung zugeführte Energie ΔW. Nun ist die Energie der ungestörten Pendelbewegung

$$W = \frac{m}{2}\,l^2\,\dot\varphi^2 + m\,g\,l(1 - \cos\varphi)\,,$$

wobei das erste Glied die kinetische Energie und das zweite die potentielle Energie gegenüber der Ruhelage darstellt. Ersetzt man nun näherungsweise $1 - \cos\varphi$ durch $\varphi^2/2$, so wird

$$W = \frac{m}{2}\,l^2\,\dot\varphi^2 + m\,g\,l\,\frac{\varphi^2}{2}\,.$$

Dies ist nichts anderes als die Energiefunktion eines linearen Oszillators mit der linearen Amplitude $q = l\varphi$. Die Bewegung ist also eine harmonische Schwingung $\varphi = \varphi_0\cos\omega\,t$, es wird

$$\overline{\varphi^2} = \frac{\varphi_0^2}{2}\,,\qquad \overline{\dot\varphi^2} = \frac{\varphi_0^2\,\omega^2}{2}\,,$$

und daraus folgt leicht wegen $\omega = 2\,\pi\,\nu = \sqrt{\dfrac{g}{l}}$

$$W = \frac{m\,l^2\,\varphi_0^2\,\omega^2}{2} = m\,g\,l\,\frac{\varphi_0^2}{2}\,,$$

während

$$\Delta W = -\,\frac{\Delta l\,m\,l\,\omega^2\,\varphi_0^2}{4} = -\,\frac{W\,\Delta l}{2\,l}\,.$$

Man hat also

$$\frac{\Delta W}{W} = -\frac{1}{2}\,\frac{\Delta l}{l}\,.$$

Andrerseits folgt aus $v \sim l^{-\frac{1}{2}}$

$$\frac{\Delta v}{v} = -\frac{1}{2}\cdot\frac{\Delta l}{l}\,,$$

mithin wird

$$\frac{\Delta W}{W} = \frac{\Delta v}{v}\,.$$

Dies ist eine Differentialgleichung für W als Funktion der Schwingungszahl v mit der Lösung

$$\frac{W}{v} = \mathrm{const} = J\,.$$

Diese Größe bleibt also bei der langsamen (adiabatischen) Pendelverkürzung konstant, man kann sie daher ohne Verletzung des oben genannten Ehrenfestschen Prinzips gleich einem ganzen Vielfachen von h setzen, also

$$W = n\,h\,v\,.$$

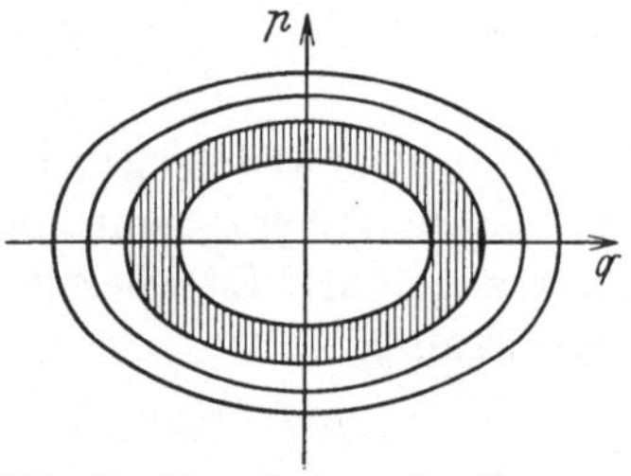

Abb. 41. Phasenbahnen des linearen Oszillators; in der pq-Ebene durchläuft der Phasenpunkt eine Ellipse, deren Fläche ein ganzzahliges Vielfaches von $h\,v$ ist. (Nach A. Sommerfeld: Atombau und Spektrallinien.)

Man erhält so die Energiestufen des harmonischen Oszillators in Übereinstimmung mit der Planckschen Grundannahme.

In ähnlicher Weise kann man prinzipiell auch für andere Systeme die adiabatischen Invarianten bestimmen. Doch im allgemeinen ist dieser direkte Weg äußerst umständlich, und man kann die Frage aufwerfen, ob sich nicht auch eine einfachere Methode zur Auffindung der Invarianten angeben läßt. Wir wollen am Beispiel unseres Oszillators (Fadenpendel bei kleinen Schwingungen) zeigen, wie dies durch eine geometrische Deutung der invarianten Größe $J = \dfrac{W}{v}$ möglich ist.

Dazu schreiben wir die Energie noch einmal an mit einer etwas anderen Bezeichnung $\left(q = l\,\varphi,\ \ p = m\,\dot{q},\ \ f = \dfrac{m\,g}{l}\right)$

$$W = \frac{1}{2\,m}\,p^2 + \frac{f}{2}\,q^2\,.$$

In einer pq-Ebene (Abb. 41) stellt diese Gleichung eine Ellipse dar mit den Halbachsen

$$a = \sqrt{2\,m\,W}\,, \qquad b = \sqrt{\frac{2\,W}{f}}\,,$$

wie man aus der Gleichung in der Form

$$\frac{p^2}{2\,m\,W} + \frac{q^2}{2\,W/f} = 1$$

unmittelbar erkennt. Nun ist der Flächeninhalt der Ellipse bekanntlich gleich

$$\oint p\,dq = a\,b\,\pi\,,$$

also in unserem Falle

$$\oint p\,dq = W\,2\,\pi\,\sqrt{\frac{m}{f}}\,.$$

(Das Zeichen $\oint$ bedeutet, daß man über eine volle Periode, d. h. hier über den ganzen Umfang der Ellipse, zu integrieren hat.) Nun ist aber $v = \frac{1}{2\,\pi}\sqrt{\frac{f}{m}}$, also erhält man

$$\oint p\,dq = \frac{W}{v} = J\,.$$

Die adiabatische Invariante ist also nichts anderes als der Flächeninhalt der Ellipse, und die Quantenforderung besagt, daß der Inhalt der während einer Periode der Bewegung durchlaufenen, geschlossenen Kurve in der pq-Ebene (Phasenebene) ein ganzzahliges Vielfaches von h ist.

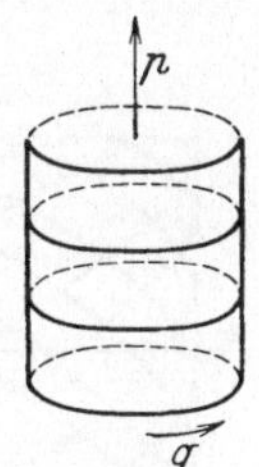

Abb. 42. Darstellung der Phasenbahn eines Rotators auf einer Zylinderfläche.

Diese Formulierung ist nun ohne weiteres verallgemeinerungsfähig. Betrachten wir zunächst als Beispiel mit einem Freiheitsgrad den schon früher einmal behandelten Fall des Rotators. Hier ist die Koordinate das Azimut $q = \varphi$, zu dem als kanonisch konjugierte Größe der Drehimpuls p gehört. Dieser ist bei der freien Rotation konstant, also vom Drehwinkel unabhängig. Daher wird

$$J = \oint p\,dq = p\oint dq\,.$$

Stellt man die Bewegung in der pq-Ebene dar, so ist dieses Integral über die Gerade $p = \mathrm{const}$ zu erstrecken, also nicht über eine geschlossene Kurve. Man muß aber beachten, daß in dieser Ebene Punkte mit dem gleichen p, deren q-Koordinate sich um 2π unterscheiden, denselben Zustand des Rotators darstellen. Man müßte also eigentlich nicht eine pq-Ebene, sondern einen pq-Zylinder (Abb. 42) vom Umfange 2π betrachten, bei dem nunmehr das Integral $\oint dq$ über den Umfang des Zylinders zu erstrecken ist und den Wert $2\,\pi$ besitzt. So erhält man $J = 2\,\pi\,p$. Nehmen wir nun unsere Quantisierungsvorschrift

$$J = \oint p\,dq = n\,h$$

als richtig an, so folgt $p = n\dfrac{h}{2\,\pi}$, also die vorhin auf ganz anderem

Wege beim H-Atom gewonnene Formel, die wir mit Erfolg auf den starren Rotator zur Deutung der Bandenspektren angewandt haben.

Es hat sich gezeigt, daß die Quantisierungsvorschrift

$$\oint p\,dq = n\,h$$

nicht nur bei Systemen mit einem Freiheitsgrad, sondern auch bei komplizierteren Systemen mit mehreren Freiheitsgraden angewandt werden kann und stets zu Folgerungen führt, die in Übereinstimmung mit der Erfahrung stehen. Die Übertragung auf mehrere Freiheitsgrade beruht (nach Sommerfeld, Wilson) darauf, daß in vielen Fällen Koordinaten q_1, q_2, ... eingeführt werden können, deren zugehörige Impulse die Eigenschaft haben, daß p_1 nur von q_1, p_2 nur von q_2 usw. abhängen. Man nennt solche Systeme separierbar. Sie sind im all-

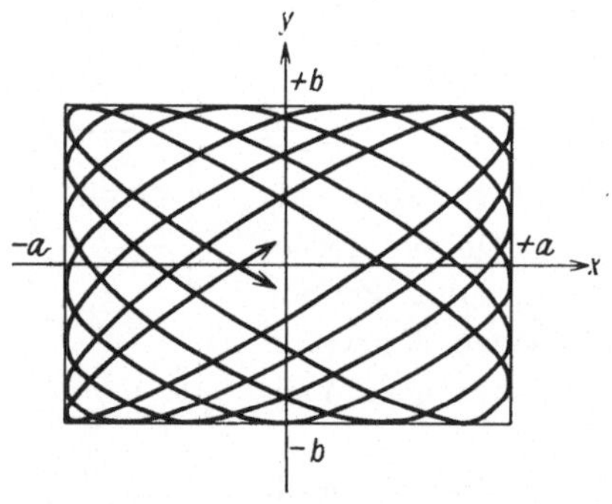

Abb. 43. Darstellung der Bahnkurve eines Systems mit zwei Freiheitsgraden, bei dem die beiden Frequenzen ν_1 und ν_2 inkommensurabel sind (Lissajou-Figuren). (Nach Sommerfeld.)

gemeinen mehrfach periodisch. Man kann dann den Bewegungsvorgang auflösen in die Überlagerung von einfach periodischen Schwingungen mit Oberschwingungen (sog. Lissajou-Figuren). Als Beispiel denken wir uns eine Bewegung in der Ebene, bei der die rechtwinkligen Koordinaten x und y mit zwei Frequenzen ν_1 und ν_2 schwingen (Abb. 43). Wäre $\nu_1 = \nu_2$, so wäre die Bahnkurve je nach der Phase ein Kreis, eine Ellipse oder eine Gerade. Wenn ν_1 und ν_2 in einem rationalen Verhältnis stehen, so erhält man ebenfalls geschlossene Bahnkurven. Nur wenn ν_1 und ν_2 inkommensurabel sind, d. h. wenn ihr Verhältnis irrational ist, dann ist die Bahnkurve nicht geschlossen, sondern erfüllt allmählich das ganze Rechteck des Variablenbereiches. Von diesem Typ sind die Bewegungskurven bei allgemeinen mehrfach periodischen Bewegungen. Wenn sich jedoch eine Bahnkurve nach endlich vielen Umläufen schließt, so liegt de facto nur eine Periode vor und man wird nur eine Quantenbedingung vom Typus

$$\oint p\,dq = n\,h$$

haben. Wenn sich die Kurve nicht schließt, wenn also zwei oder mehrere nicht kommensurable Perioden vorliegen, so wird man ebenso viele Quantenbedingungen wie Perioden haben:

$$\oint p_1\,dq_1 = n_1\,h\,,$$

$$\oint p_2\,dq_2 = n_2\,h\,,$$

$$\cdot\quad\cdot\quad\cdot\quad\cdot\quad\cdot\quad\cdot\quad\cdot\quad\cdot$$

Dies ist der allgemeine Fall, den man auch als **nichtentartet** bezeichnet, während der Fall zusammenfallender oder kommensurabler Perioden als **Entartung** bezeichnet wird. Ist u die Anzahl der Perioden, v die der Freiheitsgrade, so nennt man $w = v - u$ den **Grad der Entartung**. Im Anhang X werden wir diese Verhältnisse etwas eingehender darstellen.

Wir wollen nun nach diesen Vorschriften das **Wasserstoffatom** behandeln, dessen vollständige Quantisierung von **Sommerfeld** durchgeführt wurde. Nach den Keplerschen Gesetzen ist die Bahn des Elektrons um den Kern eine Ellipse, sie ist also einfach periodisch. Da das Elektron drei Freiheitsgrade besitzt, besteht hier also zweifache Entartung. Im Anhang XI bringen wir die Quantisierung der Keplerellipse, welche zu den richtigen Energiestufen (Balmerterme) führt.

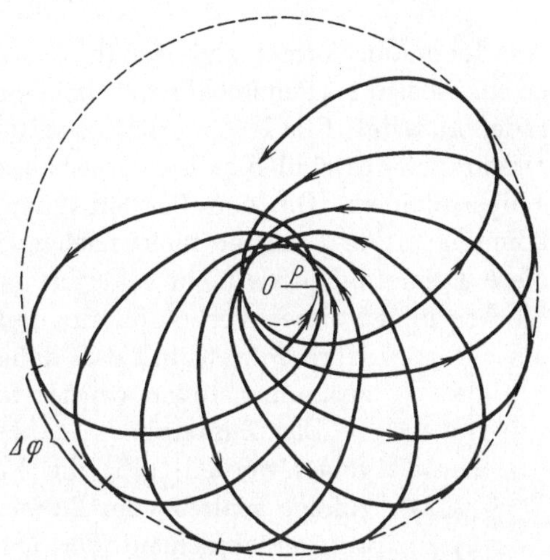

Abb. 44. Bahn des Elektrons um den Kern bei Berücksichtigung der relativistischen Massenveränderlichkeit (Rosette); die Bewegung ist zweifach periodisch, das Perihel P verschiebt sich bei einem Umlauf um den Winkel $\varDelta \varphi$. (Nach Sommerfeld.)

Die Entartung wird zum Teil aufgehoben durch Berücksichtigung der **relativistischen Massenveränderlichkeit**, also der Abhängigkeit der Masse des Elektrons von seiner Geschwindigkeit. In diesem Falle ist nach **Sommerfeld** die Bahn gegeben durch eine präzessierende Ellipse (Rosette); ihre große Achse dreht sich in der Ellipsenebene um den Kern mit konstanter Winkelgeschwindigkeit (Abb. 44). Die Bahn ist jetzt zweifach periodisch, zu der ursprünglichen Umlaufsperiode, die auch hier im Falle geringer Präzession der Ellipse erhalten bleibt,

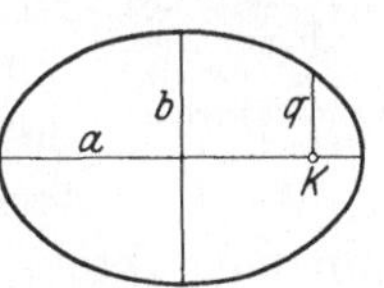

Abb. 45. Bahnellipse mit dem Kern K als Brennpunkt.

tritt die Periode der Präzessionsbewegung hinzu. Entsprechend erhält man hier zwei Quantenbedingungen:

$$J_1 = n\,h, \qquad J_2 = k\,h; \qquad\qquad (n \geqq k)$$

(vgl. Anhang XI); n bestimmt die große Halbachse a der Näherungsellipse, k ihren Halbparameter q: $a = n\,a_0$, $q = k\,a_0$ (Abb. 45). Ferner ergibt die Durchrechnung für den gesamten **Drehimpuls**

$$p = k\,\frac{h}{2\,\pi}$$

und für die Energie ein Zusatzglied zum Balmerterm

$$E = -\frac{R_0\,h\,Z^2}{n^2} + \varepsilon(n,\,k)\,.$$

Aus der ersten Formel folgt, daß für $k = 0$ der Drehimpuls verschwindet; es sind dies die „Pendelbahnen", bei denen die Bahnellipse zu einer Geraden ausartet. Für $k = n$ erhält man den bei festem n größtmöglichen Drehimpuls, es sind dies die Kreisbahnen. Für $k < n$ erhält man die Ellipsenbahnen. Die den Pendelbahnen entsprechenden Energieterme konnten in den Spektren nicht nachgewiesen werden; die Theorie muß diese Terme daher als nicht realisiert aus dem Termschema streichen. Sie begründet dieses Verbot damit, daß die Pendelbahnen durch den Kern führen und daß daher das Elektron mit dem Kern zusammenstoßen würde, was natürlich unmöglich ist.

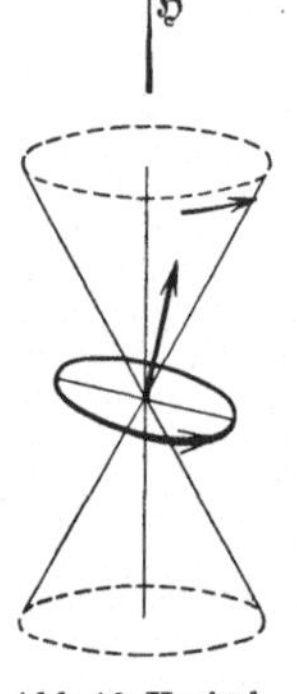

Abb. 46. Kreiselbewegung der Bahnnormalen in einem äußeren Felde; die Bahnnormale bewegt sich auf dem gezeichneten Kegel.

Das Zusatzglied $\varepsilon(n,\,k)$, dessen Wert wir später angeben werden, gibt die Feinstruktur der H-Linien; ihm zufolge spaltet jeder Balmerterm in mehrere Energieterme auf, entsprechend der Quantenzahl k. Daher bestehen auch die Spektrallinien aus einem System von feineren Linien, die durch die Übergänge zwischen den Energieniveaus des oberen Zustandes ($n = n_1$, $k = 1, 2, \ldots n_1$) und des unteren Zustandes ($n = n_2$, $k = 1, 2, \ldots n_2$) bedingt sind. Man nennt dies die Feinstruktur der Spektrallinien. Sie wurde von Sommerfeld für den Fall wasserstoffähnlicher Atome (H, He$^+$, Li^{++}, $\ldots$) berechnet und von Paschen am Spektrum des einfach ionisierten Heliums He$^+$ geprüft und vollkommen in Übereinstimmung mit der Theorie gefunden. Die Prüfung läßt sich am He$^+$ deshalb leichter durchführen als am H, da die Energieterme des He$^+$ wegen der doppelten Kernladungszahl Z um den Faktor 4, die Feinstrukturaufspaltungen $\varepsilon(n,\,k)$, wie die Theorie zeigt, um den Faktor 16 auseinanderrücken, die Feinstruktur der Linien daher leichter nachgewiesen und gemessen werden kann.

Bei Berücksichtigung der relativistischen Massenveränderlichkeit wird zwar die Entartung des H-Atoms teilweise behoben, die Bewegung bleibt aber noch immer einfach entartet. Diese Entartung hängt damit zusammen, daß bei Fehlen eines äußeren Feldes die Bahnebene des Elektrons im Raum fest steht und vollkommen beliebig orientiert sein kann. Diese Entartung wird erst durch Einschalten eines äußeren Feldes aufgehoben. Bringt man das Atom in ein homogenes Magnetfeld H, so tritt eine Präzessionsbewegung der Bahnebene um die Feldrichtung ein (Abb. 46). Denn das in seiner Bahnebene umlaufende Elektron gibt Anlaß zu einem Drehimpuls des Atoms und gleichzeitig zu einem magnetischen

Moment; beide stehen als Vektoren senkrecht auf der Bahnebene. Das Magnetfeld greift nun am magnetischen Moment an und sucht es in die Feldrichtung hereinzudrehen. Diesem Bestreben wirkt die aus der Kreiseltheorie hinreichend bekannte Trägheitswirkung der Kreiselbewegung, hier der Umlaufsbewegung des Elektrons, entgegen und bewirkt, wie bei einem mechanischen Kreisel, die Präzessionsbewegung.

Diese Bewegung ist die dritte der beim H-Atom möglichen Periodizitäten. Nach unseren Regeln ist sie ebenso zu quanteln wie der Drehimpuls der Bahnbewegung. Dies führt zur Formel

$$p_q = m\,\frac{h}{2\,\pi}. \qquad (m = -k,\; -k+1,\; \ldots,\; +k)$$

p_φ ist hier die Komponente des Drehimpulses p in der Feldrichtung; sie ist also quantisiert. Daraus folgt, daß für den Gesamtdrehimpuls, dessen Betrag selbst nur ein ganzes Vielfache von $\dfrac{h}{2\,\pi}$

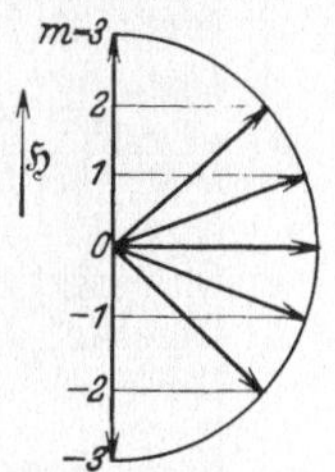

Abb. 47. Beispiel zur Richtungsquantelung im Falle $k=3$; der Gesamtdrehimpuls k muß sich so gegen die Feldrichtung einstellen, daß seine Projektion m auf diese Richtung eine ganze Zahl ist.

sein kann, nur endlich viele Einstellungen gegen die Richtung von H möglich sind, und zwar $2k+1$ Einstellungen (Abb. 47), entsprechend den $2k+1$ möglichen Werten für seine Komponente p_q parallel zu H. Man spricht von Richtungsquantelung. Experimentell läßt sich die Existenz dieser Richtungsquantelung durch die Versuche von Stern und Gerlach nachweisen, über die wir später berichten werden.

Durch die Präzessionsbewegung im Magnetfeld tritt ein zusätzlicher Energiebetrag $m\,v_L\,h$ auf, wobei $v_L = \dfrac{e\,H}{4\,\pi\,\mu\,c}$ die sog. Larmorfrequenz bedeutet. Man erhält diesen Betrag auf folgende Weise: Die potentielle Energie eines Magneten vom Moment m in einem homogenen Magnetfeld H, mit dem er den Winkel ϑ bildet, ist gleich $-H\,m\cos\vartheta$. In unserem Falle ist der Winkel ϑ durch die Richtungsquantelung bestimmt: $\cos\vartheta = \dfrac{p_\varphi}{p}$. Andrerseits erzeugt eine umlaufende Ladung $-e$, die auf Grund ihrer Masse μ zu einem Bahndrehimpuls p Anlaß gibt, nach den Regeln der Elektronentheorie ein magnetisches Moment vom Betrage $-\dfrac{e\,p}{2\,\mu\,c}$. Die Verbindung dieser Formeln ergibt den oben angegebenen Energiebetrag.

Jeder Term wird also durch das Magnetfeld in $2k+1$ Terme aufgespalten. Fragt man jedoch nach der Aufspaltung in den ausgestrahlten Linien, so erhält man nur zwei, bzw. drei Komponenten der Linien, d. h. jede Linie spaltet, je nachdem man in der Richtung des Magnetfeldes oder senkrecht zu ihr beobachtet, in zwei oder drei Komponenten auf. Dieses Resultat läßt sich korrespondenzmäßig ohne weiteres ver-

stehen. Die von Lorentz gegebene klassische Erklärung des Zeemaneffektes besagt, daß das Atomsystem durch das Magnetfeld eine zusätzliche Rotationsbewegung mit der Larmorfrequenz ν_L erfährt, also eine

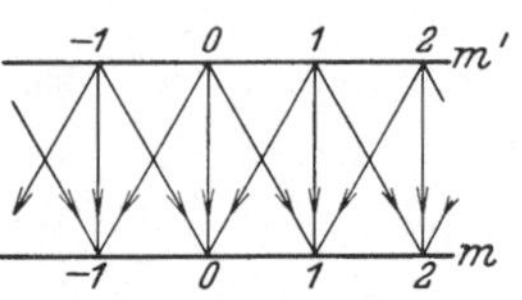

Abb. 48. Übergänge im Magnetfeld; wegen der Auswahlregel $\Delta m = 0$,
± 1 treten nur die durch Pfeile angegebenen Übergänge auf; da die
Terme mit verschiedenem m im homogenen Magnetfeld äquidistant liegen,
spaltet jede Spektrallinie im Magnetfeld nur in drei Linien auf (nor-
maler Zeemaneffekt).

zusätzliche reine Kreisbewegung ohne Oberschwingungen. Dies muß nach dem Korrespondenzprinzip
auch für die quantentheoretische Behandlung asymptotisch gültig sein; man kommt dadurch wie beim
Rotator zu den Auswahlregeln $\Delta m = \pm 1$. Hingegen wird die Bewegungskomponente parallel zum
Feld durch dieses nicht geändert; man erhält so
die ·weitere Auswahlregel $\Delta m = 0$. Für die möglichen Übergänge ergibt sich also das Schema der
Abb. 48. Die Aufspaltung des oberen und unteren
Terms ist horizontal aufgetragen, die Pfeile entsprechen den möglichen Übergängen. Die Höhe der
Energiesprünge ist bei allen schräg nach links gerichteten Pfeilen die gleiche, sie ergeben daher eine
und dieselbe ausgestrahlte Frequenz; entsprechend
die senkrecht nach unten bzw. die nach rechts wei-
senden Pfeile. Man erhält also ein einfaches Triplett
(bzw. Dublett). Die Bohrsche Theorie ergibt immer
nur den normalen Zeemaneffekt. In Wirklichkeit (bei nicht zu starken Feldern) besteht das Aufspaltungsbild im allgemeinen nicht nur aus drei,
sondern aus wesentlich mehr Linien. Dieser anomale Zeemaneffekt läßt sich mit den bisher entwickelten Begriffen nicht verstehen. Wir werden auf

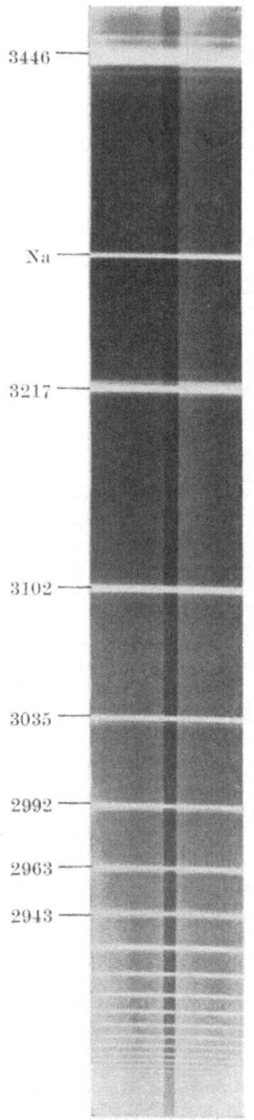

Abb. 49. Emissions-
spektrum von Kalium-
Dampf; zwischen den
beiden obersten Ka-
lium-Linien erscheint
eine Natriumlinie.
(Nach H. Kuhn:
Z. Physik Bd. 76.)

ihn im nächsten Vortrag näher eingehen.

Wir gehen nun zu den Spektren der Alkali-
Atome über (Abb. 49). Man denkt sich ihr Entstehen
so, daß sich ein Elektron, das sog. Leuchtelektron,
in dem durch den Kern und die übrigen Elektronen
bedingten Feld bewegt und allein für das Spektrum maßgebend ist.
Diese Auffassung ist zunächst dadurch berechtigt, daß bei den Alkalien

erfahrungsgemäß ein Elektron viel lockerer gebunden ist als die übrigen, so daß dieses Elektron allein für das chemische Verhalten der Alkalien verantwortlich ist; andrerseits wird sich im nächsten Vortrag bei der Besprechung des periodischen Systems zeigen, daß die übrigen $Z-1$ Elektronen sog. abgeschlossene Schalen bilden, um die das eine Elektron, eben das Leuchtelektron, kreist. Das Feld, in dem es sich bewegt, ist zentralsymmetrisch, das Potential hängt also nur vom Abstand vom Kern ab; das Coulombfeld des Kernes wird durch die $Z-1$ übrigen Elektronen „abgeschirmt“, und diese Abweichungen vom Coulombfeld bewirken gerade die Unterschiede in den Spektren der Alkalien von dem des Wasserstoffes.

Auch hier bewegt sich das Leuchtelektron auf einer präzessierenden Ellipse; die reine Ellipse tritt als Bahnform nur in einem reinen Coulombfeld auf, jede Abweichung davon, wie die durch die Massenveränderlichkeit beim H-Atom bedingte, bedeutet eine Präzession. Man quantisiert diese Bewegung wie früher und wird so auf zwei Quantenzahlen n und k geführt. Man bezeichnet nach allgemeiner Übereinkunft die Terme durch eine Zahl und einen Buchstaben. Die Zahl gibt die Hauptquantenzahl n an. Für die Festlegung der azimutalen Quantenzahl k hat sich folgende Bezeichnung eingebürgert:

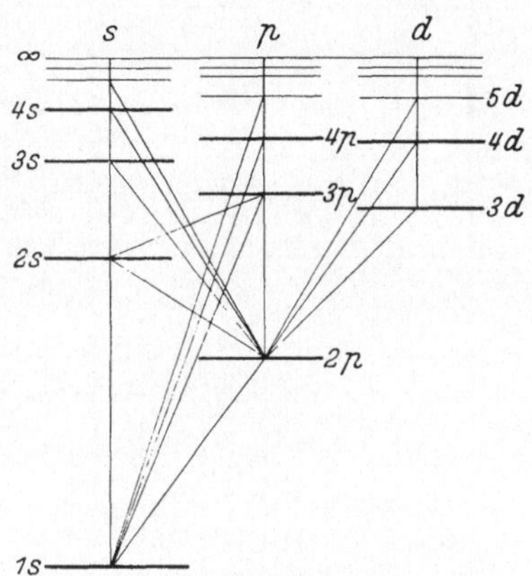

Abb. 50. Termschema von Natrium (bei nicht zu großer Auflösung). Die Übergänge zwischen den verschiedenen Niveaus geben die Emissionslinien.

$$k = 1 \quad 2 \quad 3 \quad 4 \ \ldots ,$$
$$s \quad p \quad d \quad f \ \ldots \text{Term}.$$

Also bedeutet z. B. $4d$ den Term mit $n=4$ und $k=3$.

Da die Präzessionsbewegung rein periodisch ist, so folgt aus dem Korrespondenzprinzip wie oben die Auswahlregel $\Delta k = \pm 1$. Es kommen also nur Übergänge von einem s-Term zu einem p-Term, von einem p-Term zu einem s- oder d-Term vor usw. Man hat die wichtigsten Serien von Spektrallinien zur allgemeinen Kennzeichnung folgendermaßen benannt:

$$n\,p \rightarrow 1\,s \quad \text{Hauptserie},$$
$$n\,s \rightarrow 2\,p \quad \text{scharfe Nebenserie (II)},$$
$$n\,d \rightarrow 2\,p \quad \text{diffuse Nebenserie (I)},$$
$$n\,f \rightarrow 3\,d \quad \text{Bergmannserie}.$$
$$\cdot \ \cdot \ \cdot \ \cdot \ \cdot \ \cdot \ \cdot \ \cdot \ \cdot \ \cdot \ \cdot \ \cdot \ \cdot \ \cdot \ \cdot$$

Links stehen die Terme, zwischen denen der Übergang erfolgt, in der eben erklärten Bezeichnung, rechts steht die Benennung der Serien, die man für die verschiedenen n-Werte erhält. Das Termschema (Abb. 50) ist so zu verstehen, daß nach oben die Energien aufgetragen sind. Zu jeder Azimutalquantenzahl k gibt es eine Serie von Energietermen, die den verschiedenen n-Werten entsprechen und die sich einer Konvergenzstelle (Seriengrenze) für $n \to \infty$ nähern. Die Pfeile stellen die möglichen Übergänge dar; die Pfeile zum 1 s-Term entsprechen den Linien der Hauptserie, die Pfeile, die von der s-Serie zum 2 p-Term führen, der II. Nebenserie usw. Durch die Aufstellung solcher auf theoretischen Gesichtspunkten beruhenden Termschemata ist es möglich geworden, eine Ordnung in das Chaos der experimentell gefundenen Spektrallinien zu bringen.

Als letzte Anwendung der Bohrschen Theorie besprechen wir das Entstehen der Röntgenspektren. Der wesentliche Unterschied der Röntgenspektren gegenüber den optischen Spektren besteht darin, daß erstere bei allen Elementen vom gleichen Typ sind (Abb. 51), während letztere zwar für Elemente mit gleichem chemischen Charakter gleiche Struktur besitzen, aber für Elemente aus verschiedenen Spalten des periodischen Systems gänzlich verschieden sind. Dies besagt zunächst, daß die Röntgenspektren ihren Ursprung im Innern der Atome haben müssen, während für die optischen Spektren der äußere Bereich der Atome maßgebend ist, der auch ihr chemisches Verhalten bedingt.

Abb. 51. Drehkristallaufnahmen der K-Serie zwischen Arsen ($Z = 33$) und Rhenium ($Z = 47$). Man erkennt das Zunehmen der Härte mit zunehmender Ordnungszahl. (Ganz links sieht man die Spur des unabgelenkten Primärstrahls.) (Nach Sommerfeld: Atombau, 5. Aufl.)

Man kann die experimentell gefundenen Linien, die mit K_α, K_β, ..., L_α, L_β, ..., M_α, M_β, ..., bezeichnet werden, in ein Termschema einordnen unter Berücksichtigung der Differenzbeziehungen

$$K_\beta = K_\alpha + L_\alpha ,$$

$$K_\gamma = K_\alpha + L_\beta = K_\beta + L_\alpha \quad \text{usw.},$$

die dem Ritzschen Kombinationsprinzip entsprechen und die experimentell sehr genau geprüft und als erfüllt gefunden wurden.

Die Deutung der Röntgenspektren wurde von Kossel gegeben: Im Atom sind die Elektronen in Schalen angeordnet, und zwar gibt es eine K-Schale, eine L-Schale usw. In der K-Schale sind die Elektronen am stärksten gebunden, in der L-Schale schwächer, noch schwächer in der M-Schale usf. Die im Termschema (Abb. 52) eingezeichneten Energieniveaus entsprechen den Elektronen in den einzelnen Schalen.

Die Anregung einer K-Linie hat man sich nach Kossel so vorzustellen, daß ein Elektron der K-Schale durch irgendeinen Prozeß (Stoß, Lichtabsorption, ...) aus dieser herausgeworfen wird. Dazu ist eine bestimmte Mindestenergie erforderlich; alle Energiebeträge, die größer sind als dieser Mindestbetrag, können absorbiert werden. In Absorption findet man also im Spektrum eine scharfe Kante, die Absorptionskante, von der ab die kürzeren Wellenlängen absorbiert werden. Absorptionslinien wie im sichtbaren Gebiet gibt es im Röntgengebiet nicht.

Ist auf diese Weise ein Elektron aus der K-Schale herausgeworfen worden, so kann ein Elektron der L- oder M-Schale unter Ausstrahlung eines Quants in die K-Schale

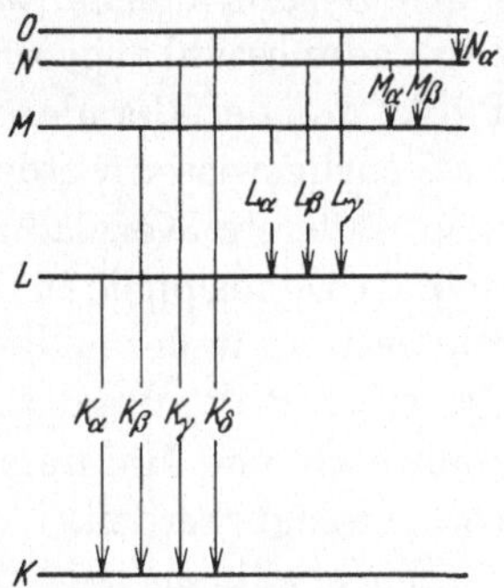

Abb. 52. Termschema der Röntgenniveaus (nach Kossel) mit den den Röntgenlinien entsprechenden Übergängen.

nachfallen; in der Emission erscheinen in diesem Falle die Linien K_α, K_β, ... Entsprechendes gilt für den Fall, daß bei der Anregung ein Elektron aus der L-Schale herausgeworfen wird usf.

Aus den Messungen konnte Moseley folgendes Gesetz für die Frequenz der K_α-Linien der verschiedenen Elemente ableiten:

$$\nu = \frac{3}{4}\, R_0\, (Z - a)^2 = R_0\, (Z - a)^2 \left(\frac{1}{1^2} - \frac{1}{2^2} \right).$$

R_0 ist dabei die uns bereits früher begegnete Rydbergkonstante; a wird als Abschirmungskonstante bezeichnet und besitzt für alle Elemente nahezu den gleichen Wert 1,6. Der experimentelle Befund in der Form des Moseleyschen Gesetzes besagt also, daß es sich bei den Röntgenspektren um wasserstoffähnliche Terme handelt bei abgeschirmter Kernladung. Dieses Resultat ist so zu verstehen, daß die innersten Elektronen wegen der großen Kernladung fast nur an den Kern gebunden sind und daß sie sich daher ähnlich wie das Elektron beim H-Atom bewegen, ohne wesentlich durch die übrigen Atomelektronen in diesen Bahnen gestört zu werden. Es ergibt sich daher ein Termschema, das dem der Alkali-Atome entspricht. Und zwar muß man den Elektronen der K-Schale die Hauptquantenzahl $n = 1$, denen der L-Schale $n = 2$ usw. zuordnen.

Ferner zeigt eine genaue Untersuchung, daß das K-Niveau einfach, das L-Niveau dreifach, das M-Niveau fünffach ist. Eine Erklärung dafür wollen wir jedoch erst im nächsten Vortrag geben.

Das Moseleysche Gesetz ermöglicht eine einfache Prüfung der Reihenfolge im periodischen System. Trägt man in einem Diagramm auf der Abszisse Z, auf der Ordinate die Quadratwurzel aus der Schwingungszahl der K_α-Linien auf, so müssen die experimentell gefundenen Punkte des Diagramms auf einer Geraden liegen. Hätte man im periodischen System einem Element einen falschen Platz, d. h. eine falsche Kernladungszahl zugeordnet, so würde in dem Diagramm der zugehörige Punkt aus der Geraden herausfallen. So konnte auf diese Weise nochmals nachgewiesen werden, daß z. B. Kobalt trotz seiner größeren Masse eine niederere Kernladungszahl besitzt als das Nickel; solche Stellen sind als Doppelpfeile in der Tabelle 1, S. 32, markiert. Ein weiterer Erfolg bestand in der endgültigen Feststellung der Lücken im periodischen System, also der uns derzeit noch unbekannten Elemente; im besonderen konnte so das Hafnium vor seiner Entdeckung durch die Chemiker vorhergesagt werden.

Wir erwähnen noch, daß Bohr bei seinem Aufbau des periodischen Systems im wesentlichen nur diese einfachen Gesetzmäßigkeiten benutzt hat, die sich in den Alkali- und Röntgenspektren äußern.

Wir beschließen damit die Ausführungen über die Bohrsche Theorie. Wenn sie auch einen ungeheuren Fortschritt in unserer Kenntnis über das Atom und besonders über die Gesetze der Linienspektren gebracht hat, so enthält sie doch viele prinzipielle Schwierigkeiten: schon die Grundannahme, die Gültigkeit der Bohrschen Frequenzbedingung steht im krassen, ungeklärten Widerspruch zu den Gesetzen der klassischen Theorie. Auch die rein formale Quantisierungsvorschrift steht als physikalisch vorerst vollkommen unverständlicher Fremdkörper an der Spitze der Theorie. Wir werden später sehen, wie sich diese beiden Schwierigkeiten in der Wellenmechanik ganz zwanglos auflösen werden.

Die Bohrsche Theorie läßt einige Fragen ungeklärt: Warum muß man die Pendelbahnen ausschließen? Die Begründung durch den Zusammenstoß mit dem Kern ist nicht zwingend und steht auch keineswegs im Rahmen der Bohrschen Theorie. Wie kommt der anomale Zeemaneffekt zustande? Dieser läßt, wie wir sehen werden, sich erst durch Verwendung der Tatsache erklären, daß das Elektron ein mechanisches und ein elektrisches Drehmoment besitzt. Schließlich stößt die Durchrechnung des einfachsten Mehrkörperproblems, des Heliums, auf Schwierigkeiten und Widersprüche mit der Erfahrung.

23. Matrizenmechanik.

Fragt man nach dem Hauptgrund für das Versagen der Bohrschen Theorie, so ist dieser nach Heisenberg darin zu erblicken, daß sie mit Größen rechnet, die sich vollkommen unserer Beobachtung entziehen. So spricht sie z. B. von der Bahn und von der Geschwindigkeit eines Elektrons um den Kern, ohne zu berücksichtigen, daß wir den Ort des Elektrons im Atom gar nicht bestimmen können, ohne sofort das ganze Atom zu zerstören; denn um ihn einigermaßen genau innerhalb des Atoms (dessen Durchmesser größenordnungsmäßig einige Å beträgt) festzulegen, müssen wir das Elektron mit Licht von wesentlich kleinerer Wellenlänge beobachten, also mit extrem harten Röntgenstrahlen oder mit γ-Strahlen bestrahlen; in diesem Falle erhält aber das Elektron einen solchen Comptonrückstoß, daß es sofort aus dem Atomverbande herausgerissen, daß also das Atom ionisiert wird.

Nach Heisenberg beruht somit das Versagen der Bohrschen Theorie darin, daß sie auf Grundlagen aufgebaut ist (wie die Bahnvorstellung, Gültigkeit der klassischen Bewegungsgesetze im Atom usw.), die wir auf keinen Fall prüfen können. Man bewegt sich also in einem Gebiete jenseits der Erfahrung und darf sich dann nicht wundern, wenn die auf experimentell unbeweisbaren Grundhypothesen aufgebaute Theorie in den Folgerungen, die sich experimentell prüfen lassen, zum Teil versagt.

Will man eine konsequente Atommechanik aufstellen, so darf man nur physikalisch beobachtbare Größen in die Theorie einführen, also z. B. nicht die Bahn eines Elektrons, sondern nur die beobachtbaren Frequenzen und Intensitäten des vom Atom emittierten Lichtes. Von dieser Forderung ausgehend konnte Heisenberg den Grundgedanken einer Theorie formulieren, die dann von ihm gemeinsam mit Born und Jordan entwickelt wurde, die sog. Matrizenmechanik, die an die Stelle der Bohrschen Atommechanik zu setzen ist und die sich in ihren Anwendungen durchwegs glänzend bewährt hat. Wenn sie auch formal vollkommen verschieden ist von der später darzulegenden Wellenmechanik, so ist sie inhaltlich, wie Schrödinger gezeigt hat, mit ihr identisch.

Wir gehen daher, besonders in Anbetracht des vollkommen neuartigen Rechenmechanismus, nicht näher auf sie ein und möchten uns nur mit einer kurzen Andeutung begnügen. Geht man von den Frequenzen

$$\nu_{nm} = \frac{E_n}{h} - \frac{E_m}{h},$$

als beobachtbaren Größen aus, so ist es naheliegend, sie so in ein quadratisches Schema einzuordnen:

$$\begin{pmatrix} \nu_{11} = 0 & \nu_{12} & \nu_{13} & \cdots \\ \nu_{21} & \nu_{22} = 0 & \nu_{23} & \cdots \\ \nu_{31} & \nu_{32} & \nu_{33} = 0 \cdots \\ \cdot\;\cdot\;\cdot\;\cdot\;\cdot\;\cdot\;\cdot\;\cdot\;\cdot\;\cdot\;\cdot\;\cdot \end{pmatrix}$$

Hält man nun ein für allemal an der Zuordnung in diesem Schema fest, so daß z. B. der Platz in der vierten Zeile und in der zweiten Spalte immer dem Übergang vom vierten zum zweiten Quantenzustand zugeordnet wird, so kann man in ein solches quadratisches Schema

$$\begin{pmatrix} a_{11} & a_{12} & a_{13} & \cdots \\ a_{21} & a_{22} & a_{23} & \cdots \\ a_{31} & a_{32} & a_{33} & \cdots \\ \cdot\;\cdot\;\cdot\;\cdot\;\cdot\;\cdot\;\cdot\;\cdot\;\cdot \end{pmatrix}$$

auch die Amplituden a_{nm} der den einzelnen ausgestrahlten Frequenzen zugeordneten „virtuellen Resonatoren" eintragen, wobei dann a_{nm}^2 die Intensität der ausgestrahlten Frequenz bedeutet; oder man kann in dieses Schema in ähnlicher Weise andere mit dem Übergang $n \to m$ verbundene Größen eintragen.

Die Frage ist nun die, wie man mit diesen Schemata rechnet. Hier hilft die folgende Heisenbergsche Bemerkung weiter: Wenn man zwei Schwingungen $a_{nk} = e^{2\pi i \nu_{nk} t}$ und $a_{km} = e^{2\pi i \nu_{km} t}$ miteinander multipliziert nach der Regel $a_{nk}\, a_{km}$, so erhält man nach dem Ritzschen Kombinationsprinzip

$$e^{2\pi i \nu_{nk} t}\, e^{2\pi i \nu_{km} t} = e^{2\pi i (\nu_{nk} + \nu_{km}) t} = e^{2\pi i \nu_{nm} t},$$

also wieder eine Schwingungsfrequenz, die zum gleichen Termschema gehört, so daß man durch die angegebene Produktbildung nur auf einen anderen Platz im quadratischen Schema laut der obigen Zuordnung der Plätze gelangt. Man kann nunmehr das Produkt zweier solcher Schemata definieren, wobei dieses Produkt wieder ein quadratisches Schema von dem gleichen Charakter ist. Die Multiplikationsregel, die Heisenberg rein aus der Erfahrung abgeleitet hat, lautet

$$(a_{nm})\,(b_{nm}) = \Big(\sum_k a_{nk}\, b_{km} \Big).$$

Born und Jordan haben bemerkt, daß diese Multiplikationsregel identisch ist mit derjenigen, die die Mathematik schon seit langem als die Produktbildung von zwei „Matrizen“ kennt, wie sie z. B. in der Theorie der linearen Transformationen oder in der Determinantentheorie auftreten. Man kann daher die quadratischen Schemata Heisenbergs als unendliche Matrizen ansehen und mit ihnen nach den bekannten Regeln des Matrizenkalküls rechnen.

Der Kernpunkt in der Matrizenmechanik ist nun der, daß man jeder physikalischen Größe eine solche darstellende Matrix zuordnet. Man bildet so z. B. eine Koordinatenmatrix, eine Impulsmatrix usf. und rechnet nun im wesentlichen mit diesen Matrizen genau so, wie man in der klassischen Mechanik mit den Koordinaten, Impulsen usf. gerechnet hat.

Ein wesentlicher Unterschied gegenüber der klassischen Mechanik besteht aber darin, daß nun, bei der Einführung von Matrizen als Koordinaten q_k und Impulse p_k, ihr Produkt nicht mehr kommutativ ist; es gilt also nicht mehr, wie in der klassischen Mechanik

$$p_k \, q_k - q_k \, p_k = 0 \, .$$

Doch liegt, wie die Theorie zeigt, hier nicht der allgemeinste Fall von Nichtkommutativität vor, insofern als die linke Seite für ein Paar (p_k, q_k) kanonisch konjugierter Variabler nur einen bestimmten Wert

$$p_k \, q_k - q_k \, p_k = \frac{h}{2\,\pi\,i}$$

annehmen kann. Diese Vertauschungsrelationen treten hier an die Stelle der Quantenbedingungen der Bohrschen Theorie. Auf ihre Begründung, wie auch auf den übrigen Rechenformalismus der Matrizenmechanik, gehen wir hier der Kürze halber nicht ein. Wir werden aber später (Abschnitt 24) erkennen, daß die analogen Vertauschungsrelationen in der Wellenmechanik eine Selbstverständlichkeit sind. Im Anhang XII zeigen wir am Beispiel des harmonischen Oszillators, daß und in welcher Weise sie zum richtigen Resultat führen.

Zum Schluß bemerken wir nur nochmals, daß sich auf diese Weise das von Heisenberg angestrebte Ziel, bloß beobachtbare Größen in die Theorie einzuführen, bis zu einem gewissen Maße erreichen ließ.

24. Wellenmechanik.

Ganz unabhängig von diesen Gedankengängen ist das Problem des Atombaues mit Hilfe der im III. Vortrag entwickelten Vorstellungen angegriffen worden. Nach der Hypothese von de Broglie (s. Abschnitt 18) entspricht jeder Korpuskel eine Welle, deren Wellenlänge λ im Falle der geradlinigen Bewegung der Korpuskel mit dem Impuls durch die

Beziehung verknüpft ist

$$\lambda = \frac{h}{p}.$$

Es ist eine konsequente Erweiterung der Theorie, wenn man versucht, diese Wellenvorstellung auch auf den Fall des Atoms, also des um den

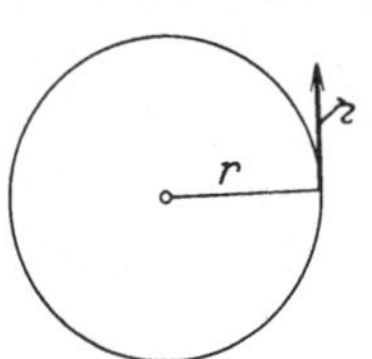

Kern umlaufenden Elektrons anzuwenden; dann hat man sich das Atom als Wellenbewegung um den Kern als ausgezeichneten Punkt vorzustellen. Aufgabe der Theorie ist es, das Gesetz dieser Bewegung abzuleiten.

Als ersten Schritt wollen wir zeigen, daß sich nach de Broglie die Quantenbedingungen der Bohrschen Theorie auf Grund der Wellenvorstellung ohne weiteres deuten lassen. Wir betrachten zu diesem Zwecke den einfachen Fall einer Kreisbewegung des Elektrons um einen festen Punkt (Abb. 53). Nach

Abb. 53. Kreisbewegung nach der Korpuskularvorstellung; ein Teilchen bewegt sich auf der bestimmten Bahn mit dem Impuls p.

Bohr gilt dann für diese Umlaufsbewegung die Quantenbedingung des Drehimpulses

$$p_\varphi = r\, p = n\, \frac{h}{2\,\pi}\,;$$

p ist dabei der gewöhnliche Impuls $m v$ des Elektrons. Nun denken wir uns an Stelle des umlaufenden Elektrons eine umlaufende Welle. Wenn

der Radius der Kreisbahn sehr groß ist, so wird angenähert auch für die umlaufende Welle die gleiche Beziehung gelten wie für die ebene Welle, nämlich

$$p = \frac{h}{\lambda}.$$

Führt man diesen Wert des Impulses in die obige Quantenbedingung des Drehimpulses ein, so erhält man die Gleichung

Abb. 54. Kreisbewegung einer Welle; es kann sich nur dann eine eindeutige Wellenbewegung ausbilden, wenn der Umfang des Kreises gleich einem ganzen Vielfachen der Wellenlänge ist.

$$n\,\lambda = 2\,\pi\,r.$$

Rechts steht der Kreisumfang; dieser muß nach der Formel gleich sein einem ganzen Vielfachen der Wellenlänge λ.

Was besagt also die Quantenbedingung des Drehimpulses? Wenn wir versuchen, eine Wellenbewegung längs der Kreisbahn mit einer beliebigen Wellenlänge λ' zu konstruieren, und uns dazu den Wellenzug längs der Kreislinie, beginnend in einem Punkt P mit der „Phase 0", aufzeichnen (Abb. 54), so treffen wir nach einem vollen Umlauf in P im allgemeinen mit einer von Null verschiedenen Phase ein; nach einem weiteren Umlauf kommen wir wieder mit einer neuen Phase an und so fort. Wir können nicht jedem Punkt eindeutig eine bestimmte Phase zuordnen. Anders im Falle, daß wir die Wellenlänge so gewählt haben, daß

$$n \lambda = 2 \pi r .$$

Dann kommen wir bei unserer Konstruktion nach einem vollen Umlauf wieder mit der gleichen Phase im Punkte P an, mit der wir von P aus gestartet sind. In diesem Falle ist das Wellenbild, bzw. die Wellenbewegung eindeutig; ein voller Umgang um den Kreis ändert nichts.

Die Quantenbedingung des Drehimpulses ist also in diesem Beispiel identisch mit der Forderung, daß die Wellenfunktion des entsprechenden Schwingungsvorganges eindeutig ist. Wir ersetzen daher allgemein die an sich bisher unverständliche Quantenbedingung der Bohrschen Theorie durch die naheliegende Forderung nach Eindeutigkeit (und Endlichkeit) der Wellenfunktion für den ganzen Bereich der unabhängigen Variablen.

Wir gehen nun über zu den Betrachtungen, die zur Aufstellung einer Differentialgleichung, der Wellengleichung, als Bewegungsgesetz der Wellenbewegung im Atom geführt haben. Daß das Grundgesetz die Form einer Differentialgleichung besitzt, ist ja, in Analogie zu anderen Schwingungsvorgängen, zu erwarten. Einen Weg, die Wellengleichung zwangsläufig zu finden, gibt es natürlich nicht; es kommt hier darauf an, den Formalismus, der zu ihrer Aufstellung führt, geschickt zu erraten.

Wir betrachten dazu die Bewegung eines freien Teilchens; seine zugeordnete Welle beschreiben wir durch eine Wellenfunktion

$$\psi = e^{2\pi i (\tau x - \nu t)} = e^{\frac{2\pi i}{h}(px - Et)} .$$

ν und τ sind Schwingungszahl und Wellenzahl; sie hängen nach de Broglie mit der Energie und dem Impuls durch die Gleichungen

$$\nu = \frac{E}{h} , \qquad \tau = \frac{1}{\lambda} = \frac{p}{h}$$

zusammen. Es gilt (partielle Differentiation nach x und t)

$$\frac{h}{2\pi i} \frac{\partial \psi}{\partial x} = p \psi , \qquad - \frac{h}{2\pi i} \frac{\partial \psi}{\partial t} = E \psi .$$

Diese Gleichungen kann man nun auch umgekehrt lesen: Gegeben sind die Differentialgleichungen und man hat ihre Lösungen ψ aufzusuchen. Im Falle der Bewegung des Teilchens auf einer Geraden sind alle Werte für x zwischen $-\infty$ und $+\infty$ zugelassen, die Lösung wird durch die oben angegebene Funktion dargestellt. Läuft das Teilchen auf einem Kreise mit dem Umfang l, und bezeichnen wir mit x die Koordinate eines Punktes der Kreislinie, welche gleich der längs des Kreisumfanges gemessenen Entfernung von einem festgehaltenen Kreispunkt ist, so sind für x nur die Werte von 0 bis $l = 2\pi r$ möglich; denn eine Vermehrung von x um l führt zum gleichen Kreispunkt. Da ψ auf dem Kreis eindeutig bestimmt sein muß, so darf ein Zuwachs von x um $l = 2\pi r$ an der Wellenfunktion nichts ändern. Da die allgemeine Lösung der Gleichung $\dfrac{h}{2\pi i}\dfrac{\partial \psi}{\partial x} = p\psi$, nämlich $\psi = A\,e^{\frac{2\pi i}{h}px}$, bei einer Vermehrung von x um l den Faktor $e^{\frac{2\pi i}{h}pl}$ bekommt, so ist ψ nur dann eine Eigenfunktion, wenn dieser Faktor gleich 1 ist, wenn also

$$e^{\frac{2\pi i}{h}pl} = 1 = e^{2\pi i n}$$

oder

$$\frac{pl}{h} = n; \qquad p = p_n = \frac{nh}{l} = \frac{nh}{2\pi r}.$$

Dies bedeutet, daß nicht für alle p-Werte die obige Gleichung im Falle der Kreisbewegung eine zulässige Lösung besitzt, sondern nur für die diskreten „Eigenwerte" $1\dfrac{h}{l}$, $2\dfrac{h}{l}$, $3\dfrac{h}{l}$, $\cdots$.

Man kann die obigen Gleichungen auch so verstehen: Bei bekannter Wellenfunktion ψ erhält man den zugehörigen Impuls bzw. seine x-Komponente p_x, wenn man die Wellenfunktion partiell nach x differenziert: $\dfrac{h}{2\pi i}\dfrac{\partial \psi}{\partial x} = p_x\psi$. Man sagt, zur x-Komponente des Impulses gehört der Differentialoperator $p_x = \dfrac{h}{2\pi i}\dfrac{\partial}{\partial x}$; entsprechend für y und z. Zur Energie andrerseits gehört der Operator $E = -\dfrac{h}{2\pi i}\dfrac{\partial}{\partial t}$.

Operatoren, also Größen, die auf irgendeine Funktion operieren, d. h. die, angewandt auf diese Funktion, eine neue Funktion erzeugen, lassen sich in verschiedenster Weise darstellen. Die Heisenbergschen Matrizen sind nichts anderes als eine bestimmte Darstellungsart solcher Operatoren; eine andere Art stellen die den Impulskomponenten und der Energie entsprechenden Differentialquotienten dar. In dieser Darstellungsart lassen sich die Heisenbergschen Vertauschungsrelationen leicht verstehen: Hier bedeutet $pq - qp$ nichts anderes als die Anwendung des Differentialoperators $\dfrac{h}{2\pi i}\dfrac{\partial}{\partial q}q - q\dfrac{h}{2\pi i}\dfrac{\partial}{\partial q}$ auf die Wellenfunktion ψ, also

$$\frac{h}{2\pi i}\left(\frac{\partial q\,\psi}{\partial q} - q\frac{\partial \psi}{\partial q}\right) = \frac{h}{2\pi i}\psi.$$

Die Anwendung des Operators $pq - qp$ ist daher identisch mit der Multiplikation von ψ mit $\dfrac{h}{2\pi i}$, oder symbolisch geschrieben $pq - qp = \dfrac{h}{2\pi i}$.

Der Formalismus, den Schrödinger als geeignet zur Behandlung der Wellentheorie des Atoms gefunden hat, besteht nun in der folgenden

Vorschrift: Man schreibe die Energiefunktion $H(p, q)$ der Hamiltonschen Theorie dadurch als Operator an, daß man in ihr überall p durch $\dfrac{h}{2\pi i}\,\dfrac{\partial}{\partial q}$ ersetzt; Gliedern mit p^2 entspricht der durch Iteration gewonnene Operator $p^2 = \dfrac{h}{2\pi i}\,\dfrac{\partial}{\partial q} \cdot \dfrac{h}{2\pi i}\,\dfrac{\partial}{\partial q} = -\dfrac{h^2}{4\pi^2}\,\dfrac{\partial^2}{\partial q^2}$. Dieser Energieoperator $H\left(\dfrac{h}{2\pi i}\,\dfrac{\partial}{\partial q},\ q\right)$ ist auf eine Wellenfunktion ψ anzuwenden. Man erhält so an Stelle der Energiegleichung $H(p, q) - E = 0$ die Differentialgleichung

$$\left\{ H\left(\frac{h}{2\pi i}\,\frac{\partial}{\partial q},\ q\right) + \frac{h}{2\pi i}\,\frac{\partial}{\partial t}\right\}\psi = 0\,.$$

Man bezeichnet sie als Schrödingergleichung des Problems.

Wir haben so den Formalismus gefunden, nach dem sich alle mechanischen Probleme behandeln lassen. Es kommt also darauf an, die eindeutigen und endlichen Lösungen der Wellengleichung des Problems zu finden. Fragt man im besondern nach den stationären Lösungen, also nach denen, bei denen die Wellenfunktion aus einer zeitunabhängigen Amplitudenfunktion und einem periodischen Zeitglied besteht (stehende Schwingung), so macht man den Ansatz, daß ψ die Zeit nur in Form des Faktors $e^{-\frac{2\pi i}{h}Et}$ enthält. Geht man damit in die Schrödingergleichung ein, so erhält man die zeitfreie Gleichung

$$\left\{ H\left(\frac{h}{2\pi i}\,\frac{\partial}{\partial q},\ q\right) - E\right\}\psi = 0\,.$$

Hier liegt ein typisches Eigenwertproblem vor: Es sind diejenigen Werte des Parameters E (Energie) zu suchen, für die die obige Differentialgleichung eine im ganzen Bereich der Veränderlichen eindeutige und endliche Lösung besitzt.

Als Beispiel für die Aufstellung der Wellengleichung bringen wir zunächst den harmonischen Oszillator. Seine Hamiltonfunktion lautet, wie bereits früher angegeben wurde:

$$H = \frac{p^2}{2m} + \frac{f}{2}\,q^2\,.$$

Daraus erhält man nach der obigen Vorschrift die Schrödingergleichung

$$\left\{ -\frac{1}{2m}\,\frac{h^2}{4\pi^2}\,\frac{\partial^2}{\partial q^2} + \frac{f}{2}\,q^2 + \frac{h}{2\pi i}\,\frac{\partial}{\partial t}\right\}\psi = 0\,,$$

bzw. die zeitfreie Gleichung des stationären Problems

$$\left\{ \frac{h^2}{8\pi^2 m}\,\frac{\partial^2}{\partial q^2} + \left(E - \frac{f}{2}\,q^2\right)\right\}\psi = 0\,.$$

Wichtiger für uns ist der Fall des **Wasserstoffatoms**. Hier folgt aus der Hamiltonfunktion

$$H = \frac{1}{2\,m}\,(p_x^2 + p_y^2 + p_z^2) - \frac{e^2 Z}{r}$$

die Differentialgleichung

$$\left\{\frac{1}{2\,m}\left(\frac{h}{2\,\pi\,i}\right)^2\left(\frac{\partial^2}{\partial x^2} + \frac{\partial^2}{\partial y^2} + \frac{\partial^2}{\partial z^2}\right) - \frac{e^2 Z}{r} + \frac{h}{2\,\pi\,i}\,\frac{\partial}{\partial t}\right\}\psi = 0\,.$$

Führen wir noch für den Laplaceschen Operator $\frac{\partial^2}{\partial x^2} + \frac{\partial^2}{\partial y^2} + \frac{\partial^2}{\partial z^2}$ das bekannte Differentialsymbol $\varDelta$ ein und gehen durch den Ansatz

$$\psi \sim e^{-\frac{2\,\pi\,i}{h}E t}$$

zur zeitfreien Gleichung über, so ergibt sich die Wellengleichung

$$\left\{\frac{h^2}{8\,\pi^2\,m}\,\varDelta + E + \frac{e^2 Z}{r}\right\}\psi = 0\,.$$

Es ist dies eine Wellengleichung im dreidimensionalen Raum, deren Lösungen wir später untersuchen werden. Zum leichteren Verständnis dürfte es angezeigt sein, zunächst ein entsprechendes ein- und zweidimensionales Problem zu behandeln. Und zwar ziehen wir der Anschaulichkeit halber dazu Beispiele aus der klassischen Mechanik (Akustik) heran.

Einen solchen eindimensionalen Fall stellt die **schwingende Saite** dar. Ihre Differentialgleichung folgt aus der Elastizitätstheorie:

$$\frac{d^2\psi}{d x^2} + \lambda\,\psi = 0\,.$$

λ hängt dabei von den mechanischen Bedingungen (Spannung, Dicke der Saite) ab und stellt im wesentlichen das Quadrat der Schwingungsfrequenz dar. (Wir bemerken, daß bei klassischen Schwingungsvorgängen der Eigenwertparameter stets das Quadrat der Schwingungsfrequenz enthält, während bei den wellenmechanischen Problemen der Eigenwertparameter im allgemeinen durch die Energie $E = h\nu$ gegeben wird und daher die Schwingungszahl in erster Potenz enthält.) Die Lösungen der obigen Differentialgleichung sind

$$\psi(x) = a \cdot \begin{cases} \cos \sqrt{\lambda}\,x, \\ \sin \sqrt{\lambda}\,x\,. \end{cases}$$

Wegen der Grenzbedingungen $\psi(0) = 0$ und $\psi(l) = 0$ (eingespannte Saite der Länge l) fällt die Kosinusschwingung als unverträglich mit der ersten Bedingung sofort weg. Aber auch die Sinusschwingung ist keine Lösung des Randwertproblems, wenn nicht gerade $l\sqrt{\lambda}$ ein ganzes Vielfache von π ist, so daß ψ für $x = l$ verschwindet. Wir erhalten nur für bestimmte „Eigenwerte" von λ mögliche Schwingungsformen, und zwar sind diese gegeben durch

$$\psi(x) = \sin\left(\frac{n\pi x}{l}\right); \qquad \lambda = \left(\frac{n\pi}{l}\right)^2.$$

Die Schwingung mit $n = 1$ stellt den Grundton, die mit $n = 2$ den ersten Oberton (Oktave) dar usw. Beim Schwingungsvorgang treten an bestimmten Stellen der Saite Knoten auf, also Punkte, die während des ganzen Schwingungsvorganges in Ruhe bleiben (Abb. 55). Ihre Anzahl wird durch den Parameter n bestimmt, und zwar ist sie offenbar gleich $n - 1$.

Als wirkliches quantentheoretisches Beispiel eines solchen Systems mit einem Freiheitsgrad betrachten wir den harmonischen Oszillator, dessen Wellengleichung wir bereits oben angegeben haben. Ihre Lösung behandeln wir im Anhang XIII. Es ergeben sich statt der Planckschen Energiestufen

$$E = n h \nu$$

nach der Wellenmechanik, genau so wie nach der Matrizenmechanik (s. Anhang XII), die Energieterme

$$E = (n + \tfrac{1}{2}) h \nu.$$

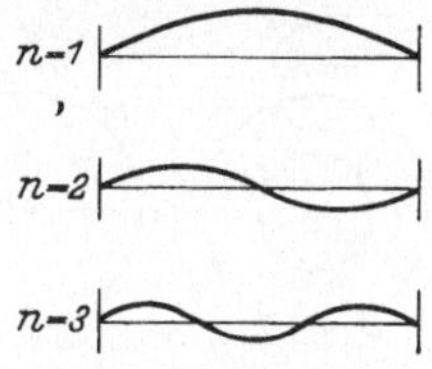

Abb. 55. Schwingungsformen einer eingespannten Saite. Der Grundton $n = 1$ und die ersten beiden Obertöne $n = 2$ und $n = 3$.

Der Grundzustand (energetisch tiefster Zustand, $n = 0$) besitzt somit im Gegensatz zur klassischen Theorie, in der es eine Ruhelage mit der Energie $E = 0$ gibt, eine endliche Energie $E = \dfrac{h\nu}{2}$ (Nullpunktsenergie). Wir werden hiervon später (Abschnitt 43) Gebrauch machen.

Ferner betrachten wir als zweidimensionalen Fall einer mechanischen Schwingung die vibrierende kreisförmige Membran, deren Differentialgleichung gegeben ist durch

$$\left\{\frac{\partial^2}{\partial x^2} + \frac{\partial^2}{\partial y^2} + \lambda\right\}\psi = 0.$$

Auch hier hängt der Eigenwertparameter λ von der Beschaffenheit der Platte ab und stellt im wesentlichen das Quadrat der Frequenz dar. Die Differentialgleichung läßt sich in Polarkoordinaten leicht lösen (vgl. Anhang XIV). Man erhält auch hier nur für bestimmte Werte von λ mögliche Schwingungsformen. An Stelle der Knotenpunkte treten hier Knotenlinien auf, und zwar gibt es zwei Arten solcher Linien:

1. solche für $r = $ const, sie werden bestimmt durch die radiale Ordnungs- oder „Quantenzahl" $n = 1, 2, \ldots$;

2. solche für $\varphi = \mathrm{const}$, entsprechend der azimutalen Ordnungszahl $m = 0, 1, 2, \ldots$.

Die Abbildungen 56 zeigen mehrere solche Fälle.

Auch beim Wasserstoffatom als dreidimensionalem Quantenproblem läßt sich, wie im Anhang XV gezeigt wird, die Lösung in Polarkoordinaten durchführen. Hierzu ist noch zu bemerken, daß bei diesem Problem von gewöhnlichen Randbedingungen nicht gesprochen werden kann, da der Wertebereich der unabhängigen Veränderlichen der ganze dreidimensionale Raum ist. Hier tritt an die Stelle der Randbedingungen eine Vorschrift über das Verhalten der Wellenfunktion im Unendlichen. Und zwar ergibt sich als natürliche Forderung die Vorschrift, daß die Wellenfunktion im Unendlichen stärker als $1/r$ verschwindet. Auf ihre Begründung wollen wir hier nicht näher eingehen, sie ergibt sich aus der statistischen Deutung des Amplitudenquadrates der Wellenfunktion als Aufenthaltswahrscheinlichkeit des Elektrons an einer bestimmten Stelle des Raumes. Die Forderung ist gleichbedeutend damit, daß sich das Elektron stets im Endlichen befinden soll.

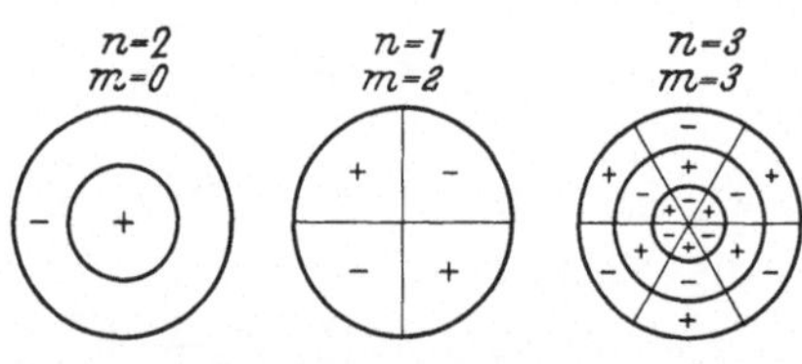

Abb. 56. Einige Schwingungsformen einer eingespannten kreisförmigen Membran; die Zahl der radialen Knotenlinien ist hier (in Übereinstimmung mit dem Brauch in der Quantenmechanik) $n-1$ genannt, die der azimutalen Knotenlinien m; n und m sind die „Quantenzahlen" des Schwingungszustands.

Unter Berücksichtigung dieser „Randbedingung" erhält man Lösungen der Wellengleichung, die einem gebundenen Elektron (Ellipsenbahn beim Bohrschen Atom) entsprechen, nur für bestimmte diskrete Werte von E. Man findet so als Eigenwerte gerade die Balmerterme mit der richtigen Rydbergkonstanten $E = -\dfrac{R\,h}{n^2}$. Dabei ist n die Hauptquantenzahl. Daneben treten noch die azimutale Quantenzahl l und die magnetische Quantenzahl m auf. Die Anzahl der Knotenflächen $r = \mathrm{const}$ ist $n-l-1$; bei gegebenem n kann daher l gleich irgendeiner ganzen Zahl zwischen 0 und $n-1$ sein; m kann alle Werte zwischen $-l$ und $+l$ annehmen.

Bei Berücksichtigung der relativistischen Massenkorrektur hängt die Energie auch von l ab. Übrigens entspricht, wie sich aus dieser Abhängigkeit ergibt, $l+1$ der Bohrschen Quantenzahl k, so daß wir unsere oben (Abschnitt 22, S. 85) eingeführte Termbezeichnung jetzt so zu verstehen haben:

$$l = 0 \quad 1 \quad 2 \ldots$$

$$s \quad p \quad d \ldots \text{Term}.$$

Im Magnetfeld hängt E auch von m ab, und zwar tritt genau wie bei Bohr das Zusatzglied $m v_L h$ additiv zur übrigen Energie hinzu. Man erhält (wie oben, s. Abschnitt 22) aus der Wellenmechanik in ihrer bisher entwickelten Form nur den normalen Zeemaneffekt. Der Richtungsquantelung der Bohrschen Theorie entspricht hier die endliche Zahl von m-Werten, also von Energieniveaus im Magnetfeld, und zwar gibt es deren $2l + 1$ an Stelle jedes Terms ohne Magnetfeld. Die Aufspaltung der Terme im elektrischen Feld (Starkeffekt) wird von der Wellenmechanik qualitativ und quantitativ richtig wiedergegeben.

Wir fügen hier noch eine Bemerkung über den Drehimpuls ein. Genau so wie dem Impuls entspricht auch dem Drehimpuls in der Wellenmechanik ein Differentialoperator, und zwar sind seine Komponenten

$$\mathfrak{M}_x = y\,p_z - z\,p_y = \frac{h}{2\pi i}\left(y\,\frac{\partial}{\partial z} - z\,\frac{\partial}{\partial y}\right),$$

$$\mathfrak{M}_y = z\,p_x - x\,p_z = \frac{h}{2\pi i}\left(z\,\frac{\partial}{\partial x} - x\,\frac{\partial}{\partial z}\right),$$

$$\mathfrak{M}_z = x\,p_y - y\,p_x = \frac{h}{2\pi i}\left(x\,\frac{\partial}{\partial y} - y\,\frac{\partial}{\partial x}\right).$$

Was bedeuten nun diese Operatoren? Der Elektronenzustand wird durch die Wellenfunktion ψ gegeben. Um die Frage zu entscheiden, ob diesem Zustand bestimmte Werte des Drehimpulses um die drei Koordinatenachsen zukommen, muß man nach den Regeln der Wellenmechanik die oben angegebenen Operatoren auf die Wellenfunktion ψ „anwenden"; d. h. man führt die in den Operatoren enthaltenen Differentiationen aus. Nun kann zweierlei eintreten: Entweder man erhält durch diese Operation wieder die Wellenfunktion bis auf einen konstanten Faktor oder nicht. Im ersteren Fall ist die Wellenfunktion auch gleichzeitig Eigenfunktion der Drehimpulsgleichung

$$\mathfrak{M}_x\psi = M_x\psi,$$

der durch die Eigenfunktion dargestellte Zustand besitzt also einen bestimmten Drehimpuls um die x-Achse, dessen Wert durch den „Eigenwert" M_x gegeben ist; M_x ist dabei eine gewöhnliche Zahl (nicht, wie $\mathfrak{M}_x$ ein Operator). Erhält man jedoch durch Anwendung des Operators $\mathfrak{M}_x$ auf die Wellenfunktion eine andere Funktion, die nicht bis auf eine Konstante mit der Wellenfunktion übereinstimmt, ist also ψ keine Eigenfunktion der Drehimpulsgleichung, so bedeutet dies, daß der betrachtete Elektronenzustand keinen festen Wert des Drehimpulses um diese Achse besitzt. Bei den im Anhang XV gegebenen Eigenfunktionen haben wir durch die Wahl der Polarachse (z-Achse) diese bereits

ausgezeichnet. Nach der Bohrschen Theorie müßte die Drehimpulskomponente um diese Achse gequantelt sein. Die Wellenmechanik
zeigt nun in der Tat, daß die Eigenwerte der z-Komponente des Drehimpulses ganze Vielfache von $\dfrac{h}{2\pi}$ sind. Es gilt ja bei Einführung von
räumlichen Polarkoordinaten

$$\mathfrak{M}_z = \frac{h}{2\pi i}\left(x\frac{\partial}{\partial y} - y\frac{\partial}{\partial x}\right) = \frac{h}{2\pi i}\frac{\partial}{\partial \varphi}.$$

Wendet man diesen Operator auf die Eigenfunktion des durch die
Quantenzahlen n, l, m charakterisierten Zustandes an, so erhält man
wegen der φ-Abhängigkeit $(e^{im\varphi})$ sofort

$$\mathfrak{M}_z\,\psi_{nlm} = \frac{h}{2\pi i}\frac{\partial}{\partial \varphi}\,\psi_{nlm} = m\frac{h}{2\pi}\,\psi_{nlm};$$

also sind die Eigenwerte der Drehimpulskomponente $\mathfrak{M}_z$ wirklich $m\dfrac{h}{2\pi}$.
In den beiden anderen Koordinatenrichtungen gibt es im vorliegenden
Falle, wie man sich leicht überzeugt, keine Eigenwerte, also keine be-
stimmten Werte von $\mathfrak{M}_x$ und $\mathfrak{M}_y$. Dafür ist jedoch der Betrag des
Drehimpulses für ein frei drehbares Atom (bei fehlendem äußeren Feld)
unter allen Umständen gequantelt. Die zugehörigen Rechnungen
bringen wir der Kürze halber im Anhang XVI und geben hier nur das
Resultat an: Das Quadrat des Betrages

$$\mathfrak{M}^2 = \mathfrak{M}_x^2 + \mathfrak{M}_y^2 + \mathfrak{M}_z^2$$

ist nach der Wellenmechanik gleich $l(l+1)\left(\dfrac{h}{2\pi}\right)^2$, nicht, wie in der
Bohrschen Theorie, gleich $l^2\left(\dfrac{h}{2\pi}\right)^2$. Diese Besonderheit ist charakteristisch
für die ganze Wellenmechanik des Atoms, wir werden ihr im nächsten
Kapitel noch des öfteren begegnen. Übrigens geben, wie wir auch dort
sehen werden, die Aufspaltungsbilder der Terme beim anomalen Zeemaneffekt eine direkte experimentelle Bestätigung dafür, daß in der Tat
das Quadrat des Drehimpulses gleich $l(l+1)$ und nicht gleich l^2 ist.
Wenn man aber von diesem Unterschied absieht, so kann man in der
Wellenmechanik die uns aus der Bohrschen Theorie bekannte Darstellung
des Drehimpulses durch ein Vektordiagramm anwenden; wir stellen daher
auch hier den Gesamtdrehimpuls durch einen Vektor l dar, von dem
wir uns ein für allemal merken müssen, daß er den absoluten Betrag
$\sqrt{l(l+1)}$ besitzt. Im Falle, daß die z-Richtung dadurch ausgezeichnet
ist, daß in ihr z. B. ein (extrem) schwaches Magnetfeld H wirkt, besitzt
dieser Drehimpulsvektor eine Komponente auf diese Richtung, die nur
ganzzahliger Werte $m\left(\text{in Einheiten }\dfrac{h}{2\pi}\right)$ fähig ist, und dieser Sachverhalt
bleibt dann auch im Grenzfall $H \to 0$ bestehen. Wir übernehmen hier

und besonders im nächsten Kapitel zur leichteren Veranschaulichung die Vektordarstellung des um die ausgezeichnete Achse präzessierenden Drehimpulses, dessen Komponente auf die Achsenrichtung nur ganzzahliger Werte fähig ist.

Wir betonen jedoch ausdrücklich, daß diese Vorstellung nicht so ohne weiteres mit dem begrifflichen Gebäude der Wellenmechanik in Einklang zu bringen ist. Es sind dazu, insbesondere zur Begründung dafür, daß man zwei Drehimpulse auch in der Wellenmechanik nach dem Schema der Bohrschen halbklassischen Theorie vektoriell zusammensetzen darf, höhere mathematische Hilfsmittel erforderlich, so vor allem die sog. Gruppentheorie. Wir können daher an dieser Stelle nicht näher auf diese Fragen eingehen.

Zum Schlusse müssen wir noch auf die Bedeutung der Wellenfunktion selber eingehen; bisher haben wir sie lediglich gleichsam als Nebenprodukt bei der Aufsuchung der Eigenwerte erhalten. Nun ist aber bei einem Schwingungsvorgang die Kenntnis der Amplitude mindestens ebenso wichtig wie die Kenntnis der Eigenfrequenz; entsprechend ist zu erwarten, daß auch in der Wellenmechanik der Wellenfunktion ψ eine große physikalische Bedeutung zukommt, oder besser gesagt, ihrem Absolutquadrat, da ja die momentane Größe der Schwingungsfunktion wegen der hohen Frequenz keine Rolle spielen kann. Daß wir das Quadrat des absoluten Betrages bilden, hat seinen Grund darin, daß ja die Wellenfunktion selbst (schon wegen der durch die Differentialgleichung vorgeschriebenen Form der Zeitabhängigkeit) eine komplexe Größe ist, während die physikalisch deutbaren Größen natürlich rein reell sein müssen.

Wir betrachten zunächst einen bestimmten Quantenzustand mit der Energie E_n, der durch die Eigenfunktion ψ_n dargestellt wird. Die Deutung, die sich bisher durchwegs bewährt hat, ist nun die, daß die zeitfreie Größe $|\psi_n|^2$ eine Wahrscheinlichkeit darstellt; und zwar wird $|\psi_n|^2\,dv$ als die Wahrscheinlichkeit dafür gedeutet, daß sich das Elektron (als Korpuskel gedacht) in dem Volumelement dv befindet. Wenn man also eine Messung ausführt, die das Ziel hat, den Ort des Elektrons im Atom möglichst genau zu bestimmen, so besteht die Wahrscheinlichkeit $|\psi_n|^2 dv$ dafür, daß man es gerade im Volumelement dv antrifft; von der Tatsache, daß die Ausführung einer solchen Messung zwangläufig den ganzen Atomverband sprengt, braucht dabei nicht die Rede zu sein. Wir erwähnen noch, daß die Wahrscheinlichkeit, das Elektron überhaupt irgendwo im Atom zu finden, nach dieser Deutung gleich 1 sein muß, das heißt, daß der bei der Lösung der (homogenen) Wellengleichung vorerst noch vollkommen unbestimmt gebliebene Faktor so zu bestimmen ist, daß die Gleichung

$$\int |\psi_n|^2 dv = 1$$

erfüllt ist. Dieses „Normierungsintegral" spielt insofern eine bemerkenswerte Rolle, als es auch dann zeitlich konstant ist, wenn wir uns nicht gerade auf stationäre Zustände beschränken, sondern für ψ eine beliebige Lösung der zeitabhängigen Wellengleichung einführen.

In dieser statistischen Interpretation der Wellenfunktion tritt der Dualismus Welle–Korpuskel klar zutage, wenn wir an die Ausführungen des Abschnitts 20 erinnern. Denken wir uns den damals besprochenen Fall der Beugung eines Elektrons durch einen Spalt. Vom Wellenstandpunkt ist in diesem Falle die Deutung die, daß $|\psi|^2$ an jeder Stelle des Schirmes die „Intensität" des Beugungsbildes gibt. Vom Korpuskelstandpunkt gibt jedoch diese Größe die Wahrscheinlichkeit, daß das Elektron gerade diese Stelle des Schirmes trifft; läßt man sehr viele Elektronen durch den Spalt hindurchtreten, so ist die relative Anzahl von Elektronen, die an einer bestimmten Stelle den Schirm trifft, natürlich aus statistischen Gründen proportional der oben angegebenen Wahrscheinlichkeit bzw. der Intensität des Beugungsbildes.

Es könnte den Anschein haben, daß die Wellenmechanik eine einseitige Bevorzugung des Wellenstandpunktes enthält und daß daher die Einführung des Korpuskelbegriffes nur unter der gekünstelten Heranziehung der statistischen Deutung möglich ist. Demgegenüber sei bemerkt, daß die oben angedeutete, wenn auch nicht näher ausgeführte Matrizen- oder „Quantenmechanik" Heisenbergs, die inhaltlich mit der Wellenmechanik vollständig übereinstimmt und nur eine andere Darstellungsform bedeutet, sich dafür in ihren Methoden eher an die Korpuskularmechanik anschließt, und daß für den Übergang zur anschaulichen Wellenvorstellung ähnliche Begriffsbildungen nötig sind wie die Statistik bei der Einführung des Korpuskularbegriffes in die Wellenmechanik.

Wir wollen hier und im folgenden an der sehr gut bewährten statistischen Deutung festhalten, wenn es nicht ganz leicht fällt, sich von der anschaulichen Bahnvorstellung des Bohrschen Atommodelles, oder allgemeiner von der Vorstellung eines sich um den Kern herumbewegenden Elektrons vollkommen loszusagen. Wohl aber müssen wir uns mit dem Gedanken vollständig vertraut machen, daß wir über den Ort und den Impuls des Elektrons im Atom keine genaueren Aussagen machen können, als es im Rahmen der Heisenbergschen Unschärferelation möglich ist. Der Begriff des genauen Elektronenortes und -impulses muß daher durch statistische Aussagen ersetzt werden, wie sie eben die Wellenmechanik liefert.

Man spricht häufig von einer Dichteverteilung der Elektronen im Atom oder von einer Elektronenwolke um den Kern. Man versteht darunter die Ladungsverteilung, die man erhält, wenn man die Wahrscheinlichkeitsfunktion $|\psi_n|^2$ eines bestimmten Zustandes mit der Ladung e des Elektrons multipliziert. Ihre Bedeutung ist vom Standpunkt der statistischen Deutung klar; man kann sie anschaulich darstellen in der Weise, wie sie aus der Abb. 57 zu ersehen ist. Die Bilder stellen die Projektionen (Schatten) der Elektronenwolken in verschiedenen Zuständen dar, und man kann an ihnen unmittelbar die Lagen der Knotenflächen ersehen.

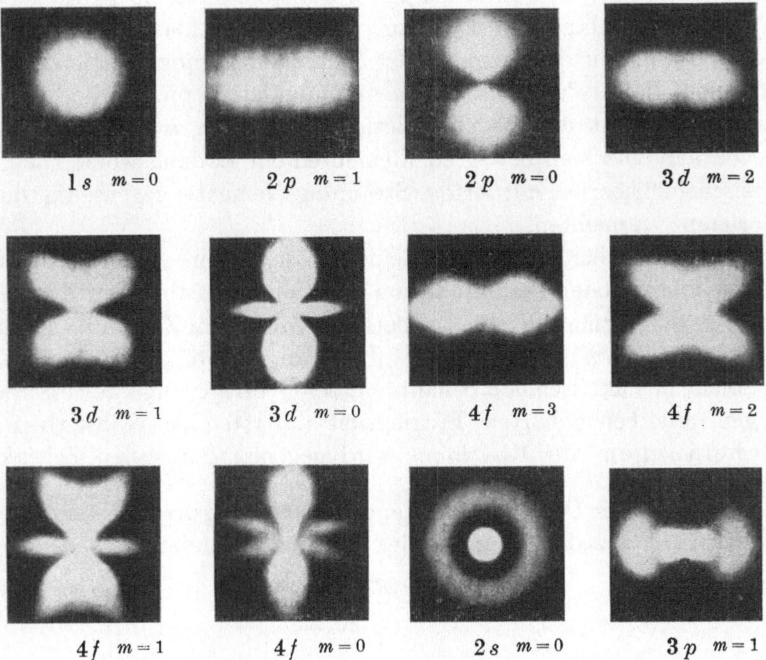

Abb. 57. Die Abbildungen veranschaulichen in Form von Schattenrissen die Ladungsverteilung, wie sie nach der Schrödingerschen Theorie in der Elektronenwolke bestehen müßte. Man erkennt deutlich die den einzelnen angegebenen Quantenzahlen entsprechenden Knotenflächen, besonders in den s-Zuständen und in den Zuständen mit kleinem m.

Die statistische Deutung der Wellenfunktionen gibt aber andrerseits auch einen Anhaltspunkt darüber, wie man die Ausstrahlung des Atoms wellenmechanisch berechnen kann. Nach der klassischen Theorie ist für diese maßgebend das elektrische Dipolmoment $\mathfrak{p}$ des Atomes, bzw. seine zeitliche Änderung. Nach dem Korrespondenzprinzip muß dieser Zusammenhang auch in der Wellenmechanik gelten. Das Dipolmoment $\mathfrak{p}$ läßt sich nun wellenmechanisch leicht berechnen; wenn wir uns an die Analogie mit der klassischen Atommechanik halten, so ist es gegeben durch

$$\mathfrak{p} = e \int \mathfrak{r}\,|\psi_n|^2\,dv = e \int \mathfrak{r}\,\psi_n^*\psi_n\,dv,$$

wobei $\mathfrak{r}$ den Radiusvektor vom Ort des Kernes zum Integrationspunkt bedeutet. (Der Stern bezeichnet in üblicher Weise den Übergang zur konjugiert-komplexen Größe.) Das Integral stellt ja den Ort des „elektrischen Schwerpunktes der Elektronenwolke" dar. Dieses Integral verschwindet nun, wie sich leicht zeigen läßt, für alle Zustände eines Atoms; außerdem wäre es zeitlich konstant, so daß die Ableitung des Dipolmomentes und damit die Ausstrahlung verschwindet; d. h. ein stationärer Zustand strahlt nicht aus. Es ist dies eine Erklärung für die vom Standpunkt der Bohrschen Theorie unverständliche Tatsache, daß ein den Kern umlaufendes Elektron, das nach den klassischen Gesetzen eine Strahlung mit der Frequenz der Umlaufsbewegung emittieren sollte, auf seiner Bahn ohne auszustrahlen umlaufen kann. In der Wellenmechanik kommt die Strahlungslosigkeit dadurch zustande, daß sich die von den einzelnen bewegten Elementen der Ladungswolke nach der klassischen Theorie emittierten Strahlungselemente gegenseitig durch Interferenz vernichten.

Man kann aber nun in Analogie zu der oben definierten Wahrscheinlichkeits- oder Dichtefunktion $\psi_n^* \psi_n$ eines bestimmten Zustandes zunächst rein formal die einem Übergang von einem Zustand n in einen andern Zustand m entsprechende „Übergangsdichte" $\psi_m^* \psi_n$ bilden; sie entspricht physikalisch den bekannten, bei Überlagerung zweier Schwingungen mit benachbarten Frequenzen auftretenden Schwebungserscheinungen; ihr Rhythmus wird gegeben durch den Zeitfaktor $e^{-\frac{2\pi i}{h}(E_n - E_m)t}$ der Übergangsdichte, die Schwebungsfrequenz ergibt sich aus der Differenz der Energien der beiden Zustände:

$$\nu_{nm} = \frac{E_n - E_m}{h}.$$

Man bildet nun analog wie oben auch das dem Übergang von n nach m entsprechende Dipolmoment

$$\mathfrak{p}_{nm} = e \int \mathfrak{r}\, \psi_m^* \psi_n\, dv = e\, \mathfrak{r}_{nm}\, e^{-2\pi i \nu_{nm} t}.$$

Es oszilliert mit der oben angegebenen Schwebungsfrequenz und strahlt daher nach den klassischen Formeln (s. Abschnitt 13) pro Zeiteinheit die Energie

$$J = \frac{2}{3\,c^3}\,|\ddot{\mathfrak{p}}_{nm}^* \ddot{\mathfrak{p}}_{nm}| = \frac{2}{3}\,\frac{e^2}{c^3}\,(2\pi\nu_{nm})^4\,|\mathfrak{r}_{nm}|^2$$

aus. Die Größe $\mathfrak{r}_{nm}$, deren Bedeutung aus der Formel für $\mathfrak{p}_{nm}$ hervorgeht (Abspaltung des Zeitfaktors), bezeichnet man als das Matrixelement des Koordinatenvektors $\mathfrak{r}$; sie ist, wie Schrödinger gezeigt hat, identisch mit dem Matrixelement, das in der Heisenbergschen Koordinatenmatrix in der n-ten Zeile und der m-ten Spalte steht.

Man erhält also nach der Wellenmechanik die Ausstrahlung dadurch, daß man rein korrespondenzmäßig nach den Regeln der klassischen Elektrodynamik die von einem oszillierenden Dipol emittierte Strahlung berechnet. Dabei ergibt sich automatisch, daß im Spektrum nur solche Linien auftreten können, deren Frequenz mit einer Schwingungsfrequenz zwischen zwei Zuständen des Atoms übereinstimmt. Es sind dies gerade die Linien, zu deren Erklärung Bohr die vom klassischen Standpunkt aus völlig unverständliche Ausstrahlungsbedingung

$$\nu_{n\,m} = \frac{1}{h}\,(E_n - E_m)$$

als Grundpostulat in die Theorie einführen mußte. Man darf das aber nicht so verstehen, daß bei der Emission beide Zustände n und m zugleich angeregt sind; es handelt sich vielmehr um ihr virtuelles Vorhandensein. Tatsächlich muß, damit eine Spektrallinie spontan emittiert wird, der obere Zustand irgendwie angeregt sein; dann ist die Emission ein Begleitprozeß (Schwingung eines zugeordneten virtuellen Resonators) des Sprunges in den unteren Quantenzustand.

Die Intensität der Spektrallinie ist das Produkt zweier Faktoren, der Anzahl angeregter Atome und der Ausstrahlungsstärke J des einzelnen Atoms, die wir eben berechnet haben. Gerade diese Vorstellungen der Bohrschen Theorie über die Anregungsbedingungen von Linien, die experimentell glänzend bestätigt sind, bleiben also in der Quantenmechanik völlig erhalten. Hinzu kommt die genauere Berechnung der Intensität J des einzelnen Elementaraktes durch Auswertung der in den Matrixelementen auftretenden Integrale, während in dieser Frage die Bohrsche Theorie nur mit Mühe unter weitgehender Verwendung des Korrespondenzprinzipes einige Aussagen machen konnte.

Wie wir im Anhang XVII zeigen, ergibt die Auswertung der Matrixelemente im Falle des Wasserstoffatoms die Auswahlregeln $\Delta l = \pm 1$ und $\Delta m = 0, \pm 1$; d. h. alle Matrixelemente, die nicht einem der angegebenen Übergänge entsprechen, verschwinden und mit ihnen auch die Ausstrahlung dieser Frequenzen. Man erhält auf diese Weise die Begründung dafür, daß z. B. Übergänge zwischen s- und p-Termen, zwischen p- und d-Termen, nicht aber zwischen s- und d-Termen oder zwischen p- und f-Termen vorkommen.

Die dargelegte Methode zur wellenmechanischen Berechnung der Ausstrahlung läßt sich übrigens streng begründen, wie Dirac gezeigt hat. Man muß dazu einerseits das Strahlungsfeld „quanteln", andrerseits die durch die Elektrodynamik gegebene Koppelung zwischen dem Strahlungsfeld und den darin befindlichen Atomen vollständig berücksichtigen. Wir können jedoch auf diese Probleme im Rahmen unserer Vorträge nicht eingehen.

Nun noch einige Bemerkungen über die Wellenmechanik von Mehrkörperproblemen. Es handelt sich hier natürlich um die Lösung einer Wellengleichung in einem mehrdimensionalen Raum; so erfordert die Berechnung des Heliumspektrums bereits das Rechnen mit sechs, die des Lithiumspektrums das mit neun Koordinaten. Es ist klar, daß man hier keine strenge Lösung mehr angeben kann, so daß man sich mit einer angenäherten Lösung des Problems begnügen muß. Nach den Methoden einer wohlausgearbeiteten Störungstheorie kann man diese Annäherung beliebig weit treiben, nur wächst dabei die Rechenarbeit je nach dem Grad der Annäherung ins Uferlose. Es gelang bisher, die tiefsten Terme von He, Li$^+$ und Li zu berechnen, und man bekam dabei Resultate in guter Übereinstimmung mit der Erfahrung (Hylleraas).

Ganz exakte Schlüsse kann man aus den Symmetrieeigenschaften ziehen, die die Wellenfunktion auf Grund des Symmetriecharakters des Problems besitzen muß. Als wichtigste Symmetrieeigenschaft ist die anzuführen, die durch die völlige Gleichwertigkeit der Elektronen und durch die daraus folgende Vertauschbarkeit derselben bedingt ist; die Wellenfunktion muß ja die gleiche sein, ob das erste Elektron z. B. in der K-Schale und das zweite in der L-Schale sitzt oder ob das zweite in der K- und das erste in der L-Schale ist. Daraus ergeben sich allgemeine Regeln für die Anordnung der Terme bei Atomen mit mehreren Leuchtelektronen. Doch sind die so erhaltenen Resultate mit der Erfahrung nicht ohne weiteres vergleichbar, weil ein wesentliches Prinzip in der bisher entwickelten Wellenmechanik fehlt, das von Pauli gefunden wurde und das wir im nächsten Vortrag kennenlernen werden.

V. Elektronenspin und Paulisches Prinzip.

25. Alkali-Dublett und Spinelektron.

Die großen Erfolge der Bohrschen Theorie und insbesondere der Wellenmechanik zeigen, daß man sich bei der Deutung der atomaren Vorgänge auf dem richtigen Weg der Erkenntnis befindet. Daß die Theorie jedoch noch nicht vollständig ausgebaut ist, haben wir im letzten Kapitel wiederholt betont. Im besondern blieben unerklärbar der anomale Zeemaneffekt, der Schalenaufbau im Atom u. a. Die Wellenmechanik des Atoms in ihrer bisher entwickelten Form erfordert eben noch eine tiefgreifende Erweiterung durch Hinzunahme neuer Vorstellungen und Hypothesen, die wir im heutigen Vortrag kennenlernen wollen.

Den Ausgangspunkt hierzu bildet die Beobachtung, daß die Linien der Hauptserie der Alkalien doppelt sind. Bekannt ist das Beispiel der

D-Linie des Natriums, deren Dublettnatur man bereits mit einfachen spektroskopischen Hilfsmitteln beobachten kann. Die Aufspaltung der Linie ist ziemlich beträchtlich, sie beträgt 6 Å; man bezeichnet die beiden Komponenten mit D_1 und D_2, und zwar liegt D_1 bei $\lambda = 5896$ und D_2 bei $\lambda = 5890$ Å. Die Termanalyse der Alkalispektren, zu denen das Natriumspektrum gehört, gibt eindeutig darüber Aufschluß, daß die

$$s \qquad \text{-Terme } (l = 0) \qquad \text{einfach,}$$
$$p, d, \ldots \text{-Terme } (l = 1, 2, \ldots) \text{ doppelt}$$

sind. Dieses experimentelle Ergebnis ist weder vom Standpunkt der Bohrschen Theorie noch von dem der bisher entwickelten Wellenmechanik erklärbar. Wir haben ja dort die allgemeinste Bewegung eines Elektrons im Atom auf Grund seiner drei Freiheitsgrade untersucht und sind zum Schluß gekommen, daß sie vollständig durch die drei Quantenzahlen n, l, m festgelegt und beschrieben ist. Eine weitere Aufspaltung der Energieterme, als die durch diese Quantenzahlen bedingte, ist daher unverständlich, solange man an der Vorstellung festhält, daß die Bewegung des Elektrons höchstens dreifach periodisch ist.

Unter dem Zwange des Experiments stellten Uhlenbeck und Goudsmit folgende kühne Hypothese auf: Das Elektron wurde bisher als ein punktförmiges Gebilde angesehen, das nur drei Freiheitsgrade der Bewegung besitzt und im übrigen durch zwei Konstante bestimmt ist, nämlich durch seine Ladung e und seine Masse m. Denkt man sich jedoch das Elektron als ein Gebilde von endlicher Ausdehnung, so kommen ihm, wie jedem ausgedehnten Gebilde, neben den drei Freiheitsgraden der Translation auch drei Rotationsfreiheitsgrade zu. Es ist daher naheliegend, dem Elektron einen Drehimpuls um eine beliebige Achse zuzuschreiben (man sagt hierfür auch häufig: ein mechanisches Moment). Baut man diese Vorstellung weiter aus, so muß man annehmen, daß das Elektron auch ein magnetisches Moment besitzt; denn da das Elektron eine elektrische Ladung e trägt, die bei seiner Drehung um diese Achse konvektiv mitgeführt wird, so ist das rotierende Elektron magnetisch äquivalent einem System von Kreisströmen um die Drehachse, die ja bekanntlich zu einem magnetischen Moment Anlaß geben. Über die Größe des magnetischen und des mechanischen Moments muß natürlich zunächst das Experiment entscheiden, später kann man versuchen, ihre Größe auch theoretisch zu verstehen.

Man bezeichnet zusammenfassend die Eigenschaft, daß das Elektron ein mechanisches und ein magnetisches Moment besitzt, mit dem englischen Wort Spin (das entsprechende deutsche Wort Drall als Bezeichnung dafür konnte sich leider nicht einbürgern).

Die Größe des mechanischen Momentes ergibt sich unmittelbar aus den Erfahrungen bei den Alkalispektren. Der Drehimpuls des

Elektrons muß natürlich, wie jeder Drehimpuls, gequantelt sein, das gleiche gilt für seine Komponente auf eine ausgezeichnete Richtung (äußeres Magnetfeld). Ist also der Betrag des mechanischen Spinmomentes s $\left(\text{in Einheiten } \dfrac{h}{2\pi}\right)$, so muß es nach den Regeln der Richtungsquantelung $2s + 1$ Einstellungsmöglichkeiten gegen die ausgezeichnete Richtung geben, wobei sich die einzelnen Komponenten von s, die wir σ nennen, jeweils um eine Einheit unterscheiden. Man denke nur an die analogen Verhältnisse im Bohrschen Atom, bei dem die Ebene einer Bahn mit dem Drehimpuls l gegen die ausgezeichnete Richtung gerade $2l + 1$ Einstellungsmöglichkeiten besitzt, die durch die Komponenten m von l auf diese Richtung gekennzeichnet sind (s. Abb. 47, S. 83). Diese Übertragung der Begriffsbildung vom Bahndrehimpuls auf den Spindrehimpuls ist dadurch gerechtfertigt, daß die daraus gezogenen Folgerungen sich durchwegs bewährt haben. Wir erinnern übrigens hier nochmals an die Ausführungen des Abschnittes 24 über die Anwendbarkeit des klassischen Vektormodells bei der Beschreibung von Atomzuständen in der Wellenmechanik. Wir werden uns in diesem Vortrag fast ausschließlich mit dem begrifflichen Schema befassen und daher das anschauliche Vektormodell benützen, während wir auf die wellenmechanische Behandlung des Spinelektrons erst am Schluß dieses Vortrages eingehen werden.

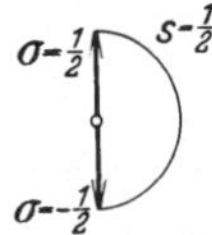

Abb. 58. Einstellung des Spins gegen eine ausgezeichnete Richtung; es sind nur zwei Einstellungen möglich, parallel und antiparallel zu dieser Richtung.

Wie eben ausgeführt wurde, muß das Spinmoment s des Elektrons $2s + 1$ Einstellungsmöglichkeiten gegen eine ausgezeichnete Richtung besitzen. Nun zeigt die Erfahrung, daß die Terme des Natriums, bis auf die s-Terme, doppelt sind. Dies zwingt zum Schluß, daß das Spinmoment nur zwei Einstellungsmöglichkeiten besitzt (Abb. 58), wenn überhaupt die Annahme richtig ist, daß diese Termaufspaltung durch den Spin bedingt ist. Also muß

$$s = \tfrac{1}{2}$$

sein $\left(\text{in Einheiten } \dfrac{h}{2\pi}\right)$. Die beiden Einstellungsmöglichkeiten haben dann die Komponenten

$$\sigma_1 = +\tfrac{1}{2}, \qquad \sigma_2 = -\tfrac{1}{2}.$$

Daß hierbei halbzahlige „Quantenzahlen" auftreten, widerspricht zunächst unsern Vorstellungen über die Quantisierung von Drehimpulsen. Dazu ist jedoch zu bemerken, daß die von uns oben benutzte Hypothese vom rotierenden, räumlich ausgedehnten Elektron lediglich heuristischen Wert besitzt; man muß darauf gefaßt sein, bei einer eingehenderen Verfolgung dieser Vorstellungen auf Schwierigkeiten zu stoßen. (So müßte sich z. B. ein Punkt auf der Oberfläche des Elektrons mit Überlichtgeschwindigkeit bewegen, wenn nach der klassischen Theorie solche Werte für den Drehimpuls und für das magnetische Moment resultieren sollten, wie sie experimentell bestimmt wurden.) Nun führt aber die Verwendung halbzahliger Drehimpulskomponenten für den Spin durchwegs zu Resultaten, die mit dem experimentellen Befund in vollständiger Übereinstimmung stehen. Andrerseits gibt die Wellenmechanik des Spinelektrons in der Formulierung von Dirac automatisch, ohne irgendwelche Zusatzannahme, lediglich aus der Forderung nach Linearität und relativistischer Invarianz heraus, diese Halbzahligkeit.

Einem den Kern umlaufenden Elektron kommt ein Bahnmoment l zu; außerdem besitzt es das mechanische Spinmoment s. Die Frage besteht nun, wie sich diese beiden Momente zusammensetzen. Die Bohrsche Theorie würde darauf die Antwort geben, daß diese Zusammensetzung nach den Regeln der Vektoraddition erfolgt. Dasselbe gilt nun, wie sich allerdings nur mit höheren mathematischen Hilfsmitteln (Gruppentheorie) zeigen läßt, auch für die Zusammensetzung von l und s nach der Wellenmechanik (Wigner, v. Neumann). Sie addieren sich demnach vektoriell zu einem Gesamtmoment $j \left(\text{in Einheiten } \dfrac{h}{2\,\pi}\right)$, also

$$\vec{j} = \vec{l} + \vec{s}\,.$$

Man nennt (nach Sommerfeld) j die „innere" Quantenzahl, sie gibt somit das gesamte Drehmoment des Atoms an. Sie muß natürlich ebenfalls gequantelt sein: Da $s = \tfrac{1}{2}$, so gibt es nur die Möglichkeiten

$$j_1 = l + \tfrac{1}{2}, \qquad j_2 = l - \tfrac{1}{2}\,;$$

j ist also in diesem Falle halbzahlig. Zu jedem l-Wert gibt es demnach zwei mögliche Werte des Gesamtdrehimpulses, die zugehörigen Terme sind daher doppelt. Nur die s-Terme $(l = 0)$ bilden eine Ausnahme; sie sind stets einfach, denn in diesem Falle ist nur der Wert $j = s = \tfrac{1}{2}$ sinnvoll, da j als Gesamtdrehimpuls stets positiv ist. Die doppelte Einstellungsmöglichkeit des Spins gegen die Bahn ist wegen der magnetischen Koppelung von Spin und Bahn gleichbedeutend mit einer Aufspaltung der Energieterme. Und zwar ist die Größe der Aufspaltung direkt gegeben durch die Energie, die nötig ist, um den Spin aus der einen Einstellung gegen l im Magnetfeld der Bahn in die andere Einstellung umzuklappen.

Wir bringen als Beispiel den eingangs behandelten Fall der Na-D-Linien. Die Termanalyse zeigt, daß der obere Zustand ein p-Term, während der untere ein s-Term ist. Ersterer ist doppelt, entsprechend den beiden Möglichkeiten des Gesamtdrehimpulses $j = \tfrac{1}{2}$ und $j = \tfrac{3}{2}$; der untere Term ist als s-Term einfach $(j = \tfrac{1}{2})$. Die D_1-Linie entspricht dem Übergang vom p-Term mit der inneren Quantenzahl $j = \frac{1}{2}$, die D_2-Linie dem vom Term mit $j = \frac{3}{2}$.

Die Regel der Vektoraddition läßt sich auch auf den Fall mehrerer Elektronen anwenden; dann setzen sich die Bahnmomente $l_1, l_2, \ldots$ der einzelnen Elektronen und ihre Spinmomente $s_1, s_2, \ldots$ zu einem resultierenden Gesamtdrehimpuls j zusammen. Dabei ist j halb- oder ganzzahlig, je nachdem die Anzahl der Elektronen ungerade oder gerade ist. Entsprechend kann auch die Projektion m von j auf eine ausgezeichnete Richtung halb- oder ganzzahlig sein.

Wir erwähnen noch zum Schluß die Tatsache, daß das ganze Vektorgerüst der Drehmomente natürlich entsprechend der Bedeutung von j als Gesamtdrehimpuls um die Richtung von j rotiert, und zwar mit gleichförmiger Winkelgeschwindigkeit. Dies bedeutet, wie wir bereits im letzten Kapitel eingehend besprochen haben, daß für die Ausstrahlung die Auswahlregeln $\Delta j = \pm 1$ gelten. Dazu kommen jedoch noch, wie die Theorie in Übereinstimmung mit dem Experiment zeigt, Übergänge mit $\Delta j = 0$; sie entsprechen Zustandsänderungen, bei denen sich der Gesamtdrehimpuls nicht ändert. Daß diese Übergänge erlaubt sind, während solche mit $\Delta l = 0$ verboten sind (s. Abschn. 21, bzw. 24), läßt sich korrespondenzmäßig verstehen. Wir wollen jedoch darauf nicht näher eingehen.

26. Anomaler Zeemaneffekt.

Durch die Hypothese des „spining electron" ist es also, wie wir im letzten Abschnitt ausgeführt haben, und wie wir auch noch in den folgenden Abschnitten sehen werden, möglich geworden, das Auftreten von Termaufspaltungen (Multipletts) zu verstehen, deren Verständnis auf Grund der Bahnvorstellung allein vollständig unmöglich war; und zwar ist es bedingt durch die Existenz eines mechanischen Drehmomentes des Elektrons, das sich nach den Quantenvorschriften in verschiedener Weise gegen die Richtung des Bahnmomentes, bzw. gegen eine äußere ausgezeichnete Richtung einstellen kann.

Wir wollen nun zeigen, daß das mit dem mechanischen Drehmoment verbundene magnetische Eigenmoment des Elektrons die Erklärung für das Auftreten des anomalen Zeemaneffektes gibt, d. h. also für die beobachtete Erscheinung, daß sich in einem (schwachen) Magnetfeld eine Spektrallinie in eine beträchtliche Anzahl von Linien aufspaltet (Abb. 59), während nach der klassischen Theorie und nach der Wellenmechanik ohne Berücksichtigung des Spins nur der normale Zeemaneffekt, also die Aufspaltung einer jeden Spektrallinie in das Lorentzsche Triplett auftreten dürfte.

Wir wollen hier nochmals kurz an die Erklärung des normalen Zeemaneffektes erinnern: Das umlaufende Elektron gibt Anlaß zu einem mechanischen Moment der Bahnbewegung p_l, das nach den bekannten Regeln gequantelt ist

$$p_l = l\,\frac{h}{2\,\pi}\,.$$

Andrerseits wirkt das umlaufende Elektron wie ein Kreisstrom von der Stärke $J = e\,\dfrac{\omega}{2\,\pi}$ ($\omega =$ Kreisfrequenz) und erzeugt als solcher ein

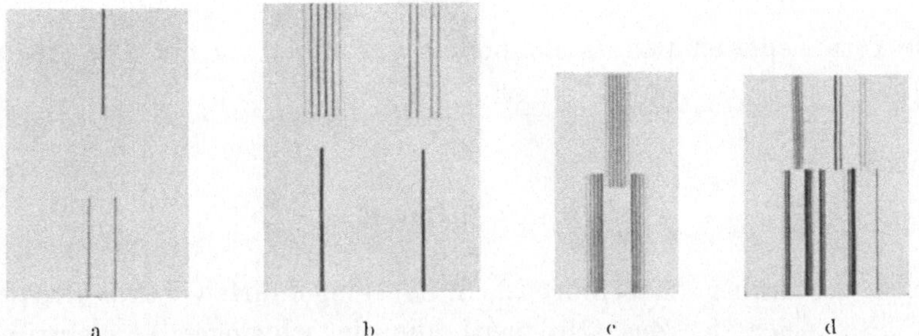

Abb. 59. Aufspaltungsbilder im Magnetfeld (nach E. Back u. A. Landé).
a Normales Lorentzsches Triplett an der Cd-Linie 6439 (die unteren Linien schwingen senkrecht zu den magnetischen Kraftlinien, die obere parallel zu ihnen), b anomaler Zeemaneffekt an den Na-D-Linien (unten ohne, oben mit Magnetfeld), c und d stellen Zeemaneffekte an Cr-Linien dar (oben parallel zum Feld, unten senkrecht dazu schwingend).

magnetisches Feld. Bekanntlich ist nun das Magnetfeld eines Kreisstromes äquivalent dem eines magnetischen Dipols vom Moment $\mathfrak{m} = \dfrac{f\,J}{c}$, wobei f die vom Kreisstrom umrandete Fläche ist und c die Lichtgeschwindigkeit bedeutet. Daher verhält sich das umlaufende Elektron magnetisch wie ein magnetischer Dipol vom Moment $\mathfrak{m}_l = \dfrac{r^2\,\pi}{c}\,e\,\dfrac{\omega}{2\,\pi}$; da jedoch der Bahnimpuls gleich $p_l = \mu\,r^2\,\omega = l\,\dfrac{h}{2\,\pi}$ ist, so ergibt sich also ein magnetisches Moment der Bahnbewegung $\mathfrak{m}_l$ im Betrage von

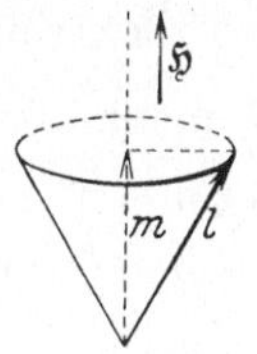

$$\mathfrak{m}_l = \frac{e\,h}{4\,\pi\,\mu\,c}\,l = \frac{e}{2\,\mu\,c}\,p_l\,.$$

Abb. 60. Präzession des Bahnimpulses um die Richtung des Magnetfeldes (sie würde bei Abwesenheit des Spins stets auf den normalen Zeemaneffekt führen).

Den Wert $\dfrac{e\,h}{4\,\pi\,\mu\,c}$, der also die kleinste Einheit für die Größe eines magnetischen Bahnmomentes im Atom darstellt, nennt man ein Bohrsches Magneton.

Schaltet man nun ein homogenes Magnetfeld ein, so führt das Atom, wie oben dargelegt wurde, eine Präzessionsbewegung um die Feldrichtung aus (Abb. 60), was zur Folge hat, daß die Komponente m von l auf diese Richtung ganzzahlig sein muß (Richtungsquantelung). Fragt man nach der Zusatzenergie, die infolge des Magnetfeldes zur Atomenergie hinzutritt, so wird diese gegeben durch

$$E_{magn} = - \mathfrak{m}_l \, H \cos \vartheta,$$

wobei ϑ den Winkel zwischen dem Magnetfeld und der Richtung des magnetischen Momentes, also der Richtung von l bedeutet; sein Kosinus ist aber offenbar gleich m/l, so daß

$$E_{magn} = - \frac{e\,h}{4\,\pi\,\mu\,c} \, H\,m.$$

Die Terme spalten also im Magnetfeld auf, und zwar mit dem Abstand

$$h\,\nu_{magn} = \frac{e\,h}{4\,\pi\,\mu\,c}\,H = h\,\nu_L,$$

wobei

$$\nu_L = \frac{e}{4\,\pi\,\mu\,c}\,H = 1{,}40 \cdot 10^6 \, H \, \text{sec}^{-1}$$

gleich der früher (Abschnitt 22, S. 83) eingeführten Larmorfrequenz ist, also gleich der Zusatzfrequenz, die ein schwingendes elektrisches System nach der klassischen Theorie in einem Magnetfeld bekommt.

Jeder Term spaltet also in $2l + 1$ äquidistante Terme auf, entsprechend den $2l + 1$ Einstellungsmöglichkeiten. In der Ausstrahlung erscheint jedoch jede Linie nur in drei Komponenten aufgespalten, da die Präzessionsbewegung rein periodisch ist und daher die Auswahlregeln $\Delta m = 0, \pm 1$ gelten. Es ergibt sich also auf diese Weise nur der normale Zeemaneffekt (s. Abb. 48, S. 84).

An diesen Verhältnissen würde sich auch nichts bei Berücksichtigung des Elektronenspins ändern, wenn man dem Elektron ein magnetisches Moment zuordnete, das zum mechanischen Spinmoment $p_s = s\,\dfrac{h}{2\,\pi}$ in gleicher Beziehung steht wie das magnetische Bahnmoment zum mechanischen, wenn also

$$\frac{\mathfrak{m}_s}{p_s} = \frac{\mathfrak{m}_l}{p_l} = \frac{e}{2\,\mu\,c}$$

wäre. Denn dann wäre der Gesamtdrehimpuls gleich j, das gesamte magnetische Moment gleich $\mathfrak{m}_j = \dfrac{e\,h}{4\,\pi\,\mu\,c}\,j$; j und $\mathfrak{m}_j$ würden die gleiche Richtung besitzen und sich im Magnetfeld entsprechend der Richtungsquantelung einstellen, bzw. um die Feldrichtung gemeinsam präzessieren. Der einzige Unterschied gegen früher würde der sein, daß jetzt nicht mehr $2l + 1$, sondern $2j + 1$ Einstellungsmöglichkeiten existieren und daß daher jeder ungestörte Term durch das Magnetfeld in $2j + 1$ Terme aufspaltet, wobei jedoch die Größe der Aufspaltung genau so groß wäre wie früher; im Spektrum würde sich überhaupt kein Unterschied gegen früher ergeben.

Man kann jedoch den anomalen Zeemaneffekt vollständig erklären, wenn man annimmt, daß das magnetische Spinmoment sich aus dem mechanischen nicht durch Multiplikation mit $\dfrac{e}{2\,\mu\,c}$, wie bei den Bahnmomenten, sondern durch Multiplikation mit $\dfrac{e}{\mu\,c}$ ergibt, so daß also

$$\mathfrak{m}_s = 2\,\frac{e\,h}{4\,\pi\,\mu\,c}\,s\,.$$

Da das mechanische Spinmoment stets gleich $s = \tfrac{1}{2}$ ist, so ist also das magnetische Moment des Elektrons gerade gleich einem Bohrschen Magneton $\dfrac{e\,h}{4\,\pi\,\mu\,c}$. Dieses abweichende Verhalten der Spinmomente gegenüber den Bahnmomenten läßt sich, wie Thomas gezeigt hat, theoretisch begründen, es ist eine notwendige Folge der Relativitätstheorie. Übrigens ergibt sich auch dieser Zusammenhang zwischen mechanischem und magnetischem Spinmoment zwangsläufig aus der relativistischen Wellengleichung Diracs.

Dieser Unterschied zwischen den Bahn- und Spinmomenten ist nun aber gerade der Grund für das Auftreten des anomalen Zeemaneffektes. Er bewirkt offenbar, daß die Vektorsumme der magnetischen Momente, also das resultierende magnetische Gesamtmoment $\mathfrak{m}$, im allgemeinen

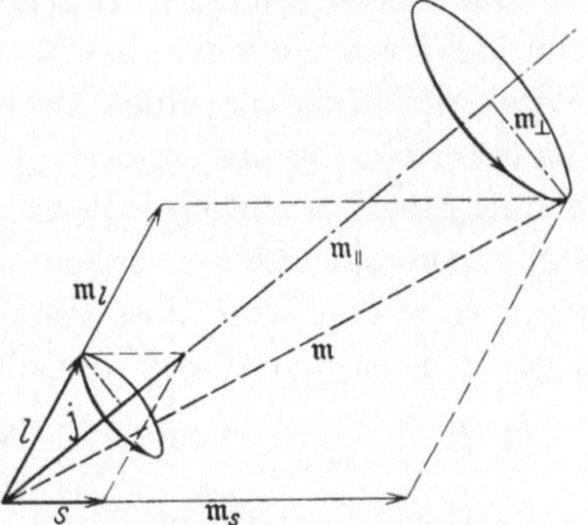

Abb. 61. Vektormodell beim anomalen Zeemaneffekt. Die Richtung des Gesamtdrehimpulses fällt nicht mit der Richtung des resultierenden magnetischen Momentes zusammen; magnetisch wirksam ist nur die Komponente $\mathfrak{m}_\parallel$ parallel zu j; die andere Komponente $\mathfrak{m}_\perp$ mittelt sich wegen der Rotation des Vektorgerüstes um j (Gesamtdrehimpuls) heraus.

nicht in die Richtung des resultierenden mechanischen Gesamtmomentes j fällt. In der Abb. 61 ist dies für den Fall eines Elektrons dargestellt, die gleichen Betrachtungen gelten jedoch auch für den Fall mehrerer Elektronen. Das magnetische Bahnmoment $\mathfrak{m}_l$ ist zur Veranschaulichung doppelt so groß gezeichnet als das mechanische Bahnmoment l; daher mußte nach dem obigen das magnetische Spinmoment $\mathfrak{m}_s$ viermal so groß aufgetragen werden als das mechanische Spinmoment s. Die Resultierende $\mathfrak{m}$ fällt also nicht in die Richtung von j.

Entsprechend der Bedeutung von j als Gesamtdrehimpuls muß man sich das Atom und mit ihm das ganze Vektorgerüst um die durch j gegebene Richtung rotierend denken; alle Vektoren, die nicht diese Richtung besitzen, beschreiben daher eine Präzessionsbewegung um diese Richtung. Wegen der großen Frequenz dieser Präzessionsbewegung (das ihrer Frequenz entsprechende $h\nu$ ist, wie sich zeigen läßt, von der

Größenordnung der durch die Koppelung von l und s zum Vektor j bedingten „Feinstrukturaufspaltung" der Terme, also z. B. im Falle der Na-D-Linien von der Größenordnung der Aufspaltung der p-Terme, also ungefähr $v \sim 5 \cdot 10^{11} \, \mathrm{cm}^{-1}$) kann es bei allen Größen, die sich gegenüber dieser Frequenz zeitlich langsam verändern, nur auf zeitliche Mittelwerte ankommen. So wird z. B. das magnetische Verhalten des Atoms gegenüber einem äußeren Feld so sein, als ob das Atom das magnetische Moment $\overline{\mathfrak{m}}$ besitzt, wobei der Strich die zeitliche Mittelwertbildung andeutet. Der zeitliche Mittelwert von $\mathfrak{m}$ ist aber gleich der Projektion von $\mathfrak{m}$ auf die Drehachse, also gleich der Komponente $\mathfrak{m}_{\parallel}$; die dazu senkrechte Komponente $\mathfrak{m}_{\perp}$ fällt durch die Mittelwertbildung heraus.

Das Atom besitzt also gegenüber einem (schwachen) äußeren Feld ein effektives magnetisches Moment $\mathfrak{m}_{\parallel}$ in der Richtung von j. Es führt wegen der Existenz eines Drehimpulses eine Präzessionsbewegung um die Feldrichtung aus, und es gelten nun die gleichen Betrachtungen wie oben: j besitzt infolge dieser Präzessionsbewegung nur $2j + 1$ Einstellungsmöglichkeiten gegen die Feldrichtung, die durch die Komponente m von j auf diese Richtung charakterisiert werden. Die magnetischen Energien dieser einzelnen Einstellungen sind gegeben durch $-\mathfrak{m}_{\parallel} H \dfrac{m}{j}$; der ungestörte Term spaltet also durch das Magnetfeld in $2j + 1$ äquidistante Terme mit dem Abstand $\dfrac{\mathfrak{m}_{\parallel} H}{j}$ auf.

Der Unterschied gegen früher besteht nun darin, daß früher (beim normalen Zeemaneffekt) das magnetische Moment für alle Terme gleich dem Bohrschen Magneton multipliziert mit der Quantenzahl des Gesamtdrehimpulses war; die Termaufspaltung war unabhängig von den Quantenzahlen für alle Terme die gleiche, nämlich gleich dem Bohrschen Magneton multipliziert mit der Feldstärke H. Bei Berücksichtigung des Spins und der Vektorzusammensetzung der Momente ergibt sich nun aber ein „effektives" magnetisches Moment des Atomes, das im allgemeinen nicht durch das Produkt aus Bohrschem Magneton und Gesamtdrehimpuls gegeben wird, sondern auch von den übrigen Quantenzahlen und im besondern von den im Vektorgerüst auftretenden Winkeln abhängt. Schreiben wir zunächst rein formal

$$\mathfrak{m}_{\parallel} = \frac{e \, h}{4 \, \pi \, \mu \, c} \, j \, g,$$

so gibt der Faktor g die Abweichungen, die bei unserem Vektormodell gegenüber der Theorie des normalen Zeemaneffektes auftreten. Dann wird die magnetische Zusatzenergie gegeben durch

$$E_{magn} = -\mathfrak{m}_{\parallel} H \frac{m}{j} = -\frac{e \, h}{4 \, \pi \, \mu \, c} H \, m \, g = -h \, v_L \, m \, g,$$

wobei ν_L wie oben die klassische Larmorfrequenz bedeutet. Der ungestörte Term spaltet also im Magnetfeld zwar auch in $2j+1$ äquidistante Terme auf, doch ist die Größe der Aufspaltung $h\nu_L\,g$ nicht gleich der des normalen Zeemaneffektes $h\nu_L$, sondern um den Faktor g von dieser verschieden. Man nennt g nach seinem Entdecker den Landéschen Aufspaltungsfaktor. Er ist von Term zu Term verschieden und bedingt so das anomale Verhalten des Atoms im Zeemaneffekt. Die Linienaufspaltung ist nicht das Lorentzsche Triplett, sondern es treten viel mehr Linien auf, entsprechend dem Umstande, daß die den Auswahlregeln $\Delta m = -1, 0, +1$ entsprechenden Energiedifferenzen nicht mehr, wie beim normalen Zeemaneffekt, für alle m-Werte die gleichen sind (Abb. 62).

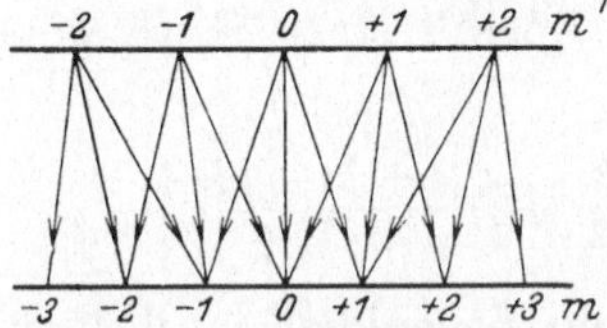

Abb. 62. Übergänge beim anomalen Zeemaneffekt; da die Aufspaltung in den einzelnen Termgruppen verschieden ist, erhält man im allgemeinen ebenso viele getrennte Linien, als Übergänge überhaupt möglich sind.

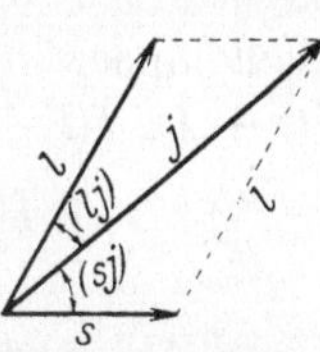

Abb. 63. Vektorzusammensetzung des Bahnmoments l und des Spinmoments s zum gesamten Drehmoment j.

Für die Aufspaltung einer Linie beim anomalen Zeemaneffekt kommt es daher auf die Landéschen Faktoren für den oberen und unteren Zustand an. Sie lassen sich, wie nun gezeigt wird, aus den bisher entwickelten Vorstellungen über das Vektormodell relativ einfach theoretisch ermitteln: Wir müssen dazu die Größe der Komponente $\mathfrak{m}_{\shortmid}$ des magnetischen Moments berechnen. Aus Abb. 63 liest man sofort die Beziehung ab

$$\mathfrak{m}_{\shortmid} = \mathfrak{m}_l \cos(l, j) + \mathfrak{m}_s \cos(s, j).$$

Führt man nun für $\mathfrak{m}$ die oben benutzte Schreibweise $\dfrac{e\,h}{4\,\pi\,\mu\,c}\,j\,g$ und für die magnetischen Momente der Bahn und des Spins die oben abgeleiteten Ausdrücke ein, so ergibt sich (man beachte den Faktor 2 beim Spinglied!)

$$\frac{e\,h}{4\,\pi\,\mu\,c}\,j\,g = \frac{e\,h}{4\,\pi\,\mu\,c}\,\{l\cos(l,j) + 2\,s\cos(s,j)\}$$

oder nach Kürzung

$$g = \frac{l}{j}\cos(l,j) + \frac{2\,s}{j}\cos(s,j).$$

Die in die Formel eingehenden Winkel ergeben sich aus den Kosinussätzen, angewandt auf das Dreieck der Vektoren l, s und j:

$$s^2 = j^2 + l^2 - 2\,jl\cos(l,j), \quad \cos(l,j) = \frac{j^2 + l^2 - s^2}{2\,jl},$$

$$l^2 = j^2 + s^2 - 2\,js\cos(s,j), \quad \cos(s,j) = \frac{j^2 + s^2 - l^2}{2\,js}.$$

Man erhält daher für den Landéschen Aufspaltungsfaktor den Wert

$$g = \frac{j^2 + l^2 - s^2}{2\,j^2} + 2\,\frac{j^2 + s^2 - l^2}{2\,j^2} = 1 + \frac{j^2 + s^2 - l^2}{2\,j^2}.$$

Wir haben diese Formel nach den klassischen Vorstellungen des Vektormodells abgeleitet. In der Quantenmechanik ist zwar diese Vorstellung ebenfalls zulässig, es tritt jedoch insofern ein Unterschied auf, als das Quadrat des Betrages eines Drehimpulses mit der Quantenzahl l nicht, wie in der Bohrschen Theorie, gleich l^2 ist, sondern durch $l(l+1)$ gegeben wird. Wir haben dies im Anhang XVI für den mechanischen Drehimpuls bewiesen; das gleiche gilt auch für den Spindrehimpuls, so daß wir die Formel für den Aufspaltungsfaktor dadurch an die Wellenmechanik anpassen können, daß wir überall statt j^2, l^2, $s^2 \to$ $j(j+1)$, $l(l+1)$, $s(s+1)$ schreiben:

$$g = 1 + \frac{j(j+1) + s(s+1) - l(l+1)}{2\,j(j+1)} = \frac{3}{2} + \frac{s(s+1) - l(l+1)}{2\,j(j+1)}.$$

Diese Ableitung der g-Formel könnte vielleicht bedenklich erscheinen, da man bis zum Schluß mit den klassischen Vorstellungen rechnet und erst ganz zuletzt gleichsam die wellenmechanischen Korrekturen anbringt. Wir verweisen jedoch darauf, daß man diese Formel auch, allerdings nur mit den Hilfsmitteln der Gruppentheorie, aus der Wellenmechanik direkt ableiten kann.

Einen unmittelbaren Beweis für die Richtigkeit der Formel gibt jedoch die Erfahrung. Wir geben im Anhang XVIII eine Berechnung des Aufspaltungsbildes für den anomalen Zeemaneffekt an den D-Linien des Natriums. Man ersieht schon an diesem einfachen Beispiel eines Atoms mit einem Leuchtelektron, wie relativ kompliziert das Aufspaltungsbild im anomalen Zeemaneffekt ist. Die Erfahrung hat jedoch dieses errechnete Aufspaltungsbild mit der vollen spektroskopischen Genauigkeit bestätigt. Überhaupt ergab sich, wo immer man experimentell den anomalen Zeemaneffekt beobachtete, eine vollständige Übereinstimmung zwischen Theorie und Experiment. Bei dem enormen Zahlenmaterial, das bisher zusammengestellt wurde, und das sich durch die Berechnung der Landéschen Faktoren restlos erklären ließ, wird man direkt zum Glauben gezwungen, daß die theoretische Deutung des anomalen Zeemaneffektes und die damit verbundenen Aussagen über die Größe des mechanischen und magnetischen Spinmomentes das Richtige treffen.

Zum Schluß erwähnen wir noch eine weitere, beim Zeemaneffekt beobachtete Erscheinung, welche nach ihren Entdeckern den Namen Paschen-Back-Effekt trägt. Wir haben oben vorausgesetzt, daß das Magnetfeld nicht zu stark sei. Diese Voraussetzung wurde stillschweigend benutzt, als wir an Stelle des magnetischen Momentes seinen zeitlichen Mittelwert $\overline{\mathfrak{m}} = \mathfrak{m}_{\|}$ einführten. Dies ist so lange gerechtfertigt, als die Rotation des ganzen Vektormodells um die Richtung des Drehimpulses j viel schneller erfolgt als seine Präzessionsbewegung um die Richtung des Magnetfeldes, die annähernd mit der Frequenz $\nu_L = 1{,}40 \cdot 10^6\, H$ sec^{-1} erfolgt. Für erstere haben wir oben im Falle der Na-Termaufspaltung die Größenordnung $\nu \sim 5 \cdot 10^{11}$ sec^{-1} abgeleitet, so daß also die Voraussetzung für Felder bis zu einigen tausend Gauß in diesem Beispiel sicherlich erfüllt ist.

Steigert man jedoch die magnetische Feldstärke, bis die beiden Frequenzen in die gleiche Größenordnung kommen, so verlieren die obigen Betrachtungen ihre Gültigkeit, da es jetzt nicht mehr auf den zeitlichen Mittelwert von $\mathfrak{m}$, sondern auf $\mathfrak{m}$ selbst ankommt. Es ist dies das Gebiet des Paschen-Back-Effektes. Man kann es auch so charakterisieren, daß die innere Präzessionsenergie um j vergleichbar wird mit der äußeren von j um H, daß also die durch den Spin bedingte Feinstrukturaufspaltung von gleicher Größenordnung ist wie die Aufspaltung der Terme im Magnetfeld. Steigert man die magnetische Feldstärke noch weiter, so daß die Einstellungsenergien im Feld viel größer werden als die Koppelungsenergie zwischen Bahnmoment l und Spinmoment s, so erhält man den normalen Zeemaneffekt; dann wird nämlich diese Koppelung praktisch vollständig aufgehoben, das Bahn- und das Spinmoment präzessieren jedes für sich um die Richtung von H (Abb. 64); die gesamte magnetische Energie wird dann gegeben durch

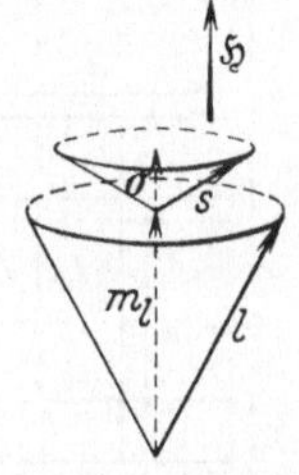

Abb. 64. Vektormodell beim Paschen-Back-Effekt (Übergang zum normalen Zeemaneffekt). Da die Energie von Bahnmoment und Spinmoment im Magnetfeld größer ist als die magnetische Wechselwirkung zwischen Bahn und Spin, so präzessieren Bahn- und Spinmoment getrennt um die Feldrichtung.

$$E_{magn} = -\frac{e\,h}{4\,\pi\,\mu\,c}\, H\,\{l \cos(l\,H) + 2\,s \cos(s\,H)\}.$$

Bezeichnet man noch mit m_l die (ganzzahlige) Projektion von l auf die Feldrichtung und berücksichtigt man, daß sich der Spin in diesem Falle nur parallel oder antiparallel zum Feld einstellen kann ($\sigma = \pm \frac{1}{2}$), so folgt daraus wegen der Halbzahligkeit des Spinmomentes

$$E_{magn} = -\frac{e\,h}{4\,\pi\,\mu\,c}\, H\,\{m_l \pm 1\}.$$

Man erhält also in diesem Falle eine Termaufspaltung mit dem dem normalen Zeemaneffekt entsprechenden Termabstand.

Bei Steigerung des Magnetfeldes findet also ein allmählicher Übergang vom anomalen zum normalen Zeemaneffekt statt; das Übergangsgebiet bezeichnet man als Paschen-Back-Effekt. Wir weisen noch auf die Inkonsequenz in der Bezeichnungsweise hin: Normalerweise

(bei gewöhnlichen Feldstärken) erhält man den „anomalen" Zeemaneffekt und nur für abnorm hohe Feldstärken ergibt sich der „normale"
Zeemaneffekt.

27. H-Atom und Röntgenterme.

Wir wollen nun die Frage untersuchen, wie die Aussagen der Atomtheorie bezüglich der Lage der Terme infolge der Erkenntnis über die
Existenz des Spins zu korrigieren sind. Wir beginnen mit dem einfachen Beispiel des Wasserstoffatoms, bzw. mit den Termschemata, die
als wasserstoffähnlich zu bezeichnen sind (Alkaliterme, Röntgenterme).

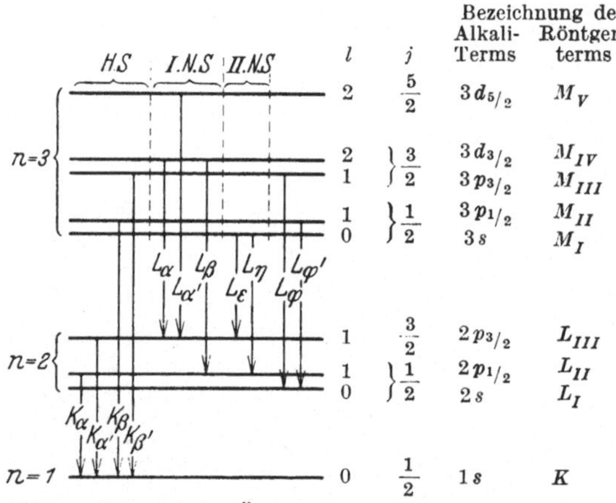

Abb. 65. Schematische Übersicht über die Bezeichnung der
einzelnen Terme und Linien bei den Alkali- und Röntgenspektren.

Wir haben im vierten Vortrag ausführlich die Lage dieser Terme auf Grund der Bohrschen Theorie und der Wellenmechanik ohne Berücksichtigung des Elektronenspins diskutiert. Wir fassen noch einmal kurz die Ergebnisse zusammen: Die wasserstoffähnlichen Spektren entstehen dadurch, daß sich ein Elektron in einem Coulombfeld (Wasserstoffterme)

oder in einem coulombähnlichen Zentralfeld (Abschirmung durch die
übrigen Elektronen; Alkali- und Röntgenterme) bewegt. Die Lage der
Terme hängt in erster Linie von der Hauptquantenzahl ab: Balmerterme $-\dfrac{Rh}{n^2}$. Dazu tritt noch im Falle einer Abweichung des Feldes
vom Coulombfeld eine Korrektur, die außer von n auch von der Azimutalquantenzahl l abhängt; wir haben sie früher mit $\varepsilon(n, l)$ bezeichnet.
Im gleichen Sinne wirkt die Berücksichtigung der relativistischen Massenveränderlichkeit, deren Einfluß auf die Terme des Wasserstoffes wir in
Abschnitt 22 erwähnt haben.

Die Existenz des Elektronenspins bedingt nun eine weitere Korrektur
der Terme, indem sie zu einem Zusatzglied mit $j = l \pm \tfrac{1}{2}$ Anlaß gibt.
Dieses Zusatzglied bewirkt, wie wir im Abschnitt 25 ausgeführt haben,
eine Aufspaltung der Terme in ein Dublett; nur die s-Terme bleiben
einfach, da in diesem Fall j nur den einen Wert $+\tfrac{1}{2}$ annehmen kann.
Man erhält so an Stelle des Termschemas Abb. 50 das obenstehende
(Abb. 65): Die Terme ordnen sich entsprechend der Hauptquantenzahl n
in weitgetrennten Gruppen an ($n = 1, 2, 3, \ldots$). Das gezeichnete Term-

schema ist keineswegs in den Verhältnissen richtig; in Wirklichkeit ist der Abstand zweier Termgruppen mit verschiedener Hauptquantenzahl 10^3 bis 10^4 mal größer als die Aufspaltung innerhalb einer solchen Termgruppe; den Übergängen zwischen zwei verschiedenen Termgruppen entsprechen bei den optischen Spektren Wellenlängen von einigen tausend Å, während die Feinstrukturaufspaltung der Linien höchstens einige Å beträgt.

Innerhalb der Termgruppe mit gleicher Hauptquantenzahl haben wir früher die einzelnen Terme durch Angabe der Azimutalquantenzahl k unterschieden; an ihre Stelle treten jetzt zwei Quantenzahlen, die wellenmechanische Azimutalquantenzahl l, die $k-1$ entspricht, und die innere Quantenzahl j; statt $l = 0, 1, 2, \ldots$ (früher $k = 1, 2, 3, \ldots$) schreibt man gewöhnlich, wie in Abschnitt 22 (S. 85) gesagt, die Buchstaben $s, p, d, \ldots$ und gibt den Wert von j als Index an diesem Buchstaben an. Man erhält so die Bezeichnungen für die einzelnen Terme, die in dem Schema als die der Alkaliterme angegeben wurden. Für die Röntgenterme hat sich eine andere Bezeichnungsweise eingebürgert, und zwar werden die Terme durch Angabe der Schale, in der sie liegen (K-Schale für $n = 1$, L-Schale für $n = 2$ usw.), und durch eine angehängte römische Ziffer, entsprechend der Durchnumerierung innerhalb einer Schale, charakterisiert.

Beim Wasserstoff tritt eine Besonderheit ein: Experimentell ergaben sich bedeutend weniger Terme, als in dem Termschema (Abb. 65) angegeben wurden; für $n = 2$ ergaben sich nur zwei, für $n = 3$ nur drei Terme usw. Die theoretische Berechnung zeigte, daß hier (gewissermaßen durch einen mathematischen Zufall) mitunter zwei Terme zusammenfallen, und zwar wird dies dadurch bewirkt, daß die Relativitäts- und die Spinkorrektionen sich eben z. T. kompensieren. Es zeigt sich, daß immer Terme mit gleicher innerer Quantenzahl j und verschiedenem Azimutalquantum l streng zusammenfallen, also z. B. der ns- und der $np_{\frac{1}{2}}$-Term, der $p_{\frac{3}{2}}$- und der $d_{\frac{3}{2}}$-Term usf.; solche Termpaare sind im Schema (Abb. 65) eng benachbart gezeichnet. Für die Lage der Terme hat Sommerfeld schon vor Aufstellung der Wellenmechanik eine Formel angegeben, die man auch bei der Durchrechnung des Wasserstoffatoms auf Grund der relativistischen Wellenmechanik Diracs erhält, und die die Lage der H-Terme mit größter Genauigkeit wiedergibt, nämlich die Formel:

$$E + E_0 = E_0 \left[1 + \frac{\alpha^2 Z^2}{\left(n_r + \sqrt{n_\varphi^2 - \alpha^2 Z^2}\right)^2} \right]^{-\frac{1}{2}}.$$

Dabei bedeutet E die Energie des gebundenen Elektrons abzüglich der Ruheenergie, E_0 seine Ruheenergie $m_0 c^2$; n_r ist die Radialquantenzahl; n_φ (nach Sommerfeld) ist identisch mit der Bohrschen Azimutalquantenzahl k, würde also dem wellenmechanischen $l + 1$ entsprechen; da jedoch, wie wir oben gesehen haben, bei Berücksichtigung des Spins immer zwei Terme mit verschiedenem l und gleichen j zusammenfallen, ist eine Unterscheidung der Terme auf Grund der Quantenzahl n_φ identisch mit der durch j; es gilt also $n_\varphi = j + \frac{1}{2}$. Die Hauptquantenzahl n ergibt sich dann als Summe $n = n_r + n_\varphi$. Die Konstante α ist gegeben durch

$$\alpha = \frac{2 \pi e^2}{h c} \sim \frac{1}{137};$$

sie ist, wie eine einfache Dimensionsbetrachtung zeigt, eine reine Zahl, und zwar ist sie die einzige dimensionslose Größe (bis auf triviale Zahlenfaktoren), die man aus den drei Atomkonstanten e, h und c bilden kann. Da sie die Größe der Feinstrukturaufspaltung gibt, nennt man sie nach Sommerfeld die Feinstrukturkonstante. Z ist die Ordnungszahl (für H gleich 1, für He$^+$ gleich 2 usw.). Wegen der Kleinheit von α können wir die Sommerfeldsche Formel nach Potenzen von $\alpha^2 Z^2$ entwickeln; es ergibt sich nach einer einfachen Rechnung

$$E = - \frac{R h Z^2}{n^2} \left\{ 1 + \frac{\alpha^2 Z^2}{n^2} \left(\frac{n}{n_\varphi} - \frac{3}{4} \right) + \cdots \right\},$$

wobei die hier eingeführte Größe $R = \dfrac{E_0 \, \alpha^2}{2 \, h}$ gerade die von früher her bekannte Rydbergkonstante darstellt. Es tritt also zum Balmerterm $- \dfrac{R h Z^2}{n^2}$ noch ein Korrektionsfaktor hinzu, der von n_φ abhängt und der die Feinstruktur gibt; die früher eingeführte Größe $\varepsilon(n, l)$ ist gleich dem additiven Zusatzglied $- \dfrac{R h \alpha^2 Z^4}{n^4} \left(\dfrac{n}{n_\varphi} - \dfrac{3}{4} \right)$. Besonders hervorzuheben ist, daß die Sommerfeldsche Formel auch die Röntgenterme für alle Elemente gut wiedergibt.

Eine kleine Bemerkung sei noch über die Feinstrukturkonstante hinzugefügt. Man kommt in der Physik bei der Aufstellung von Formeln schon ziemlich weit allein auf Grund von Dimensionsbetrachtungen; ein Beispiel dieser Art gibt die im Abschnitt 13 abgeleitete Formel für die Lichtstreuung durch Elektronen; da das Verhältnis aus gesamter gestreuter Energie J und pro cm^2 auftreffenden Primärenergie J_0 die Dimension einer Fläche besitzt, und man aus den drei klassischen Elektronengrößen e, m, c (es handelt sich ja hier um einen rein klassischen Effekt) nur die eine Größe $\dfrac{e^2}{m c^2}$ von der Dimension einer Länge bilden kann, so muß die Streuformel die Gestalt $\dfrac{J}{J_0} = k \left(\dfrac{e^2}{m c^2} \right)^2$ besitzen, wobei k einen dimensionslosen Proportionalitätsfaktor (von der Größenordnung 1) darstellt. Die eigentliche Aufgabe der Theorie besteht nun darin, aus geometrischen Betrachtungen heraus auf Grund von bestimmten Vorstellungen über den Mechanismus des Prozesses die Konstante k zu bestimmen. Das Auftreten der dimensionslosen Feinstrukturkonstante α in der Theorie der Termaufspaltung, deren Wert durch e, c und h gegeben ist, legt den Gedanken nahe, daß zwischen diesen 3 Größen ein tieferer Zusammenhang bestehen muß, auf Grund dessen eine aus den beiden andern berechenbar sein muß. Dabei muß es sich um einen bisher noch nicht verstandenen Vorgang handeln, dessen Geometrie und dessen Mechanismus uns noch völlig unbekannt sind. Die Aufdeckung dieses Zusammenhangs ist eine Aufgabe, die vielen Theoretikern als lockendes Ziel vorschwebt. Ihre Lösung würde einen großen Schritt zum Verständnis für das Auftreten von kleinsten Elementargrößen der Ladung, Masse, Energie usw. bedeuten. Wir erwähnen noch, daß Eddington eine Theorie zur geometrischen Erklärung von α aufgestellt hat, nach der sich für $1/\alpha$ der Wert $\frac{1}{2} \cdot 15 \cdot 16 + 16 + 1 = 137$ ergibt; wir können jedoch darauf nicht näher eingehen, zumal aus den genauesten Messungen der Wert $\dfrac{1}{\alpha} = 137{,}2$ folgte.

Wir gehen nun zu den auf Grund des obigen Termschemas möglichen Spektrallinien über. Die Auswahlregeln haben wir bereits früher angegeben, sie lauten:

$$\Delta l = \pm 1 , \qquad \Delta j = 0 , \ \pm 1 ;$$

sie gestatten nicht alle Übergänge, sondern nur die im Termschema durch Pfeile eingezeichneten.

Bei den Wasserstoff- und Alkalispektren nennt man, wie wir schon bei der einfachen Bohrschen Theorie (Abschnitt 22, S. 85) ausgeführt haben (s. auch das Termschema Abb. 65), die Linien, die Übergängen von einem p-Term zum Grundzustand (s-Term) entsprechen, die Linien der Hauptserie (H. S.); zu einer Hauptserie höherer Ordnung gehören die Linien, die zum nächsten s-Term (in unserm Termschema zum $2s$-Term) führen. Die Übergänge von den d- zu den p-Termen geben die diffuse oder I. Nebenserie (I. N. S.), die von den s- zu den p-Termen die scharfe oder II. Nebenserie (II. N. S.). Die höheren Serien (Bergmannserie usw.) führen von höheren Niveaus zu den Termen des dritten Quantenzustands ($n = 3$) und fallen daher aus dem Rahmen unseres Termschemas heraus. So entsteht z. B. für Na das in Abb. 66 dargestellte Bild der Terme und Linien, das an die Stelle des einfachen Schemas Abb. 50 tritt.

Bei den Röntgenspektren hat sich eine wesentlich andere Bezeichnungsweise eingebürgert, die auch in das Schema Abb. 65 eingetragen ist (s. auch Abschnitt 22, S. 87, Abb. 52). Man bezeichnet die Linien, die Übergängen zum K-Niveau entsprechen, mit K-Linien, solche, deren Endzustand ein Term der L-Schale ist, als L-Linien usf. Innerhalb dieser

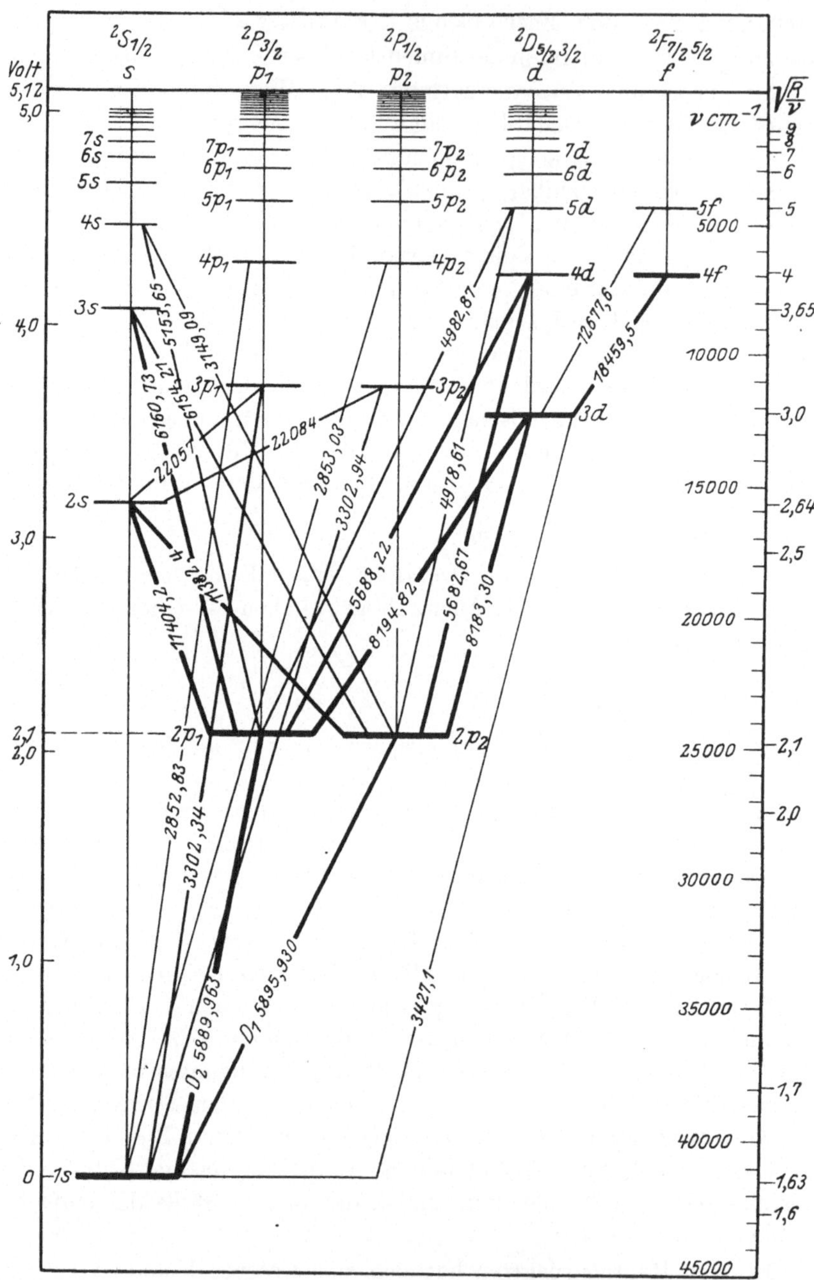

Abb. 66 Termschema des Natriums bei Berücksichtigung des Elektronenspins; links sind die Energien der Terme in e-Volt (vom Grundzustand aus gezählt) aufgetragen, rechts die Frequenzen in Wellenzahlen, die beim Übergang von der Seriengrenze herab emittiert werden, sowie die Werte $\sqrt{\dfrac{R}{\nu}}$.

(Nach W. Grotrian: Graphische Darstellung der Spektren, II. Teil.)

allgemeinen Bezeichnung unterscheidet man die einzelnen Linien durch kleine griechische Buchstaben nach einem konventionell festgesetzten Schema, das auszugsweise ebenfalls in unserem Termschema angegeben wurde. Die K_α- und $K_{\alpha'}$-Linien bilden das Dublett, das bei einem Übergang des Elektrons von der L- zur K-Schale entsteht, K_β und $K_{\beta'}$ entsprechen den Übergängen von der M- zur K-Schale usw.

28. Heliumatom.

Beim Heliumatom laufen zwei Elektronen um den Kern (Kernladung $2e$); man hat daher nicht mit drei, sondern mit sechs Koordinaten zu rechnen, was zur Folge hat, daß man das Problem nicht mehr streng lösen kann. Zur Gewinnung einer allgemeinen Übersicht der möglichen Zustände braucht man aber auch gar keine strenge Lösung, sondern kann nach Bohr zunächst die Wechselwirkung der Elektronen untereinander vernachlässigen und in erster Näherung so rechnen, als ob sich die beiden Elektronen ungestört im Kernfeld bewegen. Nachträglich kann man dann die Wechselwirkung nach den Methoden der Störungsrechnung berücksichtigen.

Man wird also jedem der beiden Elektronen drei Quantenzahlen (wie beim H-Atom) zuordnen:

$$n_1, l_1, j_1; \qquad n_2, l_2, j_2,$$

und wir wollen ein für allemal annehmen, daß im Falle verschiedener l-Werte das erste Elektron die höhere Azimutalquantenzahl besitzt ($l_1 > l_2$). Die zugehörigen Drehimpulse setzen sich (bei Vernachlässigung der Wechselwirkung zwischen den beiden Elektronen) vektoriell zusammen; man erhält so einen Gesamtdrehimpuls

$$\vec{j} = \vec{j}_1 + \vec{j}_2,$$

außerdem noch einen Gesamtbahn- und einen Gesamtspinimpuls

$$\vec{l} = \vec{l}_1 + \vec{l}_2, \qquad \vec{s} = \vec{s}_1 + \vec{s}_2.$$

Berücksichtigt man nun die Wechselwirkung der beiden Elektronen, so bleiben die Drehimpulse der einzelnen Elektronen nicht mehr Integrale der Bewegungsgleichungen, die Drehimpulsvektoren stehen nicht mehr fest im Raume. Wohl gilt das aber für den Gesamtdrehimpuls j, der natürlich auch für ein beliebiges Elektronensystem gequantelt sein muß, da er einer Drehung der ganzen Elektronenkonfiguration entspricht. Es fragt sich nun, ob man ein Mehr- (Zwei-) Elektronenproblem wenigstens näherungsweise noch durch andere Drehimpulsquantenzahlen charakterisieren kann. Es kommt hier auf die Wechselwirkung der Elektronen an und auf die Koppelungsverhältnisse der einzelnen Drehimpulsvektoren (Bahn und Spin) untereinander. Denn wenn infolge geringer Wechselwirkungen eine Präzessionsperiode langsam ist, so wird man den zugehörigen Drehimpulsen näherungsweise Quantenzahlen zuordnen können, nämlich die, die sie bei verschwindender Koppelung hätten. Es kommt dabei durchwegs auf die Stärke der verschiedenen Koppelungen an.

Folgende Annahme liegt nahe: Für jedes Elektron sind Bahnimpuls und Spinimpuls fest gekoppelt; aber die verschiedenen Elektronen beeinflussen sich relativ wenig. Dann wäre jedes Elektron für sich durch die Quantenzahl seines Drehimpulses j (Bahn plus Spin) zu charakterisieren, d. h. die Vektorsumme aus l_ν und s_ν für das ν-te Elektron führt trotz der Störung durch die anderen Elek-

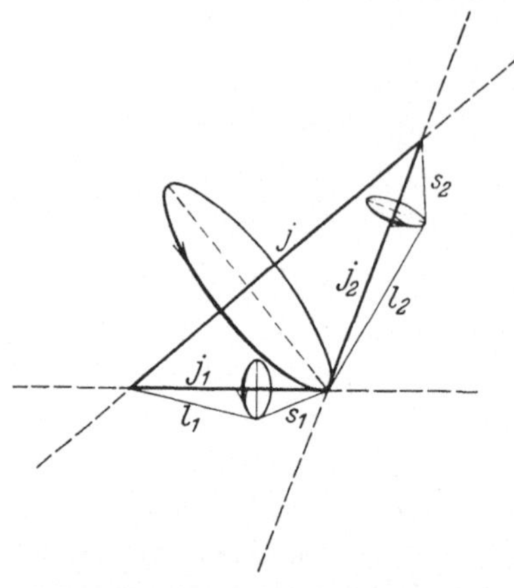

Abb. 67. Schema der sogenannten (jj)-Kopplung; in erster Näherung setzen sich Bahn- und Spinmoment eines jeden Elektrons zu einer Resultierenden zusammen; deren Vektorsumme ergibt das gesamte Drehmoment j.

tronen noch angenähert eine Präzessionsbewegung um die Richtung von j_ν aus, und dann erst setzen sich die j_ν-Vektoren der verschiedenen Elektronen zum Gesamtdrehimpuls j zusammen und beschreiben um diesen ihrerseits eine Präzessionsbewegung (s. Abb. 67).

Ein anderer Grenzfall in den Koppelungsverhältnissen ist der, daß die Spinvektoren und die Bahnvektoren sich gesondert zu Resultierenden l und s zusammensetzen, daß also für 2 Elektronen das nebenstehende Bild vorliegt: Die Vektoren l_1 und l_2 rotieren um den Gesamtbahnimpuls l, die Spinvektoren s_1 und s_2 um s und erst diese beiden Vektoren präzessieren um j (s. Abb. 68). Man kann sich das Zustandekommen dieses Vektormodells dadurch verständlich machen, daß zwischen den Elektronen außer den elektrischen Abstoßungskräften auch noch Kräfte magnetischer Natur wirksam sind, die durch das magnetische Moment

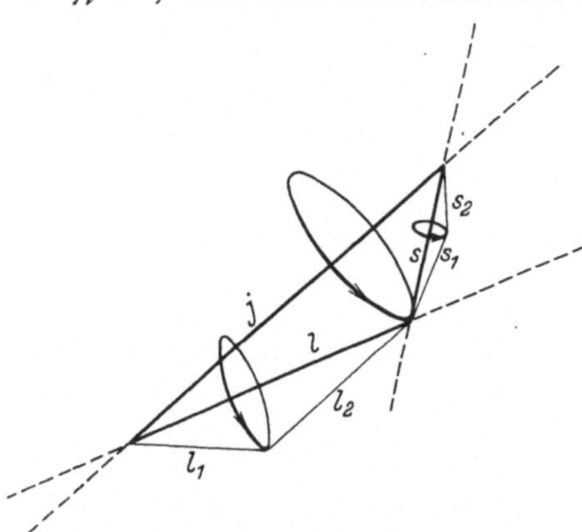

Abb. 68. Schema der **Russel-Saunders-** oder (ls)-Kopplung; in erster Näherung setzen sich die Bahnmomente der Elektronen zu einem gesamten Bahnmoment l, ferner ihre Spinmomente zu einem resultierenden Spinmoment s und schließlich l und s zusammen zum gesamten Drehmoment j.

der Elektronen bedingt sind und die eine starke Koppelung zwischen
den Spinvektoren der beiden Elektronen bewirken.

Die Erfahrung zeigt, daß in der Regel (bei He und den Erdalkalien)
der zweite Koppelungsfall eintritt; man nennt ihn den normalen Koppelungsfall oder nach seinen Entdeckern die Russel-Saunders-Koppe-
lung. Wir werden uns hier nur mit diesem Fall befassen, trotzdem
in Wirklichkeit auch der erstbesprochene Koppelungsfall sowie Zwischenstufen zwischen diesen beiden Extremfällen vorkommen. Wir erinnern
hier an die ähnlichen Verhältnisse beim anomalen Zeemaneffekt, wo
durch die Vergrößerung der Koppelung zwischen dem äußeren Magnetfeld und den einzelnen magnetischen Momenten ein Übergang über den
Paschen-Back-Effekt zum normalen Zeemaneffekt bedingt wird.

Beim Helium liegen normale Koppelungsverhältnisse vor. Es setzen
sich also die beiden Bahnmomente l_1 und l_2 zunächst zu einem Gesamtbahnmoment l zusammen, welches ganzzahlig sein muß und daher nur
die Werte

$$l = l_1 - l_2, \quad l_1 - l_2 + 1, \quad \ldots, \quad l_1 + l_2$$

annehmen kann. Analog setzen sich die beiden Spinmomente s_1 und s_2
zum Gesamtspinmoment zusammen, das (bei zwei Elektronen) ebenfalls
ganzzahlig sein muß; da s_1 und s_2 den Wert $\frac{1}{2}$ besitzen, so sind nur
die beiden Werte $s = 0$ und $s = 1$ möglich; im ersteren Falle stehen
die Spins antiparallel, im zweiten parallel. (Wir haben in der früheren
Skizze zur Erhöhung der Anschaulichkeit angenommen, daß die beiden
Spins einen stumpfen Winkel miteinander bilden; in Wirklichkeit müssen
sie immer parallel oder antiparallel zueinander stehen.)

Das Termschema des Heliums (s. Abb. 69) zerfällt dementsprechend
in zwei getrennte Gruppen, je nachdem ob der Gesamtspin Null oder
Eins ist; im ersteren Falle spricht man von Parhelium-, im letzteren
von Orthoheliumtermen. Diese Trennung der Terme in zwei Gruppen
ist darum berechtigt, weil es, wie es sich experimentell gezeigt hat und
theoretisch leicht begründen läßt, im allgemeinen keine Übergänge
zwischen Termen der ersten und solchen der zweiten Gruppe gibt. Vom
physikalischen Standpunkt ist es daher erlaubt, scharf zwischen Parhelium und Orthohelium zu trennen, zumal es nur in Ausnahmefällen
möglich ist, ein He-Atom, das einmal das Parheliumspektrum gezeigt
hat, so umzuwandeln, daß es die Linien des Orthoheliums emittiert.

Beim Parhelium ist also der gesamte Spinimpuls $s = 0$; infolgedessen ist der Gesamtbahnimpuls mit dem Gesamtdrehmoment identisch: $j = l$. Dies bedeutet aber, daß sämtliche Terme des Parheliums
Singulett-Terme sind, daß also zu jeder Azimutalquantenzahl l nur ein
einziger Term mit der inneren Quantenzahl $j = l$ gehört.

Beim Orthohelium hingegen ist der Gesamtspinimpuls gleich 1,
er setzt sich vektoriell mit dem Gesamtbahnimpuls zum Gesamtmoment j

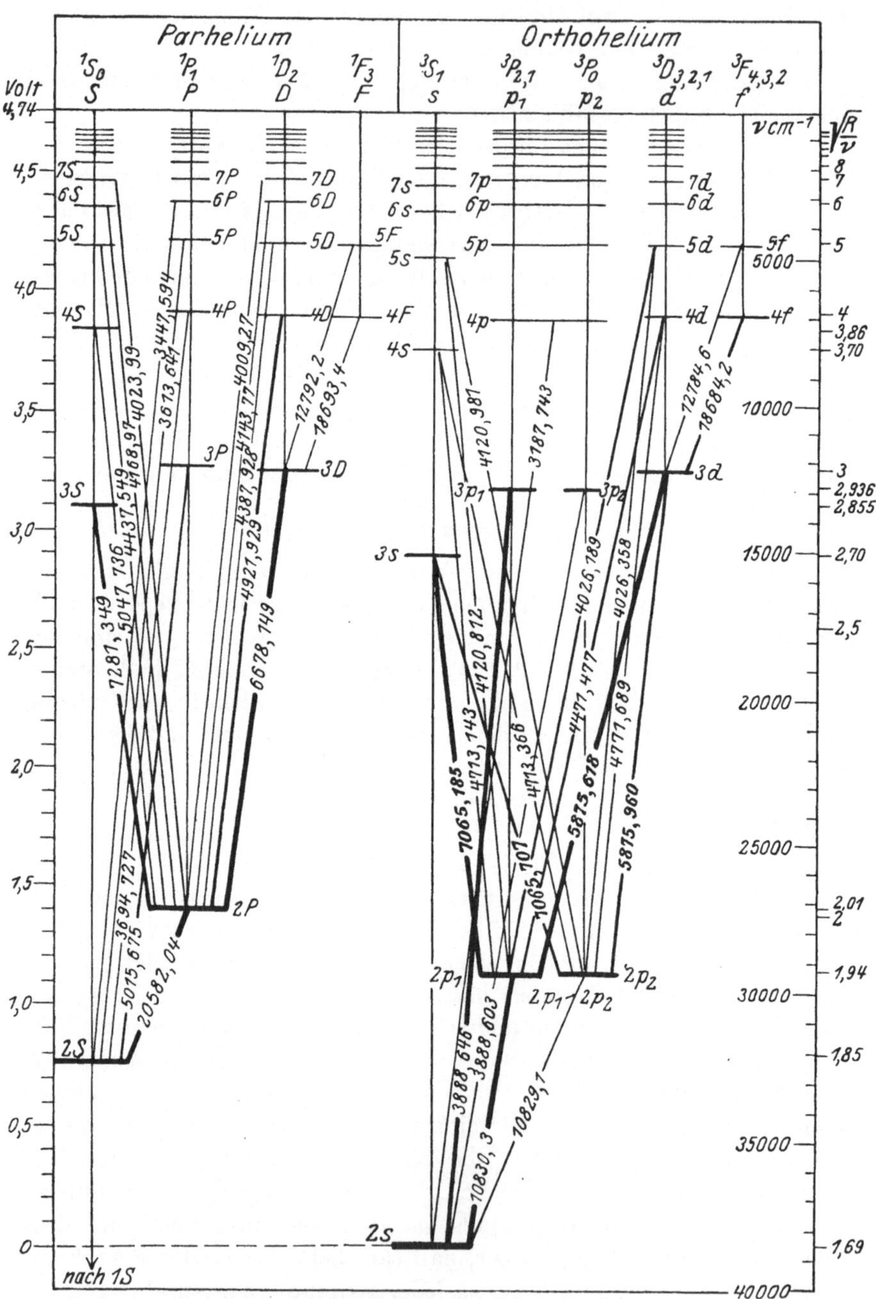

Abb. 69. Termschema des Helium; es besteht keine Interkombinationslinie zwischen den Termen des Ortho- und des Parheliums; das Orthohelium besitzt bei nicht zu großer Dispersion den Charakter eines Dublettsystems (nach Grotrian).

zusammen. Da alle drei Vektoren ganzzahlig sind, so kann j in diesem Falle die drei Werte

$$j = l - 1, \quad l, \quad l + 1$$

annehmen. Zu jedem Azimutalquantum gehören daher drei Terme, das Termschema des Orthoheliums ist ein Triplettsystem. Auch hier sind jedoch, wie bei den im letzten Abschnitt besprochenen Dublettspektren, die s-Terme einfach; denn für sie ist $l = 0$, und daher kann j nur gleich s, also gleich 1 werden. Bei den Erdalkalien (Be, Mg, Ca, Sr, Ba), die ebenso wie He zwei Außenelektronen haben, kann man den Triplettcharakter im Spektrum leicht beobachten. Beim Helium tritt jedoch eine Besonderheit ein; es besitzt praktisch ein Dublettspektrum, da die P_1- und P_2-Terme nahezu zusammenfallen. Wir bringen dazu als Beispiel die erste Linie der II. Nebenserie, die dem Übergang von $3S$ nach $2P$ entspricht. Genaue Messungen von Houston haben gezeigt, daß diese Linie aus drei Komponenten besteht:

$$\left.\begin{array}{l} 3S \to 2P_0 \ldots 7065{,}707 \text{ Å}, \\ 3S \to 2P_1 \ldots 7065{,}212 \text{ Å}, \\ 3S \to 2P_2 \ldots 7065{,}177 \text{ Å}, \end{array}\right\} \begin{array}{l} \Delta\lambda = 0{,}495 \text{ Å}, \\[2pt] \Delta\lambda = 0{,}035 \text{ Å}. \end{array}$$

Man sieht daran, daß die Aufspaltung zwischen den beiden unteren Termen nur rund den vierzehnten Teil der Aufspaltung zwischen diesen und dem oberen Term beträgt. Diese geringe Aufspaltung ist der Grund dafür, daß man das Spektrum des Heliums lange Zeit als Dublettsystem angesprochen hat.

Noch eine kurze Bemerkung zur Bezeichnung der Terme: Wir haben oben an Stelle der kleinen große Buchstaben S, P, D, ... verwendet. Dies ist üblich für den Fall mehrerer Elektronen zur Kennzeichnung des gesamten Bahnimpulses. Ferner ist es üblich, den Multiplettcharakter, also die Anzahl der zusammengehörigen Terme eines Multipletts (gleiche Haupt- und Azimutalquantenzahl) durch Angabe dieser Zahl als linker oberer Index am Termsymbol festzuhalten, und zwar schreibt man immer diejenige Multiplizität hin, die für große l eintritt und $2s + 1$ beträgt. Die Vektorsumme $\vec{l} + \vec{s} = \vec{j}$ liefert nämlich folgende Werte:

für $l > s$: $\quad l - s, l - s + 1, \ldots, l + s - 1, l + s \quad$ (Anzahl $2s + 1$),

für $l < s$: $\quad s - l, s - l + 1, \ldots, s + l - 1, s + l \quad$ (Anzahl $2l + 1$).

Wenn z. B. $s = 1$ ist, so hat man ein Triplett; aber dies gilt nur von $l = 1$ (P-Term) an, während der Term $l = 0$ (S-Term) einfach ist. Diese Besonderheit wird in der Schreibweise nicht hervorgehoben; man schreibt diese beiden Terme ^3S, ^3P, obwohl der erstere in Wahrheit einfach ist.

Die einzelnen Terme des Tripletts ^3P unterscheidet man durch rechte untere Indizes, die den j-Wert angeben, also z. B. beim He:

$$^1P_1 \qquad \text{für das Parhelium},$$
$$^3P_0,\ ^3P_1,\ ^3P_2 \quad \text{für das Orthohelium}.$$

Es bedeutet also, um es nochmals zusammenzufassen, stets: Die erste Zahl die Hauptquantenzahl, sie gibt die Schale an, in der die Elektronen sitzen; sind die Elektronen in verschiedenen Schalen, so muß die Angabe dieser Quantenzahl unterbleiben. Der Buchstabe gibt den Gesamtbahnimpuls an, und zwar entsprechen die Buchstaben $S, P, \ldots$ den Quantenzahlen $l = 0, 1, \ldots$ Der linke obere Index gibt die Anzahl der Terme, aus der die durch die Hauptquantenzahl und durch den Buchstaben bestimmte Termgruppe maximal besteht, sie ist gleich $2s + 1$. Der rechte untere Index charakterisiert die einzelnen Terme dieser Gruppe durch Angabe der inneren Quantenzahl j für den Gesamtdrehimpuls.

Wir kehren noch einmal zum Termschema des Heliums zurück und weisen darauf hin, daß wir in ihm nicht den $1\,^3S$-Term, also den zu erwartenden Grundzustand des Orthoheliums eingetragen haben. Dies hat seinen Grund darin, daß spektroskopisch keine Linien gefunden wurden, die einem Übergang zu diesem Term entsprechen könnten. Man muß also daraus den Schluß ziehen, daß Orthohelium keinen $1\,^3S$-Zustand besitzt. Denn da man theoretisch die Lage dieses Termes ungefähr abschätzen kann, so weiß man ungefähr die Stellen im Spektrum, an denen die den Übergängen zu diesem Term entsprechenden Linien liegen müßten. Trotz genauester spektroskopischer Untersuchungen in diesem Spektralbereich konnte keine einzige Linie gefunden werden, die mit solchen Übergängen in Zusammenhang gebracht werden kann.

Dieses Ergebnis ist vorerst vollkommen unverständlich. Fragt man nach einer besonderen Eigenschaft des Terms, die dieses Ausfallen bewirken könnte, so findet man die Besonderheit, daß bei diesem Term alle Quantenzahlen der beiden Elektronen gleich sind: Beide Elektronen sitzen in der K-Schale, haben also die gleiche Hauptquantenzahl $n_1 = n_2 = 1$, wie es übrigens auch beim Parheliumterm $1\,^1S$ der Fall ist. Da die Azimutalquantenzahl eines Elektrons nie größer werden kann als $n - 1$, so muß sie für beide Elektronen in diesem Falle verschwinden: $l_1 = l_2 = 0$. (Bei höheren S-Termen können die beiden Bahnmomente von Null verschieden sein und durch antiparallele Stellung ein verschwindendes Gesamtbahnmoment bewirken.) Beim Orthohelium stehen die beiden Elektronenspins parallel und daher sind auch die Komponenten der Spinmomente $\sigma_1 = \sigma_2 = \tfrac{1}{2}$ gleich, also stimmen alle Quantenzahlen überein. Beim Parhelium stehen jedoch die Elektronenspins antiparallel, so daß sich die Quantenzahlen der beiden Elektronen in der Projektion der beiden Spinkomponenten unterscheiden.

29. Pauli-Prinzip.

Die eben geschilderten Verhältnisse beim Helium, nämlich das Ausfallen des $1\,{}^3S$-Terms, des erwarteten Grundzustandes der Orthohelium-Termfolge, veranlaßten Pauli, überhaupt die Spektren daraufhin zu untersuchen, ob nicht auch bei anderen Elementen und unter anderen Bedingungen bestimmte Terme ausfallen. Es zeigte sich, daß dies wirklich der Fall ist, und zwar ergab die Termanalyse stets, daß bei diesen Termen alle Quantenzahlen der Elektronen übereinstimmten. Andrerseits zeigte sich auch, daß immer dann die Terme ausfallen, wenn diese Quantenzahlen gleich sind. Diese Entdeckung führte Pauli zum folgenden Prinzip:

Die Quantenzahlen zweier (oder mehrerer) Elektronen dürfen niemals völlig übereinstimmen; zwei Systeme von Quantenzahlen, die durch Vertauschung zweier Elektronen auseinander hervorgehen, stellen einen Zustand dar.

Der Zusatz formuliert die Nichtunterscheidbarkeit der Elektronen. Er ist von Wichtigkeit für die Abzählung der möglichen Zustände, wie sie für die Theorie des periodischen Systems und besonders für die Statistik erforderlich ist. Zu bemerken ist noch, daß bei diesem Prinzip die Richtungsentartung aufgehoben gedacht werden muß (z. B. durch ein äußeres Magnetfeld). Das einzelne Elektron kann man dabei durch vier Quantenzahlen charakterisieren:

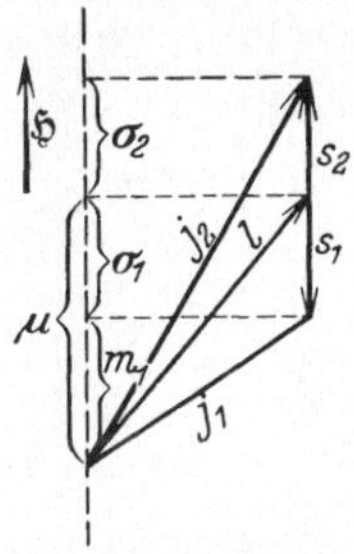

Abb. 70. Bahnmoment l, Spinmoment s, Gesamtmoment j und ihre Projektionen auf eine ausgezeichnete Richtung.

$$n = 1, 2, \ldots,$$
$$l = 0, 1, \ldots, n-1,$$
$$\left.\begin{aligned} j &= l - \tfrac{1}{2},\ l + \tfrac{1}{2}, \\ m &= -j,\ -j+1, \ldots, +j; \end{aligned}\right\} \quad \text{oder} \quad \left\{\begin{aligned} \mu &= -l,\ -l+1, \ldots, +l, \\ \sigma &= -\tfrac{1}{2},\quad +\tfrac{1}{2}. \end{aligned}\right.$$

Dabei bedeutet n die Hauptquantenzahl, die alle Werte von 1 aufwärts annehmen kann; l ist die Azimutalquantenzahl, sie läuft von 0 bis $n-1$; j ist die innere Quantenzahl, sie ist nur der beiden angegebenen Werte fähig; m ist die Projektion von j auf die ausgezeichnete Richtung und durchläuft nach den Regeln der Richtungsquantelung die $2j+1$ Werte zwischen $-j$ und $+j$. Oder man benützt an Stelle von j und m die Projektionen von l und s auf die ausgezeichnete Richtung, nämlich μ, früher mit m_l bezeichnet, und σ (s. Abb. 70).

Wir führen noch einen häufig verwendeten Begriff ein: Zwei Elektronen heißen äquivalent, wenn sie gleiches n und gleiches l besitzen. Zwei äquivalente Elektronen müssen sich daher in der Richtung von l oder in der Spinrichtung auf Grund des Pauliprinzipes unterscheiden, es sind also nicht mehr alle Werte von μ und σ möglich, sondern nur bestimmte. Anders im Falle zweier nicht äquivalenter Elektronen, die sich entweder in der Haupt- oder in der Azimutalquantenzahl (oder in beiden) unterscheiden; hier sind alle μ- und σ-Werte möglich.

Wir bringen im Anhang XIX ein Beispiel für die Abzählung der Terme im Falle nichtäquivalenter bzw. äquivalenter Elektronen. Wir wollen uns hier bei diesen prinzipiell zwar sehr einfachen, praktisch aber ziemlich verwickelten Fragen nicht länger aufhalten, sondern gehen sogleich zur wichtigsten und anschaulichsten Anwendung des Pauliprinzips, zur Theorie des periodischen Systems, über.

30. Das periodische System. Abgeschlossene Schalen.

Wir haben über das periodische System bereits öfter gesprochen (s. Tabelle 1, S. 32; eine etwas andere Anordnung gibt Abb. 71); es ist

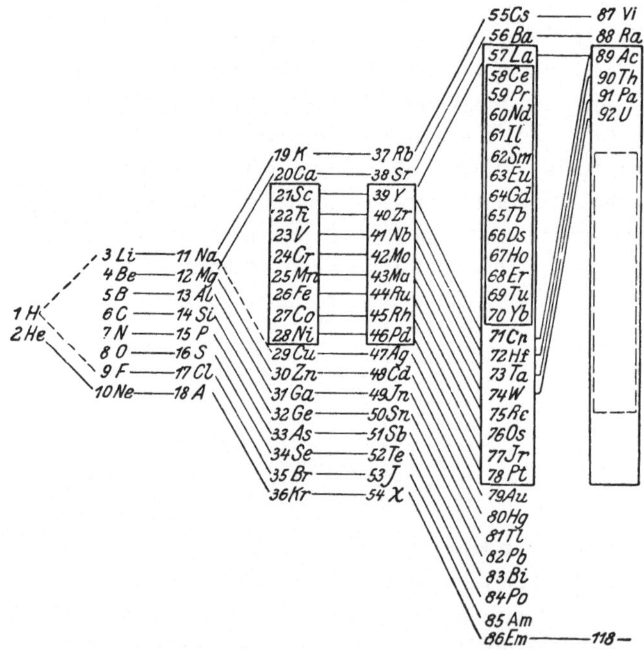

Abb. 71. Periodisches System der Elemente nach N. Bohr. Dabei tritt der Schalenaufbau der Atome und ihre chemische Verwandtschaft hervor.

eine Ordnung der Elemente in ein Schema, die ursprünglich auf Grund ihres chemischen Verhaltens und ihrer Atomgewichte durchgeführt wurde. Es zeigte sich jedoch, daß als ordnendes Prinzip nicht das Atomgewicht (Isotopie!), sondern die Kernladungszahl Z, also die Anzahl der sich beim neutralen Atom um den Kern herumbewegenden Elektronen maßgebend ist. Eine der wichtigsten Anwendungen des Paulischen Prinzips besteht nun darin, daß es den Schalencharakter der Atome, der in der Periodizität hinsichtlich des chemischen Verhaltens seinen Ausdruck findet, verständlich macht. Wir wollen die Theorie des periodischen Systems genetisch entwickeln, indem wir schrittweise vom einfacheren Element zu dem nächsthöheren übergehen; wir denken uns also bei jedem Schritt in dem Element mit der uns bekannten Elektronenkonfiguration die Kernladungszahl um eine Einheit vermehrt und gleichzeitig ein Elektron in der Peripherie der Elektronenhülle des bekannten Atoms angelagert; gefragt ist dann nach der Art, in welcher diese Anlagerung erfolgt.

Wir beginnen mit dem einfachsten Element, dem Wasserstoff ($Z=1$). Sein Elektron befindet sich im Grundzustand auf der tiefsten Bahn, besitzt also die Hauptquantenzahl $n = 1$; man spricht, wie bereits im Abschnitt 22 bemerkt wurde, davon, daß sich das Elektron in der K-Schale befindet. Beim He tritt noch ein zweites Elektron hinzu; dann ist für beide Elektronen $n = 1$, daher $l = 0$ und auch $\mu = 0$. Nach dem Pauliprinzip müssen sie daher verschiedene Komponenten des Spinmomentes besitzen. Da es nur die beiden Einstellungsmöglichkeiten $\sigma_1 = + \frac{1}{2}$ und $\sigma_2 = - \frac{1}{2}$ gibt, so haben nur zwei Elektronen in der K-Schale Platz.

Fügt man noch ein drittes Elektron hinzu (Li), so findet dieses in der K-Schale keinen Platz, es muß sich in der L-Schale anlagern. Wir zählen nun die Anzahl von Plätzen in der L-Schale ab. Zunächst gibt es, wie in der K-Schale, 2 Elektronen mit $l = 0$, die sich nur durch ihre Spinkomponenten unterscheiden; dazu kommen noch 6 Plätze für Elektronen mit $l = 1$, da ja μ die drei Werte -1, 0, $+1$ annehmen kann und zu jedem zwei Einstellungsmöglichkeiten des Spins kommen. Also gibt es in der L-Schale im ganzen 8 Plätze, die sich (nach Stoner) in zwei Unterschalen mit 2 und 6 Elektronen anordnen. Bei sukzessiver Steigerung der Kernladungszahl füllt sich die L-Schale allmählich auf; die in Betracht kommenden Elemente sind Li, Be, B, C, N, O, F, Ne. Beim Ne ist die L-Schale voll aufgefüllt, ein neu hinzutretendes Elektron muß sich in der M-Schale anlagern (Tab. 3).

Wir geben die Abzählung der Plätze in der M-Schale in Form einer Tabelle:

$$l = 0\,, \quad \mu = 0\,, \qquad \sigma = \pm \tfrac{1}{2}: \qquad 2 \text{ Elektronen}\,,$$

$$l = 1\,, \quad \mu = -1\,, 0\,, 1\,, \qquad \sigma = \pm \tfrac{1}{2}: \qquad 6 \quad \text{,,} \qquad \text{,}$$

$$l = 2\,, \quad \mu = -2\,, -1\,, 0\,, 1\,, 2\,, \quad \sigma = \pm \tfrac{1}{2}: \qquad 10 \quad \text{,,} \qquad \text{,}$$

$$\text{zusammen} \quad 18 \text{ Elektronen}\,.$$

Tabelle 3. Elektronenverteilung der Atome.

| Element | K | L | | M | | | N | | Grund-term | Ionisierungs-spannung (in e-Volt)† |
	1,0 $1s$	2,0 $2s$	2,1 $2p$	3,0 $3s$	3,1 $3p$	3,2 $3d$	4,0 $4s$	4,1 $4p$		
H　1	1	—	—	—	—	—	—	—	$^2S_{1/2}$	13,539
He　2	2	—	—	—	—	—	—	—	$^1S_0$	24,45
Li　3	2	1	—	—	—	—	—	—	$^2S_{1/2}$	5,37
Be　4	2	2	—	—	—	—	—	—	$^1S_0$	9,48
B　5	2	2	1	—	—	—	—	—	$^2P_{1/2}$	8,4
C　6	2	2	2	—	—	—	—	—	$^3P_0$	11,217
N　7	2	2	3	—	—	—	—	—	$^4S_{3/2}$	14,47
O　8	2	2	4	—	—	—	—	—	$^3P_2$	13,56
F　9	2	2	5	—	—	—	—	—	$^2P_{3/2}$	18,6
Ne　10	2	2	6	—	—	—	—	—	$^1S_0$	21,5
Na　11		Neon Konfiguration		1	—	—	—	—	$^2S_{1/2}$	5,12
Mg　12				2	—	—	—	—	$^1S_0$	7,61
Al　13				2	1	—	—	—	$^2P_{1/2}$	5,96
Si　14				2	2	—	—	—	$^3P_0$	7,39
P　15				2	3	—	—	—	$^4S_{3/2}$	10,3
S　16				2	4	—	—	—	$^3P_2$	10,31
Cl　17				2	5	—	—	—	$^2P_{3/2}$	12,96
Ar　18				2	6	—	—	—	$^1S_0$	15,69
K　19		Argon Konfiguration				—	1	—	$^2S_{1/2}$	4,32
Ca　20						—	2	—	$^1S_0$	6,09
Sc　21						1	2	—	$^2D_{3/2}$	6,57
Ti　22						2	2	—	$^3F_2$	6,80
V　23						3	2	—	$^4F_{3/2}$	6,76
Cr　24						5	1	—	$^7S_3$	6,74
Mn　25						5	2	—	$^6S_{5/2}$	7,40
Fe　26						6	2	—	$^5D_4$	7,83
Co　27						7	2	—	$^4F_{9/2}$	7,81
Ni　28						8	2	—	$^3F_4$	7,606
Cu　29						10	1	—	$^2S_{1/2}$	7,69
Zn　30						10	2	—	$^1S_0$	9,35
Ga　31						10	2	1	$^2P_{1/2}$	5,97
Ge　32						10	2	2	$^3P_0$	7,85
As　33						10	2	3	$^4S_{3/2}$	9,4
Se　34						10	2	4	$^3P_2$	
Br　35						10	2	5	$^2P_{3/2}$	11,80
Kr　36						10	2	6	$^1S_0$	13,940

Es gibt also in der M-Schale 18 Plätze, die sich in drei Untergruppen verteilen. Die ersten beiden bilden zusammen die zweite kurze (Achter-) Periode; sie reicht von Na bis Ar. Dann aber tritt eine Abweichung von der bisher stets verwirklichten Reihenfolge der Anlagerung auf. Diese ist stets bestimmt durch die bei der Anlagerung eines neuen Elektrons freiwerdende Energie. Nun sind jedoch nicht immer die Energieverhältnisse so, daß erst eine Schale vollständig ausgebildet werden muß, bevor sich ein Elektron in der nächsten Schale anlagert, sondern es kann

---

† Über e-Volt siehe S. 173 unten, 1 e-Volt $\sim$ 23 kcal.

Tabelle 3 (Fortsetzung).

Element	Konfiguration von inneren Schalen	N 4,2 (4d)	N 4,3 (4f)	O 5,0 (5s)	O 5,1 (5p)	O 5,2 (5d)	P 6,0 (6s)	Grundterm	Ionisierungsspannung (in e-Volt)
Rb 37		—	—	1	—	—	—	${}^2S_{1/2}$	4,16
Sr 38		—	—	2	—	—	—	${}^1S_0$	5,67
Y 39		1	—	2	—	—	—	${}^2D_{3/2}$	6,5
Zr 40	Krypton Konfiguration	2	—	2	—	—	—	${}^3F_2$	
Nb 41		4	—	1	—	—	—	${}^6D_{1/2}$	
Mo 42		5	—	1	—	—	—	${}^7S_3$	7,35
Ma* 43		6	—	1	—	—	—	${}^6D_{9/2}$	
Ru 44		7	—	1	—	—	—	${}^5F_5$	7,7
Rh 45		8	—	1	—	—	—	${}^4F_{9/2}$	7,7
Pd 46		10	—	—	—	—	—	${}^1S_0$	8,5
Ag 47			—	1	—	—	—	${}^2S_{1/2}$	7,54
Cd 48			—	2	—	—	—	${}^1S_0$	8,95
In 49			—	2	1	—	—	${}^2P_{1/2}$	5,76
Sn 50	Palladium Konfiguration		—	2	2	—	—	${}^3P_0$	7,37
Sb 51			—	2	3	—	—	${}^4S_{3/2}$	8,5
Te 52			—	2	4	—	—	${}^3P_2$	
J 53			—	2	5	—	—	${}^2P_{3/2}$	10
X 54			—	2	6	—	—	${}^1S_0$	12,078
Cs 55			—			—	1	${}^2S_{1/2}$	3,88
Ba 56			—			—	2	${}^1S_0$	5,19
La * 57	Die Schalen 1s bis 4d enthalten 46 Elektronen.		—	Die Schalen 5s bis 5p enthalten 8 Elektronen.		1	2	${}^2D_{3/2}$	
Ce * 58			1			1	2	${}^3H_4$	
Pr * 59			2			1	2	${}^4K_{11/2}$	
Nd* 60			3			1	2	${}^5L_6$	
Il * 61			4			1	2	${}^6L_{9/2}$	
Sm* 62			5			1	2	${}^7K_4$	
Eu * 63			6			1	2	${}^8H_{3/2}$	
Gd* 64			7			1	2	${}^9D_2$	
Tb * 65			8			1	2	${}^8H_{17/2}$	
Dy * 66			9			1	2	${}^7K_{10}$	
Ho * 67			10			1	2	${}^6L_{19/2}$	
Er * 68			11			1	2	${}^5L_{10}$	
Tu * 69			12			1	2	${}^4K_{17/2}$	
Yb* 70			13			1	2	${}^3H_6$	
Cp * 71			14			1	2	${}^2D_{3/2}$	

vorkommen, daß ein Elektron in einer s-Bahn einer höheren Schale energetisch fester gebunden ist als in einer d- oder f-Bahn der tieferen, noch nicht ganz aufgefüllten Schale. Dieser Fall tritt nun bei der weiteren Ausbildung der M-Schale ein; die zehn $3d$-Terme für die noch fehlenden 10 Elektronen liegen, wie die Erfahrung zeigt, energetisch höher als die $4s$-Terme, die einer Anlagerung der Elektronen in der N-Schale entsprechen. Die nächsten beiden hinzukommenden Elektronen lagern sich daher in der N-Schale an (K, Ca). Dann erst beginnt die Auffüllung der M-Schale, die von Sc ($Z = 21$) bis Zn ($Z = 30$) geht. Dann erfolgt die Weiterbildung der N-Schale bis zum Element Kr

Tabelle 3 (Schluß).

Element	Konfiguration von inneren Schalen	O		P			Q	Grundterm	Ionisierungsspannung (in e-Volt)
		5,2 $5d$	5,3 $5f$	6,0 $6s$	6,1 $6p$	6,2 $6d$	7,0 $7s$		
Hf * 72	Die Schalen $1s$ bis $5p$ enthalten 68 Elektronen.	2	—	2	—	—	—	$^3F_2$	
Ta * 73		3	—	2	—	—	—	$^4F_{3/2}$	
W 74		4	—	2	—	—	—	$^5D_0$	
Re * 75		5	—	2	—	—	—	$^6S_{5/2}$	
Os * 76		6	—	2	—	—	—	$^5D_4$	
Ir * 77		7	—	2	—	—	—	$^4F_{9/2}$	
Pt 78		8	—	2	—	—	—	$^3F_4$	
Au 79	Die Schalen $1s$ bis $5d$ enthalten 78 Elektronen.	—	—	1	—	—	—	$^2S_{1/2}$	9,20
Hg 80		—	—	2	—	—	—	$^1S_0$	10,39
Tl 81		—	—	2	1	—	—	$^2P_{1/2}$	6,08
Pb 82		—	—	2	2	—	—	$^3P_0$	7,39
Bi 83		—	—	2	3	—	—	$^4S_{3/2}$	8,0
Po 84		—	—	2	4	—	—	$^3P_2$	
Am* 85		—	—	2	5	—	—	$^2P_{3/2}$	
Em 86		—	—	2	6	—	—	$^1S_0$	10,689
Vi * 87	Emanation Konfiguration					—	1	$^2S_{1/2}$	
Ra * 88						—	2	$^1S_0$	
Ac * 89						1	2	$^2D_{3/2}$	
Th * 90						2	2	$^3F_2$	
Pa * 91						3	2	$^4F_{3/2}$	
U * 92						4	2	$^5D_0$	

In der Tabelle sind nicht nur die Elektronenverteilungen und Grundterme angegeben, die aus den Spektren tatsächlich ermittelt worden sind, sondern auch solche, die durch Analogieschlüsse bestimmt wurden; diese sind durch einen Stern hinter dem Symbol des Elements gekennzeichnet. Die Sicherheit der Schlußfolgerungen ist jedoch sehr groß.

($Z = 36$). Das gleiche Spiel wiederholt sich bei der N-Schale: Die zwei nächsten Elektronen lagern sich in der O-Schale ($n = 5$) an (Rb, Sr); dann tritt die Auffüllung der N-Schale ein, untermischt mit Anlagerungen von Elektronen in der O-Schale. Die seltenen Erden entsprechen der Komplettierung der N-Schale, während schon 8 oder 9 Elektronen in der O-Schale und 2 Elektronen in der P-Schale angelagert sind; daraus erklärt sich die große chemische Ähnlichkeit dieser Elemente. Überhaupt ist, wie bereits früher erwähnt, das chemische Verhalten der Elemente durch die Elektronenkonfiguration in der äußersten Schale bedingt; Elemente mit ähnlichem Bau der äußersten Schale verhalten sich chemisch weitgehend äquivalent. Dies ist die Erklärung für das Auftreten von Perioden im System der Elemente. Z. B. besitzen die Edelgase Ne, Ar, Kr, X und Em durchwegs abgeschlossene Achterschalen; die Alkalien sind dadurch zu charakterisieren, daß ein Elektron außerhalb von abgeschlossenen Schalen das Atom umläuft; den Halogenen fehlt andrerseits ein Elektron zu einer abgeschlossenen Schale.

Wir werden auf die Probleme der chemischen Bindung und des chemischen Verhaltens der Atome im letzten Vortrag noch ausführlich zurückkommen.

31. Magnetismus.

Wir haben im Abschnitt 26 eingehend die Aufspaltung der Terme eines Atoms in einem Magnetfeld untersucht; sie ist bedingt durch die an den magnetischen Momenten des Spins und der Bahn der Atomelektronen wirkende, ausrichtende Kraft des Magnetfeldes.

Die magnetischen Momente im Atominnern sind auch maßgebend für das magnetische Verhalten der aus diesen Atomen bestehenden Substanz. Man muß hier zwei Fälle unterscheiden: Man nennt eine Substanz paramagnetisch, wenn ihre Atome (oder Moleküle) ein magnetisches Moment besitzen. Die Magnetisierung der Substanz, die hierauf beruht, ist offenbar dem Felde gleichgerichtet, da sie ja durch die Einstellung der magnetischen Momente in die Feldrichtung entsteht. Ferner ist für sie charakteristisch eine starke Temperaturabhängigkeit, da der Einstellung der Elementarmagnete die richtungsausgleichende Wirkung der Wärmebewegung entgegenwirkt. Wir gehen darauf im Anhang XX näher ein. Andrerseits nennt man eine Substanz diamagnetisch, wenn ihre Atome kein permanentes magnetisches Moment besitzen; in diesem Falle erzeugt erst das Feld eine ihm entgegengesetzte, praktisch temperaturunabhängige Magnetisierung.

Die Atomtheorie liefert die magnetischen Momente (vgl. die obigen Ausführungen über den anomalen Zeemaneffekt). So ergibt sie für Atome mit abgeschlossenen äußeren Schalen das Moment 0 (z. B. bei den Edelgasen, nach den Messungen von Stern aber auch Zn, Cd, Hg). S-Terme besitzen kein Bahnmoment ($l = 0$), für das magnetische Moment des Atoms ist daher der Spin verantwortlich; so besitzen die Alkalien mit einem Leuchtelektron in einer s-Bahn das magnetische (Spin-) Moment 1 Bohrsches Magneton, das gleiche gilt von den Edelmetallen (Cu, Ag, Au). Die Elemente, die eine noch nicht vollständig ausgebaute Zwischenschale haben, besitzen große magnetische Momente (z. B. die Elemente der Eisengruppe und die seltenen Erden).

Man kann die Aussagen der Theorie über die Größe der magnetischen Momente der Atome dadurch prüfen, daß man die magnetische Suszeptibilität der betreffenden Substanzen bestimmt (Weiß). Doch ergibt sich dabei stets nur ein Mittelwert über alle auftretenden Richtungen und Größen der magnetischen Momente, so daß eine direkte Prüfung der Theorie dadurch nicht ohne weiteres möglich ist.

Nach Stern und Gerlach kann man jedoch die Größe der Momente am einzelnen Atom auch direkt messen. Ihre Methode verhält sich zu der makroskopischen Methode von Weiß ungefähr so, wie die Astonsche

Methode zur Bestimmung der Atommassen zu der bloß Mittelwerte über alle vorkommenden Isotopen gebenden makroskopischen Methode der Atomgewichtsbestimmung. Die Stern-Gerlachsche Methode beruht auf der Ablenkung eines Molekularstrahles in einem inhomogenen Magnetfeld. Denken wir uns, was ja stets erlaubt ist, das Atom mit dem magnetischen Moment als magnetischen Dipol vom gleichen Moment, also als Elementarmagneten von zwar kleinen, aber doch endlichen Dimensionen. Bringen wir diesen Magneten in ein homogenes Magnetfeld, so wird er sich darin geradlinig bewegen; denn an seinem Nordpol greift die magnetische Kraft mit der gleichen Stärke an wie am Südpol, jedoch mit genau entgegengesetzter Richtung; die Achse des Magneten kann dabei vielleicht eine Pendel- oder Präzessionsbewegung um die Feldrichtung beschreiben, der Schwerpunkt des Magneten bleibt jedoch dabei in Ruhe oder bewegt sich auf einer geradlinigen Bahn.

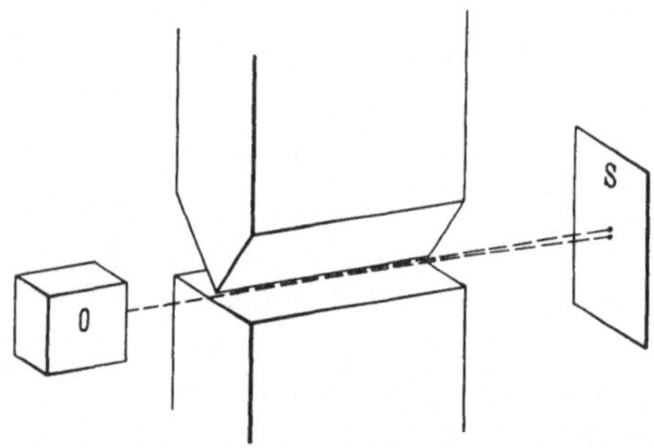

Abb. 72. Schematische Darstellung der Apparatur von Stern und Gerlach. Aus dem Ofen *O* tritt ein Molekülstrahl zwischen den Polschuhen des Magneten, von denen der eine schneidenförmig ausgebildet ist, hindurch zum Auffangschirm *S* (photographische Platte).

Anders im Falle eines inhomogenen Feldes. Dann wirkt am Nordpol des Magneten eine etwas andere Kraft als am Südpol, so daß neben dem Drehmoment, das das magnetische Kräftepaar am Elementarmagneten auch im Falle eines homogenen Feldes ausübt, auch noch eine resultierende Kraftwirkung auf den Magneten als Ganzes wirkt, die ihm nach der einen oder nach der anderen Richtung des Feldes eine Beschleunigung erteilt. Fliegt also ein Elementarmagnet durch ein inhomogenes Magnetfeld, so wird er aus seiner geradlinigen Bahn seitlich abgelenkt. Die Größe der Ablenkung wird durch die Größe der Inhomogenität des Feldes bedingt, und zwar muß das Feld zur Erreichung einer merklichen Ablenkung so inhomogen sein, daß es sich schon innerhalb der kleinen Dimensionen des Elementarmagneten (die in unserem Falle höchstens von der Größenordnung der atomaren Dimensionen 10^{-8} cm sind) bereits merklich ändert. Stern ist es nun gelungen, durch geeignete Konstruktion der Polschuhe eines Magneten eine hinreichend starke Inhomogenität zu erzielen, indem er den einen Polschuh als Schneide ausbildet, die er dem andern eben begrenzten Polschuh gegenüberstellt (s. Abb. 72). Dadurch drängen sich an der Schneide die magnetischen Kraftlinien zusammen, so daß dort die magnetische Feldstärke beträchtlich größer ist als am andern Polschuh. Nun wird aus einem Ofen heraus durch ein Blendensystem ein feiner Strahl von Ato-

men zwischen den beiden Polschuhen hindurchgeschickt. Jedes Einzel-
atom wird im inhomogenen Feld, entsprechend der Größe und Richtung
seines Momentes abgelenkt. Auf dem Auffangschirm kann man dann
die Spuren der einzelnen Atome (wenn nötig durch Verstärken, wie beim
Photographieren) sichtbar machen.

Nach der klassischen Theorie müßte auf diese Weise auf dem Schirm
eine Verbreiterung des Strahles auftreten, da ja nach ihr die durch das
Magnetfeld hindurchfliegenden Atome hinsichtlich ihrer Momente alle
Richtungen gegen das Feld besitzen können. Nach der Quantentheorie
sind jedoch wegen der Richtungsquantelung nicht alle Einstellungen
möglich, sondern nur einige diskrete, wie wir oben bei der Behandlung
des anomalen Zeemaneffektes ausführlich gesehen haben. Auf dem
Schirm muß daher eine Aufspaltung in eine endliche Anzahl diskreter
Strahlen erscheinen, und zwar
müssen gerade $2j+1$ Aufspaltungsbilder auf dem Schirm erscheinen,
wenn die Atome sich in einem Zustand mit der inneren Quantenzahl j befinden; denn dann gibt
es eben $2j + 1$ Einstellungsmöglichkeiten des Gesamtdrehmomen-
tes und damit auch des gesamten
magnetischen Momentes gegen die
Feldrichtung.

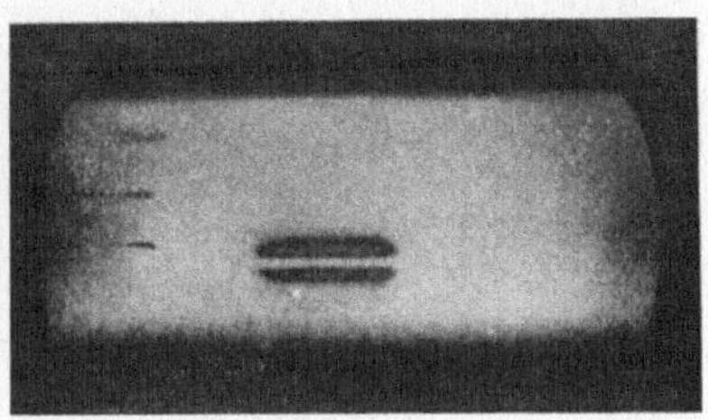

Abb. 73. Magnetische Aufspaltung eines Lithium-
strahls nach der Methode von Stern und Gerlach (aufgenommen von Taylor).

Die Ausführung des Versuches ergab nun in der Tat eine Aufspaltung
des Strahles in mehrere getrennte Strahlen; so trat z. B. bei einem Li-
thiumatomstrahl eine Aufspaltung in zwei Strahlen ein (s. Abb. 73), entsprechend dem Umstand, daß der Grundterm des Lithiumatoms ein
^2S-Term ist (ein Valenzelektron in einer s-Bahn $[l = 0]$ mit dem Spinmoment $\frac{1}{2}$). Auch die Größe des magnetischen Momentes ließ sich aus der
Größe der Aufspaltung bestimmen. Es gelang auf diese Weise Gerlach,
den direkten Nachweis zu erbringen, daß das magnetische Spinmoment
gerade gleich einem Bohrschen Magneton ist. Eine systematische Untersuchung an verschiedenen Elementen ergab durchwegs Resultate, die
in vollständiger Übereinstimmung mit der Theorie sind.

32. Wellentheorie des Spinelektrons.

Wir haben oben die Theorie des Spins und die damit zusammenhängenden Fragen der Feinstruktur, des Pauliprinzips u. a. lediglich
auf Grund des Vektormodells behandelt, indem wir die Drehimpulsvektoren als gegebene Größen ansahen und nach den Regeln der klassischen bzw. Bohrschen Theorie mit ihnen operierten. Wir haben schon

eingangs erwähnt, daß sich dieses Verfahren wellenmechanisch recht-
fertigen läßt. Wenn wir auch nicht auf die vollständige Wellenmechanik
des Spinelektrons eingehen können, so möchten wir doch wenigstens
andeuten, in welcher Weise die Einführung des Elektronenspins in den
Rahmen der Wellenmechanik geschieht.

Diese Erweiterung der Wellenmechanik wurde von Pauli gegeben.
Der Grundgedanke der Paulischen Theorie ist etwa der folgende:
Betrachten wir einfachheitshalber ein einzelnes Elektron; sein Zustand
wird nach Schrödinger durch eine Wellenfunktion $\psi(x, y, z, t)$ be-
schrieben, wobei $|\psi|^2$ die Wahrscheinlichkeit dafür angibt, das Elektron
an dem betrachteten Punkt anzutreffen. Man könnte nun unter Hin-
blick auf die Vorstellung vom rotierenden Elektron den Spin durch
Berücksichtigung der Rotationsfreiheitsgrade in die Wellengleichung
einführen. Dies erweist sich jedoch sofort als unmöglich, da in diesem
Falle zwei neue Quantenzahlen in den Lösungen auftreten würden,
wie bei jedem rotierenden System (z. B. bei der Umlaufsbewegung eines
Elektrons l und m), so daß man also eine wesentlich größere Anzahl
von Zuständen erhalten würde, als experimentell tatsächlich festgestellt wurde. Es ist dies ein neuer Beweis dafür, daß die Vorstellung
vom rotierenden Elektron nicht wörtlich zu nehmen ist.

Wie schon im Abschnitt 25 gezeigt wurde, folgt aus den Spektren
insbesondere der Alkalien eindeutig, daß für ein festes Quantenzahlen-
tripel n, l, m das Elektron sich noch in zwei und nur in zwei verschiedenen Zuständen befinden kann, die auch energetisch verschieden
sind. Wir können rein formal diesem neuen Freiheitsgrad dadurch
Rechnung tragen, daß wir neben den gewöhnlichen Koordinaten noch
eine weitere Koordinate σ einführen, die überhaupt nur zweier Werte
fähig ist; wir wollen diese mit $\sigma = +$ und $\sigma = -$ bezeichnen. Man
kann sich dies so vorstellen, daß z. B. der eine Wert dieser Veränderlichen den Zustand charakterisiert, in dem der Spin einer ausgezeichneten Richtung parallel ist, während der andere Wert der Variablen
die antiparallele Stellung bezeichnet. Man erhält entsprechend eine
Wellenfunktion, die nun von fünf Koordinaten abhängt: $\psi = \psi(x, y, z, t, \sigma)$.
Es ist jedoch naheliegend, diese Wellenfunktion in die zwei Komponenten

$$\psi = \begin{pmatrix} \psi_+(x, y, z, t) \\ \psi_-(x, y, z, t) \end{pmatrix}$$

aufzuspalten, die sie für die zwei möglichen Werte der Variablen σ an-
nehmen kann. Es ist einleuchtend, daß dann $|\psi_+|^2$ die Wahrscheinlich-
keit dafür angibt, das Elektron am betrachteten Ort anzutreffen,
und zwar mit einer Spinrichtung parallel zur ausgezeichneten Richtung,
$|\psi_-|^2$ die Wahrscheinlichkeit für die entgegengesetzte Spinrichtung.

Es ist nun die Frage zu beantworten, wie man mit diesen Spin-Wellenfunktionen rechnet. **Pauli** hat dafür folgende Methode gefunden: In der Wellenmechanik entspricht jeder physikalischen Größe ein Operator, der auf die Wellenfunktion auszuüben ist. Als solche Operatoren können, wie in der Schrödingerschen Theorie, Differentialoperatoren $\left(\text{z. B. die Impulskomponenten } p_x = \frac{h}{2\pi i} \frac{\partial}{\partial x} \right)$ oder, wie in der Heisenbergschen Theorie, Matrizen oder andere ähnliche mathematische Gebilde verwendet werden. Es ist daher konsequent, wenn man den Komponenten s_x, s_y, s_z des Spinmoments $\left(\text{in Einheiten } \frac{1}{2} \frac{h}{2\pi} \right)$ auch Operatoren zuordnet; diese Operatoren wirken jedoch nicht auf die Koordinaten x, y, z, t, sondern auf die zweiwertige Variable σ. Dies ist so zu verstehen, daß die Anwendung dieser Operatoren entweder den Wert der Größe σ ändert oder ungeändert läßt, wobei die ganze Wellenfunktion evtl. noch mit einem Faktor multipliziert werden kann. Es hat sich als vorteilhaft erwiesen, die Operatoren als „lineare Transformationen" (Matrizen) aufzufassen, und man verwendet für sie gewöhnlich die Ausdrücke

$$s_x = \begin{pmatrix} 0 & 1 \\ 1 & 0 \end{pmatrix}, \quad s_y = \begin{pmatrix} 0 & i \\ -i & 0 \end{pmatrix}, \quad s_z = \begin{pmatrix} 1 & 0 \\ 0 & -1 \end{pmatrix}.$$

Ist allgemein

$$a = \begin{pmatrix} a_{++} & a_{+-} \\ a_{-+} & a_{--} \end{pmatrix}$$

eine solche Matrix, so bedeutet die Operation a, angewandt auf den 2-komponentigen Vektor $\psi = \begin{pmatrix} \psi_+ \\ \psi_- \end{pmatrix}$, die Erzeugung eines neuen Vektors nach der Regel

$$a\,\psi = \begin{pmatrix} a_{++} & a_{+-} \\ a_{-+} & a_{--} \end{pmatrix} \begin{pmatrix} \psi_+ \\ \psi_- \end{pmatrix} = \begin{pmatrix} a_{++}\,\psi_+ + a_{+-}\,\psi_- \\ a_{-+}\,\psi_+ + a_{--}\,\psi_- \end{pmatrix}.$$

Danach hat man:

$$s_x\,\psi = \begin{pmatrix} 0 & 1 \\ 1 & 0 \end{pmatrix} \begin{pmatrix} \psi_+ \\ \psi_- \end{pmatrix} = \begin{pmatrix} \psi_- \\ \psi_+ \end{pmatrix},$$

$$s_y\,\psi = \begin{pmatrix} 0 & i \\ -i & 0 \end{pmatrix} \begin{pmatrix} \psi_+ \\ \psi_- \end{pmatrix} = \begin{pmatrix} i\,\psi_- \\ -i\,\psi_+ \end{pmatrix},$$

$$s_z\,\psi = \begin{pmatrix} 1 & 0 \\ 0 & -1 \end{pmatrix} \begin{pmatrix} \psi_+ \\ \psi_- \end{pmatrix} = \begin{pmatrix} \psi_+ \\ -\psi_- \end{pmatrix}.$$

Die Matrizen sind so gewählt, daß sie die gleichen Vertauschungsregeln wie die gewöhnlichen Drehimpulskomponenten (s. Abschnitt 23) erfüllen; ferner gibt in diesem Falle speziell die z-Richtung die ausgezeichnete Richtung an, auf welche sich der Spin, dargestellt durch die fünfte Koordinate, eingestellt hat. Denn s_z ist eine Diagonalmatrix mit den Eigenwerten $+1$, -1; die z-Komponente des Drehimpulses hat also einen der festen Werte $+1$ oder -1. Dagegen sind s_x und s_y nicht Diagonalmatrizen, ihre Werte sind also nicht zugleich mit s_z meßbar, sondern nur statistisch festgelegt.

Besteht nun ein magnetisches Feld H parallel zur z-Achse, so ist nach Abschnitt 26 die magnetische Energie der Einstellung des Spins gegen die Feldrichtung gegeben durch

$$E_{magn} = -2\,\frac{e}{2\,\mu\,c}\,H\,\frac{1}{2}\,\frac{h}{2\,\pi}\,s\cos\,(sH) = -\,\frac{e\,h}{4\,\pi\,\mu\,c}\,H\,s_z\,.$$

Der Faktor 2 rührt dabei von der dort erwähnten und von Thomas auf Grund der Relativitätstheorie erklärten Anomalie im Verhältnis zwischen magnetischem und mechanischem Moment beim Spin gegenüber dem gleichen Verhältnis bei der Bahn her. s ist der Operator des gesamten Spinmomentes, $s_z = s\cos\,(s, H)$ seine Komponente in der Feldrichtung.

Was die Wellengleichung selbst betrifft, so lautet sie bei Abwesenheit von Magnetfeldern genau so wie die Schrödingergleichung des betreffenden Problems:

$$(W_0 - E)\,\psi = 0\,.$$

W_0 bedeutet dabei den Energieoperator, bestehend aus der kinetischen und potentiellen Energie (für ein Einelektronenproblem gilt W_0 $= \frac{1}{2\,m}\left(\frac{h}{2\,\pi\,i}\right)^2\varDelta + V$). Da W_0 nicht auf die Spinvariable σ wirkt, so kann man die Wellengleichung aufspalten in die beiden Komponenten

$$(W_0 - E)\,\psi_+ = 0\,, \qquad (W_0 - E)\,\psi_- = 0\,.$$

Dies bedeutet, daß ohne Magnetfelder kein Übergang zwischen den beiden Einstellungsmöglichkeiten des Spins möglich ist, und daß sich die Elektronen so verhalten, als ob sie kein magnetisches Moment besitzen würden.

Befindet sich das Atom in einem homogenen Magnetfeld, dessen Richtung wir parallel zur z-Achse annehmen wollen, so tritt zum gewöhnlichen Energieoperator W_0 noch der durch das Magnetfeld bedingte Zusatzterm $-\,\frac{e\,h}{4\,\pi\,\mu\,c}\,H\,s_z$ hinzu, so daß die Wellengleichung nun lautet:

$$\left(W_0 - \frac{e\,h}{4\,\pi\,\mu\,c}\,H\,s_z - E\right)\psi = 0\,.$$

Auch hier läßt sich die Trennung in die beiden Teilfunktionen sofort durchführen, wenn man die Bedeutung des Operators s_z heranzieht.

Man erhält so die beiden Gleichungen

$$\left(W_0 - \frac{e\,h}{4\,\pi\,\mu\,c}\,H - E\right)\psi_+ = 0\,,$$

$$\left(W_0 + \frac{e\,h}{4\,\pi\,\mu\,c}\,H - E\right)\psi_- = 0\,,$$

aus denen man sofort entnimmt, daß die magnetische Energie additiv zur gewöhnlichen Energie hinzutritt, so daß ein ungestörter Term E_0 durch das Magnetfeld in die beiden Terme $E_0 + \dfrac{e\,h}{4\,\pi\,\mu\,c}\,H$ und $E_0 - \dfrac{e\,h}{4\,\pi\,\mu\,c}\,H$ aufspaltet. Diese doppelte Einstellungsmöglichkeit ist der Grund für das Auftreten der Dubletts in den Spektren der Einelektronenatome.

Wir gehen hier nicht weiter auf die Ausgestaltung der Paulischen Theorie ein, sondern bemerken nur, daß sie sich durchwegs bewährt hat, solange man sich auf nicht zu große Geschwindigkeiten des Elektrons beschränkt. Es muß jedoch betont werden, daß die Paulische Theorie nicht als eine Erklärung für die Existenz des Spins angesehen werden darf, da ja bei ihrer Aufstellung gerade die experimentell gefundenen Tatsachen, wie die zweifache Einstellungsmöglichkeit des Spins und das Verhältnis von mechanischem und magnetischem Moment, als Fremdkörper in die Theorie hineingesteckt wurden.

Wesentlich weiter geht in dieser Richtung die von Dirac aufgestellte relativistische Wellentheorie des Spins. Sie ist aus dem Bestreben entstanden, eine Wellengleichung aufzustellen, die dem Einsteinschen Relativitätsprinzip genügt. In diesem treten die Raumkoordinaten x, y, z und die Zeit t (letztere multipliziert mit $c\,\sqrt{-1}$, wo c die Lichtgeschwindigkeit ist) ganz gleichberechtigt auf. Die Schrödingersche Differentialgleichung (s. Abschnitt 24) aber ist in den vier Koordinaten nicht symmetrisch; sie ist von zweiter Ordnung in den räumlichen Differentialquotienten, jedoch von erster Ordnung in der Ableitung nach der Zeit. Dirac hat nun eine solche Wellengleichung aufgestellt, die der relativistischen Symmetrieforderung genügt und formal in allen vier Variablen von erster Ordnung ist. Wenn wir hier auch nicht auf diese Theorie eingehen können, so heben wir doch besonders hervor, daß sie ohne neue Hypothese, also ohne irgendeine Annahme über den Spin, in ihren Resultaten alle Eigenschaften des Elektrons gibt, die wir unter dem Wort Spin zusammengefaßt haben (mechanisches und magnetisches Moment im richtigen Verhältnis). Sie ist in ihren Resultaten der Paulischen Theorie weitgehend äquivalent, geht jedoch, insbesondere in ihren Aussagen über schnelle Elektronen wesentlich über diese hinaus. Formal unterscheidet sie sich von der Paulischen Theorie dadurch, daß sie mit vier Komponenten für die Wellenfunktion operiert an Stelle der zwei Funktionen ψ_+ und ψ_- von Pauli.

Wenn auch im allgemeinen die Aussagen der Diracschen Theorie sich in der Erfahrung sehr gut bewährt haben, so treten doch auch in ihr ernste Schwierigkeiten auf, deren Überwindung bis heute noch nicht geglückt ist. Da ist zunächst die Theorie des Mehrelektronenproblems, deren Aufstellung nach dem Schema der Diracschen Theorie bisher nicht gelungen ist; dies hängt nicht zuletzt damit zusammen, daß auch klassisch bisher noch keine befriedigende Formulierung des Zweikörperproblems im Rahmen der Relativitätstheorie bekannt ist.

Eine weitere ernste Schwierigkeit besteht im folgenden Ergebnis der Theorie: Unter bestimmten Bedingungen kann das Elektron das Vorzeichen seiner Ladung wechseln und als positiv geladenes Teilchen weiterfliegen. Auf ein einfaches Beispiel dieser Art hat O. Klein hingewiesen; man nennt es das Kleinsche Paradoxon. Läßt man ein Elektron durch zwei hintereinander aufgestellte Drahtgitter hindurchfliegen (s. Abb. 74), zwischen denen ein Gegenfeld eingeschaltet ist, so verliert das Elektron beim Durchgang einen Teil seiner kinetischen Energie. Läßt man die Gegenspannung anwachsen, so wird der Energieverlust des Elektrons immer größer, bis schließlich das Elektron nicht mehr durch die Gitter hindurchtreten kann, sondern reflektiert wird. Soweit ist alles klassisch in Ordnung. Läßt man nun aber das Gegenfeld noch weiter anwachsen, so zeigt die Diracsche Theorie, daß wieder Elektronen durch das Gitter hindurchtreten können, wenn die Potentialdifferenz zwischen den beiden Gittern größer ist als die doppelte Ruheenergie des Elek-

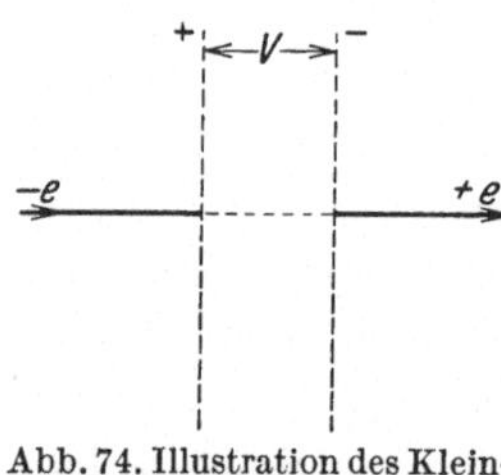

Abb. 74. Illustration des Kleinschen Paradoxons. Nach der relativistischen Wellenmechanik Diracs kann ein Elektron ein Gegenfeld überwinden, wenn die Potentialdifferenz größer ist als die doppelte Ruheenergie $m_0 c^2$ des Elektrons; bei diesem Prozeß ladet es sich um und tritt als positiv geladenes Teilchen aus.

trons $m_0 c^2$. In diesem Falle treten jedoch die Elektronen mit umgekehrter, also positiver Ladung aus dem Felde aus. Man kann nun die Wahrscheinlichkeit des Durchganges durch dieses Gegenfeld berechnen; es zeigt sich dabei, daß sie mit zunehmender Feldstärke zwischen den beiden Gittern zunimmt, daß sie aber für alle experimentell herstellbaren elektrostatischen Felder verschwindend klein ist. Wenn dies auch sehr beruhigend ist und die Anwendbarkeit der Diracschen Theorie auf gewöhnliche Probleme nicht in Frage stellt, so bleibt doch die prinzipielle theoretische Schwierigkeit bestehen.

VI. Quantenstatistik.

33. Wärmestrahlung und Plancksches Gesetz.

Wir haben bereits mehrfach erwähnt, daß die Quantentheorie statistischen Ursprungs ist; sie wurde von Planck ersonnen bei dem Versuche, das Gesetz der Wärmestrahlung abzuleiten.

Wenn wir, entgegen der historischen Entwicklung, die Quantentheorie des Atoms vor der Quantenstatistik behandelt haben, so hat dies seinen Grund einerseits darin, daß das Versagen der klassischen Theorie in der Atommechanik, z. B. bei der Elektronenbeugung oder bei der Deutung der Linienspektren, noch viel unmittelbarer zum Ausdruck kommt als bei den Versuchen, das Strahlungsgesetz im Rahmen der klassischen Physik zu verstehen; andrerseits ist es vorteilhaft, daß man sich über den Mechanismus der einzelnen Partikeln und der Elementarprozesse klar wird, bevor man dazu übergeht, eine auf der Quantenvorstellung beruhende Statistik aufzustellen.

Wir wollen nun in diesem Vortrag das Versäumte nachholen und beginnen mit der Ableitung des Gesetzes der Wärmestrahlung in der von Planck gegebenen Weise. Wir denken uns einen Kasten, dessen Wände durch irgendeine Vorrichtung auf eine bestimmte Temperatur T geheizt werden. Die Wände des Kastens strahlen sich nun gegenseitig Energie in Form von Wärmestrahlung zu, es besteht also im Innern des Kastens ein Strahlungsfeld. Wir charakterisieren dieses elektromagnetische Feld durch die Angabe der Energiedichte u, die im Falle des Gleichgewichtes für jeden Punkt im Innern die gleiche ist; zerlegt man die gesamte Strahlung spektral, so soll $u_\nu\,d\nu$ die Energiedichte aller Strahlungskomponenten bedeuten, deren Frequenz in das Intervall zwischen ν und $\nu + d\nu$ fällt. Die Funktion u_ν ist dabei über alle Frequenzen von 0 bis ∞ ausgebreitet; sie stellt ein „kontinuierliches Spektrum" dar. Bisher haben wir uns mit Linienspektren beschäftigt, die von isolierten Atomen in verdünnten Gasen ausgesandt werden. Aber schon Moleküle, die aus mehreren Atomen bestehen, senden nicht mehr isolierte Linien aus, sondern enge, oft nicht auflösbare „Banden". Und je zahlreicher und dichter gepackt die Atome sind, um so mehr fließen die Linien zu kontinuierlichen Bereichen ineinander. Der feste Körper stellt ein System von unendlich vielen schwingenden Gebilden aller möglichen Frequenzen dar und emittiert daher ein kontinuierliches Spektrum.

Nun besteht nach Kirchhoff der Satz, daß das Verhältnis aus Emissions- und Absorptionsvermögen eines Körpers nur von der Temperatur des Körpers und nicht von seiner Natur abhängt; denn sonst könnte sich im Hohlraum kein Strahlungsgleichgewicht einstellen, wenn sich in ihm verschiedenartige Substanzen befinden. (Unter Emissionsvermögen versteht man die vom Körper pro Zeiteinheit emittierte Strahlungsenergie, unter Absorptionsvermögen den Bruchteil der auf den Körper auftreffenden Strahlungsenergie, welcher von diesem absorbiert wird.) Als schwarzen Körper bezeichnet man einen solchen, dessen Absorptionsvermögen gleich 1 ist, der also die gesamte auftreffende Strahlungsenergie absorbiert. Die von diesem Körper emittierte Strahlung, die „schwarze Strahlung", ist daher lediglich eine Funktion der Temperatur, und es ist wichtig, die spektrale Intensitätsverteilung dieser Strahlung zu kennen. Wir werden uns im folgenden mit der Aufstellung dieses Gesetzes beschäftigen.

Was die experimentelle Herstellung der schwarzen Strahlung anlangt, so hat bereits Kirchhoff gezeigt, daß sich ein gleichmäßig temperierter Kasten (Ofen), in dessen Wand sich eine kleine Öffnung befindet, wie ein schwarzer Körper verhält. Denn die ganze Strahlung, die von außen auf die Öffnung trifft, tritt durch diese in den Kasten hinein und wird dort, nach mehrmaliger Reflexion an den Wänden, schließlich vollständig von diesen absorbiert; sie „läuft sich im Innern tot". Die Strahlung, die aus der Öffnung wieder austritt, muß daher vollkommen die spektrale Intensitätsverteilung der Strahlung eines schwarzen Körpers besitzen. Das gleiche gilt auch von der Strahlung im Innern, denn die aus der Öffnung austretende Strahlung ist ja nichts anderes als die Gesamtheit der von innen her auf die Öffnung auftreffenden Komponenten der Hohlraumstrahlung.

Man kann nun allein aus der Thermodynamik und der elektromagnetischen Lichttheorie zwei Gesetze über die Temperaturabhängigkeit der schwarzen oder Hohlraumstrahlung ableiten: Das Stefan-Boltzmannsche Gesetz besagt, daß die gesamte emittierte Strahlung proportional ist der vierten Potenz der Temperatur des Strahlers; je heißer der Körper ist, desto mehr strahlt er aus. Darüber hinausgehend fand W. Wien den nach ihm benannten Verschiebungssatz, nach dem die spektrale Verteilung der Energiedichte gegeben wird durch eine Abhängigkeit von der Gestalt

$$u_\nu = \nu^3\, F\left(\frac{\nu}{T}\right),$$

wobei F eine vom Standpunkt der Thermodynamik aus nicht näher bestimmbare Funktion des Verhältnisses von Frequenz und Temperatur ist. Diese beiden Sätze lassen sich, wie im Anhang XXI gezeigt wird, dadurch beweisen, daß man die Strahlung als thermodynamische Arbeitsmaschine ansieht, die an den Wänden (bewegliche Spiegel) vermöge des Strahlungsdruckes Arbeit leisten kann, wobei sich durch Dopplereffekt die Frequenz der Strahlung und damit auch ihr Energieinhalt ändert. Wir bemerken noch, daß das Wiensche Gesetz den Boltzmannschen Satz bereits enthält; man hat lediglich über das ganze Spektrum zu integrieren:

$$\int u_\nu\, d\nu = \int \nu^3\, F\left(\frac{\nu}{T}\right) d\nu.$$

Führt man $\dfrac{\nu}{T} = x$ als neue Veränderliche ein, so erhält man

$$\int u_\nu\, d\nu = T^4 \int x^3 F(x)\, dx,$$

also eine Abhängigkeit der gesamten Strahlungsenergie von der vierten Potenz der Temperatur; denn das Integral über x ist von T unabhängig und gibt nur eine Konstante.

Die Bezeichnung „Verschiebungsgesetz" für den Wienschen Satz ist durch folgenden Tatbestand begründet. Experimentell wurde für die Abhängigkeit der Strahlungsintensität eines auf einer bestimmten Temperatur gehaltenen glühenden Körpers von der Wellenlänge eine Kurve von der in Abb. 75 skizzierten Gestalt gefunden. Für extrem kurze, wie auch für extrem lange Wellen ist die Intensität verschwindend klein, zwischen diesen beiden Extremwerten steigt sie jedoch an und besitzt bei einer bestimmten Wellenlänge λ_{max} ein Intensitätsmaximum. Ändert man nun die Temperatur des glühenden Körpers, so verändert sich auch die Intensitätskurve und im besondern auch die Lage des Maximums. Aus den Messungen ergab sich dabei das Gesetz, daß das Produkt aus der Temperatur und der jeweiligen Wellenlänge des Intensitätsmaximums konstant ist, daß also

$$\lambda_{max}\, T = \text{const}.$$

Für dieses Gesetz wurde die Bezeichnung Verschiebungsgesetz geprägt.

Nun ergibt sich aus dem Wienschen Satze unmittelbar die Erklärung für dieses Gesetz. Zunächst besitzen die Energiedichte und die Strahlungsintensität die gleiche spektrale Verteilung; sie unterscheiden sich, wie eine theoretische Überlegung zeigt, nur um den konstanten Faktor $c/4$. Ferner haben wir

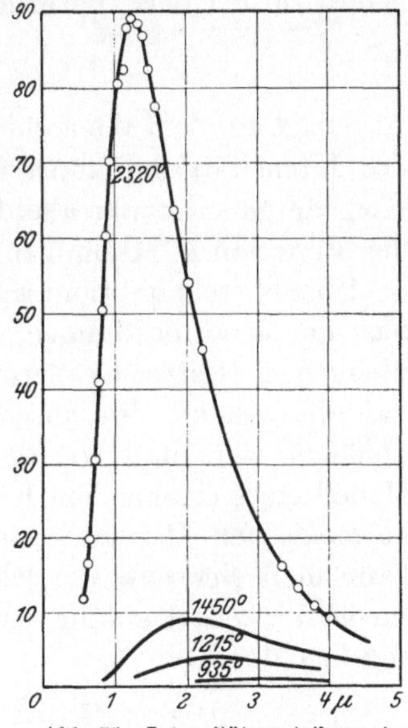

Abb. 75. Intensitätsverteilung in Abhängigkeit von der Wellenlänge nach Messungen von Lummer und Pringsheim.

bisher stets von der Energieverteilung in Abhängigkeit von der Frequenz ν gesprochen, u_ν stellte die Strahlungsenergie im Frequenzintervall $d\nu$ dar. Der Verschiebungssatz wurde aber für die Intensitätsverteilungskurve in der Abhängigkeit von λ ausgesprochen, also für die Funktion u_λ, die die Energie im Wellenlängenintervall $d\lambda$ bedeutet. Die Umrechnung von u_ν auf u_λ läßt sich sofort durchführen: Es muß offenbar $u_\nu\, d\nu = u_\lambda\, d\lambda$ sein, wobei wegen $\lambda\nu = c$ zwischen $d\nu$ und $d\lambda$ die Beziehung besteht $\dfrac{d\nu}{\nu} = \dfrac{d\lambda}{\lambda}$. Man erhält also als spektrale Energieverteilung in der Abhängigkeit von der Wellenlänge den Ausdruck

$$u_\lambda = \frac{c^4}{\lambda^5} F\left(\frac{c}{\lambda\, T}\right).$$

Nun können wir den Verschiebungssatz sofort beweisen, indem wir die Wellenlänge berechnen, bei der u_λ ein Maximum besitzt. Die Bedingung dafür ist

$$\frac{d u_\lambda}{d \lambda} \equiv \frac{c^4}{\lambda^5}\left(-\frac{5}{\lambda} F\left(\frac{c}{\lambda T}\right) - \frac{c}{\lambda^2 T} F'\left(\frac{c}{\lambda T}\right)\right) = 0\,;$$

daraus folgt

$$\frac{c}{\lambda T} F'\left(\frac{c}{\lambda T}\right) + 5 F\left(\frac{c}{\lambda T}\right) = 0\,.$$

Dies ist eine Gleichung für das Produkt $\frac{c}{\lambda T}$ allein, deren Auflösung, sofern sie existiert, natürlich die Form besitzt

$$\lambda T = \text{const}\,.$$

Also folgt aus dem Wienschen Satz sofort der Satz über die Verschiebung des Intensitätsmaximums bei Temperaturänderungen. Den Wert der Konstanten kann man allerdings erst bei Kenntnis der speziellen Gestalt der Funktion F bestimmen.

Über diese Funktion sagt jedoch die Thermodynamik allein nichts aus; um sie zu bestimmen, muß man zu speziellen Modellvorstellungen übergehen. Nun ist es allerdings aus thermodynamischen Gründen klar, daß die Gestalt des durch die Funktion F gegebenen Gesetzes unabhängig sein muß von dem speziellen Mechanismus. Als einfachstes Modell eines strahlenden Körpers wählte Planck daher einen linearen harmonischen Oszillator der Eigenfrequenz ν. Für diesen Oszillator kann man einerseits die sekundlich ausgestrahlte Energie bestimmen; sie ist als Ausstrahlung eines schwingenden Dipols (s. Abschnitt 13) gegeben durch

$$\delta \varepsilon = \frac{2 e^2 (\overline{\ddot{\mathfrak{r}}})^2}{3 c^3} = \frac{2 e^2}{3 m c^3} (2 \pi \nu)^2\, \overline{\varepsilon}\,,$$

wobei ε die Energie des Oszillators ist und die Striche Mittelwerte über Zeiten bedeuten, die zwar groß gegen die Schwingungsdauer, jedoch hinreichend klein sind, um die Ausstrahlung während ihrer Dauer vernachlässigen zu können. Es gilt ja bekanntlich beim Oszillator

$$\frac{m}{2}\, \overline{\dot{\mathfrak{r}}^2} = \overline{\varepsilon_{kin}} = \overline{\varepsilon_{pot}} = \frac{1}{2}\, \overline{\varepsilon}\,.$$

Andrerseits ist die von einem Strahlungsfeld mit der spektralen Energiedichte u_ν am Oszillator sekundlich geleistete Arbeit auf Grund seiner Schwingungsgleichung gleich

$$\delta A = \frac{\pi e^2}{3 m}\, u_\nu\,,$$

wie im Anhang XXII gezeigt wird. Im Falle des Gleichgewichtes müssen diese beiden Energiebeträge natürlich gleich groß sein. Daraus folgt

$$u_\nu = \frac{8\,\pi\,\nu^2}{c^3}\,\bar\varepsilon.$$

Wenn man also die mittlere Energie eines Oszillators kennt, so kennt man damit auch die spektrale Intensitätsverteilung der Hohlraumstrahlung.

Wendet man zur Bestimmung von $\bar\varepsilon$ die Methoden der klassischen Statistik an (s. I. Vortrag), so ergibt sich

$$\bar\varepsilon = kT,$$

wobei k die Boltzmannsche Konstante ist; denn nach dem im Abschnitt 6 abgeleiteten Boltzmannschen Satz kommt im Gleichgewichtszustand der Wert ε für die Oszillatorenergie mit der relativen Häufigkeit $e^{-\frac{\varepsilon}{kT}}$ vor, so daß man $\bar\varepsilon$ durch Mittelung über alle ε mit diesem Gewichtsfaktor erhält. Setzt man zur Abkürzung $\beta = \frac{1}{kT}$, so hat man

$$\bar\varepsilon = \frac{\int_0^\infty \varepsilon\,e^{-\beta\varepsilon}\,d\varepsilon}{\int_0^\infty e^{-\beta\varepsilon}\,d\varepsilon} = -\frac{d}{d\beta}\log\int_0^\infty e^{-\beta\varepsilon}\,d\varepsilon = -\frac{d}{d\beta}\log\frac{1}{\beta} = \frac{1}{\beta} = kT.$$

Dieser Mittelwert $\bar\varepsilon$ ist unabhängig von der Natur des strahlenden Systems (Oszillator), wie aus seiner Berechnung unmittelbar hervorgeht, er muß genau so für ein System von Atomen oder anderen strahlenden Partikeln gelten.

Setzt man den so bestimmten klassischen Mittelwert der Oszillatorenergie in die Strahlungsformel ein, so ergibt sich

$$u_\nu = \frac{8\,\pi\,\nu^2}{c^3}\,kT.$$

Man nennt dies das Rayleigh-Jeanssche Strahlungsgesetz. Zunächst steht es natürlich in Übereinstimmung mit dem thermodynamisch abgeleiteten und daher stets gültigen Wienschen Verschiebungssatz. Für die langwelligen Komponenten der Strahlung, also für kleine Werte von ν, gibt es auch die experimentell gefundene Intensitätsverteilung sehr gut wieder, die Intensität der Strahlung wächst mit steigender Frequenz quadratisch an. Für große Frequenzen versagt jedoch die Formel: Man weiß experimentell, daß die Intensitätsfunktion bei einer bestimmten Frequenz ein Maximum erreicht und dann wieder abfällt; dieses Maximum wird jedoch durch die obige Formel keineswegs gegeben, im Gegenteil, die spektrale Intensitätsverteilung wächst nach der Formel quadratisch mit der Frequenz an und wird für extrem große

Frequenzen, also für extrem kurze Wellen, unendlich groß; das gleiche gilt von der gesamten Strahlungsenergie $u = \int_0^\infty u_\nu \, d\nu$, das Integral divergiert. Man spricht hier von der sog. „Ultraviolett-Katastrophe".

Man hat versucht, diesen eklatanten Mißerfolg der Theorie durch folgende Annahme zu vermeiden: Zur Einstellung des Strahlungsgleichgewichtes sei, wie in der Chemie, eine endliche Reaktionszeit nötig und die Reaktionsgeschwindigkeit sei im Falle der Hohlraumstrahlung sehr klein, so daß man bis zur Einstellung des Gleichgewichtes eine sehr lange Zeit warten müßte, während der sich das Gesamtsystem durch äußere Einflüsse wohl im allgemeinen vollkommen verändert habe. Das trifft sicher nicht den Kern der Sache; denn man kann sich ja, wenigstens theoretisch, vorstellen, daß ein Hohlraum beliebig lange unverändert auf der gleichen Temperatur gehalten werden kann, so daß sich .dann dieser abnorme Gleichgewichtszustand doch einstellen müßte.

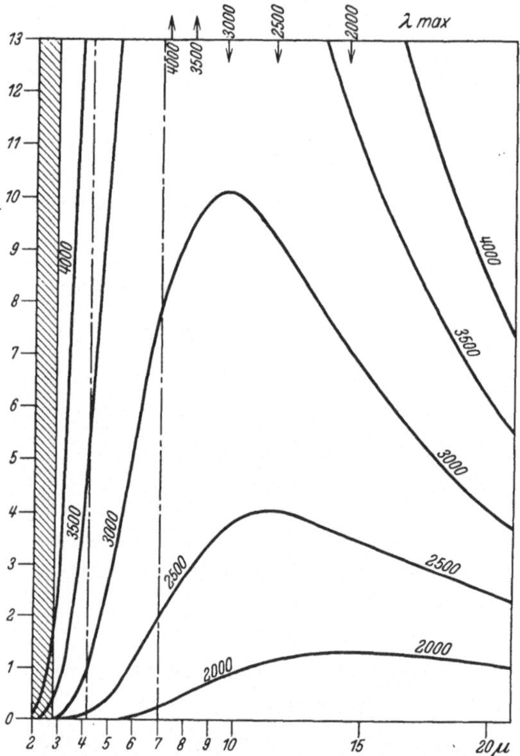

Abb. 76a. Spektrale Intensitätsverteilung der Wärmestrahlung nach Planck für tiefe Temperaturen. Der schraffierte Teil stellt das ultraviolette Gebiet dar (bis $0{,}28\,\mu$); das sichtbare Gebiet liegt zwischen den beiden gestrichelten Linien. Man sieht die Übereinstimmung mit den Beobachtungen, Abb. 75, S. 145.

Planck hat nun den kühnen Gedanken ausgesprochen, daß sich diese Schwierigkeiten durch die Annahme diskreter, endlicher Energiequanten ε_0 beseitigen lassen; die Energie der Oszillatoren sei (außer $\varepsilon = 0$) entweder gleich ε_0 oder gleich $2\varepsilon_0$ oder $3\varepsilon_0$ usw. In der Tat erhält man dann das von der Erfahrung glänzend bestätigte Plancksche Strahlungsgesetz. Der wesentliche Punkt ist dabei die Bestimmung der mittleren Energie $\bar{\varepsilon}$; formal unterscheidet sie sich gegenüber früher nur dadurch, daß jetzt Summen statt Integrale zu setzen sind, denn die einzelnen Energiewerte treten nach wie vor mit der durch den Boltzmannfaktor gegebenen Häufigkeit auf, nur sind eben nicht mehr alle Energiewerte möglich, sondern nur die Energiebeträge $n\,\varepsilon_0$ ($n = 0, 1, 2, 3, \ldots$). Es folgt also für den Mittelwert

$$\bar{\varepsilon} = \frac{\sum\limits_{n=0}^{\infty} n\,\varepsilon_0\,e^{-\beta n\,\varepsilon_0}}{\sum\limits_{n=0}^{\infty} e^{-\beta n\,\varepsilon_0}} = \frac{d}{d\beta}\log \sum_{n=0}^{\infty} e^{-\beta n\,\varepsilon_0} = \frac{d}{d\beta}\log \frac{1}{1 - e^{-\beta\,\varepsilon_0}}$$

$$= \frac{\varepsilon_0\,e^{-\beta\,\varepsilon_0}}{1 - e^{-\beta\,\varepsilon_0}} = \frac{\varepsilon_0}{e^{\beta\,\varepsilon_0} - 1}$$

$$\left(\beta = \frac{1}{k\,T}\right)$$

und bei Einführung dieses Ausdruckes in die Strahlungsformel

$$u_\nu = \frac{8\,\pi\,\nu^2}{c^3}\,\frac{\varepsilon_0}{e^{\frac{\varepsilon_0}{kT}} - 1}\,.$$

Damit diese Formel mit dem wegen seiner thermodynamischen Ableitung sicher gültigen Wienschen Verschiebungssatz nicht in Widerspruch kommt, muß man annehmen, daß

$$\varepsilon_0 = h\,\nu\,,$$

wobei h eine universelle Konstante (Plancksche Konstante) ist; denn die Temperatur darf in die Formel nur in der Verbindung $\frac{\nu}{T}$ eingehen. Man erhält so das **Plancksche Strahlungsgesetz**

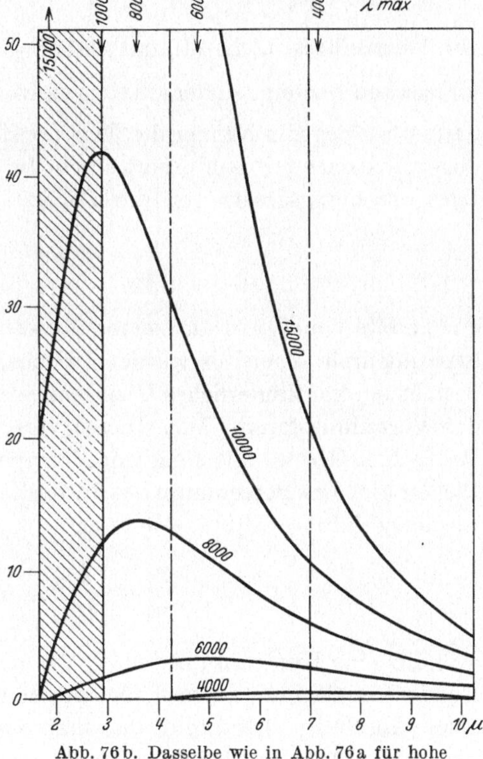

Abb. 76b. Dasselbe wie in Abb. 76a für hohe Temperaturen; der Ordinatenmaßstab ist gegen Abb. 76a verkleinert.

$$u_\nu = \frac{8\,\pi\,h\,\nu^3}{c^3}\,\frac{1}{e^{\frac{h\,\nu}{k\,T}} - 1}\,.$$

Wie wir bereits bemerkten, wurde diese Strahlungsformel durch die Erfahrung sehr gut bestätigt. Den Verlauf der Intensitätsverteilung für verschiedene Temperaturen kann man aus den Abb. 76 ersehen: Für kleine Frequenzen steigt die Funktion angenähert quadratisch mit ν an; denn wenn $\frac{h\,\nu}{k\,T} \ll 1$, kann man die Exponentialfunktion im Nenner entwickeln, wobei sich die 1 weghebt, und man erhält eine Reihe nach steigenden Potenzen von $\frac{h\,v}{k\,T}$, die mit einem Glied beginnt, das vollkommen dem der Rayleigh-Jeansschen Strahlungsformel entspricht:

$$ u_{\nu} = \frac{8\,\pi\,h\,v^3}{c^3} \; \frac{1}{\left(1 + \frac{h\,v}{k\,T} + \cdots\right) - 1} = \frac{8\,\pi\,v^2}{c^3}\,k\,T + \cdots\,; $$

für langwelliges Licht stimmt daher die Plancksche Formel mit der klassischen überein. Anders für das Gebiet kurzer Wellen; wenn $\frac{h\,v}{k\,T} \gg 1$, dann überwiegt im Nenner die Exponentialfunktion und man kann die 1 dagegen streichen; man erhält so ein für kurze Wellen angenähert gültiges Strahlungsgesetz von der Form

$$ u_{\nu} = \frac{8\,\pi\,h\,v^3}{c^3}\,e^{-\frac{h\,v}{k\,T}}, $$

das bereits von Wien aus seinen Messungen in diesem Spektralbereich experimentell abgeleitet wurde. Zwischen diesen beiden Grenzgesetzen besteht ein kontinuierliches Übergangsgebiet, in das auch das Maximum der Verteilungskurve fällt. Dieses verschiebt sich, entsprechend dem Wienschen Gesetz, mit steigender Temperatur gegen das Gebiet kurzer Wellen hin. Die Berechnung des Intensitätsmaximums in gleicher Weise wie oben führt auf die Beziehung

$$ \frac{k\,T}{h\,v_{\max}} = \frac{k}{h\,c}\,\lambda_{\max}\,T = C, $$

wobei C eine Konstante bedeutet, die sich durch Auflösung einer transzendenten Gleichung ergibt und die den Wert 4,96 besitzt. Wir haben oben (Abschnitt 8) erwähnt, daß man aus der spektralen Energieverteilung der schwarzen Strahlung die Atomkonstanten k und h bestimmen kann. In der Tat wurde die erste Bestimmung von h durch Planck aus dem Stefan-Boltzmannschen Gesetz und aus dem Wienschen Verschiebungssatz durchgeführt. Nach ersterem ist die gesamte von 1 cm² Oberfläche eines auf die Temperatur T geheizten Körpers ausgestrahlte Energie gleich $J = \sigma\,T^4$; σ wird die Strahlungskonstante genannt und besitzt den Wert $\sigma = 5{,}77 \cdot 10^{-5}$ erg/cm² sec grad⁴. Theoretisch erhält man sie durch Integration der Planckschen Verteilungsfunktion über das ganze Spektrum. Andrerseits ergeben die Messungen für die Konstante des Wienschen Satzes $\lambda_{\max}\,T = $ const den Wert 0,288 cm grad. (Um ihre Größenordnung zu bestimmen, genügt die Bemerkung, daß das Intensitätsmaximum der Sonnenstrahlung, die als schwarzer Körper mit der Temperatur $T = 6000^{0}$ strahlt, im grünen Wellenlängenbereich, also rund bei 4500 Å liegt.) Aus den beiden angegebenen experimentell bestimmten Konstanten kann man in der Tat h und k berechnen, es ergeben sich dabei sehr gute Werte.

Es sei noch eine kurze Bemerkung angefügt. Aus dem Verlauf der Verteilungskurven (Abb. 76) erkennt man, wie gering der Nutzeffekt ist, wenn man geheizte glühende Körper (Glühlampen) zu Beleuchtungszwecken benützt; denn der sichtbare Spektralbereich schneidet aus den Intensitätskurven der Wärmestrahlung nur einen schmalen Streifen aus, die übrige ausgestrahlte Energie geht für Beleuchtungszwecke verloren.

Um zur Ableitung der Planckschen Formel zurückzukommen, so ist die Hypothese Plancks natürlich zunächst auf heftigsten Widerspruch gestoßen. Man wollte nicht daran glauben, daß die Ableitung des Strahlungsgesetzes nur durch die Einführung der Quantenhypothese möglich wäre, und hielt diese für einen mathematischen Kunstgriff, der sich vielleicht irgendwie im Rahmen der klassischen Vorstellungen verstehen ließe. Alle solchen Erklärungsversuche scheiterten jedoch.

Es ist das Verdienst Einsteins, als erster darauf hingewiesen zu haben, daß sich außer dem Gesetz der Wärmestrahlung auch noch andere Erscheinungen auf Grund der Quantenhypothese erklären lassen, die vom Standpunkt der klassischen Physik nicht zu verstehen waren. Im Jahre 1905 stellte Einstein die Lichtquantenhypothese auf und führte als experimentelle Bestätigung derselben die Gesetze des lichtelektrischen Effektes an; wir sind darauf bereits im Abschnitt 15 eingegangen.

34. Spezifische Wärme fester Körper und mehratomiger Gase.

Im gleichen Jahre zeigte Einstein, daß die Plancksche Formel für die mittlere Energie eines Oszillators

$$\varepsilon = \frac{h\,v}{e^{\frac{h\,v}{k\,T}} - 1}$$

eine direkte Bestätigung findet durch das thermische Verhalten fester Körper. Erfahrungsgemäß gilt für hohe Temperaturen das Gesetz von Dulong-Petit, dem zufolge die Molwärme, also die spezifische Wärme pro Mol für alle festen Körper nahezu 6 cal/grad beträgt. Dieses Gesetz ist vom klassischen Standpunkt aus ohne weiteres verständlich: Im festen Körper kann jedes Atom als ein harmonischer dreidimensionaler Oszillator angesehen werden, da man sich ja hier die Atome quasielastisch an eine bestimmte Ruhelage gebunden denkt. Als dreidimensionalen Oszillatoren kommt ihnen nach den Regeln der klassischen Statistik die mittlere kinetische Energie $3\,kT$ zu, so daß also ein Mol der Substanz die Energie $U = 3\,LkT = 3\,RT$ besitzt, wobei R die Gaskonstante bedeutet und ungefähr gleich 2 cal grad^{-1} ist. Die spezifische Wärme ergibt sich daraus als Energiezuwachs bei Erwärmung um ein Grad, also

$$c = c_v = \frac{dU}{dT} = 3\,R \sim 6 \text{ cal/grad} .$$

Nun gibt jedoch die Erfahrung Abweichungen von dieser Regel, und zwar sind diese um so größer, je härter die Körper sind, je fester also ihre Atome an die Ruhelagen gebunden sind; für Diamant z. B. ist die spezifische Wärme pro Mol bei Zimmertemperatur nur rund 1 cal/grad.

Einstein erklärt diese Abweichungen dadurch, daß hier nicht mehr mit dem klassischen Ausdruck für die mittlere Energie der Oszillatoren gerechnet werden darf, sondern daß man hier den von Planck abgeleiteten Ausdruck für die mittlere Energie eines quantenhaft funktionierenden Oszillators anwenden muß. In diesem Falle ist die mittlere Energie der Oszillatoren pro Mol gleich

$$U = \frac{3\,L\,h\,\nu}{e^{\frac{h\,\nu}{k\,T}} - 1} = 3\,RT\,\frac{\frac{h\,\nu}{k\,T}}{e^{\frac{h\,\nu}{k\,T}} - 1} .$$

In dieser Formel ist $h\,\nu$ das Elementarquantum der Schwingungsenergie der Oszillatoren; es ist um so größer, je fester die Atome an ihre Ruhelage gebunden sind; lockere Bindung ist gleichbedeutend mit kleiner Schwingungsenergie und daher mit kleiner Frequenz. Es kommt nun darauf an, ob $h\,\nu$ kleiner oder größer als kT ist. Im allgemeinen ist bei Zimmertemperatur $\frac{h\,\nu}{k\,T} \ll 1$, so daß man hier die Formel für die Oszillatorenenergie durch Entwicklung vereinfachen kann; sie geht dann über in die klassische Formel

$$U = 3\,RT\,\frac{\frac{h\,\nu}{k\,T}}{\left(1 + \frac{h\,\nu}{k\,T} + \cdots\right) - 1} = 3\,RT + \cdots$$

und führt entsprechend zum Gesetz von Dulong-Petit.

Ist jedoch die Bindung der Atome sehr fest (Diamant) oder erfolgt die Messung der spezifischen Wärme bei sehr tiefen Temperaturen, so wird $\frac{h\,\nu}{k\,T}$ vergleichbar mit 1 oder sogar größer als 1, es treten Abweichungen vom Dulong-Petitschen Gesetz auf, und man erhält für die spezifische Wärme eine Kurve von der nebenstehenden Gestalt (Abb. 77), die sich für große Werte von T asymptotisch dem klassischen Wert von 6 cal/grad nähert, für kleine Temperaturen jedoch abfällt und für $T = 0$ in den Nullpunkt einläuft. Die experimentellen Untersuchungen zur Prüfung dieser Aussage der Theorie, die vorwiegend von Nernst und seinen Schülern durchgeführt wurden, zeigten zwar ungefähre Übereinstimmung zwischen Theorie und Experiment, besonders hinsichtlich des Umstandes, daß die spezifischen Wärmen mit abnehmender Temperatur gegen Null gehen, es ergaben sich jedoch Abweichungen, die zeigten, daß die Theorie in ihrer bisherigen Form noch verbesserungsbedürftig ist.

Diese Verbesserungen wurden von Debye und unabhängig von Born und Kármán gegeben. Sie beruhen auf folgenden Überlegungen: Wir haben die einzelnen Atome des festen Körpers (Kristall) bisher so behandelt, als ob sie unabhängig voneinander ungestört harmonische Schwingungen ausführen. Dies ist jedoch keineswegs der Fall, da ja die Gitteratome miteinander sehr stark gekoppelt sind. Man wird daher nicht davon sprechen können, daß im

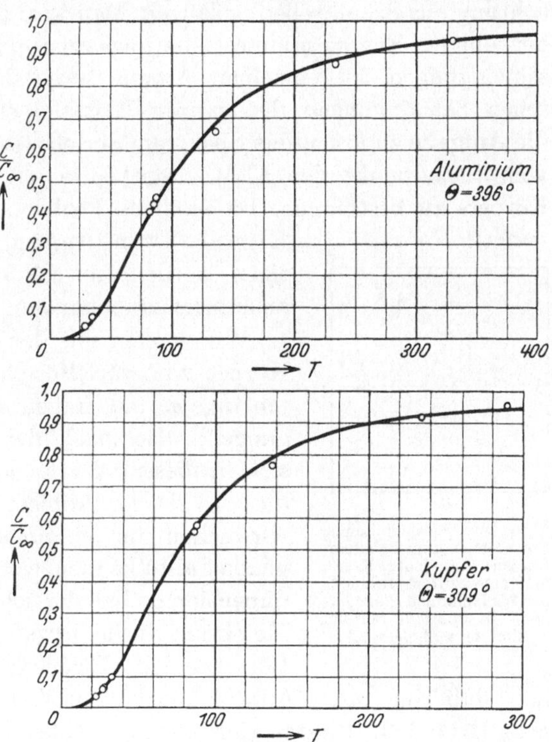

Abb. 77. Verlauf der spezifischen Wärmen bei tiefen Temperaturen nach Debye; die eingezeichneten Punkte sind Meßpunkte, die ausgezogenen Kurven entsprechen der Debyeschen Theorie.

Kristall L Atome oszillatorische Schwingungen mit der gleichen Frequenz ausführen, sondern man muß das gekoppelte System von $3L$ Schwingungen (entsprechend den $3L$ Freiheitsgraden der L Atome pro Mol) betrachten und demgemäß die Energie in der Form

$$U = \sum_{r=0}^{3L} \frac{h\,v_r}{e^{\frac{h\,v_r}{k\,T}} - 1}$$

angeben, wobei die v_r die den einzelnen Schwingungen entsprechenden Frequenzen sind.

Es wäre natürlich ein aussichtsloses Unterfangen, wollte man versuchen, diese Summe nach irgendeiner modellmäßigen Vorstellung direkt zu berechnen. Man kann jedoch, wie Debye gezeigt hat, folgenden Umweg einschlagen: Die Eigenschwingungen der einzelnen Atome des Kristallgitters treten phänomenologisch in der Elastizitätstheorie als elastische Eigenschwingungen des ganzen Kristalls in Erscheinung, wobei allerdings nur die gegen die Atomabstände langen Wellen zur Beobachtung (als Schallwellen) gelangen. Man wird daher bei der Berechnung der obigen Energiesumme näherungsweise das Spektrum der Eigenschwingungen der einzelnen Atome durch das Spektrum der elastischen Schwingungen des ganzen Kristalls ersetzen. Wir haben also die Aufgabe zu lösen, das Spektrum der elastischen Schwingungen eines vom Standpunkt der Elastizitätstheorie als Kontinuum aufgefaßten Körpers zu bestimmen. Da ähnliche Probleme (die Abzählung von Eigenschwingungen) uns auch später beschäftigen werden, so möchten wir dies hier etwas ausführlicher behandeln.

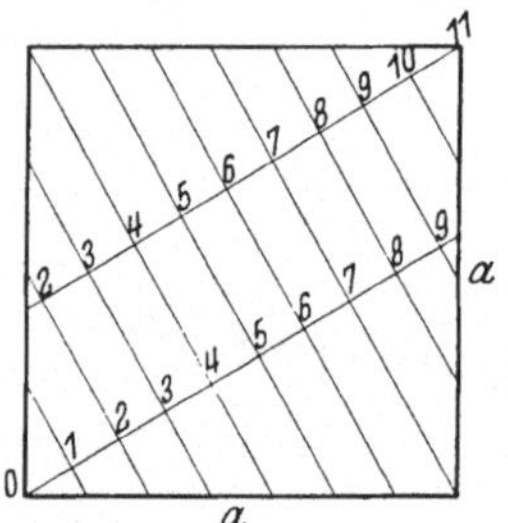

Abb. 78. Beispiel einer Eigenschwingung in einem Kasten; auf jeder Kante muß eine ganze Anzahl halber Wellenlängen Platz haben. (In unserem Beispiel sind $k_1 = 11$, $k_2 = 7$.)

Wir denken uns der Einfachheit wegen einen Körper von würfelförmiger Gestalt mit der Kantenlänge a und fragen nach seinen Eigenschwingungen, also nach den stehenden Wellen, die sich in diesem Würfel ausbilden können. Es ist dies das gleiche Problem in drei Dimensionen, das wir schon im eindimensionalen Fall (schwingende Saite) kennengelernt haben; auch der zweidimensionale Fall der schwingenden kreisförmigen Membran wurde erwähnt (Abschnitt 24, S. 97).

Für eine jede Eigenschwingung ist es erforderlich, daß eine ganze Anzahl von halben Wellenlängen auf jede Kante geht (Abb. 78). Breitet sich also eine ebene Welle im betrachteten Würfel aus in der Richtung, die mit den drei Würfelkanten Winkel einschließt, deren Richtungskosinusse durch α, β, γ gegeben sind ($\alpha^2 + \beta^2 + \gamma^2 = 1$), so muß die Projektion einer Kante auf diese Richtung gleich sein einem ganzen Vielfachen von $\lambda/2$. Man erhält so die drei Gleichungen

$$ k_1 \frac{\lambda}{2} = a\,\alpha, \qquad k_2 \frac{\lambda}{2} = a\,\beta, \qquad k_3 \frac{\lambda}{2} = a\,\gamma. $$

Für den Fall $\alpha = 1$, $\beta = \gamma = 0$ ist die Sache trivial, die Welle breitet sich parallel zur ersten Kante aus, es bestehen hier die gleichen Eigenschwingungen wie im Fall einer eingespannten Saite. Aber auch im dreidimensionalen Fall sind die obigen Bedingungen für die Existenz einer Eigenschwingung notwendig.

Man kann nun nach dem Spektrum dieser Eigenschwingungen fragen. Zunächst folgt aus den drei Bedingungen durch Quadrieren und Addieren

$$k_1^2 + k_2^2 + k_3^2 = \frac{4\,a^2}{\lambda^2},$$

die Wellenlängen der Eigenschwingungen werden somit bestimmt durch die Summe der Quadrate von drei ganzen Zahlen k_1, k_2, k_3. Man stellt mit Vorteil die einzelnen Eigenschwingungen durch einen Punkt im Raume der k_ν dar, indem man jeder durch die drei obigen Bedingungsgleichungen bestimmten Eigenschwingung den Punkt im k-Raum mit den drei Koordinaten k_1, k_2, k_3 zuordnet. Die Anzahl der Eigenschwingungen mit einer Wellenlänge $> \lambda$ ist nun aber gerade gleich der Anzahl der k_1, k_2, k_3-Punkte, die im ersten Oktanten des k-Raumes innerhalb einer Kugelfläche mit dem Radius $\frac{2\,a}{\lambda}$ liegen; denn die obige Bedingung $k_1^2 + k_2^2 + k_3^2 = \frac{4\,a^2}{\lambda^2}$ stellt eine Kugel im k-Raum um den Ursprung dar mit dem Radius $\frac{2\,a}{\lambda}$. Alle Eigenschwingungen mit größerer Wellenlänge als λ werden daher durch Punkte dargestellt, die innerhalb dieser Kugelfläche im k-Raum liegen. Die Beschränkung auf den ersten Kugeloktanten ist klar, da ja die k positive ganze Zahlen sind.

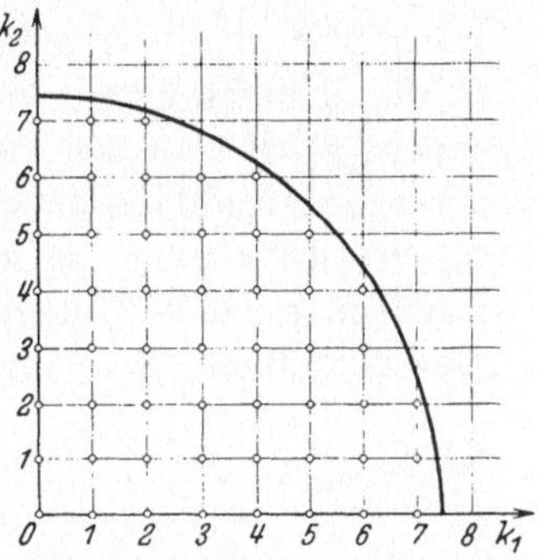

Abb. 79. Abzählung der Eigenschwingungen; die Anzahl der Schwingungen mit einer Wellenlänge $> \lambda$ ist gleich der Anzahl Gitterpunkte innerhalb der gezeichneten Kreislinie, und diese Zahl ist angenähert gleich der Fläche des Kreisquadranten.

Die gesuchte Punktzahl ist näherungsweise gleich dem Volumen des eben definierten Kugeloktanten. Man überlegt sich dies leicht an Hand der (allerdings zweidimensional gezeichneten) Abb. 79. Da die Netzpunkte ganzzahlige Koordinaten haben, so haben die kleinen, durch die Netzlinien gebildeten Quadrate die Größe 1. Der Fehler, den man macht, wenn man die Anzahl der Netzpunkte innerhalb des Kreises (Kugel) durch seinen Flächeninhalt (Volumen) ersetzt, ist nur von höherer Ordnung, wenn eine große Anzahl Punkte innerhalb des Kreises (Kugel) liegt. Das Volumen des Kugeloktanten und damit die Anzahl Eigenschwingungen $> \lambda$ ist daher gleich

$$Z = \frac{1}{8}\,\frac{4\pi}{3}\left(\frac{2\,a}{\lambda}\right)^3 = \frac{4\pi}{3}\,\frac{V}{c^3}\,\nu^3,$$

wobei c in diesem Falle die Geschwindigkeit der elastischen Schallwellen bedeutet. Daraus gewinnt man sofort die Anzahl der Eigenschwingungen im Frequenzintervall zwischen ν und $\nu + d\nu$:

$$dZ = \frac{4\pi V}{c^3}\, \nu^2 d\nu\,.$$

Wir werden später noch auf diese Formel zurückkommen; ihre Ableitung gilt allgemein und ist nicht nur auf die elastischen Eigenschwingungen beschränkt. Sie gilt ferner, wie Weyl gezeigt hat, unabhängig von der Gestalt des Volumens V.

Wir kehren nun zurück zur Bestimmung der mittleren Energie der Atome in einem festen Körper. Die dort abgeleitete Formel

$$U = \sum_{r=1}^{3L} \frac{h\,\nu_r}{e^{\frac{h\nu_r}{kT}} - 1}$$

formen wir nun, wie schon oben ausgeführt wurde, dadurch um, daß wir die ν_r nicht mehr, wie früher, als Eigenschwingungen der Atome, sondern als Frequenzen der elastischen Wellen des Körpers auffassen; da wir die Anzahl dieser Schwingungen im Frequenzintervall zwischen ν und $\nu + d\nu$ kennen, so können wir die Summe in ein Integral umschreiben, wobei als Integrand zu dem früheren Summenglied noch das „Gewicht“ dieses Schwingungszustandes, eben jene Anzahl hinzutritt:

$$U = \int \frac{h\,\nu}{e^{\frac{h\nu}{kT}} - 1}\, \frac{4\pi V}{c^3}\, \nu^2 d\nu\,.$$

Dazu ist jedoch noch zu bemerken, daß die Gesamtzahl der Eigenschwingungen des Kristalls endlich ist, nämlich gleich $3L$; es gibt also eine Maximalfrequenz ν_m, die sich aus der Gleichung

$$3L = Z = \frac{4\pi V}{3c^3}\, \nu_m^3 \quad \text{oder} \quad \nu_m = c\sqrt[3]{\frac{9L}{4\pi V}}$$

bestimmt. Daher ist das obige Integral nicht bis ∞, sondern nur bis zu dieser Grenzfrequenz zu erstrecken. Man erhält so für die Energie U den Ausdruck

$$U = \frac{4\pi V}{c^3} \int_0^{\nu_m} \frac{h\,\nu^3 d\nu}{e^{\frac{h\nu}{kT}} - 1} = \frac{4\pi V}{c^3}\left(\frac{kT}{h}\right)^4 h \int_0^{x_m} \frac{x^3\,dx}{e^x - 1} = 3RT\,\frac{3}{x_m^3}\int_0^{x_m} \frac{x^3\,dx}{e^x - 1}\,,$$

wobei zur Abkürzung $x_m = \frac{h\nu_m}{kT}$ gesetzt wurde. Man nennt diese Beziehung die Debyesche Formel, sie hat an die Stelle der Einsteinschen Formel der Oszillatorenenergie zu treten (Abb. 77, S. 153). Die Debyesche Formel wurde durch Born und Kármán dadurch noch verfeinert, daß sie bei der Abzählung der Eigenschwingungen die Gitterstruktur der Kristalle berücksichtigten, die wir bei der obigen Abzählung vollkommen außer acht gelassen haben. Man gewinnt so besondere Formeln für die einzelnen Kristallstrukturen.

Die Erfahrung hat diese verfeinerte Theorie durchwegs bestätigt; z. B. gibt das Experiment für extrem tiefe Temperaturen ein T^3-Gesetz für die spezifische Wärme, während aus der einfachen Einsteinschen Theorie ein exponentieller Anstieg folgt. Die Debyesche Theorie führt jedoch für tiefe Temperaturen auf das richtige Gesetz; denn für diese Temperaturen geht x_m gegen Unendlich, das Integral in der Formel für U wird daher praktisch konstant, während vor dem Integral die vierte Potenz von T steht; die spezifische Wärme ergibt sich aus der Energie durch Differentiation nach der Temperatur, so daß also richtig das experimentell gefundene T^3-Gesetz folgt. Man kann sagen, daß heute das Verhalten der spezifischen Wärmen fester Körper vollkommen geklärt ist.

In ganz ähnlicher Weise kann man die Quantentheorie des Oszillators auf mehratomige Gase anwenden. Auch hier wächst die experimentell gefundene spezifische Wärme gemäß der Planckschen Formel an.

35. Quantisierung der Hohlraumstrahlung.

Wir kehren nun wieder zum Gesetz der Hohlraumstrahlung zurück. Wir haben in dem letzten Abschnitt gesehen, daß sich die Plancksche Quantenhypothese nicht nur bei der Hohlraumstrahlung, sondern auch in der Theorie der spezifischen Wärmen glänzend bewährt hat. Man hat damit eine weitere gut fundierte Stütze der Quantentheorie gewonnen.

Was jedoch sonst die Ableitung des Strahlungsgesetzes nach der Planckschen Methode anlangt, so ist sie insofern unbefriedigend, als sie zum Teil auf den Gesetzen der klassischen Physik beruht und nur zum Teil sich auf die Quantentheorie beruft. Rein klassisch wurde ja die Formel für den Zusammenhang zwischen mittlerer Oszillatorenergie und Strahlungsfeld im Hohlraum $u_\nu = \dfrac{8\,\pi\,\nu^2}{c^3}\,\varepsilon$ gewonnen; bei ihrer Ableitung wurde von den klassischen Gesetzen der Absorption und Emission durch einen Oszillator Gebrauch gemacht.

Kann man diesen Umweg über den absorbierenden und emittierenden Oszillator vermeiden? Es ist naheliegend, im Anschluß an Rayleigh-Jeans und Debye zu versuchen, das elektromagnetische Feld im Innern eines würfelförmigen Hohlraums mit spiegelnden Wänden genau so statistisch zu behandeln wie in der Theorie der spezifischen Wärmen die Eigenschwingungen der Kristalle. Der Hohlraum mit spiegelnden Wänden besitzt genau solche Eigenschwingungen wie ein Kristall, und man kann daher die Anzahl dieser Schwingungen in einem bestimmten

Frequenzintervall zwischen v und $v + dv$ in der gleichen Weise wie
früher ableiten:

$$dz = 2\,\frac{4\,\pi\,V}{c^3}\,v^2\,dv\,.$$

Es tritt jedoch hier ein Faktor 2 hinzu, da zu jeder möglichen Wellenlänge und Wellennormale noch zwei verschiedene Wellen mit den beiden
Polarisationsrichtungen gehören.

Man wird nun konsequenterweise annehmen, daß sich jede Eigenschwingung wie ein Planckscher Oszillator mit der mittleren Energie

$$\frac{h\,v}{e^{\frac{h\,v}{k\,T}} - 1}$$

verhält; es ist dies die Übertragung der Rechenmethoden und Gedanken-
gänge des letzten Abschnittes von den Eigenschwingungen des Kristallgitters auf die Eigenschwingungen des Hohlraums. Man erhält so die
Plancksche Formel

$$u_v\,dv = \frac{1}{V}\,dz\,\frac{h\,v}{e^{\frac{h\,v}{k\,T}} - 1} = \frac{8\,\pi\,h\,v^3}{c^3}\,\frac{1}{e^{\frac{h\,v}{k\,T}} - 1}\,dv\,.$$

Wenn auch diese Ableitung formal äußerst einfach ist, so enthält sie
doch eine große begriffliche Schwierigkeit: Die verwendete Formel
für die mittlere Energie eines Oszillators ist verbunden mit der Vorstellung, daß ein Oszillator der Frequenz v nicht nur die Energie $h\,v$,
sondern auch ganzzahlige Vielfache dieses Energiequantums besitzen
kann; und zwar ist die Häufigkeit der Fälle, daß ein Oszillator die
Energie $n\,h\,v$ besitzt, proportional $e^{-\frac{n\,h\,v}{k\,T}}$. Wir haben ja die mittlere
Energie eines Oszillators durch die Mittelwertbildung

$$\frac{\sum\limits_{0}^{\infty} n\,h\,v\,e^{-\frac{n\,h\,v}{k\,T}}}{\sum\limits_{0}^{\infty} e^{-\frac{n\,h\,v}{k\,T}}} = \frac{h\,v}{e^{\frac{h\,v}{k\,T}} - 1}$$

erhalten. Überträgt man diese Vorstellungen auf die Eigenschwingungen
des Hohlraums, die wir ja durch die Oszillatoren ersetzt haben, so folgt
daraus, daß eine elektromagnetische Eigenschwingung der Frequenz v
die Energiebeträge $n\,h\,v$ besitzen kann. Dies würde in der Sprache der
Lichtquantentheorie bedeuten, daß ein Lichtquant (Photon), das einer
elektromagnetischen Schwingung der Frequenz v zugeordnet ist, die
Energiewerte $n\,h\,v$ annehmen kann, im Widerspruch zur Einsteinschen
Lichtquantenhypothese, der zufolge ein Lichtquant stets die Energie $h\,v$

besitzt. Diese Hypothese aber ist heute auf Grund der Erfahrungen über die atomaren Elementarprozesse zur gesicherten Tatsache geworden. Der Versuch, das Gesetz der Hohlraumstrahlung allein aus der klassischen Statistik unter Hinzunahme der Quantenhypothese zu erklären, mißlingt also beim Versuch, die wellenmäßige Ableitung der Strahlungsformel in die Sprache der Korpuskulartheorie zu übersetzen.

36. Bose-Einsteinsche Statistik der Lichtquanten.

Man kann ferner versuchen, die Strahlungsformel nicht, wie früher, vom reinen Wellenstandpunkt durch Quantisierung der Hohlraumstrahlung abzuleiten, sondern vom Standpunkt der Lichtquantentheorie, also auf Grund einer Korpuskulartheorie. Dann muß man also Statistik des Lichtquantengases betreiben, und es ist naheliegend, hier die Methoden der klassischen Boltzmann-Statistik, wie in der kinetischen Gastheorie, anzuwenden; der von Planck bei der wellenmäßigen Behandlung der Hohlraumstrahlung eingeführten Quantenhypothese haben wir hier ja schon automatisch dadurch Rechnung getragen, daß wir mit Lichtquanten, also mit Lichtpartikeln von der Energie $h\nu$ und vom Impuls $\dfrac{h\nu}{c}$ rechnen. Es zeigt sich jedoch, daß auch dieser Versuch zur Ableitung des Planckschen Strahlungsgesetzes mißlingt, wie wir sogleich näher ausführen werden.

Wir charakterisieren also nun nicht mehr wie früher eine Strahlungskomponente durch ihre Wellenlänge und die Richtungskosinus ihrer Wellennormalen, sondern durch die ihr nach de Broglie zugeordneten Impulskomponenten

$$p_x = \frac{h}{\lambda}\,\alpha\,, \qquad p_y = \frac{h}{\lambda}\,\beta\,, \qquad p_z = \frac{h}{\lambda}\,\gamma\,.$$

Da wir jedoch von früher her wissen, daß sich in einem kubischen Hohlraum der Kantenlänge a nur die stehenden Wellen ausbreiten können, die den Bedingungen

$$k_1 = \frac{2\,a}{\lambda}\,\alpha\,, \qquad k_2 = \frac{2\,a}{\lambda}\,\beta\,, \qquad k_3 = \frac{2\,a}{\lambda}\,\gamma$$

genügen, so bedeutet das, daß auch der Impulsraum der Lichtquanten diskontinuierlich ist; es ergibt sich nämlich aus den beiden Gleichungen

$$p_x = \frac{h}{2\,a}\,k_1\,, \qquad p_y = \frac{h}{2\,a}\,k_2\,, \qquad p_z = \frac{h}{2\,a}\,p_3\,;$$

man sieht, daß die Impulskomponenten nur ganzzahlige Vielfache von $\dfrac{h}{2\,a}$ sein können. Der Impuls selbst wird gegeben durch

$$p = \frac{h}{\lambda} = \frac{h\nu}{c} = \frac{h}{2\,a}\sqrt{k_1^2 + k_2^2 + k_3^2}\,.$$

Man nennt das Tripel dreier ganzer Zahlen k_1, k_2, k_3 eine Zelle des Impulsraumes; man denkt sich dabei den Impulsraum in ähnlicher Weise in Zellen unterteilt, wie wir es früher im Rahmen der kinetischen Gastheorie bei der Entwicklung der Boltzmannschen Statistik bereits getan haben; nur ergibt sich hier die Zelleneinteilung nach einer bestimmten Vorschrift, während wir dort die Einteilung in die Zellen ω willkürlich durchgeführt haben. Hier werden also die Zellen so konstruiert, daß zu jeder Zelle nur ein einziges Wertetripel der Zahlen k_ν gehört; doch enthält jede Zelle zwei Lichtquanten wegen der beiden möglichen Polarisationsrichtungen des Lichtes.

Wir fragen nun nach der Anzahl von Zellen im Intervall zwischen p und $p + dp$, das wir kurz eine „Schicht" im Impulsraum nennen wollen; man erhält sie genau so, wie früher die Anzahl der Eigenschwingungen des Hohlraums im Frequenzintervall zwischen ν und $\nu + d\nu$:

$$dz = 2\,\frac{4\,\pi\,V}{c^3}\,\nu^2 d\nu = 2\,\frac{4\,\pi\,V\,p^2\,dp}{h^3}\,.$$

Denn die hier gestellte Frage ist ja mit der im Falle der Hohlraumstrahlung identisch, es ist nur erforderlich, das dort gewonnene Resultat in die Sprache der Lichtquantentheorie (Korpuskulartheorie) vermöge der de Broglieschen Beziehung $p = \dfrac{h}{\lambda}$ zu übertragen. Wir sehen nun nachträglich, daß dieses Resultat auch so zu erhalten ist, daß man den ganzen Phasenraum, also den Koordinaten- und Impulsraum zusammen in Zellen von der Größe h^3 einteilt und nun nach der Anzahl der Zellen fragt, die in dem Gebiet des Phasenraumes liegt, der dem räumlichen Volumen V und dem Gebiet zwischen p und $p + dp$ im Impulsraum entspricht; sie ergibt sich bei Berücksichtigung der zweifachen Möglichkeit hinsichtlich der Polarisation:

$$dz = 2\,\frac{4\,\pi\,p^2\,dp\,V}{h^3}\,,$$

also gerade der oben abgeleitete Ausdruck. Der Fortschritt dieser Abzählung gegenüber der oben im Rahmen der Boltzmann-Statistik durchgeführten besteht lediglich darin, daß aus der Quantentheorie heraus eine bestimmte Größe für die Zellen folgt, in die wir den Phasenraum zum Zwecke der Statistik zu unterteilen haben. Für die gewöhnliche Gastheorie spielte, wenn man von dem später zu behandelnden Fall der Gasentartung absieht, die Größe der Zellen keine Rolle, sie fiel im weiteren Verlauf der Rechnung wieder heraus. Hier im Falle der Lichtquantenstatistik ist jedoch, wie auch im Falle der Gasentartung, die Größe der Zelleinteilung von großer Bedeutung. Wir erwähnen noch, daß die so gefundene endliche Größe h^3 einer Zelle vollkommen der Ungenauigkeitsrelation von Heisenberg entspricht, nach der gleichzeitig der Ort und der Impuls eines Teilchens nicht genauer als nach der Relation $\Delta p \, \Delta q \sim h$ festgelegt werden können; es hätte daher im Rahmen der Heisenbergrelation gar keinen Sinn, eine feinere Zelleneinteilung des Phasenraumes durchzuführen, da man in diesem Falle dann experimentell schon gar nicht mehr die Möglichkeit hätte, zu entscheiden, in welcher dieser Zellen sich ein Teilchen befindet.

Wir kehren nun zur Statistik der Lichtquanten zurück und wollen unsere obige Behauptung verifizieren, daß die Lichtquantenvorstellung (verbunden mit der quantenmäßigen Festsetzung über die Zellgröße) im Rahmen der Boltzmannschen Statistik nicht zur Ableitung der Planckschen Formel ausreicht. Denn nach dem Boltzmannschen Satze ist die Anzahl der Quanten in einer bestimmten Schicht, die wir durch eine mittlere Frequenz ν_s aus dieser Schicht charakterisieren wollen, gegeben durch das Produkt aus der Zahl der Zellen dz in dieser Schicht, also durch ihr statistisches Gewicht (das wir fernerhein mit g_s bezeichnen wollen), noch multipliziert mit dem Boltzmannfaktor $A\,e^{-\frac{\varepsilon_s}{kT}}$, also

$$n_s = A\,g_s\,e^{-\frac{h\,\nu_s}{kT}} \qquad (\varepsilon_s = h\,\nu_s).$$

Das Boltzmannsche Verteilungsgesetz ergab sich, um es nochmals zu wiederholen (s. Abschnitt 6), durch die Frage nach der wahrscheinlichsten Verteilung der Partikel eines Gases (in unserem Falle des Lichtquantengases) auf die einzelnen Zellen unter Berücksichtigung der beiden Nebenbedingungen $\sum n_s = n$ und $\sum n_s\,\varepsilon_s = E$ bei vorgegebener Teilchenanzahl und vorgegebener Gesamtenergie. Für die Energieverteilung in unserem Lichtquantengas erhält man daher

$$h\,\nu_s\,n_s = A\,g_s\,h\,\nu_s\,e^{-\frac{h\,\nu_s}{kT}}$$

oder

$$u_\nu\,d\nu = \frac{h\,\nu\,n}{V} = A\,\frac{8\pi\,h\,\nu^3}{c^3}\,d\nu\,e^{-\frac{h\,\nu}{kT}},$$

anstatt, wie es nach der Planckschen Formel sein müßte:

$$u_\nu\,d\nu = \frac{8\pi\,h\,\nu^3\,d\nu}{c^3}\,\frac{1}{e^{\frac{h\,\nu}{kT}} - 1}.$$

Wir sehen also ein Versagen der klassischen statistischen Methoden nicht nur im Falle, daß wir Statistik der Hohlraumstrahlung vom Wellenstandpunkt aus treiben wollen (Abschnitt 35), sondern auch im Falle des Versuches, eine Statistik des Lichtquantengases aufzustellen. Es fragt sich also, welche Änderungen an der klassischen Statistik vorzunehmen sind, um das Plancksche Strahlungsgesetz auch ohne den

Umweg über einen absorbierenden und emittierenden Oszillator auf rein statistischer Grundlage ableiten zu können.

Zunächst sehen wir, daß für kleine T, also für $e^{\frac{h\nu}{kT}} \gg 1$, unsere Formel mit der in diesem Falle gültigen Wienschen Näherungsformel des Planckschen Gesetzes übereinstimmen würde, wenn $A = 1$ ist. Was bedeutet die Bedingung $A = 1$? Geht man auf die Ableitung des Boltzmannschen Verteilungsgesetzes zurück, so sieht man leicht, daß der Koeffizient A eine Folge der ersten Nebenbedingung (feste Teilchenzahl) ist. Der Fall $A = 1$ würde sich ergeben, wenn wir diese Nebenbedingung fortlassen würden. Man muß also wegen der dann eintretenden asymptotischen Übereinstimmung unseres eben abgeleiteten Strahlungsgesetzes mit der richtigen Formel den Schluß ziehen, daß für Lichtquanten (Photonen) die erste Nebenbedingung nicht besteht; wir sind zu diesem Schlusse besonders dadurch berechtigt, daß für große Energiequanten, also für große Werte von $\dfrac{h\nu}{kT}$ unsere Ableitung (schon wegen des Korrespondenzprinzips) das Richtige treffen muß. Im übrigen ist das Wegfallen der ersten Nebenbedingung (feste Teilchenzahl) im Falle von Lichtquanten ohne weiteres verständlich; denn bei jedem Emissionsprozeß eines Atomes wird ja ein Lichtquant neu gebildet, bei jedem Absorptionsprozeß ein Lichtquant verschluckt und in andere Energieformen umgewandelt.

Aber auch diese Annahme allein reicht nicht aus, um die Plancksche Formel auf statistischer Grundlage abzuleiten. Man muß vielmehr die Grundlagen der Statistik vollkommen ändern, also eine neue „Quantenstatistik" aufstellen. Den Weg dazu hat Bose gezeigt, indem er darauf hinwies, daß man vollständige Nichtunterscheidbarkeit der Lichtquanten annehmen muß. Diese Annahme ist sehr plausibel: Denken wir uns z. B. die Lichtquanten der Reihe nach durchnumeriert. Wenn sich das Lichtquant Nr. 1 in der Zelle z_1 befindet, das Lichtquant Nr. 2 in der Zelle z_2 usw., so stellt diese Verteilung offenbar den gleichen Zustand dar wie die Verteilung, bei der das Lichtquant Nr. 1 in der Zelle z_2, das Lichtquant Nr. 2 in der Zelle z_1 sitzt und die übrige Verteilung der Lichtquanten die gleiche geblieben ist; denn die beiden Lichtquanten unterscheiden sich ja durch nichts anderes, als daß eben das eine Lichtquant sich in der ersten und das andere Lichtquant in der zweiten Zelle befindet. Eine Numerierung bzw. eine Individualisierung der einzelnen Lichtquanten ist vollkommen sinnlos, da der Zustand lediglich dadurch vollständig und eindeutig beschrieben ist, daß man angibt, wie viele Lichtquanten in der Zelle z_1, wie viele in der Zelle z_2 sitzen usw. Dies bedeutet aber einen wesentlichen Unterschied gegenüber der klassischen Statistik: Dort haben wir zwei Fälle, die auseinander lediglich durch Vertauschung von zwei Lichtquanten hervorgehen, bei der Abzählung der Zustände als zwei verschiedene Zustände verzeichnet, während sie nunmehr den gleichen Zustand darstellen und daher bei der Abzählung der Zustände nur als ein einziger Zustand gezählt werden dürfen.

Wir wollen die Verhältnisse vom mathematischen Standpunkt aus betrachten, und zwar insofern gleich allgemeiner fassen, als wir zunächst nur allgemein von Teilchen sprechen und uns nicht gerade auf Lichtquanten spezialisieren. Wir haben ja bereits bei der Formulierung des Pauliprinzips (Abschnitt 29) gesehen, daß es auch dort nicht darauf ankommt, welches Elektron gerade an dieser oder jener Stelle sitzt; die zweite Hälfte des Pauliprinzips besagte ja gerade, daß die Vertauschung zweier Elektronen den Zustand des Gesamtsystems nicht ändert, daß also zwei Verteilungen, die sich nur durch die Vertauschung zweier Elektronen unterscheiden, einen und denselben Zustand darstellen.

Vom Standpunkt der Wellenmechanik beschreibt man eine jede Partikel, auch ein Lichtquant, durch die Angabe seiner Eigenfunktion; die Eigenfunktion einer ersten Partikel sei $\psi_k^{(1)}$, die einer zweiten $\psi_l^{(2)}$, die einer dritten $\psi_m^{(3)}$ usw.; dabei seien $k, l, m, \ldots$ die Repräsentanten des Zustandes, in dem sich die betreffende Partikel gerade befindet (im Falle von Lichtquanten steht z. B. k an Stelle der drei Quantenzahlen k_1, k_2, k_3). Der Gesamtzustand wird dann (wenigstens in erster Näherung bei Vernachlässigung der Wechselwirkung zwischen den einzelnen Partikeln) beschrieben durch das Produkt dieser Eigenfunktionen, also durch eine Eigenfunktion

$$\Psi_{klm\ldots} = \psi_k^{(1)}\, \psi_l^{(2)}\, \psi_m^{(3)} \cdots.$$

Vertauscht man nun zwei Partikel miteinander, z. B. die Partikel 1 und die Partikel 2, so ergibt sich eine andere Wellenfunktion

$$\Psi'_{klm\ldots} = \psi_k^{(2)}\, \psi_l^{(1)}\, \psi_m^{(3)} \cdots,$$

die offenbar zum gleichen Energiewert des Gesamtsystems, nämlich zu

$$\varepsilon_{klm\ldots} = \varepsilon_k + \varepsilon_l + \varepsilon_m + \cdots$$

gehört. Andere Wellenfunktionen zum gleichen Energiewert erhält man durch eine beliebige Linearkombination der Wellenfunktionen, die aus der zuerst angegebenen durch eine Permutation der einzelnen Partikeln untereinander, also durch eine Vertauschung der Argumente $1, 2, 3, \ldots$ der Teilfunktionen hervorgehen:

$$\Psi_{klm\ldots} = \sum_P a_{123\ldots}\, \psi_k^{(1)}\, \psi_l^{(2)}\, \psi_m^{(3)} \cdots;$$

zu summieren ist über alle Permutationen P dieser Argumente; die $a_{123\ldots}$ stellen dabei willkürliche konstante Koeffizienten dar.

Im Sinne der klassischen Statistik ergeben diese Wellenfunktionen so viele verschiedene Zustände, als es unter ihnen linear unabhängige Wellenfunktionen gibt. Vom Standpunkt der neuen Statistik gehören jedoch die Fälle, die lediglich durch Vertauschung von Partikeln auseinander hervorgehen, zum gleichen Zustand. Die Wellenfunktion, die diesen Zustand beschreibt, darf sich daher bei Vertauschung der Partikeln nicht oder höchstens, da es bei den physikalisch deutbaren Größen nur auf die quadratischen Formen wie $|\Psi|^2$ u. a. ankommt, hinsichtlich ihres Vorzeichens ändern. Nun läßt sich leicht einsehen, daß die einzige Wellenfunktion von der oben angegebenen Form, die sich bei Vertauschung der Teilchen nicht ändert, diejenige ist, bei der alle Koeffizienten gleich 1 sind, also die **symmetrische Wellenfunktion**

$$\Psi_s = \sum_P \psi_k^{(1)}\, \psi_l^{(2)}\, \psi_m^{(3)} \cdot \cdot \cdot \cdot$$

Eine andere Möglichkeit, bei der sich zwar das Vorzeichen der Wellenfunktion, nicht aber der Wert ihres Quadrates ändert, ist die **antisymmetrische Bildung**

$$\Psi_a = \sum_P \pm\, \psi_k^{(1)}\, \psi_l^{(2)}\, \psi_m^{(3)} \cdot \cdot \cdot ,$$

wobei das $+$-Zeichen im Falle einer geraden Permutation, das $-$-Zeichen im Falle einer ungeraden Permutation der Teilchen zu setzen ist. Diese antisymmetrische Bildung ist aus der Determinantentheorie her bekannt, sie ist die Entwicklung der Determinante

$$\Psi_a = \begin{vmatrix} \psi_k^{(1)} & \psi_k^{(2)} & \psi_k^{(3)} \cdot \cdot \cdot \\ \psi_l^{(1)} & \psi_l^{(2)} & \psi_l^{(3)} \cdot \cdot \cdot \\ \psi_m^{(1)} & \psi_m^{(2)} & \psi_m^{(3)} \cdot \cdot \cdot \\ \cdot & \cdot \quad \cdot \quad \cdot & \cdot \quad \cdot \end{vmatrix}$$

Andere Wellenfunktionen, die der Forderung nach Nichtunterscheidbarkeit genügen, gibt es nicht.

Wir weisen noch auf eine Besonderheit im Falle der antisymmetrischen Funktion hin: Bekanntlich verschwindet eine Determinante im Falle zweier gleicher Zeilen oder Spalten; sind also zwei Funktionen ψ_k und ψ_l gleich, so ist die Determinante und damit die Wellenfunktion dieses Zustandes Null, d. h. dieser Zustand existiert nicht. Es ist dies nichts anderes als die Aussage des Paulischen Prinzips, daß zwei Elektronen nicht im gleichen Zustand (gleiches ψ_k) sein können.

Es gibt also nur zwei Möglichkeiten, einen Zustand durch eine Wellenfunktion zu beschreiben, entweder durch die symmetrische oder durch die antisymmetrische Wellenfunktion; die zweite Möglichkeit entspricht dem Pauliprinzip, die erste ist ein anderer, wesentlich verschiedener Ansatz. Zählt man die möglichen Zustände auf Grund ihrer

Wellenfunktionen (d. h. der möglichen voneinander linear unabhängigen Wellenfunktionen) ab, so gelangt man zu zwei verschiedenen Statistiken. Und zwar kommt man zur sog. Bose-Einsteinschen Statistik, wenn man sich auf die symmetrischen Wellenfunktionen (ohne Pauliprinzip) beschränkt, und zur Fermi-Diracschen Statistik, wenn man den Zustand durch die antisymmetrische Funktion beschreibt (mit Pauliprinzip). Welche der beiden Statistiken man in einem speziellen Fall anzuwenden hat, darüber muß die Erfahrung entscheiden. Von den Elektronen wissen wir bereits, daß sie dem Pauliprinzip genügen, man wird sie daher versuchsweise nach der Fermi-Diracschen Statistik behandeln (s. Abschnitt 38); andrerseits zeigt es sich, daß man Lichtquanten (Bose) und auch Gasmoleküle (Einstein) nach der Bose-Einsteinschen Statistik zu behandeln hat.

Wir gehen nun zur Ableitung dieser Statistik über und haben zunächst die Anzahl der verschiedenen Zustände (also der linear unabhängigen Wellenfunktionen) abzuzählen. Wir führen diese Abzählung jedoch nicht im Wellen-, sondern im Korpuskelbild durch und fragen nach der Anzahl der unterscheidbaren Anordnungen der Partikeln in einer Schicht im Falle der Bose-Einsteinschen Statistik. Zur Beantwortung dieser Frage bezeichnen wir die einzelnen Zellen dieser Schicht mit $z_1, z_2, \ldots, z_{g_s}$; ihre Anzahl ist definitionsgemäß durch den Gewichtsfaktor g_s dieser Schicht gegeben. Andrerseits seien n_s Partikel in dieser Schicht, die wir vorerst individuell mit $a_1, a_2, \ldots, a_{n_s}$ bezeichnen. Wir haben diese Teilchen auf die g_s Zellen der Schicht zu verteilen und die Anzahl der unterscheidbaren Anordnungen zu bestimmen. Dazu setzen wir folgende Beschreibung einer bestimmten Anordnung fest: Wir schreiben rein formal die Elemente z und a in einer beliebigen Reihenfolge an, z. B.

$$z_1\, a_1\, a_2\, z_2\, a_3\, z_3\, a_4\, a_5\, a_6\, z_4\, z_5\, a_7 \cdots,$$

mit der Bedeutung, daß immer die zwischen zwei z stehenden Partikeln sich in der Zelle befinden sollen, die links von ihnen in der Reihenfolge steht; die oben angeschriebene Folge bedeutet daher, daß in der Zelle z_1 sich die Partikeln a_1 und a_2, in der Zelle z_2 das Teilchen a_3, in z_3 die Partikeln a_4, a_5, a_6, in z_4 keine Partikel usw. befinden sollen; aus dieser Deutung geht hervor, daß das erste Zeichen in dieser symbolischen Anordnung ein z sein muß. Man erhält also alle möglichen Anordnungen dadurch, daß man zunächst ein z an die Spitze der Reihe schreibt, was auf g_s verschiedene Arten erfolgen kann, und dann die übrigen $g_s - 1 + n_s$ Symbole in beliebiger Reihenfolge dahinter anschreibt. Die Zahl aller dieser Anordnungen ist daher gleich

$$g_s\, (g_s + n_s - 1)!\,.$$

Die Verteilungen, die sich durch Vertauschung der Zellen untereinander oder der Teilchen untereinander unterscheiden, stellen jedoch
nicht verschiedene Zustände, sondern einen und denselben Zustand dar;
die Zahl dieser Vertauschungen ist $g_s!\, n_s!$. Also erhält man als Anzahl
der unterscheidbaren Anordnungen in der Schicht, die durch den Index s
charakterisiert ist, im Falle der Bose-Einsteinschen Statistik

$$\frac{g_s\,(g_s + n_s - 1)!}{g_s!\, n_s!} = \frac{(g_s + n_s - 1)!}{(g_s - 1)!\, n_s!}\,.$$

Die Zahl der unterscheidbaren Anordnungen überhaupt für den Fall,
daß in der ersten Schicht n_1, in der zweiten n_2 Partikeln sind usw.,
ist daher gegeben durch das Produkt dieser Ausdrücke für alle Schichten:

$$W = \prod_s \frac{(g_s + n_s - 1)!}{(g_s - 1)!\, n_s!}\,.$$

Man nennt sie die „Wahrscheinlichkeit" der durch die Zahlen $n_1, n_2, \ldots$
bestimmten Verteilung der Partikeln auf die einzelnen Schichten. Sie
tritt hier an die Stelle der in der Boltzmannschen Statistik gefundenen
Wahrscheinlichkeit $W = \dfrac{n!}{n_1!\, n_2!\cdots}\, \omega_1^{n_1}\, \omega_2^{n_2} \ldots$ (Abschnitt 6). Die weitere Rechnung verläuft wie dort: Wir müssen die wahrscheinlichste
Verteilung bestimmen; dazu bilden wir auf Grund der Stirlingschen
Formel

$$\log W = \sum_s \left\{(g_s + n_s)\log(g_s + n_s) - g_s \log g_s - n_s \log n_s\right\},$$

wobei wir die 1 gegenüber den großen Zahlen g_s und n_s vernachlässigt
haben, und müssen nun $\log W$ durch Variation der n_s zu einem Maximum
machen unter der Nebenbedingung

$$\sum_s n_s\, \varepsilon_s = E \qquad (\varepsilon_s = h\, \nu_s)\,.$$

Für Lichtquanten fällt, wie wir oben gezeigt haben, die zweite Nebenbedingung (konstante Teilchenzahl) fort. Man erhält so in üblicher
Weise

$$\frac{\partial \log W}{\partial n_s} = \log(g_s + n_s) + 1 - \log n_s - 1 = \log \frac{g_s + n_s}{n_s} = \beta\, \varepsilon_s$$

oder

$$\frac{g_s + n_s}{n_s} = e^{\beta\, \varepsilon_s}\,.$$

Das Bose-Einsteinsche Verteilungsgesetz für Lichtquanten
lautet also (unter Weglassung des Index s)

$$n = \frac{g}{e^{\beta\, \varepsilon} - 1}\,;$$

daraus ergibt sich die Energiedichte

$$u_\nu\, d\nu = \frac{n\,h\,\nu}{V} = \frac{8\pi\,h\,\nu^3\,d\nu}{e^{\beta h\nu} - 1}.$$

Dies ist gerade die Plancksche Strahlungsformel, wenn $\beta = \dfrac{1}{kT}$ gesetzt wird. Die Rechtfertigung hierfür liefert die Thermodynamik; man hat nach Boltzmann $S = k \log W$ als Entropie anzusehen und kann dann zeigen, daß man aus der Gleichung $TdS = dQ$ auf $\beta = 1/RT$ schließen kann (dQ ist der Zuwachs des Wärme- oder bei konstantem Volumen des Energieinhaltes des Lichtquantengases). Aus der Bose-Einsteinschen Statistik läßt sich also das Plancksche Strahlungsgesetz in einwandfreier Weise ableiten.

37. Einsteins Theorie der Gasentartung.

Nach dem glänzenden Erfolg der Bose-Einsteinschen Statistik im Falle des Lichtquantengases war es naheliegend, sie versuchsweise auch an die Stelle der Boltzmannschen Statistik in der kinetischen Theorie der idealen Gase zu setzen; diesem Versuch, der von Einstein unternommen wurde, liegt die Hypothese zugrunde, daß auch die Moleküle eines Gases ununterscheidbar sind.

Die Rechnungen verlaufen hier genau so wie im Falle der Lichtquanten, nur tritt noch eine zweite Nebenbedingung hinzu wegen der Erhaltung der Teilchenzahl:

$$\sum_s n_s = N.$$

Die Bestimmung der Wahrscheinlichkeit einer bestimmten Verteilung $n_1, n_2, \ldots$ geschieht auf die gleiche Weise wie früher. Die Berechnung der wahrscheinlichsten Verteilung führt hier wegen der zweiten Nebenbedingung auf die Gleichung

$$\frac{\partial \log W}{\partial n_s} = \log \frac{g_s + n_s}{n_s} = \alpha + \beta\varepsilon,$$

also (bei Weglassung des Index s)

$$n = \frac{g}{e^{\alpha + \beta\varepsilon} - 1}.$$

Hier läßt sich die Zellenzahl g einer Schicht durch die ihr entsprechende Energie ausdrücken: Es gilt ja

$$\varepsilon = \frac{1}{2m} p^2 \quad \text{und} \quad d\varepsilon = \frac{1}{m} p\,dp,$$

wobei p der Impuls der Teilchen ist; für den oben abgeleiteten Ausdruck für g erhält man daher

$$g = \frac{4\pi V}{h^3} p^2\,dp = \frac{4\pi V}{h^3} \sqrt{2\,m^3\,\varepsilon}\,d\varepsilon.$$

Es ergibt sich so das Bose-Einsteinsche Verteilungsgesetz für
Atome:

$$dN = F(\varepsilon)\,\sqrt{\varepsilon}\,d\varepsilon = \frac{4\,\pi\,V}{h^3}\,\frac{\sqrt{2\,m^3}\,\sqrt{\varepsilon}\,d\varepsilon}{e^{\alpha+\beta\varepsilon}-1}\,, \qquad \beta = \frac{1}{kT}\,,$$

während sich aus der Boltzmannschen Statistik das Verteilungsgesetz

$$dN = V\,dn = 4\,\pi\,V\,n\left(\frac{m}{2\,\pi\,kT}\right)^{3/2} e^{-\frac{m}{2}\frac{v^2}{kT}}\,v^2\,dv$$

$$= 4\,\pi\,N\left(\frac{m}{2\,\pi\,kT}\right)^{3/2}\sqrt{\frac{2}{m^3}}\,\sqrt{\varepsilon}\,d\varepsilon\,e^{-\frac{\varepsilon}{kT}}$$

ergab (s. Abschnitt 6). (N bezieht sich auf die Teilchenzahl im Volumen V,
n auf die in der Volumeinheit.)

Die Größe α bestimmt sich natürlich aus der Nebenbedingung

$$\int dN = \int_0^\infty F(\varepsilon)\,\sqrt{\varepsilon}\,d\varepsilon = N = n\,V.$$

Man nennt α oder meistens $A = e^{-\alpha}$ den Entartungsparameter,
und zwar aus folgendem Grunde: Wenn α sehr groß, also A sehr klein
(gegen 1) ist, so kann man, da ja $\beta\varepsilon$ stets positiv ist, im Nenner die 1
gegen $e^{\alpha+\beta\varepsilon} = \dfrac{e^{\beta\varepsilon}}{A}$ vernachlässigen, und man erhält in diesem Falle

$$dN = \frac{4\,\pi\,V}{h^3}\,\sqrt{2\,m^3}\,\sqrt{\varepsilon}\,d\varepsilon\,A\,e^{-\beta\varepsilon},$$

also das klassische Verteilungsgesetz (Maxwell); in diesem Fall bestimmt sich $A = e^{-\alpha}$ sofort aus der Nebenbedingung konstanter Teilchenzahl, und man erhält — das Integral läßt sich wie in Abschnitt 6
nach Anhang I auswerten —

$$A = \frac{n\,h^3}{(2\,\pi\,m\,kT)^{3/2}}\,.$$

Wenn also A sehr klein gegen 1 ist, dann geht die Bose-Einsteinsche
Verteilungsformel in die klassische über. Anders im Falle, wenn A
vergleichbar mit 1 wird (der Fall A größer als 1, also $\alpha < 0$ kann nicht
eintreten, da in diesem Falle der Nenner für den Energiewert $\varepsilon = -\dfrac{\alpha}{\beta}$
verschwindet, für kleinere ε-Werte negativ wird und so die ganze
Theorie ihren Sinn verliert), wenn also $A \sim 1$, dann treten Abweichungen vom klassischen Verhalten auf; man sagt in diesem Falle,
das Gas ist entartet. In diesem Falle ergibt sich für A aus der
Nebenbedingung eine transzendente Gleichung, deren Lösung durch eine
Reihenentwicklung nach steigenden Potenzen von $\dfrac{n\,h^3}{(2\,\pi\,m\,kT)^{3/2}}$ möglich
ist und mit dem oben im Grenzfall $A \ll 1$ angegebenen Ausdruck anfängt:

$$A = \frac{n\,h^3}{(2\,\pi\,m\,kT)^{3/2}}\left(1 - \frac{3}{4}\,\frac{n\,h^3}{(4\,\pi\,m\,kT)^{3/2}} + \cdots\right).$$

Durch Einsetzen von speziellen Werten für die Konstanten n, m und T kann man daraus ablesen, ob unter diesen Bedingungen das Gas entartet ist oder nicht. Zunächst sieht man ganz allgemein, daß A und damit die Entartung größer wird bei zunehmendem n, also bei zunehmender Dichte, dafür aber kleiner wird bei wachsender Temperatur und steigendem Atomgewicht. Um ein spezielles Beispiel zu geben, so ist für Wasserstoffgas unter Normalbedingungen (bei $T = 300^{0}\,\text{K}$, $n \sim 3 \cdot 10^{19}\,\text{cm}^{-3}$) ungefähr $A \sim 3 \cdot 10^{-5} \ll 1$; für schwerere Gase wird A noch kleiner, die Gase sind also unter normalen Drucken und Temperaturen niemals entartet, verhalten sich daher nach den klassischen Gesetzen. Die Entartung wäre erst bei unerreichbar tiefen Temperaturen oder extrem hohen Drucken merklich, also in Gebieten, in denen sich die Gase auch schon nach der klassischen Statistik nicht mehr wie ideale Gase verhalten (Einfluß der endlichen Größe der Teilchen, Kondensation des Gases usw.). Die Bose-Einsteinsche Statistik ergibt also, angewandt auf Gase, im Gültigkeitsbereich der kinetischen Gastheorie keine Unterschiede gegenüber der klassischen Boltzmannschen Statistik.

38. Fermi-Diracsche Statistik.

Wir haben in Abschnitt 36 gezeigt, daß die Einführung des Prinzips der Nichtunterscheidbarkeit in die Statistik zu zwei und nur zu zwei neuen Statistiken führt, von denen wir die eine, die Bose-Einsteinsche in den letzten beiden Abschnitten ausführlich behandelt haben (Lichtquanten, Gasmoleküle). Wir wenden uns nun der zweiten möglichen Statistik zu, die von Fermi und von Dirac auf Grund des Pauliprinzipes aufgestellt wurde. Wir haben in Abschnitt 36 gesehen, daß diese Statistik aufs engste mit der Verwendung des Paulischen Prinzipes verbunden ist, indem die Eigenfunktion eines Zustandes, in dem zwei Elektronen die gleiche Teileigenfunktion (hinsichtlich der vier Quantenzahlen, Berücksichtigung der Spinquantenzahl!) besitzen, automatisch verschwindet.

Wir wollen nun diese Statistik ableiten unter der Vorstellung eines Gases von Elektronen, die erfahrungsgemäß, nach Ausweis der Spektren, dem Pauliprinzip genügen. Wir fragen auch hier wieder zunächst nach der Verteilung der Elektronen auf die einzelnen Zellen, wobei aber zu berücksichtigen ist, daß es jetzt wegen der beiden Möglichkeiten der Spineinstellung doppelt so viele Zellen gibt wie früher im Falle der Gasatome; doch kann hier jede Zelle höchstens einfach besetzt werden, so daß die Besetzungszahlen der Zellen hier nur 0 oder 1 sein können. (Man könnte übrigens auch so vorgehen, daß man die gleiche Anzahl Zellen in einer Schicht annimmt wie in Abschnitt 36, dafür aber den

Elektronen in jeder Zelle zwei Plätze, entsprechend den beiden Spinrichtungen zuordnet.)

Wir beginnen auch hier wieder mit der Abzählung der unterscheidbaren Verteilungen: In der s-ten Schicht mögen sich n_s Elektronen befinden, die auf die g_s Zellen dieser Schicht verteilt sind;
von den g_s Zellen sind daher n_s (einfach) besetzt (1), $g_s - n_s$ leer (0).
Wir charakterisieren eine solche Verteilung durch Angabe der zu jeder
Zelle gehörigen Besetzungszahl:

$$z_1 \quad z_2 \quad z_3 \quad z_4 \quad z_5 \quad z_6 \quad z_7 \quad z_8 \quad z_9 \quad z_{10} \cdots$$
$$1 \quad\ 0 \quad\ 0 \quad\ 1 \quad\ 1 \quad\ 1 \quad\ 0 \quad\ 1 \quad\ 0 \quad\ 0 \ \cdots$$

oder durch Angabe der Zellen, die mit 0 Teilchen, und der Zellen,
die mit 1 Teilchen besetzt sind:

0	1
$z_2 \quad z_3 \quad z_7 \quad z_9 \quad z_{10} \cdots$	$z_1 \quad z_4 \quad z_5 \quad z_6 \quad z_8 \cdots$

Offenbar gibt es $g_s!$ solche Verteilungen, entsprechend den Permutationen der g_s Zellen z in diesem Schema. Von diesen bedeuten aber alle
den gleichen (Besetzungs-)Zustand, die sich nur durch eine Vertauschung der n_s besetzten und der $g_s - n_s$ unbesetzten Zellen untereinander unterscheiden. Also wird die „Wahrscheinlichkeit" für eine
durch die Besetzungszahlen $n_1, n_2, n_3, \ldots$ der einzelnen Schichten
charakterisierte Verteilung gegeben durch

$$W = \prod_s \frac{g_s!}{n_s! \, (g_s - n_s)!} \, ,$$

oder nach der Stirlingschen Formel durch

$$\log W = \sum_s \left\{ g_s \log g_s - n_s \log n_s - (g_s - n_s) \log (g_s - n_s) \right\} .$$

Wir suchen wieder die wahrscheinlichste Verteilung unter den beiden
Nebenbedingungen

$$\sum_s n_s = N \, , \qquad \sum_s n_s \varepsilon_s = E \, .$$

Man erhält sie in üblicher Weise:

$$\frac{\partial \log W}{\partial n_s} = - \log n_s + \log (g_s - n_s) = \log \frac{g_s - n_s}{n_s} = \alpha + \beta \varepsilon_s \, ,$$

oder

$$n_s = \frac{g_s}{e^{\alpha + \beta \varepsilon_s} + 1} \, ,$$

also bis auf das Pluszeichen im Nenner die gleiche Formel wie im Falle
der Bose-Einstein-Statistik. Dieser Vorzeichenunterschied bedeutet aber
für die hier behandelte Statistik insofern einen fundamentalen Unter-

schied gegenüber der Boseschen Statistik, als jetzt α und damit der Entartungsparameter $A = e^{-\alpha}$ alle Werte von $-\infty$ bis $+\infty$ bzw. von 0 bis $+\infty$ annehmen kann, da der Nenner in der Verteilungsfunktion jetzt stets größer als 1 ist. Führt man noch den Wert von g_s ein (Faktor 2 wegen der beiden Spinrichtungen), so erhält man in gleicher Weise wie oben das Fermi-Diracsche Verteilungsgesetz:

$$dN = F(\varepsilon)\,\sqrt{\varepsilon}\,d\varepsilon = \frac{8\,\pi\,V}{h^3}\,\frac{\sqrt{2\,m^3}\,\sqrt{\varepsilon}\,d\varepsilon}{e^{\alpha+\beta\varepsilon}+1}, \qquad \beta = \frac{1}{kT}.$$

Auch hier bestimmt sich der Entartungsparameter aus der ersten Nebenbedingung:

$$\int dN = \int_0^\infty F(\varepsilon)\,\sqrt{\varepsilon}\,d\varepsilon = N = nV.$$

Diese transzendente Gleichung für A läßt sich im Falle $A \ll 1$ durch eine ähnliche Entwicklung wie oben lösen:

$$A = \frac{n h^3}{2}\,(2\,\pi\,m\,k\,T)^{-\frac{3}{2}} + \cdots \qquad (A \ll 1).$$

Dieser Fall geht, wie man leicht sieht, für extrem kleines A in die klassische Statistik über. Im Falle $A \gg 1$ ergibt sich, wie wir jedoch nicht näher ausführen wollen, eine Näherungsentwicklung von der Form:

$$\log A = -\alpha = \frac{h^2}{2\,m\,k\,T}\left(\frac{3\,n}{8\,\pi}\right)^{2/3} + \cdots \qquad (A \gg 1);$$

dieser Fall tritt ein bei Entartung des Elektronengases. Eine eingehendere Diskussion dieser Formeln geben wir im nächsten Abschnitt; wir werden da gleichzeitig die wichtigste Anwendung der Fermi-Diracschen Statistik kennenlernen.

39. Elektronentheorie der Metalle. Energieverteilung.

Wir haben im letzten Abschnitt von einem „Elektronengas" gesprochen und uns darunter eine bestimmte Anzahl (n pro cm^3) Elektronen vorgestellt, die sich frei, ohne gegenseitige Störung, bewegen. Ein solcher Fall ist natürlich nicht realisierbar, da sich die Elektronen vermöge ihrer elektrischen Ladung stets gegenseitig beeinflussen werden; doch wird man in erster Näherung von dieser Störung absehen können, wenn das Elektronengas nicht zu dicht ist.

Ein solches angenähert freies Elektronengas besteht nun nach der Theorie im Innern eines Metalls. Als Beweis dafür ist die hohe Leitfähigkeit der Metalle anzuführen; die metallische Leitung wird nur durch Elektronen bewirkt, da sie, im Gegensatz zur elektrolytischen Leitung, nachweislich nicht mit einem Massentransport verbunden ist.

Damit aber die Elektronen auf ein äußeres elektrisches Feld so reagieren können, daß die hohe Leitfähigkeit zustande kommt, müssen sie, wenigstens angenähert, sich im Metall frei bewegen können, im Gegensatz zu den Verhältnissen bei den Nichtleitern, bei denen die Elektronen fest an die Atome gebunden sind. Auf Grund dieser Vorstellungen konnten die älteren Theorien der metallischen Leitung (Riecke, Drude, Lorentz) bereits eine befriedigende Erklärung des Wiedemann-Franzschen Gesetzes geben, das aussagt, daß die elektrische und die thermische Leitfähigkeit einander proportional sind und daß ihr Verhältnis umgekehrt proportional der absoluten Temperatur ist. Die älteren Theorien führten jedoch durchwegs auf Schwierigkeiten bei der Erklärung der spezifischen Wärmen der Metalle. Experimentell wurde festgestellt, daß die Metalle dem Dulong-Petitschen Gesetz gehorchen, daß also ihre spezifische Wärme, bezogen auf ein Mol, 6 cal/grad beträgt, was sofort verständlich wäre, wenn für die Temperatur des Metalles nur die Energie der Schwingungen der Atome des Gitters maßgebend wäre, da die mittlere Energie eines Gitterpunktes gleich $3\,kT$ ist. Nun braucht man aber zur Erklärung des Leitungsvorganges die Annahme, daß jedem Atom (Ion) ungefähr ein freies Elektron entspricht. Die freien Elektronen nehmen an der Wärmebewegung des Metalles teil, sind sie doch nach der Theorie in erster Linie für die hohe Wärmeleitfähigkeit der Metalle verantwortlich zu machen. Nach der klassischen Statistik würde daher jedes freie Metallelektron die mittlere kinetische Energie $\frac{3}{2}\,kT$ besitzen und die spezifische Wärme des Metalls wäre dann pro Atom nicht gleich $3\,k$, sondern $(3 + \frac{3}{2})\,k$, also, bezogen auf ein Mol, gleich 9 cal/grad, entgegen der Erfahrung.

Die Lösung aus dieser Schwierigkeit haben Pauli und Sommerfeld gegeben, indem sie darauf hinwiesen, daß auf das Elektronengas im Metallinnern nicht die Gesetze der klassischen Statistik angewendet werden dürfen, da es sich wie ein entartetes Gas verhalten müsse. Denn da die Masse des Elektrons 1840 mal kleiner ist als die des Wasserstoffatoms, wird bei Zimmertemperatur $(T = 300^\circ)$ und einer Elektronendichte von $n \sim 3 \cdot 10^{19}$, entsprechend einer Gasdichte bei 1 Atm. Druck, der Entartungsparameter A_E für das Elektron

$$A_E = A_H \tfrac{1}{2}\,(1840)^{3/2} = A_H\,4 \cdot 10^4 \sim 1{,}2\,,$$

wobei A_H der Entartungsparameter für ein Wasserstoffgas unter den gleichen Bedingungen ist; also ist hier A bereits von der Größenordnung 1. Noch wesentlich größere Werte erhält man für das Elektronengas in den Metallen; bei Silber ist z. B. die Dichte der Atome gleich $n = 5{,}9 \cdot 10^{22}$; da man, wie schon oben bemerkt wurde, annehmen muß, daß rund einem Atom des Metalls ein freies Elektron entspricht, so ergibt sich mit diesem Wert für n auf Grund der ersten

Näherungsformel A gleich rund 2300; in diesem Falle ist also das Elektronengas hochgradig entartet. Für diese hohen Werte von A darf man allerdings nicht die erste, sondern muß die zweite Näherungsformel anwenden, doch ergibt sich nach dieser der immer noch hohe Wert $A \sim 210$. Das Elektronengas in den Metallen ist also auf jeden Fall stark entartet, es zeigt ein wesentlich anderes Verhalten als ein gewöhnliches Gas.

Die wichtigsten Eigenschaften der Fermi-Diracschen Verteilungsfunktion bestehen in der geringen Temperaturabhängigkeit der Verteilung und in dem Auftreten einer Nullpunktsenergie. Letztere ist durch das Pauliprinzip bedingt. In der klassischen Gastheorie ist der absolute Nullpunkt dadurch gekennzeichnet, daß bei ihm die mittlere kinetische Energie der Gaspartikeln und damit auch die Energie jeder einzelnen Partikel verschwindet; klassisch ruhen also am absoluten Nullpunkt die Gasteilchen. Anders in der Fermi-Diracschen Statistik; hier kann jede Zelle nur einfach besetzt werden; beim energetisch tiefsten Zustand (absoluter Nullpunkt) sind alle Zellen kleiner Energie besetzt, und die Grenze der „Auffüllung" des Zellensystems ist durch die Anzahl der Elektronen gegeben. Diese Grenze charakterisieren wir durch den Impuls p_0 derjenigen Zelle, bis zu welcher die

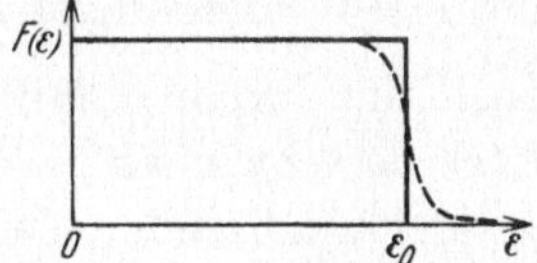

Abb. 80. Fermische Verteilungskurve. Die ausgezogene, eckige Kurve entspricht dem absoluten Nullpunkt ($T = 0$), die gestrichelte einer von Null verschiedenen Temperatur.

Auffüllung reicht; er ergibt sich aus der oben abgeleiteten Formel für die Anzahl der Zellen:

$$2 \frac{4 \pi V}{3 h^3} p_0^3 = N \quad \text{oder} \quad p_0 = h \sqrt[3]{\frac{3 N}{8 \pi V}} = h \sqrt[3]{\frac{3 n}{8 \pi}}.$$

Die Grenzenergie ε_0 ist dann gegeben durch

$$\varepsilon_0 = \frac{p_0^2}{2 m} = \frac{h^2}{2 m} \left(\frac{3 n}{8 \pi} \right)^{2/3} = 5{,}77 \cdot 10^{-27}\, n^{2/3}\, \text{erg} = 3{,}63 \cdot 10^{-15}\, n^{2/3}\, e\text{-Volt};$$

die letztere Angabe (Elektronen-Volt) bedeutet die Spannung, die ein Elektron durchfallen muß, um die Energie ε_0 zu gewinnen — eine bei solchen Messungen sehr beliebte Energieeinheit. Wie erhalten also am absoluten Nullpunkt folgende Verteilungskurve der Elektronen (s. Abb. 80): Tragen wir auf der Abszisse die Elektronenenergie ε, auf der Ordinate die früher definierte Verteilungsfunktion $F(\varepsilon)$ auf, deren Produkt mit dem Faktor $\sqrt{\varepsilon}\, d\varepsilon$ die Anzahl der Elektronen mit Energiewerten zwischen ε und $\varepsilon + d\varepsilon$ gibt, so bekommen wir als Abbildung ein Rechteck; bis zum Energiewert ε_0 sind die Zellen voll aufgefüllt, die Zellen mit größeren Energiewerten sind leer. Der Entartungsparameter A wird in diesem Falle, wie die Näherungsformel zeigt, unendlich groß, und zwar wie $1/T$; ein Vergleich mit der obigen Formel für die Grenzenergie zeigt, daß man angenähert

$$\alpha = - \frac{h^2}{2\,m\,k\,T}\left(\frac{3\,n}{8\,\pi}\right)^{2/3} = - \frac{\varepsilon_0}{k\,T}$$

setzen kann. Dann gibt die für große Werte von A, also für niedere Temperaturen angenähert gültige Verteilungsfunktion

$$F(\varepsilon) = \frac{8\,\pi\,V}{h^3}\;\frac{\sqrt{2\,m^3}}{e^{\frac{\varepsilon - \varepsilon_0}{k\,T}} + 1}$$

für den Grenzfall $T \to 0$ mathematisch den obigen Kurvenverlauf. Wenn $\varepsilon < \varepsilon_0$, so verschwindet im Nenner die Exponentialfunktion für $T \to 0$, man erhält den Wert $F(\varepsilon) = \dfrac{8\,\pi\,V\,\sqrt{2\,m^3}}{h^3}$; für $\varepsilon > \varepsilon_0$ wird jedoch die Exponentialfunktion im Nenner für $T \to 0$ unendlich groß, $F(\varepsilon)$ verschwindet.

Bei wachsender Temperatur werden die Elektronen allmählich in höhere Zustände gehoben; doch wird sich die Änderung der Elektronenverteilung zuerst nur an der Abfallstelle der Fermifunktion $F(\varepsilon)$ auswirken, indem sich die Ecken der Verteilungskurve in der angegebenen Weise langsam abrunden. Der Hauptteil der Elektronen bleibt jedoch von dieser Temperaturerhöhung unberührt. Für nicht zu hohe Temperaturen nimmt also nur ein verschwindend kleiner Bruchteil der Elektronen an der Wärmebewegung teil, die spezifische Wärme der Elektronen ist daher sehr klein. Erst bei höheren Temperaturen, die weit über der Zimmertemperatur liegen, lockert sich die feste Packung der Elektronen in den tieferen Zuständen allmählich auf, und man erhält einen merklichen Anteil der Elektronen an der spezifischen Wärme der Metalle.

40. Austrittsarbeit der Metallelektronen. Glühelektronen.

Einen weiteren Beweis für die Richtigkeit der Vorstellung von den freien Metallelektronen und der Anwendbarkeit der Fermi-Diracschen Statistik liefert die Erscheinung der Thermoemission. Bekanntlich treten aus glühenden Metallen (z. B. Glühkathoden) spontan Elektronen aus, die bei Fehlen einer äußeren Spannung eine Elektronenwolke um den glühenden Körper bilden. Ihre Anzahl kann man durch Messung des Stromes bestimmen, der sich bei Anlegen einer äußeren Spannung bildet. Theoretisch muß man sich das Zustandekommen der Thermo-

emission folgendermaßen vorstellen (s. Abb. 81): Im Innern des Metalls
können sich zwar die Elektronen frei bewegen, werden jedoch durch eine
Potentialschwelle (von der Höhe ε_a) im allgemeinen am Austritt aus dem
Metall gehindert. Bei höheren Temperaturen kann es jedoch vorkommen,
daß die Energie eines Elektrons größer wird als ε_a, so daß es aus dem
Metall austreten kann. Man kann auf Grund der Formeln der Fermi-
Diracschen Statistik die Anzahl der pro Zeiteinheit auf diese Weise
austretenden Elektronen bestimmen; es ergibt sich der Strom

$$ i = \frac{4\,\pi\,e\,m}{h^3}\,(kT)^2\,e^{-\frac{\varepsilon_a - \varepsilon_0}{kT}}\,, $$

während die klassische Statistik dafür den Ausdruck ergibt

$$ i = e\,n\,\sqrt{\frac{kT}{2\,\pi\,m}}\;e^{-\frac{\varepsilon_a}{kT}}\,, $$

also zu einer etwas anderen Temperaturabhängigkeit führt als die neue
Theorie (vgl. Anhang XXIII). Die beiden Formeln unterscheiden sich
einmal durch die Potenz von T vor
der Exponentialfunktion, sodann durch
die Bedeutung der Konstante im Exponenten dieser Funktion. Um sie zu
prüfen, trägt man gewöhnlich $y = \log i$
gegen $x = 1/T$ auf, d. h. die Funktion

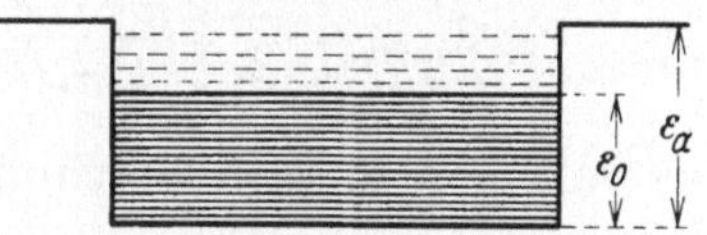

Abb. 81. Schema der Potentialverhältnisse
bei einem Metall (das Metall als „Poten-
tialtopf"); die Potentialmulde ist zum
Teil mit Elektronen „aufgefüllt".

	klassisch	Fermi-Statistik
$A =$	$\log\left(e\,n\,\sqrt{\dfrac{k}{2\,\pi\,m}}\right)$	$\log\dfrac{4\,\pi\,e\,m\,k^2}{h^3}$
$b =$	$\dfrac{\varepsilon_a}{k}$	$\dfrac{\varepsilon_a - \varepsilon_0}{k}$
$a =$	$\dfrac{1}{2}$	2

$$ y = A - a\log x - b\,x $$

Nun ist das Glied $a \log x$ im allgemeinen so klein gegen die beiden
anderen Glieder, daß die Experimente bisher noch nicht unterscheiden
konnten, ob die quantentheoretische Formel mit $a = 2$ der klassischen
mit $a = \frac{1}{2}$ überlegen ist. Wohl aber läßt sich die Konstante b leicht
bestimmen, denn bei Weglassen des Gliedes $a \log x$ stellt $y = A - b\,x$
eine gerade Linie dar, und b ist der Tangens des Neigungswinkels. Man
kann also für verschiedene Metalle die Differenz $k\,b = \varepsilon_a - \varepsilon_0$ experimentell bestimmen und daraus ε_a berechnen, indem man für ε_0 den
von der Theorie gegebenen Wert, nämlich 0 nach der klassischen,
$3{,}63 \cdot 10^{-15}\,n^{2/3}$ e-Volt nach der Quantentheorie, einsetzt.

Durch Vergleich der so gefundenen Werte von ε_a mit anderen Messungen läßt sich klar entscheiden, daß die quantentheoretische Formel zutrifft und nicht die klassische.

Man kann nämlich die Austrittsarbeit ε_a noch auf eine andere, vollkommen verschiedene Weise bestimmen, und zwar auf Grund von Beugungsversuchen mit langsamen Elektronen. Bei der Bestrahlung eines Kristallgitters mit Kathodenstrahlen werden bekanntlich die Elektronen am Kristallgitter gebeugt, wobei für die Lage der Beugungsmaxima die de Brogliesche Wellenlänge $\lambda = \dfrac{h}{p}$ der Elektronen maßgebend ist. Beim Eintritt des Kathodenstrahles in den Kristall tritt jedoch an der Oberfläche eine Brechung ein, da die kinetische Energie der Elektronen im Metall größer und damit ihre Wellenlänge kleiner wird als im Außenraum. Man kann hier, wie in der Optik, von einem Brechungsindex des Kristalls gegenüber Elektronen sprechen, und zwar ist er, wie dort, gegeben durch das Verhältnis der Wellenlängen innen und außen; diese sind, wenn wir die Energie vom Grunde der Potentialmulde aus rechnen, gegeben durch

$$\lambda_{außen} = \frac{h}{p_a} = \frac{h}{\sqrt{2\,m\,(\varepsilon - \varepsilon_a)}}\,, \qquad \lambda_{innen} = \frac{h}{p_i} = \frac{h}{\sqrt{2\,m\,\varepsilon}}\,,$$

so daß man für den Brechungsindex den Ausdruck

$$n = \frac{\lambda_{außen}}{\lambda_{innen}} = \sqrt{\frac{\varepsilon}{\varepsilon - \varepsilon_a}}$$

erhält. Durch Ausmessung der Beugungsmaxima kann man nun die Größe des Brechungsindex bestimmen und daraus bei Kenntnis von ε die Austrittsarbeit ε_a berechnen. Zur Erhöhung der Genauigkeit wird man ε sehr klein wählen, also mit langsamen Elektronen arbeiten.

Sorgfältige Messungen solcher Art von Davisson und Germer an Nickeleinkristallen ergaben $\varepsilon_a \approx 16$ e-Volt. Dagegen liefern die Messungen beim Richardsoneffekt Werte von bk von rund 4 e-Volt, im Widerspruch mit der klassischen Formel, nach der $bk = \varepsilon_a$ sein sollte. Dagegen ergibt sich aus der Quantentheorie $\varepsilon_0 = 11{,}7$ e-Volt, wenn man annimmt, daß im Nickel zwei Elektronen pro Atom frei sind, entsprechend dem Umstand, daß Ni zwei Valenzelektronen besitzt. Daraus folgt $\varepsilon_a - \varepsilon_0 = 4{,}3$ e-Volt, in guter Übereinstimmung mit den Resultaten bei der Messung der Thermoemission. Rupp hat eine Reihe von Elementen hinsichtlich ihrer Brechungsindizes durchgemessen und gefunden, daß man gute Übereinstimmung zwischen Theorie und Experiment erhält, wenn man für die Elemente Cu, Ag, Au, Fe, Mo und Zr zwei freie Elektronen pro Atom annimmt, bei Al 3, bei Pb 3 oder 4, während bei K die Zahl der freien Elektronen pro Atom kleiner als 2 sein muß.

Die gleichen Konstanten, die in der Theorie der Glühemission vorkommen, bestimmen auch das Gesetz der kalten Entladung, d. h. den Austritt von Elektronen aus Metallen bei hohen Feldstärken (10^6 Volt/cm) sowie den lichtelektrischen Effekt, der bei der Frequenz $h\nu = \varepsilon_a - \varepsilon_0$ einsetzt, bei welcher die Energie des auftreffenden Lichtquants gerade ausreicht, das Elektron vom Grenzpunkt der Fermiverteilung ε_0 bis auf die Höhe des äußeren Potentials zu heben.

41. Paramagnetismus des Elektronengases (Pauli).

Auf einen weiteren Umstand, der die Richtigkeit unserer Vorstellungen über die Metallelektronen bestätigt, hat Pauli hingewiesen. Nach der Atomtheorie besitzen z. B. die Alkalien im Grundzustand (s-Term) wegen des Spins ein magnetisches Moment in der Größe eines Bohrschen Magnetons; es wäre daher zu erwarten, daß ein aus diesen Atomen bestehendes Metall einen sehr starken Paramagnetismus zeigt. Erfahrungsgemäß sind aber solche Metalle nicht oder nur sehr schwach paramagnetisch. Nach Pauli läßt sich dies folgendermaßen verstehen: Wir können die Valenzelektronen im Metall als frei betrachten, die übrigbleibenden Ionen sind, da sie eine Edelgaskonfiguration der Elektronen besitzen, unmagnetisch. Von den freien Elektronen sitzen (für $T=0$) in jeder Zelle zwei, und zwar mit entgegengesetzten Spins, so daß sich ihre magnetischen Momente gerade kompensieren. In einem äußeren Felde H steht also am absoluten Nullpunkt die eine Hälfte der Elektronenspins parallel zum Feld, die andere antiparallel. Bei wachsender Temperatur werden, wie wir im Abschnitt 39 ausgeführt haben, zuerst die obersten Schichten der Fermiverteilung „aufgelockert", indem einzelne Elektronen aus den doppelt besetzten Zellen herausgehoben werden, so daß nun Zellen bestehen, die nur einfach besetzt sind. In diesen Zellen werden sich die Spins natürlich in der Richtung des Feldes als der energetisch günstigeren einstellen, so daß nun ein magnetisches Moment des gesamten Elektronengases resultiert. Da jedoch, genau so wie bei der spezifischen Wärme, nur ein kleiner Teil der Elektronen an diesem Einstellungseffekt teilnimmt, so entsteht ein schwacher, temperaturabhängiger Paramagnetismus. Zum Vergleich zwischen den Aussagen der Theorie und den Ergebnissen des Experiments sei folgende Zusammenstellung von Suszeptibilitäten gegeben:

Tabelle 4. Suszeptibilitäten der Alkalimetalle.

	Na	K	Rb	Cs
Theorie (Pauli)	$0{,}66\cdot10^6$	$0{,}52\cdot10^6$	$0{,}49\cdot10^6$	$0{,}45\cdot10^6$
Experiment (McLennan)	$0{,}61\cdot10^6$	$0{,}42\cdot10^6$	$0{,}31\cdot10^6$	$0{,}42\cdot10^6$
Experiment (Lane) . . .	$0{,}65\cdot10^6$	$0{,}54\cdot10^6$	—	—

Wie man sieht, ist die Übereinstimmung ausgezeichnet.

42. Elektrische und thermische Leitfähigkeit. Thermoelektrizität.

Zur Erklärung der elektrischen Leitfähigkeit muß man den Elektronen eines Metalls eine „freie Weglänge" zuschreiben. Würde man nämlich beim Problem der elektrischen Leitfähigkeit auf der Vorstellung vollständig freier Elektronen beharren (daß dies nur eine erste Näherung ist, haben wir schon oben betont), so würde eine unendlich hohe Leitfähigkeit folgen. Zur Erklärung des endlichen Widerstandes muß man daher berücksichtigen, daß die Elektronen auf ihrem Weg durch das Metall von Zeit zu Zeit mit den Ionen des Gitters zusammenstoßen und so aus ihrer Bahn abgelenkt oder gebremst werden; man nennt den mittleren Weg, den ein Elektron zwischen zwei Zusammenstößen mit den Gitterionen zurücklegt, in Anlehnung an die kinetische Gastheorie, die mittlere freie Weglänge.

Wie Sommerfeld gezeigt hat, kann man die elektrische und die thermische Leitfähigkeit berechnen, ohne spezielle Annahmen über die freie Weglänge machen zu müssen. Es ergab sich dabei ebenfalls das Wiedemann-Franzsche Gesetz. Ferner kann man auf diese Weise die Joulesche Wärme, die thermoelektrischen Effekte von Peltier, Thomson usw. erklären.

Die Verfeinerungen der Theorie, die insbesondere von Houston, Bloch, Nordheim und Brillouin durchgeführt wurden, gehen darauf hinaus, die aus der klassischen Theorie nicht bestimmbare freie Weglänge der Elektronen wellenmechanisch abzuleiten; es handelt sich also um die Streuung der Elektronenwellen, die das Gitter des Metalls durchziehen, an den in den Gitterpunkten sitzenden Ionen. Die Rechnung ergibt recht befriedigende Resultate, wie z. B. die Temperaturabhängigkeit des elektrischen Widerstandes. Besonders erwähnt sei die Berechnung der Leitfähigkeit von Legierungen durch Nordheim. Experimentell wurde festgestellt, daß der Widerstand einer Legierung nicht immer eine monotone Funktion des Mischungsverhältnisses der beiden Komponenten ist, sondern mitunter bei bestimmten Verhältnissen ein Minimum besitzt; wellenmechanisch zeigt es sich, daß hier die Interferenz der Elektronenwellen eine wesentliche Rolle spielt.

Zum Schluß sei jedoch noch erwähnt, daß die Theorie bisher vollständig versagt gegenüber der Supraleitung, also der Tatsache, daß manche Metalle bei ganz tiefen Temperaturen von wenigen Grad über dem absoluten Nullpunkt ihren Widerstand plötzlich sprunghaft verlieren (Kamerlingh-Onnes); wenn man z. B. in einem Drahtring aus supraleitendem Material bei genügend tiefer Temperatur einen elektrischen Strom induziert, so läuft dieser Strom bei Fehlen äußerer Störungen tagelang mit unveränderter Stärke weiter. Dieser Erscheinung steht die Theorie bisher noch ziemlich ratlos gegenüber.

VII. Molekülbau.

43. Molekulareigenschaften als Ausdruck der Ladungsverteilung der Elektronenwolke.

In diesem letzten Vortrag wollen wir uns mit den Fragen des Molekülbaues beschäftigen, und zwar wollen wir dabei so vorgehen, daß wir uns zunächst darüber klarzuwerden suchen, durch welche Eigenschaften man ein Molekül vom physikalischen Standpunkt aus am zweckmäßigsten charakterisiert und beschreibt, und wie man diese Eigenschaften experimentell bestimmen kann. Danach erst werden wir auf die Frage eingehen, wie das Zustandekommen einer chemischen Bindung physikalisch verstanden und erklärt werden kann.

Ein Molekül besteht aus mehreren schweren Kernen, den Atomkernen der das Molekül bildenden Atome oder Ionen, um die sich Elektronen herumbewegen. Wir können auch hier, genau so wie bei den Atomen, von einer Elektronenwolke um die Kerne sprechen. Wegen des großen Unterschiedes zwischen den Massen der Elektronen und der Kerne ist natürlich die Elektronenbewegung viel rascher als die der Kerne. Diese Feststellung erleichtert die Betrachtungen ungemein. Wenn man z. B. nach der Bewegung der Elektronen fragt, so kann man dabei in erster Näherung die Kerne als ruhend ansehen, da sich diese während der Zeitdauer eines Elektronenumlaufes nur sehr wenig bewegen. Wollen wir jedoch Aufschluß über die Bewegung des Moleküls als Ganzes (Drehungen) oder der einzelnen Atome im Molekül gegeneinander (Schwingungen) erhalten, so können wir diese mit guter Näherung dadurch berechnen, daß wir alle Eigenschaften der Elektronenbewegung durch Mittelwerte ersetzen; denn während sich die Kerne gerade um merkliche Beträge aus ihrer Ausgangslage verschoben haben, haben die Elektronen bereits eine große Zahl von Umläufen ausgeführt.

Gehen wir nun zu den speziellen Moleküleigenschaften über, so kommt es in erster Linie auf die Ladungsverteilung im Molekül an. Wie schon erwähnt, besteht das Molekül aus einer Anzahl von Atomkernen, den Trägern der positiven Ladung, und einer negativ geladenen Elektronenwolke, die sich gegenseitig das Gleichgewicht halten. Bezüglich der Gesamtladung hat man, wie bei den Atomen, auch hier zwischen neutralen Molekülen und positiven, bzw. negativen Ionen zu unterscheiden. Die Ladungsverteilung selbst ist vollständig charakterisiert durch die Angabe der Kernabstände einerseits, der Ladungsdichte ϱ der Elektronen andrerseits; letztere kann man entweder klassisch als die durch Mittelwertbildung über die Umlaufsbewegung der Elektronen gewonnene mittlere Ladungsmenge in der Volumeinheit oder vom

Standpunkt der Wellenmechanik als die durch die Wahrscheinlichkeitswellen wie beim Atom gegebene Ladungsdichte ansehen. Sie bestimmt einerseits im Falle des Gleichgewichts wegen der Wirkung der elektrischen Kräfte die Kernabstände; andrerseits gibt sie durch ihre äußere Grenze das Molekülvolumen v (vom wellenmechanischen Standpunkt fällt bei einem neutralen Molekül, genau so wie bei einem neutralen Atom, die Ladungsverteilung von einer bestimmten Grenze an exponentiell nach außen ab, so daß die Größe der Ladungswolke relativ genau angegeben werden kann).

Man kann nun nach den elektrischen Schwerpunkten der positiven und der negativen Ladungen für sich fragen, also nach dem elektrischen Schwerpunkt der Kerne allein und nach dem Schwerpunkt der Elektronenwolke allein. Es kann vorkommen, daß diese beiden Schwerpunkte zusammenfallen, genau so, wie es stets bei einzelnen Atomen der Fall ist, wo der positive Schwerpunkt mit dem Kern identisch ist und der Schwerpunkt der negativen Ladungswolke wegen der zentralen Symmetrie dieser Ladungsverteilung stets mit dem Kern zusammenfällt. Im allgemeinen werden jedoch die beiden Schwerpunkte auseinanderfallen; folglich wirkt das Molekül nach außen wie ein elektrischer Dipol. Man spricht dann von einem **permanenten elektrischen Dipolmoment** und bezeichnet es durch den Vektor

$$\mathfrak{p}_0 = \sum \overline{e\,\mathfrak{r}},$$

wobei die Fahrstrahlen $\mathfrak{r}$ die Ortsvektoren der Kerne und der Elektronen bedeuten; zu summieren ist über alle Kerne und Elektronen; der Strich bedeutet die Mittelung über die Elektronenbewegung. Wenn $\mathfrak{p}_0 = 0$ ist, dann wird das elektrische Verhalten des Moleküls in nächster Näherung bestimmt durch das **Quadrupolmoment**, definiert durch seine Komponenten

$$\Theta_{xx} = \sum \overline{e\,x^2} \ldots, \qquad \Theta_{xy} = \sum \overline{e\,x\,y} \ldots;$$

es ist die dem mechanischen Trägheitsmoment vollkommen analoge Bildung; man spricht daher auch von dem elektrischen **Trägheitsmoment**. Es ist ein Tensor und läßt sich als solcher durch ein Ellipsoid darstellen (Trägheitsellipsoid).

Bringt man das Molekül in ein elektrisches Feld, so wird es deformiert, indem die positiven Kerne in der Richtung der Kraftlinien, die negativen Elektronen in der entgegengesetzten Richtung gezogen werden. Dadurch wird, auch beim Fehlen eines permanenten Dipolmomentes, ein Dipolmoment induziert; seine Größe wächst mit zunehmender Feldstärke in erster Näherung linear an, es läßt sich darstellen durch die Beziehung

$$\mathfrak{p} = \alpha\,\mathfrak{E},$$

in der α die Deformierbarkeit oder **Polarisierbarkeit** heißt und, wie man sich leicht überlegt, die Dimension eines Volumens besitzt. Für kugelsymmetrische Moleküle ist α natürlich ein Skalar, also eine von der Richtung unabhängige Konstante. Im allgemeinen jedoch hängt α von der Richtung ab und läßt sich dann als Tensor auffassen und durch ein Ellipsoid, das Polarisationsellipsoid, darstellen. Wir erwähnen noch den Fall, daß die Moleküle frei drehbar sind (Gase); dann können die den einzelnen Molekülen entsprechenden Polarisationsellipsoide alle möglichen Lagen im Raum annehmen, so daß beim Anlegen eines äußeren Feldes eine mittlere Polarisation des Gases entsteht, die durch $\bar{\mathfrak{p}} = \bar{\alpha}\,\mathfrak{E}$ gegeben ist; es kommt in diesem Falle nur auf den Mittelwert $\bar{\alpha}$ über alle Richtungen an.

Wir haben also als Bestimmungsstücke der Moleküle neben der Gesamtladung e, den Kernabständen und dem Molekülvolumen noch das Dipol- und Quadrupolmoment sowie die Polarisierbarkeit kennengelernt. Alle diese Größen (mit Ausnahme von e) hängen jedoch noch mehr oder minder vom Anregungszustand des Moleküls ab. Genau so wie bei den Atomen existieren auch bei den Molekülen verschiedene Elektronenzustände, die durch Quantenzahlen charakterisiert sind, welche wir im folgenden zusammenfassend mit n bezeichnen. Außerdem ist noch die Kernbewegung von Einfluß, die einerseits in einer Rotation des ganzen Moleküls, bestimmt durch die Drehquantenzahl j, andrerseits in einer Schwingung der Kerne gegeneinander, beschrieben durch eine Schwingungsquantenzahl s, besteht. Wir werden auf diese verschiedenen Bewegungszustände im folgenden ausführlich eingehen.

44. Messung der Molekülkonstanten.

Wir gehen nun dazu über, uns im einzelnen darüber klarzuwerden, wie man die im letzten Abschnitt aufgezählten Molekülkonstanten experimentell bestimmen kann. Da ist zunächst das Molekülvolumen, dessen Bestimmung im Falle, daß es sich um neutrale Moleküle handelt, nach den bereits früher erwähnten Methoden der kinetischen Gastheorie durchgeführt werden kann (innere Reibung, freie Weglänge, Diffusion und direkte Messung mit Molekularstrahlen). Wir bringen nachstehend einige so bestimmte Moleküldurchmesser[1] in Å:

Tabelle 5. Durchmesser einiger Moleküle in Å.

He	1,9	H_2	2,3	H_2O	2,6
Ne	2,3	O_2	2,9	CO	3,2
Ar	2,8	N_2	3,1	CO_2	3,2
Kr	3,2	Cl_2	3,6	C_6H_6	4,1
X	3,5			$C_4H_{10}O$	4,8

---

[1] Der Begriff Molekül umfaßt in der kinetischen Gastheorie auch „einatomige Moleküle". Vgl. dazu den Begriff Mol (S. 2).

Die Volumbestimmung für Ionen geschieht wegen ihrer Ladung nach anderen Methoden, und zwar sind hauptsächlich zwei Verfahren benutzt worden (Wasastjerna, Goldschmidt, Pauling): Das eine besteht in der Messung der Gitterabstände in Ionengittern, wie z. B. im Steinsalzkristall. Wenn man annimmt, daß in den Kristallgittern die Moleküle sich in dichtester Packung befinden, so geben die Gitterabstände direkt die Summen der Radien der beiden Ionen, also beim Steinsalzwürfel $r_{Na^+} + r_{Cl^-}$; denn in den Ionengittern sind die Ionen so eingebaut, daß stets ein positives Ion nur von negativen Ionen umgeben ist und umgekehrt, so daß also die Gitterabstände wirklich gleich der Radiensumme der beiden Ionen sind. Man erhält so stets nur die Summe von zwei Ionenradien, nicht aber diese selbst; würde man einen Radius kennen, so könnte man alle übrigen Radien berechnen. Man geht da so vor, daß man Gitterabstände in Kristallen mißt, deren eines Ion erwartungsmäßig sehr klein ist, wie z. B. das Li^+, das nur zwei Elektronen in der K-Schale besitzt und daher sicher wesentlich kleiner sein wird als z. B. das Cl^--Ion mit einer vollausgebauten K- und L-Schale und einer aufgefüllten Unterschale (Achterschale) der M-Schale. Der Gitterabstand im $Li^+ Cl^-$-Gitter wird daher näherungsweise gleich dem Radius des Cl^--Ions sein.

Die zweite Methode zur Bestimmung der Ionenradien besteht in der Messung der Ionenbeweglichkeit in Elektrolyten; kleine Ionen werden sich leichter durch die Flüssigkeit hindurchbewegen als große. Doch besteht bei dieser Methode die Schwierigkeit, daß sich an die Ionen Wassermoleküle anlagern (Hydration) und so wesentlich größere Ionenradien vortäuschen. Wir bringen auch hier eine Tabelle von Ionendurchmessern von Atomionen, bei der wir zum Vergleich auch die Durchmesser der Edelgase nochmals angeben; Gebilde mit ähnlicher Elektronenkonfiguration sind zusammengestellt.

Tabelle 6. Durchmesser einiger Atomonen in Å.

		O^{--}	2,6	S^{--}	3,5	Se^{--}	3,8
H^-	2,5	F^-	2,7	Cl^-	3,6	Ba^-	3,9
He	1,9	Ne	2,3	Ar	2,8	Kr	3,2
Li^+	1,6	Na^+	2,0	K^+	2,7	Rb^+	3,0
Be^{++}	0,7	Mg^{++}	1,6	Ca^{++}	2,1	Sr^{++}	2,5
B^{+++}	—	Al^{+++}	1,2	Sc^{+++}	1,7	Y^{+++}	2,1
C^{++++}	0,4	Si^{++++}	0,8	Ti^{++++}	1,3	Zr^{++++}	1,7
N^{+++++}	0,3	P^{+++++}	0,7				

Man sieht, daß die negativen Ionen, die Edelgaskonfiguration bei kleinerer Kernladung als das entsprechende Edelgas besitzen, größer sind als letzteres, da ja die Elektronen jetzt schwächer gebunden sind und daher ihre Bahnen größere Radien haben. Entsprechendes gilt mutatis mutandis auch im Falle der positiven Ionen.

Als zweiten Punkt gehen wir auf die mittlere Polarisierbarkeit α

ein. Wir beschränken uns dabei zunächst auf Moleküle ohne permanentes Dipolmoment. Definitionsgemäß stellt sie das mittlere Dipolmoment eines Moleküls dar, das durch ein elektrisches Feld der Stärke 1 induziert wird (wenigstens bei frei drehbaren Molekülen); also wird die gesamte Polarisation $\mathfrak{P}$ der Volumeinheit, in der sich N Moleküle befinden mögen, in einem äußeren Feld $\mathfrak{E}$ gegeben durch $\mathfrak{P} = \bar{\alpha} N \mathfrak{E}$. Nach der Elektrodynamik hängt aber die Polarisation $\mathfrak{P}$ mit dem Maxwellschen Verschiebungsvektor $\mathfrak{D}$ durch die Beziehung $\mathfrak{D} = \mathfrak{E} + 4\pi \mathfrak{P}$ zusammen; andrerseits ist definitionsgemäß $\mathfrak{D} = \varepsilon \mathfrak{E}$, wobei ε die **Dielektrizitätskonstante** bedeutet. Daraus ergibt sich bei Gasen, wo man von der Wechselwirkung der Moleküle absehen kann, der folgende Zusammenhang

$$\varepsilon = 1 + 4\pi N \bar{\alpha}$$

zwischen der Dielektrizitätskonstanten und der mittleren Polarisierbarkeit. Bei Flüssigkeiten, wo die induzierten Momente der Moleküle sich gegenseitig beeinflussen, ist die Beziehung etwas komplizierter.

Die Dielektrizitätskonstante läßt sich nach bekannten Methoden leicht messen, z. B. durch Bestimmung des Brechungsindex n der Substanz für lange Wellen (ultrarot), der ja auf Grund der Maxwellschen Theorie mit ε in diesem Grenzfall durch die Beziehung $n \to \sqrt{\varepsilon}$ verknüpft ist. Die ganzen Überlegungen gelten, wie schon bemerkt wurde, nur für dipolfreie Substanzen. Wir geben eine kurze Tabelle der mittleren Polarisierbarkeiten von Edelgasen und Atomionen, wobei ähnlich gebaute Gebilde zusammengestellt sind.

Tabelle 7. **Mittlere Polarisierbarkeiten von Edelgasen und Atomionen.** (Die Zahlen bedeuten $\bar{\alpha} \cdot 10^{24}$ cm^3.)

He 0,202	F⁻ 0,99	Cl⁻ 3,05	Br⁻ 4,17	J⁻ 6,28
Li⁺ 0,075	Ne 0,392	Ar 1,629	Kr 2,46	X 4,00
	Na⁺ 0,21	K⁺ 0,87	Rb⁺ 1,81	Cs⁺ 2,79
	Mg⁺⁺ 0,12		Sr⁺⁺ 1,42	
	Al⁺⁺⁺ 0,065			
	Si⁺⁺⁺⁺ 0,043			

Wir erkennen hier einen ähnlichen Gang wie oben bei den Durchmessern; dies ist zu erwarten gewesen, da ja einem größeren Durchmesser eine kleinere Bindungskraft der äußeren Elektronen und damit eine größere Polarisierbarkeit entspricht. Wir bemerken noch besonders, daß $\bar{\alpha}$ die Dimension eines Volumens hat, und zwar ist sie stets von gleicher Größenordnung wie das Molekülvolumen.

Wir gehen nun zu den Molekülen mit **permanentem Dipolmoment** p_0 über. Hier tritt zu dem eben betrachteten Polarisationseffekt noch der Einfluß des elektrischen Feldes auf dieses permanente Moment. Bei Fehlen eines äußeren Feldes werden die Momente der einzelnen Moleküle alle möglichen Richtungen besitzen, so daß das

Molekülgas unpolarisiert erscheint. Schaltet man nun ein äußeres Feld ein, so sucht dieses die einzelnen Dipole in die Feldrichtung hineinzudrehen (s. Abb. 82); diesem Bestreben wirkt jedoch die Wärmebewegung entgegen, die ja, wie wir schon öfters bemerkt haben, stets eine ausgleichende Wirkung besitzt und auch hier im Sinne der Gleichverteilung der Dipolrichtungen wirkt. Es liegen hier genau die gleichen Verhältnisse vor wie im Falle des Paramagnetismus, wo es sich um die Einstellung von Magneten in die Richtung des magnetischen Feldes handelte. Wir haben dort (Anhang XX) für das mittlere Moment der Volumeinheit im Falle nicht zu großer Feldstärken eine Formel abgeleitet, die wir unmittelbar hier übernehmen können; demnach ist die Polarisation der Volumeinheit infolge der permanenten Dipole gegeben durch

$$\mathfrak{P} = \frac{N\,p_0^2}{3\,k\,T}\,\mathfrak{E}.$$

Sie tritt zu der durch die Polarisierbarkeit der Moleküle bedingten hinzu und gibt Anlaß zu einer Dielektrizitätskonstanten

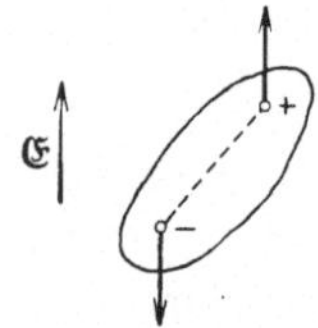

Abb. 82. Drehmoment eines äußeren elektrischen Feldes auf ein Molekül mit permanentem Dipolmoment.

$$\varepsilon = 1 + 4\,\pi\,N\left(\bar{\alpha} + \frac{p_0^2}{3\,k\,T}\right) = \varepsilon_0 + \frac{4\,\pi\,N\,p_0^2}{3\,k\,T},$$

wobei nun ε_0 die Dielektrizitätskonstante für den Fall eines verschwindenden permanenten Dipolmomentes darstellt. Es wirken also zur Dielektrizitätskonstante zwei Effekte zusammen, ein rein elektrostatischer und daher temperaturunabhängiger und ein dynamischer (Einstellung der Dipolmomente), der temperaturabhängig ist (Gesetz von Debye, analog zum Curieschen Gesetz des Paramagnetismus). Durch genaue Bestimmung von ε in seiner Abhängigkeit von der Temperatur kann man daher diese beiden Effekte trennen und so allein aus einer Meßreihe für die Dielektrizitätskonstante die Polarisierbarkeit und die Größe des permanenten Dipolmomentes entnehmen. Voraussetzung dabei ist jedoch, daß man ε auf elektrostatischem Wege mißt. Denn würde man wie oben den Brechungsindex (für langwelliges Licht) bestimmen, so würde man stets nur den ersten Effekt, also den durch die Polarisierbarkeit bedingten messen. Dies hat seinen Grund darin, daß die Richtungseinstellung der Dipolmomente den schnellen Schwingungen des elektrischen Vektors der Lichtwelle nicht folgen kann; denn zu dieser Einstellung ist eine Drehung des gesamten Moleküls und damit eine Bewegung der Atomkerne erforderlich, die wegen der großen Masse der Kerne viel zu langsam erfolgt, als daß sie merklich durch die schnell veränderlichen elektrischen Kräfte der Lichtwelle beeinflußt wird. Also gilt auch hier (im Grenzfall langer Wellen)

$$n \rightarrow \sqrt{\varepsilon_0} = \sqrt{1 + 4\,\pi\,N\,\bar{\alpha}},$$

so daß eine Messung des Brechungsindex stets nur den Polarisationseffekt ergibt. Hierdurch ist eine besonders einfache Methode zur Bestimmung von p_0 möglich: Man mißt optisch n und erhält daraus ε_0, und bestimmt dann ε durch eine statische Messung bei einer bestimmten Temperatur (Debye):

$$\varepsilon - \varepsilon_0 = \frac{4\,\pi\,N\,p_0^2}{3\,k\,T}\,.$$

Wir bemerken noch, daß die Beschränkung auf lange Wellen bei der Bestimmung des Brechungsindex nötig ist, um nicht in das Gebiet der „anomalen Dispersion" zu kommen, das grob dadurch gekennzeichnet ist, daß die Lichtfrequenzen von gleicher Größenordnung sind wie die klassischen Umlauffrequenzen der Elektronen. Im langwelligen Gebiet erfolgt jedoch die Elektronenbewegung viel schneller als die Schwingung des Lichtes, und daher kommt es bei der Einwirkung des Lichtes auf die Elektronen nur auf die mittlere Ladungsverteilung der Elektronen, bzw. ihre Deformierbarkeit an.

Die folgende Tabelle enthält aus der außerordentlich großen Zahl der beobachteten Momente eine kleine Auswahl:

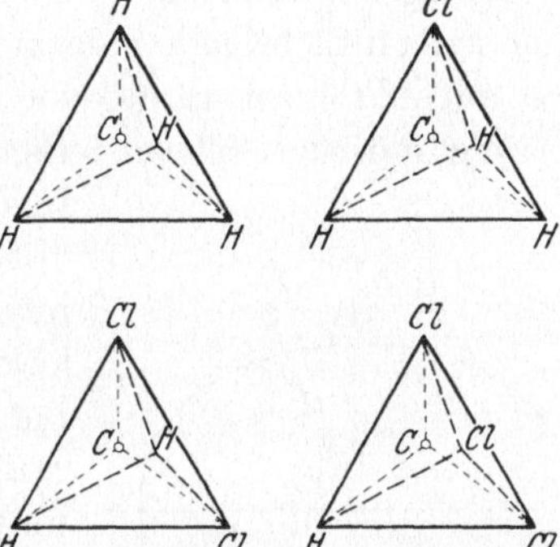

Abb. 83. Strukturformeln von CH_4, CH_3Cl, CH_2Cl_2 und $CHCl_3$. Methan ist symmetrisch, besitzt daher kein Dipolmoment; die anderen drei Verbindungen sind asymmetrisch und sind mehr oder weniger elektrisch polar.

Tabelle 8. Dipolmomente einiger Moleküle (in 10^{18} el. st. E.).

Kohlenoxyd CO	0,12
Kohlensäure CO_2	0,0
Wasser H_2O	1,8
Methan CH_4	0,0
Methylchlorid CH_3Cl	1,9
Methylenchlorid CH_2Cl_2	1,6
Chloroform $CHCl_3$	1,0
Tetrachlorkohlenstoff CCl_4	0,0

Wir wollen an diese Tafel einige Bemerkungen knüpfen. Im allgemeinen haben symmetrisch gebaute Moleküle wie CO_2, CH_4, CCl_4, ... kein Dipolmoment. Da H_2O ein Dipolmoment besitzt, kann es nicht symmetrisch gebaut sein. Man nimmt heute an, daß es die Gestalt eines gleichschenkligen Dreieckes hat (s. Abschnitt 47). CO hat als asymmetrisches Molekül natürlich ein Dipolmoment. Interessant ist die Reihe der Chlorverbindungen zwischen Methan und Tetrachlorkohlenstoff, deren Strukturformeln in Abb. 83 angegeben sind. Man sieht, daß die hochsymmetrischen Gebilde CH_4 und CCl_4 an den Enden der Reihe keinen Dipol haben, dazwischen sind Dipole vorhanden, deren Abstufung man im groben durch „vektorielle Zusammensetzung" von Elementardipolen verstehen kann.

Wir haben schon oben erwähnt, daß im Falle eines dipolfreien Gases ($\gamma_0 = 0$) das vom Molekül ausgehende elektrische Feld und damit die Wechselwirkung der Moleküle untereinander durch das Quadrupolmoment (elektrisches Trägheitsmoment) bestimmt wird. Dieses liefert daher in diesem Falle einen Beitrag zu den Kohäsionskräften, die zwischen den Molekülen wirksam sind, und die bei Gasen ihren Ausdruck in den Konstanten der Zustandsgleichung (z. B. der van der Waalsschen Gleichung, s. Abschnitt 8) finden; sie lassen sich entweder aus diesen Konstanten oder aus der Verdampfungswärme u. dgl. messen. Wir gehen hier jedoch nicht näher darauf ein, sondern verweisen an dieser Stelle nur auf Abschnitt 48, wo wir nochmals auf sie zurückkommen werden.

Wir müssen noch eine Bemerkung über die Polarisierbarkeit hinzufügen. Wir haben vorstehend nur mit dem Mittelwert von α über alle Richtungen gerechnet, was bei einem Gas, dessen Moleküle frei drehbar sind, in erster Näherung sicherlich erlaubt ist. Man kann aber durch geeignete Versuche auch die Anisotropie der Polarisierbarkeit bestimmen und sich damit auch ein Bild der Anisotropie der Elektronenwolke verschaffen. Wir haben schon früher erwähnt, daß die Polarisierbarkeit ein Tensor ist und sich durch das sog. Polarisationsellipsoid darstellen läßt (s. Abb. 84). Dies ist so zu verstehen: Die drei Hauptachsen des Ellipsoides α_1, α_2, α_3 liegen in den Richtungen der leichtesten und der schwersten Polarisierbarkeit bzw. in der auf beiden senkrecht stehenden Richtung; läßt man in den angegebenen Richtungen nacheinander elektrische Feldstärken von der Größe 1 wirken, so geben die Achsenlängen die in diesen Fällen auftretenden elektrischen Dipolmomente. Läßt man nun schief zu diesen drei ausgezeichneten Achsen die elektrische Feldstärke (von der Stärke 1) wirken, so kann man die Polarisation des Moleküls dadurch bestimmen, daß man diese Feldstärke in Komponenten auf die drei ausgezeichneten Richtungen zerlegt und die Polarisationswirkungen dieser drei Komponenten einzeln bestimmt; daraus ergibt sich das Gesamtmoment durch vektorielle Addition, und es ist klar, daß im allgemeinen die Richtung der wirkenden Feldstärke nicht mit der Richtung des induzierten Dipolmomentes übereinstimmt.

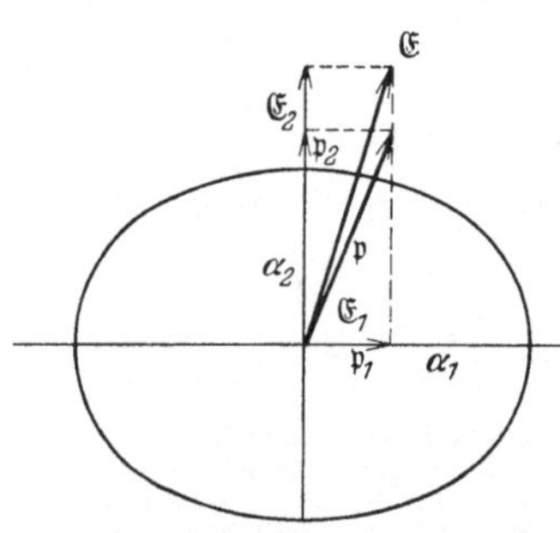

Abb. 84. Schema der gegenseitigen Lage von Feld und Dipolmoment im Falle eines anisotropen Moleküls.

Dies ist nun von großem Einfluß auf die Polarisationsverhältnisse im Falle der Lichtstreuung. Betrachten wir zunächst den Fall des isotropen Moleküls oder Atoms (Atome sind in diesem Sinne stets isotrop) (s. Abb. 85); fällt eine Lichtwelle auf dieses Molekül auf, so erregt der elektrische Vektor $\mathfrak{E}$ der Lichtwelle im Molekül ein elektrisches Moment $\mathfrak{p}$, das der erregenden Feldstärke parallel ist und mit dieser in Phase schwingt; es emittiert daher eine Streuwelle gleicher Frequenz wie das Primärlicht. Beobachtet man das Streulicht senkrecht zum einfallenden Strahl, so findet man, daß es total polarisiert ist; das ist sofort zu verstehen, denn sein elektrischer Vektor, der durch $\mathfrak{p}$ bestimmt ist, schwingt stets parallel dem Vektor $\mathfrak{E}$ des Primärstrahls. Anders im Falle des anisotropen Moleküls. Hier haben wir uns eben überlegt, daß das induzierte Dipolmoment im allgemeinen eine andere Richtung besitzt als der erregende elektrische Vektor. Beobachtet man hier wieder das Streulicht senkrecht zum einfallenden Strahl, so findet man, daß dieses nicht mehr total, sondern nur mehr partiell polarisiert ist; es tritt eben im Streulicht auch eine Schwingungskomponente des elektrischen Vektors senkrecht zum einfallenden Lichtvektor $\mathfrak{E}$ auf. Bei Beobachtung mit dem Polarisationsapparat gibt es, im Gegensatz zu früher, keine Stellung des Nikols mehr, bei dem das Gesichtsfeld völlig dunkel erscheint. Man spricht hier von der Depolarisation des Streulichts (Born, Cabannes, Gans). Durch Messung des Depolarisationsgrades kann man Schlüsse auf die Anisotropie der Polarisierbarkeit ziehen; z. B. gibt sie, wie eine genaue Analyse zeigt, bei achsensymmetrischen Molekülen (bei dem zwei der Achsen des Polarisationsellipsoides gleich werden: $\alpha_1 = \alpha_2$) die Größe $\alpha_3 - \alpha_1$. Da man die mittlere Polarisierbarkeit aus andern Messungen bestimmen kann, so erhält man auf diese Weise vollständigen Aufschluß über die Achsenlängen des Polarisationsellipsoides.

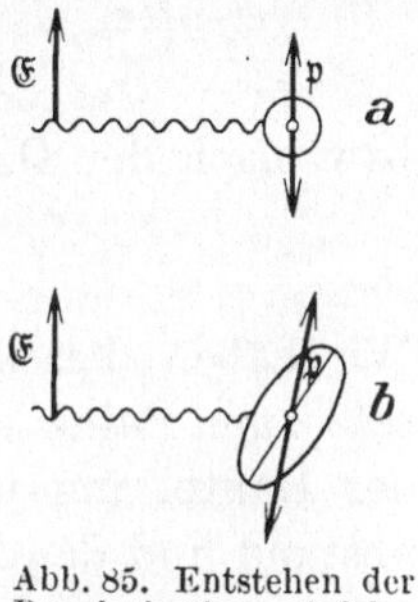

Abb. 85. Entstehen der Depolarisation infolge der Anisotropie der Polarisierbarkeit.
a. Beim isotropen Molekül schwingt das induzierte Dipolmoment in der Richtung des elektrischen Vektors der Lichtwelle. b. Beim anisotropen Molekül schwingt es schräg zu $\mathfrak{E}$ und bedingt im Streulicht eine Depolarisation.

Das gleiche leistet auch der Kerreffekt: In einem statischen Feld $\mathfrak{E}$ wirkt auf anisotrope Moleküle auch bei Fehlen eines permanenten Dipolmomentes ($\mathfrak{p}_0 = 0$) ein Drehmoment, da die Richtung des induzierten Dipolmomentes nicht in die Feldrichtung fällt. Diesem Drehmoment wirkt auch hier die Wärmebewegung entgegen im Sinne einer gleichmäßigen Richtungsverteilung, so daß eine temperaturabhängige partielle Einstellung der Moleküle in die Feldrichtung $\mathfrak{E}$ entsteht. Nun läßt sich zeigen, daß eine solche Substanz sich für durchgehendes Licht genau so verhält wie ein doppelbrechender einachsiger Kristall. Die Messung der Doppelbrechung liefert auch hier wieder für axialsymmetrische Moleküle die Größe $\alpha_3 - \alpha_1$ (Gans, Cabannes, Raman, Stuart). Wir bemerken noch, daß es sich hier um einen in der modernen Technik viel verwendeten Effekt handelt; auf ihm beruht die in der

Fernsehtechnik viel benutzte Carolus-Zelle, die als Lichtrelais aus-
genutzt wird.

Wir gehen nun zur Bestimmung von Kernabständen über. Denken wir uns z. B. ein zweiatomiges Molekül, so können wir uns dieses
hinsichtlich seiner Massenverteilung als nahezu starre Hantel vorstellen,
da ja die Elektronen wegen ihrer verschwindend kleinen Masse keinen
wesentlichen Einfluß auf die Massenverteilung besitzen. Diese Hantel
kann sich um eine raumfeste Achse drehen, besitzt also einen Drehimpuls, der nach Bohr gequantelt sein muß; wenn j die Quantenzahl
dieses Drehimpulses ist, so wird nach Bohr die Energie der rotierenden
Hantel gegeben durch (siehe Abschnitt 21)

$$E_j = \frac{h^2}{8\,\pi^2\,A}\, j^2 \qquad\qquad (j = 0, 1, 2 \ldots)$$

bzw. nach der Quantenmechanik durch (siehe z. B. Anhang XVI)

$$E_j = \frac{h^2}{8\,\pi^2\,A}\, j\,(j + 1)\,.$$

Wir haben diesen Energieterm als Deslandreschen Term (im Gegensatz zum Balmer-Term) bezeichnet. A ist dabei das Trägheitsmoment
der Hantel um ihren Schwerpunkt, das sich leicht aus dem Kernabstand und den Massen der beiden Atome berechnen läßt: Bezeichnet
man mit r_1 und r_2 die Entfernungen der beiden Atome mit den Massen
m_1 und m_2 vom gemeinsamen Schwerpunkt, so ist das Trägheitsmoment
definitionsgemäß gegeben durch $A = m_1\,r_1^2 + m_2\,r_2^2$; andrerseits gilt
$m_1\,r_1 = m_2\,r_2$ und $r_1 + r_2 = r$, wobei r der gesuchte Kernabstand ist;
bezeichnet man noch mit m die effektive Masse:

$$\frac{1}{m} = \frac{1}{m_1} + \frac{1}{m_2} \quad \text{oder} \quad m = \frac{m_1\,m_2}{m_1 + m_2},$$

so folgt daraus das Trägheitsmoment

$$A = m\,r^2\,.$$

Der Kernabstand ergibt sich also bei Kenntnis der Lage der Deslandreschen Terme; diese wiederum kann man aus den emittierten Rotations-
Bandenspektren bestimmen. Wir haben schon in Abschnitt 21 darauf hingewiesen, daß das vom Rotator emittierte Spektrum aus einer
Folge äquidistanter Linien besteht. Denn da, wie schon zu wieder-
holten Malen ausgeführt wurde, im Falle einer einfachperiodischen
Rotationsbewegung die Auswahlregel $\Delta j = \pm 1$ besteht, so ergibt
sich die emittierte Frequenz als Differenz zweier benachbarter Energieterme:

$$\nu = \frac{E_j - E_{j-1}}{h} = \frac{h}{8\pi^2 A}\{j\,(j+1) - (j-1)\,j\} = \frac{h}{4\pi^2 A}\, j\,.$$

Die Beobachtung des Linienabstandes $\dfrac{h}{4\,\pi^2\,A}$ gibt daher A und damit
auch r. Vorausgesetzt ist jedoch bei dieser Ableitung, daß der An-

fangs- und Endzustand des Elektronensystems identisch sind, da eine Verschiedenheit derselben auch eine Veränderung des Kernabstandes zur Folge haben würde; außerdem wurde von den eventuell möglichen Schwingungen der Kerne gegeneinander abgesehen. Die reinen Rotationsbanden eignen sich jedoch in·der Praxis nicht sehr für die Bestimmung der Kernabstände, da sie im äußersten Ultrarot liegen. Wir können ihre Lage leicht roh abschätzen: Die Atommassen sind von der Größenordnung 10^{-22} bis 10^{-23} g, die Kernabstände ungefähr 10^{-8} cm, daraus ergeben sich Trägheitsmomente von ungefähr 10^{-37} bis 10^{-39} g cm². Man erhält so für die Frequenzen Werte von 10^9 bis 10^{11} sec^{-1}, also Wellenlängen von Bruchteilen von Zentimetern.

Wir geben hier eine Tabelle einiger aus den ultraroten Banden bestimmten Trägheitsmomente und Kernabstände.

Tabelle 9.

Kernabstände und Trägheitsmomente der Halogenwasserstoffe.

	$r \cdot 10^8$ cm	$A \cdot 10^{40}$ g cm²
HF	0,93	1,35
HCl	1,28	2,66
HBr	1,42	3,31
HJ	1,62	4,31

Bei mehratomigen Molekülen hat man verschiedene Trägheitsmomente um verschiedene Achsen, die getrennt bestimmt werden müssen.

Wesentlich günstiger werden die Verhältnisse, wenn man die Kernschwingungen mit berücksichtigt. Wir haben eingangs von einem Gleichgewicht der Kräfte zwischen den Kernen und der mittleren Ladungsverteilung der Elektronen gesprochen. Um diese Gleichgewichtslage, die natürlich stabil sein muß, können die Kerne Schwingungen ausführen, wobei die ganze Elektronenwolke mit pulsiert. Als potentielle Energie $V(r)$ der Kernbewegung ist die gesamte Molekülenergie

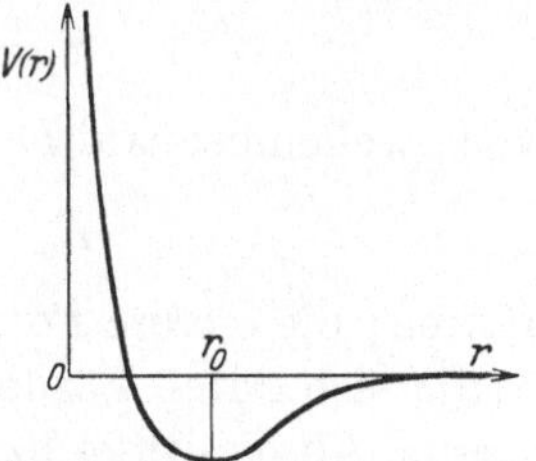

Abb. 86. Potentialverlauf in Abhängigkeit vom Abstand der beiden im Molekül vereinigten Atome. Bei r_0 liegt die Gleichgewichtslage.

abzüglich der kinetischen Energie der Kerne anzusehen, also neben der reinen Coulombenergie der (positiv geladenen) Kerne die mittlere Elektronenenergie, genauer die bei festgehaltenen Kernen berechnete gemittelte Energie der Elektronenbewegung. Von Rotationen des Moleküls als Ganzes sehen wir dabei zunächst noch ab. Die Gleichgewichtslage der Kerne ist durch das Minimum von $V(r)$ bestimmt, also ergibt sich der Kernabstand im Gleichgewicht r_0 aus $\left(\dfrac{dV}{dr}\right)_{r_0} = 0$. Die Existenz eines solchen Minimums ist notwendig, sonst könnte sich überhaupt kein Molekül bilden, das einen endlichen Kernabstand besitzt. In der Abb. 86 ist schematisch die Gestalt einer solchen Potentialkurve eingezeichnet. Vom Minimum bei r_0 steigt das Potential bei Verkleinerung des Abstandes r sehr stark an, es überwiegt hier die Coulombsche Abstoßung der beiden Kerne; gegen größere Kernabstände hin wird die Potentialkurve immer flacher und nähert sich asymptotisch einem bestimmten Grenzwert, der in der Abbildung willkürlich als Nullniveau angenommen wurde; er entspricht dem Fall sehr weit getrennter Kerne, bei dem also das Molekül praktisch vollständig in seine beiden Bestandteile zerfallen ist. In dieser Lage ist die potentielle Energie der Kernbewegung $V(r)$ lediglich gegeben durch die konstanten Elektronenenergien der beiden getrennten Atome und kann daher auf Null normiert werden, die Kerne (und damit die ganzen Atome) bewegen sich dann als freie Partikeln.

In der Potentialmulde von $V(r)$ können nun die Kerne als Quantenoszillatoren schwingen. In der Nähe der Gleichgewichtslage r_0 besitzt die Potentialkurve angenähert Parabelgestalt; man erkennt dies auch aus der Taylor-Entwicklung von $V(r)$ an der Stelle r_0:
$$V(r) = V(r_0) + \frac{(r - r_0)^2}{2} \left(\frac{d^2 V}{d r^2}\right)_{r_0} + \cdots .$$ Bei nicht zu großen Amplituden schwingen daher die Kerne wie harmonische Oszillatoren, da ja in diesem Falle die rücktreibende Kraft proportional der Entfernung ist; man kann also die Formeln für den harmonischen Oszillator anwenden, welche vom klassischen Standpunkt (Bohr) zu den Energieniveaus

$$E_s = h\,v_0\,s \qquad (s = 0, 1, 2 \ldots),$$

vom wellenmechanischen Standpunkt aus zur Formel

$$E_s = h\,v_0\,(s + \tfrac{1}{2})$$

führen; die erstere Formel wurde in Abschnitt 22 abgeleitet, die zweite ergibt sich durch Lösung der Wellengleichung des harmonischen Oszillators (s. Abschnitt 24 bzw. Anhang XIII). Die Eigenfrequenz v_0 ist durch die rücktreibende Kraft bestimmt, sie ist, wie man sich leicht überzeugt, gegeben durch

$$v_0 = \frac{1}{2\pi} \sqrt{\frac{1}{m} \left(\frac{d^2 V}{d r^2}\right)_{r_0}} .$$

Nach den Regeln der Differentialgeometrie ist $\left(\dfrac{d^2 V}{d r^2}\right)_{r_0}$ mit der Krümmung der Potentialkurve im Punkte $r = r_0$ proportional, so daß sich das Ergebnis auch so aussprechen läßt: Je stärker die Potentialkurve der Kernbewegung in der Gleichgewichtslage gekrümmt ist, um so größer ist die Eigenfrequenz, und um so höher liegen die zugehörigen Energieniveaus.

Die obigen Formeln gelten, wie schon erwähnt, nur für kleine Schwingungsamplituden oder, was auf das gleiche hinausläuft, für die niedrigen Quantenzahlen. Bei den höher angeregten Zuständen wirkt sich die Abweichung der Potentialkurve von der Parabelgestalt dahin aus, daß wir jetzt nicht mehr die Schwingung als die eines harmonischen Oszillators behandeln dürfen; es treten zu unseren oben abgeleiteten Formeln Korrektionsglieder hinzu, die die Lage der Terme verändern. Und zwar rücken die Terme mit wachsender Quantenzahl s immer näher zusammen bis zur sog. Konvergenzgrenze (Abb. 87). Diese entspricht der Dissoziation des Moleküls; sie erfordert einen Energiebetrag gleich der Tiefe der Potentialmulde gegenüber dem asymptotischen Grenzwert von $V(r)$, also den Betrag $V(\infty) - V(r_0)$; bei Anregung um diesen oder um einen größeren Energiebetrag zerfällt das Molekül in Atome oder Ionen, die sich dann mit einer bestimmten durch die Energiebilanz gegebenen Geschwindigkeit voneinander entfernen. Im Spektrum äußert sich das darin, daß eine Bande mit einer Konvergenzgrenze auftritt, an die sich ein Kontinuum anschließt (Franck). Aus der Lage der Grenze kann man die Dissoziationsenergie bestimmen, und zwar viel genauer als die Chemie durch thermische Messungen. Nach diesem Prinzip sind heute die Trennungsarbeiten für sehr viele Moleküle gut bekannt, z. B.

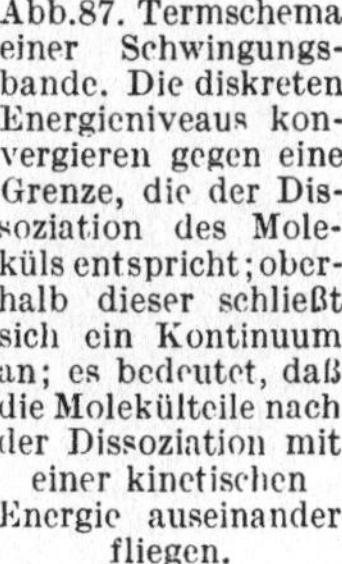

Abb. 87. Termschema einer Schwingungsbande. Die diskreten Energieniveaus konvergieren gegen eine Grenze, die der Dissoziation des Moleküls entspricht; oberhalb dieser schließt sich ein Kontinuum an; es bedeutet, daß die Molekülteile nach der Dissoziation mit einer kinetischen Energie auseinander fliegen.

$$H_2 : 101, \qquad N_2 : 210, \qquad O_2 : 117{,}3 \text{ kcal/Mol.}$$

Um eine Vorstellung von der Größenordnung der Schwingungsfrequenzen zu geben, führen wir hier einige Grundschwingungsfrequenzen $\nu_{osz.}$ (nach Czerny) an:

$$HF \;: 4003 \text{ cm}^{-1}$$
$$HCl : 2907 \text{ cm}^{-1}$$
$$HBr : 2575 \text{ cm}^{-1}.$$

Zum Vergleich geben wir die entsprechenden Grundfrequenzen der Rotationen $\nu_{rot.}$ an:

$$HF \;: 41{,}1 \text{ cm}^{-1}$$
$$HCl : 20{,}8 \text{ cm}^{-1}$$
$$HBr : 16{,}7 \text{ cm}^{-1}$$

Man erkennt, daß die Schwingungsquanten wesentlich größer sind als die Rotationsquanten.

Wir haben bisher bei der Behandlung der Schwingungen von den eventuell auftretenden Rotationen des Moleküls abgesehen. Bei Absorption kann natürlich Rotation und Schwingung gleichzeitig angeregt werden; die Energie ist dann genähert gegeben durch

$$E_{s,j} = E_s + E_j = h\,\nu_0 \left(s + \tfrac{1}{2}\right) + \frac{h^2}{8\pi^2 A_s}\, j\,(j+1):$$

zu den Energietermen der Schwingung treten die Energiequanten der Rotationsbewegung in erster Näherung additiv hinzu. Die Frequenzen, die durch Subtraktion solcher Terme entstehen (es gelten hier die Auswahlregeln $\Delta j = 0, \pm 1; \Delta s = \pm 1, \pm 2, \ldots$), also z. B. für die Grundschwingung

$$\nu = \frac{E_{s,j} - E_{s-1,\,j-1}}{h} = h\,\nu_0 + \frac{h^2}{8\pi^2}\left(\frac{j\,(j+1)}{A_s} - \frac{j\,(j-1)}{A_{s-1}}\right),$$

bilden die Rotations-Schwingungsbanden, sie liegen im kurzwelligen Ultrarot wegen der Größe der Eigenfrequenz ν_0. Das Hinzutreten der Schwingungsquanten $h\,\nu_0$ bedingt somit die Verschiebung des ganzen Spektrums in die Richtung gegen kürzere Wellen hin, also in das meßtechnisch leichter erreichbare Gebiet; doch ist das Gesetz der einzelnen Rotationsfolgen hier komplizierter als im Falle der reinen Rotationen, da das für den Linienabstand maßgebende Trägheitsmoment von der Größe des jeweiligen Kernabstandes abhängt und im Anfangs- und Endzustand verschieden sein kann.

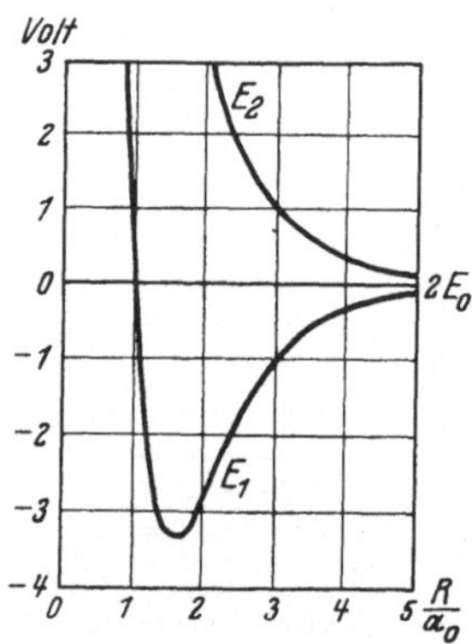

Abb. 88. Potentialkurven bei homöopolarer Bindung (H_2 als Beispiel). Es gibt eine Kurve mit einem Potentialminimum (Anziehung) und eine Kurve, die einer reinen Abstoßung entspricht. (Nach Heitler und London, siehe Abschnitt 47).

Die oben angegebenen Energieterme $E_{s,j}$ geben noch nicht das vollständige Termschema, da wir ja oben vorausgesetzt haben, daß sich der Elektronenzustand des Moleküls bei den Rotations- und Schwingungsübergängen nicht ändert. Nun kann aber durch Lichtabsorption oder -emission auch das Elektronensystem verändert werden; es gibt im Molekül genau so wie beim Atom angeregte Zustände, die durch Quantenzahlen $n = 1, 2, \ldots$ unterschieden werden. Jedem solchen Zustand entspricht eine besondere, durch Mittelung gewonnene potentielle Energie der Kernbewegung $V_n\,(r)$; man erhält also verschiedene Potentialkurven der Kerne entsprechend den einzelnen Anregungsstufen der Elektronenbewegung. Dabei geben die horizontalen Asymptoten ($r \to \infty$) die Energieunterschiede zwischen den bei der Dissoziation auftretenden Endprodukten. Wenn z. B. molekularer Wasserstoff H_2 dissoziiert, so zerfällt er, je nach dem Elektronenzustand des Moleküls, entweder in zwei H-Atome im Grundzustand oder in ein unangeregtes und ein angeregtes H-Atom oder in zwei angeregte; diesen verschiedenen Energien der Zerfallsprodukte entsprechen die verschiedenen horizontalen Asymptoten der Potentialkurven für die Kernschwingungen.

In der Abb. 88 wurden zwei Potentialkurven eingezeichnet, von denen die eine, E_1, ein Minimum besitzt und daher eine stabile chemische

Bindung ermöglicht, während die andere, E_2, monoton abfällt; sie entspricht natürlich keiner chemischen Bindung, da der tiefste Zustand den der unendlich weit getrennten Atome darstellt, sondern einer Abstoßung der Atome. Diese doppelte Möglichkeit tritt bereits beim H_2-Molekül ein (s. Abschnitt 47).

Bei gleichzeitiger Anregung von höheren Elektronenzuständen, von Schwingung und Rotation ist die Gesamtenergie näherungsweise durch eine Formel von der Gestalt

$$E = E_n + E_s + E_j$$

gegeben; das Glied E_n stellt die reine Elektronenenergie dar, sie wird bestimmt durch die Energiedifferenz zwischen den Minima der verschiedenen Potentialkurven. Durch das Glied E_n werden die Banden

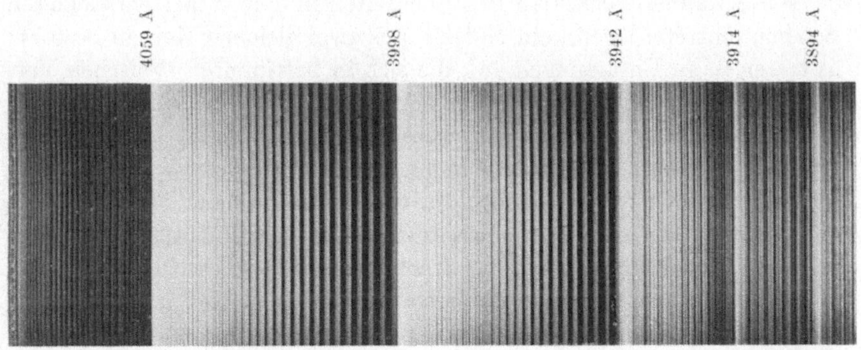

Abb. 89. Banden von Stickstoff (im Sichtbaren). Man sieht feine „Tripletts" die verschiedenen Rotationsänderungen (um -1, 0, 1) entsprechen; die gesetzmäßige Folge dieser bildet Rotationsbanden mit „Kante". Alle diese Einzelbanden gehören zu einem Sprung der Schwingungsquantenzahl und zu einem Elektronensprung, der das System ins Sichtbare verlegt.

ins sichtbare oder ultraviolette Gebiet verlegt, da die Größenordnung der durch Übergänge aus einem Elektronenzustand des Moleküls in einen andern bedingten Frequenz die gleiche ist wie die der Elektronenübergänge bei Atomen; die Kombination eines Elektronensprunges mit einem Übergang im Schwingungs- und Rotationszustand bedeutet die Emission einer Rotations-Schwingungsbande in dem durch den Elektronenübergang festgelegten Wellenlängenbereich. Ihr Aussehen (Abb. 89) ist dasselbe wie das der reinen Rotations-Schwingungsbanden, nur treten kleine „Störungen" auf, die auf der Wechselwirkung zwischen Elektronen- und Kernbewegung beruhen (z. B. Veränderung der Eigenfrequenz der Kernschwingung durch einen Elektronensprung).

Die Elektronenterme E_n bei zweiatomigen Molekülen lassen sich ähnlich klassifizieren wie die der Atome. Nur kann man hier nicht dazu den Bahndrehimpuls benutzen, wie beim Atom ($l = 0, 1, 2, \ldots$; S, P, $D \ldots$ Terme), da ja hier die Elektronenwolke nicht mehr, wie bei den

Atomen, ein festes Gesamtdrehmoment besitzt; denn die Kernverbindungslinie stellt eine ausgezeichnete Richtung im Molekül dar, die ihrerseits im Raume rotiert (Rotationsterme), wobei die Elektronenwolke zwangsläufig mitgedreht wird. Wohl aber ist die Komponénte des Elektronendrehimpulses auf diese ausgezeichnete Richtung gequantelt, sie wird durch die Rotation des Moleküls als Ganzes nicht beeinflußt. Man bezeichnet die Quantenzahl dieser Drehimpulskomponente mit λ und bezeichnet hier in Analogie zu den Atomen die Terme, je nach der Größe dieser Quantenzahl, mit griechischen Buchstaben:

$$\lambda = 0 \quad 1 \quad 2 \ldots$$
$$\Sigma \quad \Pi \quad \Delta \ldots \text{-Terme}.$$

Wir erwähnen noch, daß Besonderheiten in dem bisher entwickelten Schema eintreten, wenn ein Molekül aus zwei gleichen Kernen besteht; es treten dann Entartungen auf, die sich in bestimmten typischen Veränderungen im Spektrum äußern (Ausfallen gewisser Linien).

Die Bandenforschung hat sich bereits zu einer umfangreichen Wissenschaft entwickelt. Die Untersuchung und Analyse der Bandenspektren gibt die weitgehendsten Aufschlüsse über den Bau der Moleküle. Die Auswertung des großen, bisher angesammelten experimentellen Materials geschieht unter Verwendung scharfsinniger mathematischer Methoden, wie Gruppentheorie, Symmetriebetrachtungen usw.

Zum Schluß dieses Abschnittes möchten wir noch einen Effekt besprechen, der dadurch allgemein bekannt geworden ist, daß sein Entdecker mit dem Nobelpreis ausgezeichnet worden ist, nämlich den Ramaneffekt. Es sei jedoch gleich vorweggenommen, daß es sich dabei nicht etwa um eine umwälzende Entdeckung gehandelt hat, wie es z. B. die Entdeckung der Wellennatur des Elektrons war, sondern um einen Effekt, der von der Quantentheorie bereits einige Jahre vor seiner experimentellen Entdeckung vorausgesagt war (Smekal, Kramers-Heisenberg), der sich jedoch auch im Rahmen der klassischen Physik verstehen läßt (Cabannes, Rocard, Placzek); seine große Wichtigkeit beruht vielmehr auf der bequemen Anwendbarkeit zur Erforschung der Moleküle und auf der riesigen Menge des so in kurzer Zeit zusammengekommenen Materials. Gefunden wurde der Effekt übrigens gleichzeitig von Raman in Indien und Landsberg und Mandelstam in Rußland. Er besteht in der Erscheinung, daß sich im Streulicht außer der eingestrahlten Frequenz ν eine Reihe verschobener Frequenzen findet.

Wir geben hier die klassische Erklärung für diesen Effekt: Eine Lichtwelle $\mathfrak{E} = \mathfrak{E}_0 \cos 2\pi\nu t$ falle auf ein Molekül auf; sie erzeugt in diesem Molekül ein Dipolmoment

$$\mathfrak{p} = \alpha\,\mathfrak{E}_0 \cos 2\pi\nu t,$$

wobei α den Polarisierbarkeitstensor darstellt. Wie schon bemerkt, fällt im allgemeinen die Richtung der induzierten Polarisation nicht in die der erregenden Feldstärke. Hier kommt es nun auf etwas anderes an: die Beeinflussung der induzierten Polarisation durch den Rotations- und Schwingungszustand des Moleküls. Denn bei einer Rotation des Moleküls dreht sich auch das Polarisationsellipsoid mit und das induzierte Dipolmoment schwingt daher im gleichen Rhythmus; ebenso schwingt bei den Kernoszillationen das ganze Elektronensystem mit und bedingt so ein Oszillieren der Polarisierbarkeit wieder im gleichen Rhythmus; denn da die Elektronenbewegung um die Kerne viel schneller ist als die Kernschwingungen, kann bei Berücksichtigung des Einflusses der Kernschwingungen auf die Polarisierbarkeit mit der mittleren Elektronenverteilung gerechnet werden. Wir greifen aus der Fourierreihe, die den Einfluß der Rotationen und Schwingungen auf die Polarisierbarkeit darstellt, nur ein Glied ν_s heraus und schreiben α in der Form an:

$$\alpha = \alpha_0 + \alpha_1 \cos\left(2\pi\,\nu_s\,t + \delta\right);$$

δ bedeutet hier eine von Molekül zu Molekül veränderliche unbestimmte Phase. Geht man mit diesem Ausdruck in die Formel für das Dipolmoment ein, so ergibt sich

$$\mathfrak{p} = \alpha_0\,\mathfrak{E}_0 \cos 2\pi\,\nu\,t + \alpha_1\,\mathfrak{E}_0 \cos 2\pi\,\nu\,t \cos\left(2\pi\,\nu_s\,t + \delta\right).$$

Nach den bekannten Regeln der Trigonometrie folgt daraus

$$\mathfrak{p} = \alpha_0\,\mathfrak{E}_0 \cos 2\pi\nu t + \frac{\alpha_1}{2}\,\mathfrak{E}_0 \left\{\cos\left[2\pi\,(\nu+\nu_s)\,t + \delta\right] + \cos\left[2\pi\,(\nu-\nu_s)\,t - \delta\right]\right\}.$$

Das Dipolmoment schwingt daher in einer Weise, die als Überlagerung dreier Schwingungen mit den Frequenzen ν, $\nu + \nu_s$ und $\nu - \nu_s$ aufgefaßt werden kann. Da das Dipolmoment das Streulicht erzeugt, so enthält dieses neben der Frequenz des einfallenden Lichtes auch die Frequenzen ν, $\nu + \nu_s$ und $\nu - \nu_s$, und zwar mit der willkürlichen Phase δ, also sind die drei Frequenzen inkohärent. Dies gilt genau so für alle Rotations- und Schwingungsfrequenzen des Moleküls.

Das Spektrum des Streulichts ist also eine Art Bande in der Umgebung der einfallenden Linie, aus der sich die Rotations- und Schwingungsfrequenzen genau so ablesen lassen wie aus den Emissions- und Absorptionsbanden. Der Vorteil der Methode besteht jedoch darin, daß die ganze Bande an einer beliebigen Stelle des sichtbaren Spektrums liegt, einer Stelle, die nur von der Wahl der eingestrahlten Frequenz abhängt. Man kann also z. B. die Konstanten des Grundzustandes des Elektronensystems durch Beobachtung im sichtbaren Spektralbereich aus den Linienabständen der Banden bestimmen, während die entsprechenden Emissionsbanden weit im Ultraroten liegen. Man bedenke, daß die Verlegung der Bande ins Sichtbare durch Beobachtung der Rotations-

Schwingungsbande bei gleichzeitigem Bestehen eines Elektronensprunges ja nicht die Molekülkonstanten des unangeregten „natürlichen" Zustandes liefert, sondern irgendeines angeregten, der im allgemeinen den Chemiker nicht interessiert.

Hinsichtlich der Intensitätsverhältnisse in den Ramanlinien bestehen jedoch Besonderheiten, die sich klassisch nicht deuten lassen, wie z. B. die, daß die Komponente des Streulichts mit der Frequenz $\nu - \nu_s$ viel stärker ist als die mit der Frequenz $\nu + \nu_s$. Diese Erscheinung läßt sich durch folgende einfache Quantenbetrachtung sofort verstehen: Wenn ein einfallendes Lichtquant $h\nu$ das Molekül trifft, so kann es zunächst ohne Energieverlust gestreut werden. Es kann aber auch das Molekül anregen, also an dieses die Schwingungsenergie $h\nu_s$ abgeben; im Streulicht erscheint dann das Lichtquant mit der Energie $h(\nu - \nu_s)$. In seltenen Fällen wird es jedoch auch vorkommen, daß ein Lichtquant ein angeregtes Molekül trifft; dann kann es diesem auch Energie entziehen, indem das Molekül in den tieferen Zustand übergeht und das Lichtquant mit der Energie $h(\nu + \nu_s)$ weiterfliegt. Daher sind die Ramanlinien nach der Seite der langen Wellen hin kräftig, während nur wenige schwache Linien auf der kurzwelligen Seite liegen.

Der Ramaneffekt ist für die Molekülforschung von größter Bedeutung geworden, da er relativ einfach zu beobachten ist und viele exakte Aussagen über die Molekülstruktur schon allein durch Betrachtung des Auftretens oder Ausfallens von Linien zu machen erlaubt. Wir wollen hier an einem Beispiel diese Überlegungen andeuten.

Das Molekül N_2O könnte, geradlinige Anordnung vorausgesetzt, eine der beiden Formen NON oder NNO haben. Die Frage ist, wie man zwischen diesen beiden Möglichkeiten unterscheiden kann. Nun ist die erste Form offenbar symmetrisch und die zweite nicht. Die auf den Ramaneffekt ansprechenden Schwingungen eines symmetrischen Gebildes unterscheiden sich aber charakteristisch von denen der unsymmetrischen (in der Zahl und Polarisation der Linien). Aus der Erfahrung kann man dann eindeutig entnehmen, daß die nichtsymmetrische Form NNO die richtige ist. Ähnliche Betrachtungen kann man auch bei komplizierteren Molekülen ausführen (z. B. für die symmetrischen Gebilde Methan (CH_4) und Tetrachlorkohlenstoff (CCl_4)); doch können wir hierauf nicht eingehen.

45. Chemische Bindung. Einteilung der Bindungsarten.

Wir haben bisher das Elektronensystem des Moleküls als Ganzes betrachtet und uns vorwiegend mit den physikalischen Eigenschaften und Wirkungen des Moleküls als gegebenes Gebilde beschäftigt. Wir müssen nun zur Behandlung der den Chemiker hauptsächlich interessierenden Frage übergehen, wie überhaupt eine Molekülbindung zustande kommen kann, wie also unser Molekülmodell aus den einzelnen getrennten Atomen hervorgeht.

Man unterscheidet mehrere verschiedene Arten von chemischer Bindung; doch kommen zwischen den einzelnen Hauptbindungsarten alle möglichen Übergänge vor. Wir schließen uns hier bei der Einteilung an die von Franck gegebene Unterscheidung an, nach der es darauf ankommt, ob ein Molekül bei der Dissoziation lieber in Ionen oder lieber in neutrale Atome zerfällt. Nun hängt allerdings die Art des Zerfalles auch mitunter von der Anregungsstufe des Moleküls ab, doch gibt das Francksche Kriterium immerhin schon einen guten Gesichtspunkt zur Klassifikation der Bindung. Wir unterscheiden also:

I. Das Molekül zerfällt in Ionen bei der Dissoziation durch Elektrolyse oder infolge von Lichtabsorption; man nennt diese Bindungsart Ionenbindung[1]. Der extremste Fall dieser Bindungsart ist der, bei dem auch im Molekül die Atome geladen, also als Ionen vorhanden sind; dann erklärt ihre Coulombsche Anziehung die Bindung. In diesem Falle spricht man von polarer (auch heteropolarer) Bindung. Als Prototyp für diese Bindungsart ist das NaCl anzusehen. Vor etwa 100 Jahren hat Berzelius die Vermutung ausgesprochen, daß alle chemischen Kräfte in Wahrheit elektrostatischer Natur seien. Aber diese Hypothese wurde fallen gelassen angesichts der Schwierigkeit, Bindungen gleichartiger Atome (z. B. H_2, N_2 ...), die unmöglich polarer Natur sein können, auf diese Weise zu erklären. Erst als es durch Beobachtung des elektrolytischen Verhaltens, der Dipolmomente und dgl. gelang, die polaren Moleküle einigermaßen gegen die übrigen abzugrenzen, wurde die Hypothese von Berzelius wieder belebt; sie gilt eben nur für eine enge Klasse von Verbindungen, führt hier aber, wie Lewis und Kossel gezeigt haben, zu großen Erfolgen.

II. Das Molekül zerfällt in Atome, z. B. bei thermischer Anregung oder infolge von Lichtabsorption; man spricht hier von einer Atombindung. Man hat hier mehrere Unterfälle zu unterscheiden:

1. Atombindungen mit Valenzabsättigung: Valenzbindungen (auch homöopolare Bindungen genannt); zu diesen gehören zunächst die zweiatomigen Gase wie H_2, N_2, O_2, sowie die meisten Verbindungen der organischen Chemie, z. B. CH_4.

---

[1] Die Bezeichnungsweise ist nicht ganz allgemein im Gebrauch, doch scheint sich die hier angegebene allmählich einzubürgern. Historisch ist zu bemerken, daß die Unterscheidung heteropolar und homöopolar von Abegg stammt. Die Unterscheidung Ionen- und Atombindung mit dem Kriterium der Zerfallsprodukte ist von Franck eingeführt worden.

2. Lockere Bindungen ohne Valenzabsättigung, entstanden durch die van der Waalsschen Kräfte: **Kohäsionsbindungen**.

3. Bindungen, die z. B. bei der Gitterbildung von Metallen wirksam sind, und die wir unter dem Namen **metallische Bindungen** zusammenfassen.

4. Eine Reihe von Bindungen, die sich nicht in das bisher gegebene Schema einfügen lassen, wie die **Benzol-, Diamantbindung und andere ähnliche Bindungsarten**.

Zwischen diesen vier Gruppen kommt natürlich noch eine Reihe von Zwischenstufen in Frage, die wir jedoch im folgenden nicht behandeln wollen. Wir werden vielmehr in den nächsten Abschnitten nur die wichtigsten dieser Hauptbindungstypen näher besprechen.

46. Theorie der heteropolaren Ionenbindung.

Wie diese Bindung zustande kommt, haben wir oben bereits angedeutet; wir führen es jetzt etwas genauer aus (Kossel, Born). Die den Edelgasen benachbarten Atome haben das Bestreben, sich durch Aufnahme oder Abgabe von Elektronen in die Edelgaskonfiguration zu verwandeln. Bei den Alkaliatomen bewegt sich das Valenzelektron außerhalb einer abgeschlossenen Schale und ist relativ locker gebunden, die Alkalien besitzen eine sehr kleine **Ionisierungsenergie** J (s. die in Tab. 3, S. 132, 133. 134 angegebenen Zahlenwerte von J). Umgekehrt fehlt den Halogenen ein Elektron zu einer abgeschlossenen Schale, welche ja bekanntlich eine sehr stabile Elektronenkonfiguration darstellt; sie haben daher das Bestreben, ein Elektron zur Komplettierung dieser Schale aufzunehmen. Man nennt dies die **Elektronenaffinität** E; sie ist durch die Energie gegeben, die bei der Anlagerung eines Elektrons frei wird. Mit diesen Begriffen hängt der der **Elektrovalenz** eng zusammen; und zwar versteht man unter positiver Elektrovalenz die Zahl der im Atom locker, also außerhalb einer abgeschlossenen Schale gebundenen Elektronen, unter negativer Elektrovalenz die Zahl der zur Edelgasform fehlenden Elektronen.

Das Zustandekommen einer Ionenbindung kann man sich in zwei Schritte zerlegt denken: Der erste besteht in einer Umladung der beiden reagierenden Atome, also z. B. $Na + Cl = Na^+ + Cl^-$. Der zweite Prozeß wird durch die Anziehung der beiden Ionen entsprechend dem Coulombschen Gesetz gegeben; die Energie der Anziehung ist $-e^2/r$. Dies würde allein zur vollständigen Vereinigung der beiden Ionen führen; doch treten bei kleinen Abständen Abstoßungskräfte auf, die sich quantenmechanisch begründen lassen. Man hat sie mit gutem Erfolg durch ein Gesetz von der Form b/r^n darzustellen versucht; die

Quantenmechanik ergibt dafür angenähert ein Exponentialgesetz $b\,e^{-\frac{r}{\varrho}}$, das sich noch ein wenig besser bewährt hat. Dann wird die Gleichgewichtslage durch den Wert von r gegeben, bei dem die Summe aus diesem Energiebetrag und aus der Coulombschen Energie ein Minimum besitzt.

Im Gasmolekül werden die Elektronenwolken der beiden Ionen infolge der einseitig wirkenden elektrischen Kräfte natürlich sehr stark deformiert, was die Berechnung der Ionenbindung ungemein erschwert. Einfacher liegen die Verhältnisse bei Kristallen, besonders bei den hochsymmetrischen vom Steinsalztyp (kubisch flächenzentriert) und von ähnlichen Typen. Hier fällt die Deformation aus Symmetriegründen weg; auf ein Cl-Ion wirkt in einem Steinsalzgitter von vier Seiten her die gleiche Kraft der benachbarten Na-Ionen und entsprechendes gilt für die weiter entfernten Ionen. Man kann nun die Gitterenergie berechnen, also die Energie U, die man aufwenden muß, um das Gitter vollständig aufzulösen. Sie ist durch eine Summe von der Gestalt

$$U = \sum \left(\pm \frac{e^2}{r} + \frac{b}{r^n} \right)$$

gegeben, wo über alle Gitterpunkte zu summieren ist; wir haben dabei mit dem älteren Ansatz für die Abstoßungskräfte gerechnet. Die Auswertung dieser Summe stößt auf beträchtliche Schwierigkeiten, da der erste Coulombsche Anteil schlecht konvergiert; die wirkenden Kräfte nehmen zwar mit wachsender Entfernung ab, dafür nimmt aber die Anzahl der Ionen, die den gleichen Abstand von einem bestimmten herausgegriffenen Ion haben, mit wachsender Entfernung (quadratisch) zu. Madelung hat gezeigt, wie man solche Gittersummen mit Vorteil auswertet; es ergibt sich dann für U ein Ausdruck von der Form

$$U = - \frac{e^2 \alpha}{\delta} + \frac{\beta}{\delta^n},$$

wobei δ die Gitterkonstante bedeutet, also den Abstand eines Na-Ions vom benachbarten Cl-Ion. α wird die Madelungsche Konstante genannt, sie hängt vom Gittertyp ab und besitzt z. B. für NaCl den Wert 1,75. Für die vorerst noch unbekannten Konstanten β und n gibt es zwei Bestimmungsgleichungen, nämlich zunächst die Gleichgewichtsbedingung $\frac{dU}{d\delta} = 0$ (Minimum der Gitterenergie). Und zweitens ist $\frac{d^2U}{d\delta^2}$ die Kraft, die zur Kompression des Kristalls nötig ist und die man experimentell bestimmen kann. Man erhält so für die Alkalihalogenide n-Werte zwischen 6 und 10. Besser hat sich das wellenmechanisch gefundene Exponentialgesetz für die Abstoßungskraft $b\,e^{-\frac{r}{\varrho}}$ bewährt; man erhält dann für alle Alkalihalogenide ungefähr den gleichen Wert für die Konstante $\varrho \sim 0{,}35$ Å (Born und Mayer).

Man kann die Aussagen der Theorie direkt prüfen. So ergab eine von J. Mayer ausgeführte Bestimmung der Gitterenergien durch thermische Dissoziation bei zwei Salzen gute Übereinstimmung. Es ist auch eine indirekte Prüfung der Theorie durch Berechnung der Elektronenaffinität eines Halogens aus verschiedenen Salzen (etwa des Cl aus den Verbindungen LiCl, NaCl usw.) mit Hilfe des folgenden Kreisprozesses möglich:

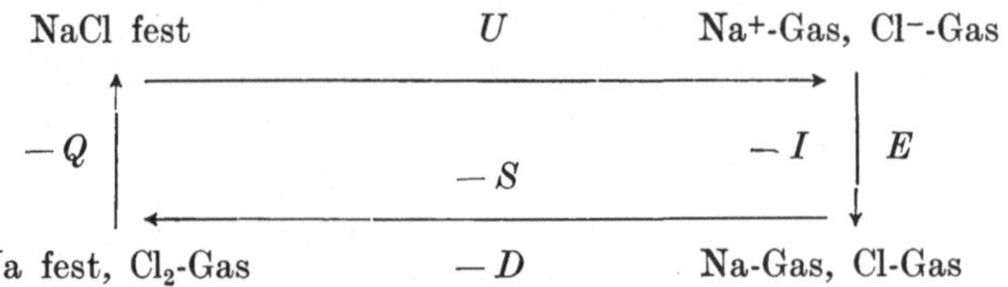

Wir gehen aus vom festen Steinsalzkristall. Durch Zuführung der Gitterenergie U (aufgewandte Arbeit werde positiv gezählt!) löst man den Kristall in Ionen auf. Durch weitere Zufuhr der der Elektronenaffinität des Cl entsprechenden Energie E kann man vom Cl^- das überschüssige Elektron abtrennen, während das Na^+-Ion dieses unter Abgabe der Ionisierungsenergie I aufnimmt und so ein neutrales Na-Gas bildet. Dieses setzt sich unter Abgabe der Sublimationswärme des Na-Metalls in festes Natrium um, während sich das atomare Cl-Gas unter Abgabe der Dissoziationsenergie des Halogens in molekulares Cl_2-Gas verwandelt. Durch Einwirkung dieses Gases auf das Na-Metall bildet sich unter Abgabe der Bildungswärme Q der Steinsalzkristall, womit der Kreisprozeß geschlossen ist. Natürlich muß die gesamte Energiebilanz stimmen, es muß also gelten

$$U - I + E - S - D - Q = 0.$$

Hier kennt man alle Größen mit Ausnahme der Elektronenaffinität E, nämlich I, D, S, Q durch thermische und elektrische Messungen, U aus der Gittertheorie, und man kann nun E aus der Gleichung berechnen; dabei muß sich aus allen Salzen desselben Halogens derselbe Wert ergeben, und das ist auch mit guter Annäherung der Fall. Man fand z. B. aus den Cl-Salzen die folgenden Werte (siehe Tabelle 10 der Elektronaffinität des Cl, angegeben in kcal/Mol. Man erhält so im Mittel die folgenden Werte (siehe Tabelle 11). Leider konnte bisher noch kein Verfahren gefunden werden, das eine direkte Bestimmung dieser Werte erlaubt. Nur für die Ionen in Salzlösungen ist es Franck und Scheibe gelungen, ein Absorptionsspek-

Tabelle 10. Elektronenaffinität E des Chlors aus den Alkalichloriden (in kcal pro Mol).

LiCl	NaCl	KCl	RbCl	CsCl	Mittel
85,7	86,5	87,1	85,7	87,3	86,5

Tabelle 11. Elektronenaffinitäten der Halogene (in kcal pro Mol).

F	Cl	Br	J
95,3	86,5	81,5	74,2

trum nachzuweisen, das auf diesen Prozeß der Ablösung des Elektrons vom Halogen-Ion zurückzuführen ist; man kann durch Berücksichtigung der Wirkung des umgebenden Mediums (Wasser) die Elektronenaffinität mit roher Annäherung wiederfinden.

47. Theorie der Valenzbindung.

Wir gehen nun zur Betrachtung der sog. Valenzbindung über. Hier zeigt (nach Lewis) die Erfahrung, daß jede solche Bindung an die Existenz eines Elektronenpaares gebunden ist, wobei je ein Elektron zu den beiden miteinander verbundenen Atomen gehört. Als einfachster Fall dieser Art ist das H_2-Molekül anzusehen, das also aus zwei gleichen Kernen und zwei Elektronen aufgebaut ist.

London und Heitler haben gezeigt, wie sich das Wasserstoffmolekül quantenmechanisch berechnen läßt. Zum leichteren Verständnis diene folgendes Beispiel aus der Elektrotechnik, das in vollkommener Analogie zu dem hier zu behandelnden Fall steht. Wenn wir zwei gleiche elektrische Schwingungskreise mit der ursprünglichen Frequenz ν_0 einander nähern, so verstimmen sie sich durch die Kopplung etwas, indem ν_0 in zwei verschiedene Frequenzen, eine höher und eine tiefer als ν_0 aufspaltet, die zusammen eine Schwebung erzeugen. Analog liegen die Verhältnisse beim Wasserstoffmolekül; hier werden die beiden Schwingungskreise dargestellt durch die um die Kerne umlaufenden Elektronen (bei getrennten Atomen). Durch die Kopplung verstimmen sie sich etwas, und man erhält so eine etwas niedrigere und eine etwas höhere Frequenz als ν_0. Nun wissen wir aber, daß jeder Frequenz eine Energie entspricht; aus der ungestörten Energie $2\,E_0$ der beiden getrennten H-Atome entsteht daher eine etwas niedrigere und eine etwas höhere Energie des gekoppelten Systems

$$E_1 = 2\,E_0 - W_1(R)\,, \qquad E_2 = 2\,E_0 + W_2(R)\,,$$

wobei die $W_r(R)$ im wesentlichen die vom Abstand R der beiden Atome (Kernabstand) abhängige Kopplungsenergie bedeuten (vgl. Anhang XXIV). Der durch E_1 dargestellte Zustand besitzt eine geringere Energie als der dissoziierte Zustand (bei getrennten H-Atomen), entspricht daher einer Bindung; E_2 bedeutet Abstoßung der beiden Atome (s. Abb. 88, S. 192). Wir bemerken noch, daß man die durch diese Energieaufspaltung bedingte „Schwebung" in der Wellenmechanik als „Austausch" der Elektronen bezeichnet; ihr Zustandekommen kann so gedeutet werden, daß die beiden physikalisch nicht unterscheidbaren Elektronen des H_2 ihre Plätze im Molekül gegenseitig austauschen können, und daß durch dieses Hin- und Herwechseln der Elektronen von der einen Bahn in die andere ein zusätzlicher Energiebetrag auftritt, eben gerade der für die Schwebung der Energie verantwortliche.

Die Tatsache der **Valenzabsättigung** findet ihre Erklärung im **Paulischen Prinzip**. Genau so wie bei den Atomen ordnen sich auch bei den Molekülen die Elektronen infolge des Pauliprinzipes in Schalen um die beiden Kerne an. Im Falle des H_2 liegen die beiden Elektronen im Grundzustand in der innersten „Schale", müssen daher, wie die beiden Elektronen der K-Schale, entgegengesetzte Spins haben. Im Anziehungszustand E_1 stehen also die Spins der beiden Elektronen antiparallel; hingegen läßt sich zeigen, daß im Zustand E_2 die Spins parallel stehen würden. Auch hier stellen „abgeschlossene Schalen" besonders stabile Zustände dar, und eine chemische Bindung wird dann leicht zustande kommen, wenn in dem Molekül eine Absättigung der Spins der äußeren Elektronen, also die Bildung einer abgeschlossenen Schale eintritt. Allgemein gilt, daß nur solche Elektronen eines Atoms, die nicht mit einem anderen bereits ein antiparalleles Paar bilden, in erster Näherung (großer Atomabstand R) an der Bindung mitwirken. Die Anzahl der nichtkompensierten Spins ist gleich der Anzahl der freien Valenzen des Moleküls (Atoms). **Die eigentliche (homöopolare) Valenz ist also gleich der Zahl der Elektronen mit nicht abgesättigten Spins.** Als Beispiel betrachten wir die ersten beiden Reihen des periodischen Systems. In der ersten Reihe stehen H und He. Über den Wasserstoff und seine Einwertigkeit haben wir bereits gesprochen. Das He besitzt zwei in einer abgeschlossenen Schale bereits abgesättigte Spins, es verhält sich daher chemisch neutral. Analog wie H ist das erste Element der zweiten Reihe, Li, einwertig, es besitzt ein Leuchtelektron außerhalb einer abgeschlossenen Schale. Beim Be tritt noch ein zweites Elektron hinzu, dessen Spin sich gegen den des ersten L-Elektrons absättigt; das Be sollte danach wie He 0-wertig sein. Tatsächlich ist es 2-wertig, und das ist wohl so zu erklären, daß zuerst durch eine Anregung die Spinrichtungen der beiden Elektronen gleichsinnig gemacht werden. Es folgen die drei Elemente B, C und N mit bzw. 1, 2, 3 Elektronen in der äußersten Schale ($2\,p$-Elektronen). Lagert man noch ein viertes p-Elektron an, O, so muß es sich zwangläufig mit einem der bereits vorhandenen absättigen; denn bei Vorgabe einer bestimmten Spinrichtung gibt es nur drei verschiedene Möglichkeiten zur Einstellung des Bahnimpulses. Das neuhinzutretende Elektron muß sich daher wegen des Pauliprinzipes mit entgegengesetzter Spinrichtung anlagern und kompensiert daher einen der drei freien Spins der Stickstoffkonfiguration der Elektronen; der Sauerstoff O ist daher zweiwertig. Geht man zu Fluor über, so tritt ein neues Elektron hinzu, das wiederum einen der beiden noch vorhandenen Spins absättigt, so daß das Fluor sich als einwertig ergibt. Ne ist mit seiner abgeschlossenen Schale natürlich chemisch neutral, es besitzt die chemische Valenz 0. Diese allgemeine Übersicht hat sich durch die Erfahrung als gut bestätigt erwiesen. Von der Schwierigkeit bei Be haben wir schon gesprochen; dabei ist noch zu bedenken, daß die Be-Verbindungen meist heteropolar sind. Schwerer wiegt der Einwand, daß die Theorie dem Kohlenstoff zwei Valenzen zuschreibt, während er doch bekanntlich vierwertig ist. Auch hierfür ergab sich eine einfache Erklärung. Das Kohlenstoff-Atom besitzt dicht über dem Grundzustand eine Anregungsstufe, in der es vierwertig ist; die gewöhnlichen chemischen C-Bindungen entstehen also aus dem ersten angeregten Zustand des Kohlenstoffes.

Auf die mathematische Behandlung der Valenzbindung wollen wir hier der Kürze halber nicht eingehen (vgl. Anhang XXIV), erwähnen jedoch noch als besondere Erfolge der Theorie die Ermöglichung der quantitativen Berechnung der Kernabstände, der Dissoziationswärme und der Kernschwingungsfrequenzen für den molekularen Wasserstoff. Außerdem konnte die Theorie auch bei andern zweiatomigen Molekülen qualitative Aussagen machen, die in guter Übereinstimmung mit der Erfahrung stehen.

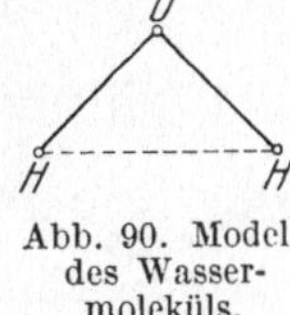

Abb. 90. Modell des Wassermoleküls.

Schwierigkeiten ergaben sich bei der Deutung von mehratomigen Verbindungen. Hier bahnen halbempirische Theorien von Herzberg, Hund, Slater, Pauling u. a. das theoretische Verständnis an. Ein typisches Beispiel dieser Art ist die den Physikern schon lange bekannte Tatsache, daß die drei Atome des Wassermoleküls nicht etwa auf einer geraden Linie liegen, wie man zunächst erwarten würde, sondern daß sie ein gleichschenkliges Dreieck bilden (s. Abb. 90). Es scheint jetzt gelungen zu sein, auch diese Erscheinung wenigstens qualitativ verständlich zu machen.

48. Theorie der van der Waalsschen Kräfte und anderer Bindungsarten.

Wir wollen uns hier nur ganz kurz fassen und bemerken, daß die van der Waalsschen Kohäsionskräfte auf der wechselseitigen Deformation der Atome beruhen, und zwar auf zweierlei Weise. Einmal führt die Einwirkung des Feldes, das von dem permanenten Dipol oder Quadrupol eines Moleküls ausgeht, auf den im andern Molekül von diesem Felde induzierten Dipol im Mittel zu einer Anziehung; dies wurde schon vor der Quantentheorie auf Grund klassischer Betrachtungen von Debye und Keesom abgeleitet. Hiernach würden aber kugelsymmetrische Atome (wie die Edelgase) oder Moleküle keine Kohäsion zeigen, was der Erfahrung widerspricht, daß sich alle Gase kondensieren lassen. Aus dieser Schwierigkeit führt eine Bemerkung von London, der zeigen konnte, daß es eine zweite Wirkung der Deformierbarkeit gibt, die für die Quantentheorie charakteristisch ist. Nach dieser existiert ja eine „Nullpunksbewegung", d. h. auch im tiefsten Energiezustande ist ein

Atom oder Molekül mit einem System bewegter Ladungen (Elektronen) in Korrespondenz zu setzen, so daß es einen mit Elektronenfrequenz schwingenden Dipol trägt. Wenn nun zwei solche Systeme sich annähern, so wirken die Nullpunktsbewegungen der Dipole stets so, daß im Mittel Anziehung resultiert; und zwar gibt die Rechnung eine Wechselwirkungsenergie, die umgekehrt proportional der sechsten Potenz des Kernabstandes geht, also $W \sim \dfrac{1}{R^6}$. Bei manchen Atomen oder Molekülen ohne freie Valenzen (Spins) tritt schon vor der Kondensation eine Art Paarbildung ein, die man auf die van der Waalsschen Anziehungskräfte zurückführt; es handelt sich um relativ lockere Moleküle mit

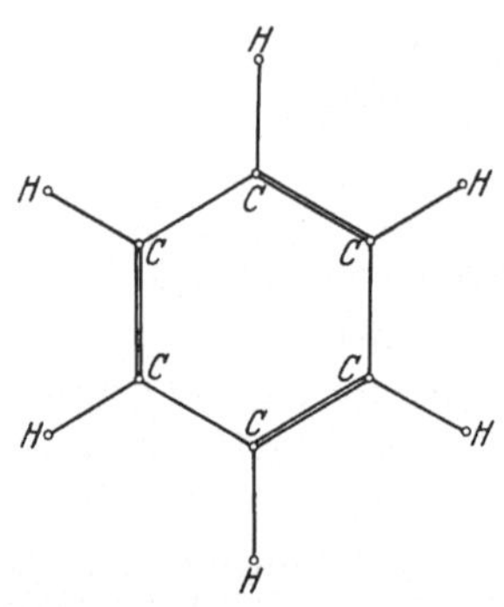

Abb. 91. Benzolring. Die Chemiker nehmen Doppelbindungen an, um der Vierwertigkeit des Kohlenstoffes Rechnung zu tragen.

kleiner Dissoziationsenergie. Beispiele für diese Bindungsart geben die Metallmoleküle wie Hg_2 u. a. Bei hinreichend tiefen Temperaturen tritt dann bei allen Gasen Verflüssigung und schließlich Erstarrung ein. London konnte die Sublimationswärme von Molekülgittern auf Grund seiner Theorie der Kohäsion aus Atomeigenschaften (Ionisierungsenergie, Eigenfrequenz) mit einiger Annäherung berechnen (vgl. Anhang XXV).

Die Existenz der Metalle läßt sich nicht mit den bisher behandelten Bindungsarten verstehen; ihre Bildung muß man sich so vorstellen, daß die positiven Atomreste durch die freien Metallelektronen zusammengehalten werden. Allerdings besteht dafür zur Zeit noch keine befriedigende Theorie. Besondere Schwierigkeiten bietet ein Gittertypus (Diamantgitter), bei dem die Bindung anscheinend auf Absättigung der (vier) Valenzen beruht; es gibt nämlich unter den Kristallen dieses Typus sowohl Metalle (Si, Ge, Sn) als auch Nichtleiter, unter diesen den außerordentlich festen Diamant selbst (außerdem SiC, AgJ u. a.). Hund ist es gelungen, diese Verhältnisse quantenmechanisch verständlich zu machen.

Andere Fälle, die jedesmal besondere theoretische Betrachtungen erfordern, sind die Ringbildungen der organischen Chemie, z. B. der Benzolring (Hückel); nach der Vorstellung der Chemiker sind die 6 C-Atome in Form eines Sechseckes angeordnet, an die sich außen die H-Atome anlagern (s. Abb. 91). Damit der Kohlenstoff dabei als vierwertig in der Strukturskizze erscheint, müssen die Chemiker in der angegebenen Weise Doppelbindungen einführen. Die Quantenmechanik kann diese unbefriedigende Unsymmetrie in der Bindungsform vermeiden; ihr zufolge kommt die Bindung durch Elektronen zustande, die im Sechseck der C-Atome herumlaufen.

49. Schluß.

Wir sind damit am Schlusse unserer Ausführungen angelangt. Wir haben in diesen Vorträgen über die **positiven** Forschungsergebnisse berichtet, ohne auf die zur Zeit noch ungeklärten Probleme einzugehen. Dadurch könnte der Eindruck entstehen, als wenn die Physik einen gewissen Abschluß erreicht hätte. Das ist jedoch keineswegs der Fall. Es bleiben noch viele große Rätsel bestehen, die eng miteinander verknüpft sind, und die alle letzten Endes auf die Frage nach dem Bau der Kerne hinauslaufen.

Da sind zunächst die Fragen, warum es drei Arten von Elementarteilchen gibt, Photonen, Elektronen und Protonen? Wie erklärt sich ihre Massenverschiedenheit? Was bedeuten die „Radien" der Kerne und Elektronen? Warum treten Protonen und Elektronen zu Kernen zusammen und welches ist der Grund für die Stabilität oder Labilität der Kerne?

Die Physiker erwarten die Lösung dieser Probleme von einer Verschmelzung der Relativitäts- und der Quantentheorie, die bisher noch nicht gelungen ist. Wahrscheinlich muß die Anhäufung neuen Beobachtungsmaterials abgewartet werden. Die Physik der Zukunft ist die Kernphysik. Hier gilt es zunächst das Rätsel des radioaktiven Zerfalls zu lösen, ferner das Problem der Atomzertrümmerung, sowie die Frage nach der Entstehung der kosmischen Strahlung. Anhaltspunkte für die Erforschung der Kerne bietet die experimentelle Bestimmung der Hyperfeinstruktur, also der durch endliche Ausdehnung und Drehmoment der Kerne bedingten Aufspaltung der Elektronenniveaus. Ein weiteres Problem bildet die Frage nach dem Auftreten von Isotopen, sowie die nach dem Grund dafür, daß es gerade 92 Elemente gibt. In jüngster Zeit mehren sich übrigens die Zeichen dafür, daß es auch ein Element von der Ordnungszahl 0 gibt, das sogenannte Neutron, das einem ungeladenen Proton entsprechen würde.

Wir erhoffen von der Zukunftsphysik die Lösung des Rätsels der anorganischen Materie. Aber die prinzipiellen Erkenntnisse der modernen Physik gehen in ihrer Tragweite über den Bereich, in dem sie gewonnen sind, weit hinaus. Niels Bohr hat es zuerst ausgesprochen, daß die neuen Auffassungen von Kausalität und Determinismus, die durch die Quantentheorie gewonnen wurden, auch für die biologischen Wissenschaften und die Psychologie von größter Bedeutung sind. Wenn schon der Physiker in der unbelebten Natur auf absolute Grenzen stößt, bei denen der strenge Kausalzusammenhang aufhört und durch Statistik ersetzt werden muß, so wird man darauf gefaßt sein, daß man im Bereiche des Lebens und erst recht bei den Vorgängen, die mit Bewußtsein und Willen zusammenhängen, unübersteigbare Schranken antrifft, wo das Ziel der älteren Naturforschung, die mechanistische Erklärung, völlig sinnlos wird. Damit verschiebt sich aber der philosophische Sinn der Forschung überhaupt. Die Physiker von heute haben gelernt, daß nicht jede Frage nach der Bewegung eines Elektrons oder Lichtquants beantwortet werden kann, sondern nur solche, die mit Heisenbergs Unschärferelation vereinbar sind. Das ist ein Hinweis für den Erforscher der lebendigen Natur oder der Bewußtseinsvorgänge, auch in seinem Gebiete nach natürlichen Grenzen für das kausal Erklärbare zu suchen und diese Grenzen so genau abzustecken, wie es die Quantentheorie mit der Planckschen Konstanten h vermag.

Dies ist ein Programm der Bescheidung, aber zugleich auch der Zuversicht. Denn was innerhalb der Grenzen liegt, ist erkennbar und wird erkannt werden: es ist die Welt der Erfahrung, groß, bunt und abwechslungsreich genug, um uns anzulocken, sie nach allen Richtungen zu durchqueren. Was jenseits liegt, die trockenen Gefilde der Metaphysik, überlassen wir gern der spekulativen Philosophie.

Anhang.

I. Berechnung einiger Integrale der kinetischen Gastheorie (zu S. 14).

In der kinetischen Gastheorie treten häufig Integrale vom Typ

$$J_\nu = \int_0^\infty v^\nu e^{-\lambda v^2}\, dv$$

auf; λ hat dabei immer die Bedeutung $\lambda = \dfrac{m\,\beta}{2} = \dfrac{m}{2\,k\,T}$. Sie lassen sich aus den zwei Integralen J_0 und J_1 sofort durch Differentiation nach λ ableiten. So gilt z. B.

$$J_2 = -\frac{dJ_0}{d\lambda}, \qquad J_3 = -\frac{dJ_1}{d\lambda},$$

$$J_4 = +\frac{d^2J_0}{d\lambda^2}, \qquad J = +\frac{d^2J_1}{d\lambda^2}.$$

Von den beiden Grundintegralen J_0 und J_1 läßt sich das zweite elementar berechnen:

$$J_1 = \int_0^\infty v\, e^{-\lambda v^2}\, dv = \frac{1}{2\,\lambda}.$$

J_0 ist das bekannte Gaußsche Fehlerintegral:

$$J_0 = \int_0^\infty e^{-\lambda v^2}\, dv = \frac{1}{2}\sqrt{\frac{\pi}{\lambda}}.$$

Man erhält für die nächsten Werte von ν nach der oben angegebenen Vorschrift die Ausdrücke

$$J_2 = \int_0^\infty v^2 e^{-\lambda v^2}\, dv = \frac{1}{4}\sqrt{\frac{\pi}{\lambda^3}},$$

$$J_3 = \int_0^\infty v^3 e^{-\lambda v^2}\, dv = \frac{1}{2\,\lambda^2},$$

$$J_4 = \int_0^\infty v^4 e^{-\lambda v^2}\, dv = \frac{3}{8}\sqrt{\frac{\pi}{\lambda^5}}$$

usw.

Anwendung dieser Formeln auf die Integrale der kinetischen Gastheorie: Das Integral für die Gesamtzahl n der Moleküle lautet:

$$n = 4\,\pi\,A \int_0^\infty v^2\, e^{-\beta\frac{m\,v^2}{2}}\, dv = 4\,\pi\,A\,J_2 = A\,\sqrt{\frac{\pi^3}{\lambda^3}}.$$

Ebenso ergibt sich für die Gesamtenergie:

$$E = 4\,\pi\,A \int_0^\infty \frac{m}{2}\,v^4\, e^{-\beta\frac{m\,v^2}{2}}\, dv = 4\,\pi\,A\,\frac{m}{2}\,J_4 = \frac{3}{4}\,m\,A\,\sqrt{\frac{\pi^3}{\lambda^5}}.$$

Die Verbindung dieser beiden Formeln führt auf die im Text angegebenen Ausdrücke für A und β.

Ferner treten Integrale dieser Art bei Berechnung von Mittelwerten auf. Da nach Maxwell die Zahl der Moleküle mit einer Geschwindigkeit zwischen v und $v + dv$ gleich

$$n_v\, dv = 4\,\pi\,n \left(\frac{m}{2\,\pi\,k\,T}\right)^{3/2} v^2\, e^{-\lambda v^2}\, dv$$

ist, so wird die „mittlere Geschwindigkeit $\bar{v}$" gegeben durch

$$\bar{v} = \frac{\displaystyle\int_0^\infty n_v\, v\, dv}{\displaystyle\int_0^\infty n_v\, dv} = \frac{J_3}{J_2} = \frac{2}{\sqrt{\pi\,\lambda}}.$$

Andrerseits erhält man für das in der kinetischen Gastheorie häufig auftretende „mittlere Geschwindigkeitsquadrat $\overline{v^2}$" den Ausdruck

$$\overline{v^2} = \frac{\displaystyle\int_0^\infty n_v\, v^2\, dv}{\displaystyle\int_0^\infty n_v\, dv} = \frac{J_4}{J_2} = \frac{3}{2\,\lambda}.$$

Es ist um den Faktor $\dfrac{3\,\sqrt{\pi}}{4} = 1{,}33$ größer als das Quadrat der mittleren Geschwindigkeit. Diesen Größen sei zum Vergleich die „wahrscheinlichste Geschwindigkeit" v_w gegenübergestellt, die durch das Maximum der Maxwellschen Verteilungskurve gegeben ist; sie bestimmt sich aus

$$\frac{d\,n_v}{d\,v} = 0 \quad \text{oder} \quad \frac{d}{d\,v}\left(e^{-\lambda v^2}\, v^2\right) \equiv 2\,v\, e^{-\lambda v^2}\,(1 - \lambda\, v^2) = 0,$$

also ist sie gleich

$$v_w = \frac{1}{\sqrt{\lambda}}.$$

In der im Text gegebenen Abb. 5 der Maxwellschen Verteilungskurve sind die drei Werte v_w, $\bar{v}$ und $\sqrt{\overline{v^2}}$ in ihrer relativen Lage eingezeichnet.

Aus der Formel für v_w folgt durch Multiplikation des Zählers und Nenners unter der Wurzel mit der Loschmidtschen Zahl L wegen $Lk = R$ und $Lm = \mu$:

$$v_w = \sqrt{\frac{2\,k\,T}{m}} = \sqrt{\frac{2\,R\,T}{\mu}}\,;$$

entsprechend gilt

$$\bar{v} = \frac{2\,v_w}{\sqrt{\pi}} = \sqrt{\frac{8\,R\,T}{\pi\,\mu}}$$

und

$$\sqrt{\overline{v^2}} = \sqrt{\frac{3\,R\,T}{\mu}}\,.$$

II. Wärmeleitung, innere Reibung und Diffusion
(zu S. 17).

In diesem Anhang wollen wir zusammenfassend drei Erscheinungen betrachten, auf Grund derer man die mittlere freie Weglänge in einem Gas experimentell bestimmen kann. Es sind dies die Erscheinungen der Wärmeleitung, der inneren Reibung und der Diffusion. Es handelt sich bei diesen drei Prozessen darum, daß in einem Gase eine räumliche Inhomogenität bezüglich irgendeiner physikalischen Eigenschaft der Gaspartikeln besteht, und daß durch die Bewegung der Moleküle ein Ausgleich dieser Inhomogenität angestrebt wird.

Wärmeleitung tritt auf, wenn im Gas durch irgendwelche äußeren Umstände ein Temperaturgefälle besteht, d. h. wenn die Gasmoleküle an verschiedenen Stellen des Raumes verschiedene mittlere kinetische Energien besitzen. Der Wärmetransport kommt dadurch zustande, daß Moleküle aus wärmeren Gebieten infolge ihrer Bewegung in kältere Gebiete fliegen und dort ihre überschüssige Energie abgeben, während langsamere Moleküle in wärmere Gebiete gelangen und dort kinetische Energie bei den Zusammenstößen mit den dort befindlichen schnelleren Molekülen aufnehmen.

Ähnliche Verhältnisse liegen im Falle der inneren Reibung vor. Sie äußert sich im Falle einer inhomogenen Strömung des Gases in Form eines Widerstandes, den die schneller strömenden Gaspartien erfahren. Dieser kommt gaskinetisch dadurch zustande, daß Moleküle aus langsamer strömenden Gebieten in schneller strömende fliegen; da sie dort eine kleinere mittlere Strömungsgeschwindigkeit besitzen als ihre Umgebung, werden sie bei den Zusammenstößen mit den dortigen Molekülen im Mittel eine Beschleunigung erfahren, während letztere verzögert werden, also einen Widerstand finden. Auf die experimentellen Methoden zur Bestimmung dieser inneren Reibung wollen wir nicht eingehen, sondern erwähnen nur das auf den ersten Blick vielleicht überraschende Resultat (Maxwell), daß sie, übrigens ebenso wie die Wärmeleitfähigkeit, innerhalb weiter Grenzen druckunabhängig ist.

Die dritte Erscheinung, die wir hier noch betrachten wollen, ist die
der Diffusion. Besteht in einem Gasgemisch eine Inhomogenität der
Konzentration des Gemisches in irgendeiner Richtung, ist also das
Mischungsverhältnis der beiden Gase an verschiedenen Stellen des
Raumes verschieden — vorausgesetzt sei überall gleicher Druck, also
gleiche Gesamtzahl von Partikeln überhaupt —, so ist es klar, daß die
Moleküle des ersten Gases aus den Gegenden größerer Konzentration
dieses Gases in die mit niedrigerer Konzentration allmählich hinüberwandern werden; und das entsprechende gilt auch für die Partikeln des
zweiten Gases.

Die mathematische Behandlung dieser drei Vorgänge ist sehr einfach,
wenn man sich auf einen rein qualitativen Überblick beschränkt. Um
sie gemeinsam behandeln zu können, nehmen wir an, daß hinsichtlich der Eigenschaft A eine räumliche Inhomogenität, also beispielsweise ein von Null verschiedener Differentialquotient $\dfrac{dA}{dz}$ in der z-Richtung bestehe; unter A ist dann im Falle der Wärmeleitung die mittlere
kinetische Energie eines einzelnen Gaspartikels, im Falle der inneren
Reibung seine mittlere Translationsgeschwindigkeit in der Strömungsrichtung, im Falle der Diffusion die Anzahl Gasmoleküle einer bestimmten Gassorte des Gemisches pro cm³ zu verstehen. Nun wird durch dieses
Gefälle ein Transport der Eigenschaft A bedingt: durch die Flächeneinheit
senkrecht zur z-Richtung tritt pro Sekunde von beiden Seiten eine
bestimmte Menge Moleküle hindurch, und zwar ist diese Anzahl, wenigstens überschlagmäßig, gegeben durch das Produkt $n\,\bar{v}$, wobei n die
Anzahl Partikeln pro cm³ und $\bar{v}$ die mittlere Geschwindigkeit dieser
Moleküle bedeutet. Nun besitzen jedoch die Moleküle, die von der einen
Seite durch das Flächenelement hindurchtreten, die Eigenschaft A in
stärkerem bzw. geringerem Maße als die von der anderen Seite hindurchtretenden Teilchen, so daß ein Transport der Eigenschaft A durch die
Fläche besteht. Man kann die sekundlich hindurchtretende Menge $M(A)$
leicht abschätzen, wenn man berücksichtigt, daß die Moleküle eine
mittlere freie Weglänge l zwischen zwei Zusammenstößen mit den anderen Molekülen besitzen, und daß sie vor dem Durchtritt durch die
Fläche seit ihrem letzten Zusammenstoß im Mittel einen Weg von der
Größenordnung $\dfrac{l}{2}$ zurückgelegt haben; auf den genauen Zahlenfaktor
kommt es uns bei dieser Abschätzung nicht an. Es ergibt sich in leicht
verständlicher Schreibweise für $M(A)$ der Ausdruck

$$M(A) \sim n\,\bar{v}\left\{A\left(z_0 - \frac{l}{2}\right) - A\left(z_0 + \frac{l}{2}\right)\right\},$$

wenn z_0 die Abszisse des ins Auge gefaßten Flächenelementes bedeutet. Entwickelt man, so folgt

$$M(A) \sim -n\,\bar{v}\,l\left(\frac{dA}{dz}\right)_{z_0}.$$

Die transportierte Menge der Eigenschaft A ist also proportional dem „Gefälle von A", ferner der Anzahl Moleküle pro cm³, ihrer mittleren Geschwindigkeit und der freien Weglänge. Man nennt diese Gleichung Transportgleichung.

Wir bemerken, daß $M(A)$ unabhängig vom Druck ist, wenn nur A selbst eine druckunabhängige Eigenschaft der Gasmoleküle bedeutet (Maxwell). Denn der Druck eines Gases ist ja gleich $p = nkT$, also bei konstanter Temperatur lediglich durch die Anzahl Teilchen pro cm³ bestimmt. Nun geht zwar n in der Transportgleichung als Faktor ein; dieser Faktor wird jedoch kompensiert durch die in die Formel eingehende freie Weglänge, die umgekehrt proportional ist der Anzahl n und dem Querschnitt der Moleküle. Die Druckunabhängigkeit kommt also dadurch zustande, daß bei höheren Drucken zwar mehr Moleküle an dem Transport von A teilnehmen, jedoch im Mittel weniger weit fliegen.

Wir wollen nun die Transportgleichung auf die drei oben betrachteten Prozesse im einzelnen anwenden. Betrachten wir zunächst die Wärmeleitung. Hier ist unter der Eigenschaft A die kinetische Energie eines Moleküls zu verstehen, also $E_{kin} = \mathrm{const} + c_v m T$, da ja $c_v m$ die auf ein Molekül bezogene spezifische Wärme des Gases bei konstantem Volumen ist (c_v = spezifische Wärme pro Mol). Die sekundlich durch die Flächeneinheit strömende Wärmemenge W ist dann nach der Transportgleichung gegeben durch

$$W \sim -n\,\bar{v}\,l\,c_v\,m\,\frac{dT}{dz},$$

sie ist also proportional dem Temperaturgefälle; den Proportionalitätsfaktor $\varkappa = n\,\bar{v}\,l c_v m$ nennt man den Wärmeleitungskoeffizienten oder kurz die Wärmeleitfähigkeit.

Im Falle der inneren Reibung ist nach den einleitenden Bemerkungen unter A der mittlere translatorische Impuls mu eines Moleküls infolge der Gasströmung zu verstehen. Dann ist der sekundlich (pro Flächeneinheit Reibungsfläche zwischen schnelleren und langsameren Gaspartien) übertragene Impuls, also die Reibungskraft R gegeben durch

$$R \sim -n\,\bar{v}\,l\,m\,\frac{du}{dz};$$

$\eta = n\,\bar{v}l\,m$ nennt man den Reibungskoeffizienten. Man erkennt, daß der

Quotient $\dfrac{\varkappa}{\eta\, c_v}$ eine Konstante von der Größenordnung 1 ist. Diese Konstante muß für alle Moleküle gleichen Baues theoretisch gleich sein, also für alle einatomigen Gase einen konstanten Wert besitzen, ebenso für alle zweiatomigen usw.; ihren genauen Wert können wir allerdings bei unserer qualitativen Behandlung nicht ermitteln.

Die hier gebrachten Entwicklungen sind natürlich, wie bereits betont, sehr roh. Die Theorie wurde verbessert und verfeinert von Boltzmann, Maxwell u. a. durch genauere Berücksichtigung des Stoßmechanismus und der Geschwindigkeitsverteilung; diese Verbesserungen ergeben nichts prinzipiell Neues, sondern führen nur auf genauere Zahlenfaktoren. Doch wollen wir hier darauf nicht näher eingehen. Zu erwähnen ist noch, daß die vorstehende Theorie nur dann Gültigkeit besitzt, wenn die freie Weglänge klein ist gegenüber den Gefäßdimensionen. Ist dies nicht der Fall (l ist bei Atmosphärendruck von der Größenordnung 10^{-6} cm, im Falle von Röntgenvakuum (10^{-4} mm Hg) jedoch bereits rund 10 cm), so gelten ganz andere Gesetze. In diesem Falle fliegen die Moleküle praktisch, ohne Zusammenstöße mit anderen Molekülen zu erleiden, von einer Gefäßwand zur anderen, tragen also z. B. im Falle einer Temperaturdifferenz zwischen zwei gegenüberliegenden Stellen der Gefäßwand direkt die Wärmeenergie von einer Wand zur andern. Die transportierte Wärmemenge ist dann proportional der Anzahl Gasmoleküle; n fällt nicht mehr aus der Transportgleichung heraus, da die freie Weglänge in sie gar nicht mehr eingeht. Die Gesetze der Wärmeleitung, inneren Reibung usw. bei niedrigen Drucken sind besonders von Knudsen erforscht worden. Technisch sind sie von größter Wichtigkeit, z. B. bei der Wirkungsweise von Luftpumpen (Gaedesche rotierende Molekularpumpe, Diffusionspumpe).

Wir kommen jetzt noch kurz auf das Problem der Diffusion. Wir denken uns also ein Gasgemisch im dynamischen Gleichgewicht, d. h. der Druck und damit die Gesamtzahl n der Teilchen pro cm³ soll überall der gleiche sein. Die Eigenschaft A ist hier die Konzentration n_1/n der ersten bzw. n_2/n der zweiten Teilchensorte. Dann gibt die Transportgleichung die Anzahl Z_1 von Teilchen der ersten bzw. Z_2 der zweiten Sorte, die pro Zeiteinheit durch die Flächeneinheit hindurchdiffundieren:

$$Z_1 \sim - n\,\bar{v}\,l\,\frac{d\dfrac{n_1}{n}}{dz} = - \bar{v}\,l\,\frac{dn_1}{dz}, \qquad Z_2 \sim - \bar{v}\,l\,\frac{dn_2}{dz}.$$

Soll der Vorgang stationär sein, so muß $n_1 + n_2 = n$ konstant, also $\dfrac{dn_1}{dz} = - \dfrac{dn_2}{dz}$ sein; dann ist der Gesamtstrom $Z_1 + Z_2 = 0$. Beide Teilchensorten haben dieselbe Diffusionskonstante $\delta = \bar{v}\,l$, die wegen des Faktors l der Gesamtzahl n der Teilchen umgekehrt proportional ist.

III. Begründung der van der Waalsschen Zustandsgleichung (zu S. 19).

Die im Text angegebene van der Waalssche Zustandsgleichung für reale Gase enthält gegenüber der Zustandsgleichung für ideale Gase zwei Korrektionsglieder, eine Volumen- und eine Druckkorrektion. Wir wollen hier versuchen, wenigstens qualitativ das Zustandekommen dieser Glieder verständlich zu machen.

1. Daß man, wie im Text angegeben, vom Gesamtvolumen des Gases in der Zustandsgleichung gerade das vierfache Eigenvolumen der Moleküle abziehen muß, kann man sich folgendermaßen überlegen. Wir haben in Abschnitt 6 nach der Wahrscheinlichkeit einer bestimmten Verteilung von n Gasteilchen auf die Zellen $\omega_1, \omega_2 \ldots$ gefragt. Sie ergab sich als Produkt aus der Anzahl der Realisationsmöglichkeiten einer bestimmten, durch die Besetzungszahlen $n_1, n_2, \ldots$ der einzelnen Zellen beschriebenen Verteilung, multipliziert mit der a priori Wahrscheinlichkeit dieser Verteilung.

Auf diese a priori Wahrscheinlichkeit kommt es hier an. Wenn man nach der Wahrscheinlichkeit fragt, n Teilchen in einem bestimmten Teilvolumen v zu finden, so wird man zunächst, wie auch in Abschnitt 6 geschehen ist, den Ansatz machen, daß die Wahrscheinlichkeit proportional v^n ist. Dies ist sicher richtig, solange wir die endliche Größe der Gaspartikeln vernachlässigen können, also etwa bei verdünnten Gasen. Anders wird es aber bei höheren Drucken, bei denen die Gasmoleküle so dicht gepackt sind, daß ihr Eigenvolumen bereits vergleichbar wird mit dem ihnen zur Verfügung stehenden Raum. Hier kommen wir auf folgende Weise zum Ziel. Wenn v_m das Volumen eines Moleküls ist (also im Falle eines kugelförmigen Moleküls $v_m = \frac{4}{3} \pi \left(\frac{\sigma}{2} \right)^3$, wenn σ den Durchmesser bedeutet), so kann der Mittelpunkt eines zweiten Moleküls nur bis zum Abstand der Größe eines Durchmessers an den Mittelpunkt des ersten Moleküls herankommen, d. h. jedem Molekül entspricht de facto ein Raum von der Größe $\frac{4}{3} \pi \sigma^3 = 8 v_m$, unabhängig von der zufälligen Gestalt der Moleküle.

Die Wahrscheinlichkeit für ein Molekül, in ein bestimmtes Teilvolumen v zu fallen, ist natürlich, wie oben, proportional zu v. Bringen wir noch ein zweites Molekül in diesen Teilraum hinein, so steht diesem nur mehr der Raum $v - 8 v_m$ zur Verfügung, einem dritten nur mehr der Raum $v - 2 \cdot 8 v_m$ usw. Die Wahrscheinlichkeit, n Moleküle in v vorzufinden, ist also nicht v^n, sondern dem Produkt

$$v \, (v - 1 \cdot 8 v_m) \, (v - 2 \cdot 8 v_m) \, \cdots \, (v - (n-1) \cdot 8 v_m)$$

proportional; an die Stelle von v tritt also die n-te Wurzel aus diesem

Produkt. Wir können sie leicht berechnen: Da v_m sehr klein und $8\,v_m\,n$ noch immer klein gegen v ist, so können wir das Produkt näherungsweise ersetzen durch

$$v^n - v^{n-1}\,8\,v_m\,(1 + 2 + \cdots + (n-1)) \cong v^n\left(1 - \frac{8\,v_m}{v}\,\frac{n^2}{2}\right).$$

Zieht man hier die n-te Wurzel, so erkennt man, daß bei Berücksichtigung der endlichen Ausdehnung der Moleküle v zu ersetzen ist durch

$$v\left(1 - n\,\frac{4\,v_m}{v}\right) = v - b,$$

wenn wir mit b das vierfache Eigenvolumen $4\,n\,v_m$ der in v enthaltenen Moleküle bezeichnen.

2. Das Zusatzglied a/v^2 zum Druck kann man folgendermaßen verstehen: Wenn zwischen den Molekülen Kohäsionskräfte bestehen, so wirkt ein Volumelement auf ein anderes gleich großes mit einer Kraft, die proportional n^2 ist, wobei n die Zahl der Moleküle pro cm^2 bedeutet. Der Druck, den das Gas nach außen ausübt, ist um diese Kohäsionswirkung geringer als er beim Fehlen der Kohäsionskräfte wäre. Daher hat man in der Zustandsgleichung p zu ersetzen durch $p + A\,n^2$. Nun sei $n\,V = N$ die Gesamtzahl der im Gasvolumen V gelegenen Moleküle, also konstant bei einer Volumänderung; man kann daher für das Zusatzglied zum Druck $A\,n^2 = A\left(\dfrac{N}{V}\right)^2 = \dfrac{a}{V^2}$ setzen. a hängt also eng mit der Kohäsionsenergie des Gases zusammen, und wir erwähnen noch, daß diese Konstante auch maßgebend ist für die Größe der Verdampfungswärme von Flüssigkeiten. Die van der Waalssche Gleichung gilt näherungsweise auch noch bei solchen Dichten, die dem flüssigen Zustande entsprechen, und erlaubt, den Vorgang der Verflüssigung thermodynamisch zu verfolgen.

IV. Das mittlere Schwankungsquadrat (zu S. 19).

Sämtliche Schwankungserscheinungen beruhen auf der folgenden Formel

$$\overline{\varDelta\,n^2} = \bar{n}.$$

Dabei kann n z. B. die Anzahl von Teilchen in einem bestimmten festen Teilvolumen eines Gases bedeuten. Bleiben wir bei diesem Beispiel, so wissen wir, daß diese Anzahl nicht immer die gleiche ist, sondern sich mit der Zeit verändert. Es besteht jedoch ein zeitlicher Mittelwert $\bar{n}$ von n, um den diese Teilchenzahl schwankt. Würde man die jeweilige Zahl n beobachten können (Momentaufnahme), so würde man dabei verschiedene Werte $n_1, n_2, \ldots$ finden, die vom Mittelwert $\bar{n}$ um die Beträge $\varDelta\,n_1 = n_1 - \bar{n},\ \varDelta\,n_2 = n_2 - \bar{n}, \ldots$ abweichen. Die Summe dieser

Abweichungen über eine große Anzahl Beobachtungen, dividiert durch ihre Zahl, muß natürlich verschwinden; etwas von Null Verschiedenes ergibt sich jedoch, wenn man die Quadrate dieser Abweichungen über eine große Anzahl von Beobachtungen mittelt. Man erhält so das mittlere Schwankungsquadrat $\overline{\Delta n^2}$, das laut obiger Behauptung gleich dem Mittelwert $\overline{n}$ ist.

Um dies zu beweisen, gehen wir von unseren gastheoretischen Grundformeln aus, wonach die Wahrscheinlichkeit dafür, von N Molekülen im Gesamtvolumen V den Bruchteil n im Teilvolumen v zu finden, durch die Formel

$$W_n = \frac{N!}{n!\,(N-n)!} \left(\frac{v}{V}\right)^n \left(\frac{V-v}{V}\right)^{N-n}$$

gegeben wird (vgl. Abschnitt 6; der dort durchgeführten Zelleneinteilung in die Zellen $\omega_1, \omega_2, \ldots$ entspricht hier die Einteilung in die zwei Gebiete v und $V-v$, ihre Besetzungszahlen sind $n_1 = n$ und $n_2 = N-n$). Die Summe über alle Wahrscheinlichkeiten der verschiedenen Verteilungen ist $\sum\limits_{n=0}^{N} W_n = 1$ (binomischer Lehrsatz). Die mittlere Zahl $\overline{n}$ der Moleküle in v erhält man durch Berechnung der Summe

$$\overline{n} = \sum_{n=0}^{N} n\, W_n \,.$$

Führt man $v/V = x$ ein, so wird die Summe gleich

$$\overline{n} = \sum_{n=0}^{N} \frac{n\,N!}{n!\,(N-n)!}\, x^n\, (1-x)^{N-n}$$

$$= N x \sum_{n=1}^{N} \frac{(N-1)!}{(n-1)!\,[(N-1)-(n-1)]!}\, x^{n-1}\, (1-x)^{(N-1)-(n-1)}.$$

Nach dem binomischen Lehrsatz ist auch hier die Summe gleich 1, so daß man für die mittlere Teilchenzahl $\overline{n}$, wie zu erwarten war, den Ausdruck

$$\overline{n} = N x = N \frac{v}{V}$$

erhält. Zur Berechnung von $\overline{n^2}$ bemerken wir, daß sich der Mittelwert $\overline{n(n-1)}$ in genau der gleichen Weise wie $\overline{n}$ ermitteln läßt; man hat nämlich

$$\overline{n(n-1)} = \sum_{n=0}^{N} n\,(n-1)\, W_n$$

$$= N(N-1)\, x^2 \sum_{n=2}^{N} \frac{(N-2)!}{(n-2)!\,[(N-2)-(n-2)]!}\, x^{n-2}\, (1-x)^{(N-2)-(n-2)},$$

also

$$\overline{n\,(n-1)} = N\,(N-1)\,x^2.$$

Daraus folgt sofort

$$\overline{n^2} = \overline{n\,(n-1)} + \overline{n} = N\,(N-1)\,x^2 + N\,x$$

und damit auch

$$\overline{\varDelta n^2} = \overline{(n-\overline{n})^2} = \overline{n^2} - \overline{n}^2 = N\,x - N\,x^2 = N\,\frac{v}{V}\left(1 - \frac{v}{V}\right).$$

Beschränken wir uns auf kleine Werte von x, also auf relativ kleine Volumina v, so ergibt sich sofort die oben angegebene Schwankungsformel

$$\overline{\varDelta n^2} = \overline{n}\,.$$

Genau so wie die Mittelwerte $\overline{n}$ und $\overline{n^2}$ kann man übrigens auch viele andere Mittelwerte berechnen.

Man wendet diese Formel folgendermaßen an. Die spontanen Schwankungen der Teilchendichte um ihren Mittelwert sind verbunden mit einer Änderung fast aller physikalischen Eigenschaften des Gases. Zum Beispiel sind die Dichteschwankungen im Gas verknüpft mit Schwankungen des Brechungsindex. Durch Beobachtung der Schwankungen meßbarer Eigenschaften kann man das mittlere Schwankungsquadrat bestimmen. Beispielsweise verursacht die Schwankung des Brechungsindex eine Streuung des durchgehenden Lichtes, die dem mittleren Schwankungsquadrat proportional ist (das blaue Aussehen des Himmels nach Lord Rayleigh). Auch die Brownsche Bewegung besteht darin, daß suspendierte Teilchen infolge der Dichteschwankungen der Umgebung Bewegungen ausführen, die ein Maß für das mittlere Schwankungsquadrat der Dichte der Umgebung sind. Kennt man die Dichteabhängigkeit der betreffenden Erscheinung, so läßt sich durch Messung ihrer Schwankungen und Berechnung des Schwankungsquadrats der Mittelwert der Teilchenzahl $\overline{n}$ bestimmen.

V. Zum Satz von der Trägheit der Energie (zu S. 36).

Wir bringen hier den mathematischen Beweis zu dem im Text gegebenen Gedankenexperiment. Die klassische Elektrodynamik ergibt, in Übereinstimmung mit dem Experiment, daß der Impuls, der von einer Lichtmenge der Energie E auf eine absorbierende Fläche übertragen wird, gleich E/c ist (vgl. Anhang XXI); von gleicher Größe ist auch der bei der Lichtemission durch den Rückstoß auf den Kasten übertragene Impuls. Besitzt der Kasten (s. Abb. 21, S. 36) die Gesamtmasse M, so erhält er durch den Rückstoß eine Geschwindigkeit v nach links, die sich aus dem Impulssatz

$$M\,v = \frac{E}{c}$$

bestimmt. Die Bewegung des Kastens dauert so lange, wie das Licht zum Zurücklegen der Strecke zwischen Sender (I) und Empfänger (II), die die Länge l besitzen möge, benötigt. Diese Zeit ist, bis auf Glieder höherer Ordnung, gleich $t = l/c$. Während dieser Zeit verschiebt sich der Kasten um die Strecke

$$x = v\,t = \frac{E\,l}{M\,c^2}$$

nach links. Damit wir nicht mit dem Schwerpunktsatz in Widerspruch kommen, müssen wir, wie schon im Text ausgeführt wurde, annehmen, daß mit dem Energietransport von I nach II auch gleichzeitig ein Massentransport in dieser Richtung stattgefunden hat. Bezeichnen wir diese vorerst noch unbekannte Masse mit m, dann ist die gesamte Massenverlagerung nach dem Prozeß gegeben durch $M x - m l$; sie muß nach dem Schwerpunktsatz gleich Null sein. Führt man für x den oben gefundenen Wert ein, so erhält man für m genau die Einsteinsche Formel

$$m = M\,\frac{x}{l} = \frac{E}{c^2}\,.$$

VI. Berechnung des Streukoeffizienten für kurzwelliges Licht (zu S. 40).

Zur Berechnung des Streukoeffizienten gehen wir aus von den bekannten Formeln für die Ausstrahlung einer Dipolantenne. Nach H. Hertz ist das Feld eines Dipols vom Moment $\mathfrak{p}$ gegeben durch

$$|\mathfrak{E}| = |\mathfrak{H}| = \frac{|\ddot{\mathfrak{p}}|}{c^2\,r}\,\sin\vartheta\,.$$

Der elektrische Vektor steht senkrecht auf dem magnetischen und beide stehen senkrecht auf der Strahlrichtung. ϑ ist der Winkel zwischen der Strahlrichtung und der Schwingungsrichtung des Dipols, r ist der Abstand vom Dipol. Voraussetzung für die Gültigkeit dieser Formel ist, daß r sehr viel größer als die Wellenlänge der ausgesandten Strahlung ist, oder mit anderen Worten, die obige Formel gilt nur für das Gebiet der sog. Wellenzone.

Um sie auf unseren Fall eines schwingenden Teilchens anzuwenden, berücksichtigen wir, daß dieses einen oszillierenden elektrischen Dipol vom Moment $\mathfrak{p} = e\,\mathfrak{s}$ darstellt, wenn $\mathfrak{s}$ die jeweilige Elongation des Elektrons aus seiner Ruhelage bedeutet. Dann ist die pro Sekunde in einer bestimmten Richtung ausgestrahlte Energie gegeben durch den Poyntingschen Strahlvektor

$$S = \frac{c}{4\pi}\,|\mathfrak{E}|\,|\mathfrak{H}| = \frac{e^2\,|\ddot{\mathfrak{s}}|^2}{4\pi\,c^3\,r^2}\sin^2\vartheta\,.$$

Die gesamte pro Zeiteinheit ausgestrahlte Energie erhält man daraus durch Integration über die ganze Kugelfläche

$$J = \int S\,df = \int\limits_0^\pi \int\limits_0^{2\pi} S\,r^2 \sin\vartheta\,d\vartheta\,d\varphi\,.$$

Da

$$\int \sin^2\vartheta\,df = 2\,\pi\,r^2 \int\limits_0^\pi \sin^3\vartheta\,d\vartheta = \frac{8\,\pi\,r^2}{3}\,,$$

so wird die Gesamtstrahlung gegeben durch

$$J = \frac{2}{3}\,\frac{e^2}{c^3}\,|\ddot{\mathfrak{s}}|^2\,.$$

In dieser Formel steht noch die Elongation des schwingenden Elektrons, genauer ihre zweite zeitliche Ableitung. Diese bestimmt sich aus der Bewegungsgleichung des Elektrons unter dem Einfluß der einfallenden Lichtwelle:

$$m\,\ddot{\mathfrak{s}} = e\,\mathfrak{E}_0\,.$$

Der elektrische Vektor $\mathfrak{E}_0$ der Primärwelle ist jedoch mit der einfallenden Intensität durch die Beziehung

$$J_0 = \frac{c}{4\pi}\,|\mathfrak{E}_0|\,|\mathfrak{H}_0| = \frac{c}{4\pi}\,\mathfrak{E}_0^2$$

verknüpft. Führt man diese Ausdrücke oben ein, so ergibt sich für die sekundlich vom Elektron dem Primärstrahl entzogene und in Streustrahlung umgewandelte Energie die Formel

$$J = \frac{2}{3\,c^3}\,\frac{e^4}{m^2}\,\mathfrak{E}_0^2 = \frac{8\,\pi}{3}\left(\frac{e^2}{mc^2}\right)^2 J_0\,.$$

Da die Masse des streuenden Teilchens in den Nenner eingeht, so sieht man, daß ein Proton oder ein Atomkern rund eine Million mal schlechter streuten als ein Elektron.

VII. Ableitung der Rutherfordschen Streuformel für α-Strahlen (zu S. 42).

Nach Rutherford wirkt zwischen dem Kern eines Atoms (mit der Ladung Ze) und dem α-Teilchen (Ladung E, Masse M) die Coulombsche Abstoßungskraft $\dfrac{Z\,e\,E}{r^2}$. Betrachtet man den schweren Kern als ruhend, so beschreibt das α-Teilchen als Bahn einen Ast einer Hyperbel (Kometenbahn), deren einer Brennpunkt mit dem Kern K zusammenfällt. b sei der Abstand des Kernes von der Asymptote der Hyperbel, welche bei Wegfallen der Anziehungskraft die Bahn des α-Teilchens darstellen würde. Ferner bezeichnen wir den Abstand des Kernes K vom Scheitel der Hyperbel mit q; er ist gleich

$$q = \varepsilon \, (1 + \cos \vartheta) \, ,$$

wenn ε die lineare Exzentrizität OK und ϑ den Winkel zwischen Asymptote und Achse bedeutet. Man liest aus der Abb. 92 leicht ab, daß

$$\varepsilon = \frac{b}{\sin \vartheta} \qquad \text{und daher} \qquad q = b \, \frac{1 + \cos \vartheta}{\sin \vartheta} = b \operatorname{ctg} \frac{\vartheta}{2} \, ;$$

b ist offenbar gleich der imaginären Achse der Hyperbel.

Gesucht ist zunächst ein Zusammenhang zwischen dem „Stoßparameter" b und dem Ablenkungswinkel φ, der zufolge der Abbildung gegeben ist durch $\varphi = \pi - 2\,\vartheta$. Dazu ziehen wir die Bewegungsgesetze für das α-Teilchen heran. Zunächst gilt der Energiesatz: Die Summe aus kinetischer und potentieller Energie ist konstant. In sehr großer Entfernung vom Kern besitzt das α-Teilchen nur kinetische Energie, seine Geschwindigkeit sei v; vergleicht man diese Energie mit der Gesamtenergie in dem Moment, wo

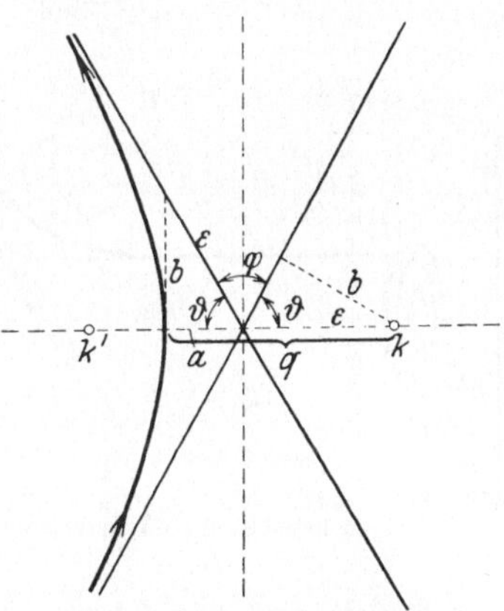

Abb. 92. Hyperbelbahn bei der Streuung eines α-Teilchens an einem Kern; a und b sind die Halbachsen, ε die Exzentrizität der Hyperbel. Der Ablenkungswinkel ist $\varphi = \pi - 2\,\vartheta$.

das Elektron den Scheitel der Hyperbel passiert, so folgt

$$\frac{M}{2}\,v^2 = \frac{M}{2}\,v_0^2 + \frac{Z\,e\,E}{q} \, ;$$

oder, nach Division durch $\frac{1}{2}M v^2$ und unter Verwendung der Abkürzung

$$k = \frac{Z\,e\,E}{M\,v^2} :$$

$$\frac{v_0^2}{v^2} = 1 - \frac{2\,k}{b}\,\frac{\sin \vartheta}{1 + \cos \vartheta} \, .$$

Ferner gilt der Satz von der Konstanz des Drehimpulses, demzufolge

$$M\,v\,b = M\,v_0\,q$$

oder

$$\frac{v_0}{v} = \frac{b}{q} = \frac{\sin \vartheta}{1 + \cos \vartheta} \, , \qquad \left(\frac{v_0}{v}\right)^2 = \frac{\sin^2 \vartheta}{(1 + \cos \vartheta)^2} = \frac{1 - \cos \vartheta}{1 + \cos \vartheta}$$

gilt. Führt man diesen Wert in die obige Gleichung ein, so ergibt sich
nach kurzer Umformung

$$\frac{b}{k} = \frac{\sin \vartheta}{\cos \vartheta} = \operatorname{tg} \vartheta$$

oder wegen $\varphi = \pi - 2\vartheta$

$$b = k \operatorname{ctg} \frac{\varphi}{2}.$$

Damit ist der Ablenkungswinkel als Funktion des Abstandes b der
geradlinig verlängerten Bahn (Asymptote) vom Kern bestimmt.

Man kann nun leicht berechnen, wie viele α-Teilchen aus einem einfallenden Parallelbündel eine bestimmte Ablenkung erfahren. Wir
denken uns in großem Abstande
von K eine auf der Einfallsrich-
tung senkrecht stehende Ebene E
und bezeichnen mit C den Fuß-
punkt des Lots von K auf E
(s. Abb. 93). Offenbar erfahren
alle α-Teilchen, die in einem
Kreisring, gebildet von zwei
Kreisen mit den Radien b und
$b + db$ durch E hindurchtreten,
die gleiche Ablenkung zwischen φ
und $\varphi + d\varphi$. Ist die Anzahl der

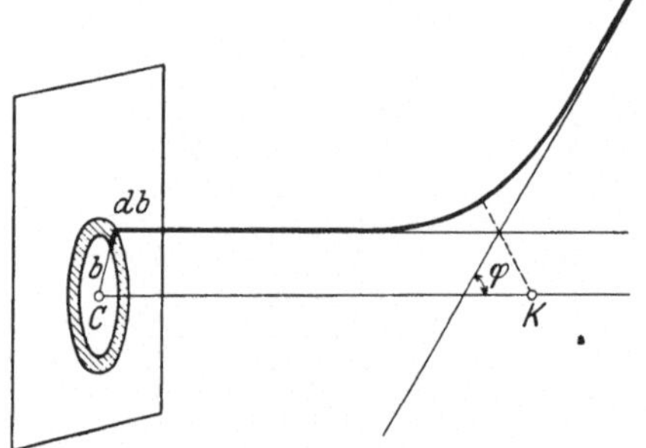

Abb. 93. Relative Häufigkeit der Streuung in
einen bestimmten Winkelbereich.

durch den cm² der Ebene E pro Sekunde hindurchtretenden Teilchen
gleich 1, so ist ihre Zahl in dem betrachteten Kreisring

$$dn = 2\pi b\, db;$$

dabei gilt

$$db = k\, d\left(\operatorname{cotg} \frac{\varphi}{2}\right) = -\frac{k\, d\varphi}{2 \sin^2 \frac{\varphi}{2}}.$$

Also wird

$$|dn| = \pi k^2 \frac{\cos \frac{\varphi}{2}}{\sin^3 \frac{\varphi}{2}} |d\varphi|.$$

Dies ist die Anzahl der Teilchen, die unter einem Winkel zwischen
φ und $\varphi + d\varphi$ abgelenkt werden; sie erfüllen eine Zone der Einheitskugel vom Flächeninhalt $2\pi \sin \varphi\, d\varphi$ gleichförmig. Daher ist die Anzahl
der α-Teilchen, die in ein bestimmtes Element der Einheitskugel ab-
gelenkt werden, $W(\varphi)\, d\varphi = \dfrac{dn}{2\pi \sin \varphi\, d\varphi}$; also die Ablenkungswahrschein-

lichkeit pro Einheit des räumlichen Winkels

$$W(\varphi) = \frac{k^2}{4}\,\frac{1}{\sin^4\frac{\varphi}{2}} = \left(\frac{Z\,e\,E}{2\,M\,v^2}\right)^2\,\frac{1}{\sin^4\frac{\varphi}{2}}.$$

Dies ist die Rutherfordsche Streuformel. Jede in ihr enthaltene Abhängigkeit (von Z, M, v, φ) läßt sich experimentell durch Auszählen der gestreuten α-Teilchen untersuchen; allerdings ist die Beobachtbarkeit der v-Abhängigkeit nur relativ gering, da das zur Verfügung stehende Geschwindigkeitsintervall der natürlichen α-Strahlen klein ist. Die Formel stimmt im allgemeinen außerordentlich genau; allerdings muß man bei leichten Atomen den Rückstoß des Kernes K beim Zusammenstoß mit dem α-Teilchen berücksichtigen, was leicht möglich ist. Wesentliche Abweichungen hat man nur für fast zentralen Stoß (Ablenkungen von fast 180^0) bei leichten Atomen (schwache Kernladungen und daher größere Annäherung des stoßenden α-Teilchens an den Kern) gefunden; wir wollen jedoch hier darauf nicht näher eingehen.

Da die Ladung und Masse der α-Teilchen bekannt sind (He^{++}-Ionen, $M = 4\,M_H$, $E = 2\,e$) und ihre Geschwindigkeiten aus Ablenkungsversuchen bestimmt werden können, läßt sich die Formel zur Bestimmung der Kernladungszahl Z benützen. Man muß dazu nur die Anzahl der streuenden Atome pro Volumeneinheit (Dichte) kennen, und die α-Teilchen mit und ohne streuende Schicht zählen. Genaue Bestimmungen von Chadwick lieferten z. B. für Z von

Platin	Silber	Kupfer
77,4	46,3	29,3 ,

während die Anordnung des periodischen Systems die Zahlen

78	47	29

ergibt. Die ausgezeichnete Übereinstimmung bestätigt die grundlegende Annahme der Gleichheit von Kernladungszahl und Atomnummer.

VIII. Comptonscher Streuprozeß (zu S. 53).

Die Durchrechnung des Stoßprozesses zwischen einem Lichtquant und einem Elektron soll hier unter Verwendung der speziellen Relativitätstheorie ausgeführt werden. Dies ist deswegen am Platze, weil dadurch einerseits der Gang der Rechnung nicht komplizierter wird, andrerseits das gefundene Resultat dann auch für die Streuung sehr harter Strahlung Gültigkeit besitzt.

Die Rechnung stützt sich auf den Energie- und Impulssatz. Die Energie des Lichtquants vor dem Stoße ist gleich $h\,v$, der Betrag seines Impulses $\frac{h\,v}{c}$; die entsprechenden Größen nach dem Stoße bezeichnen wir mit $h\nu'$ und $\dfrac{h\nu'}{c}$. Das Elektron wollen wir einfachheitshalber vor dem Stoß als ruhend annehmen; seine Energie wird in diesem Falle gleich der nach der Einsteinschen Formel der Ruhemasse m_0 entsprechenden Ruheenergie $m_0 c^2$, sein Impuls verschwindet. Nach dem Stoße bewege sich das Elektron mit der Geschwindigkeit v, es besitzt dann die Masse $m = \dfrac{m_0}{\sqrt{1 - \dfrac{v^2}{c^2}}}$ und die Energie $mc^2 = \dfrac{m_0 c^2}{\sqrt{1 - \dfrac{v^2}{c^2}}}$,

sowie den Impuls $mv = \dfrac{m_0 v}{\sqrt{1 - \dfrac{v^2}{c^2}}}$. Man kann auch sagen, daß das Elektron

nach dem Stoße die „kinetische Energie"

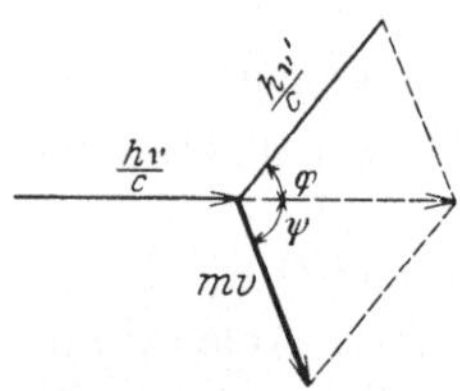

Abb. 94. Impulsdiagramm beim Comptonschen Streuprozeß.

$$(m - m_0)c^2 = m_0 c^2\left(\frac{1}{\sqrt{1 - \dfrac{v^2}{c^2}}} - 1\right)$$

besitzt (die, wie man leicht durch Entwickeln nach v/c sieht, für kleine Geschwindigkeiten mit der Formel der nichtrelativistischen Mechanik $\tfrac{1}{2}m_0 v^2$ übereinstimmt), während sie vor dem Stoße Null war.

Dann lassen sich der Energiesatz und der Impulssatz unter Verwendung der Streuwinkel φ und ψ für das Lichtquant und das Elektron in der Form schreiben:

$$\text{Energiesatz:}\quad h\nu + m_0 c^2 = h\nu' + mc^2\,;$$

$$\text{Impulssatz:}\quad \begin{cases} \dfrac{h\nu}{c} = \dfrac{h\nu'}{c}\cos\varphi + mv\cos\psi\,, \\[2mm] 0 = \dfrac{h\nu'}{c}\sin\varphi - mv\sin\psi\,. \end{cases}$$

Eliminiert man aus den beiden letzten Gleichungen den Winkel ψ, so erhält man

$$m^2 v^2 c^2 = h^2\left((\nu - \nu'\cos\varphi)^2 + (\nu'\sin\varphi)^2\right) = h^2\left(\nu^2 + \nu'^2 - 2\nu\nu'\cos\varphi\right).$$

Andrerseits folgt aus dem Energiesatz

$$m^2 c^4 = (h(\nu - \nu') + m_0 c^2)^2 = h^2(\nu^2 + \nu'^2 - 2\nu\nu') + 2m_0 c^2 h(\nu - \nu') + m_0^2 c^4.$$

Da definitionsgemäß

$$m^2 = \frac{m_0^2}{1 - \dfrac{v^2}{c^2}}\,, \qquad \text{also} \qquad m^2\left(1 - \frac{v^2}{c^2}\right) = m_0^2\,,$$

so ergibt die Subtraktion dieser beiden Gleichungen

$$m_0^2 c^4 = -2h^2\nu\nu'(1 - \cos\varphi) + 2m_0 c^2 h(\nu - \nu') + m_0^2 c^4$$

oder

$$(1 - \cos \varphi) = \frac{m_0\, c^2}{h}\, \frac{(v - v')}{v\, v'} = \frac{m_0\, c^2}{h}\left(\frac{1}{v'} - \frac{1}{v}\right).$$

oder

$$(1 - \cos \varphi) = \frac{m_0 c^2}{h} \frac{(\nu - \nu')}{\nu \nu'} = \frac{m_0 c^2}{h} \left(\frac{1}{\nu'} - \frac{1}{\nu} \right).$$

Bezeichnen wir noch zur Abkürzung mit λ_0 die Größe

$$\lambda_0 = \frac{h}{m_0 c} = 0,0242 \, \text{Å}$$

(man nennt sie allgemein die Compton-Wellenlänge), so kann man auch die obige Gleichung in der Form

$$\Delta \lambda = \lambda' - \lambda = c \left(\frac{1}{\nu'} - \frac{1}{\nu} \right) = (1 - \cos \varphi) \frac{h}{m_0 c} = 2 \lambda_0 \sin^2 \frac{\varphi}{2}$$

anschreiben. Diese Formel wurde im Text angegeben.

IX. Phasen- und Gruppengeschwindigkeit (zu S. 55).

Zur strengen Ableitung der im Text gefundenen Beziehung $U = \dfrac{\partial \nu}{\partial \tau}$ für die Gruppengeschwindigkeit stellen wir uns zunächst die allgemeinste Wellengruppe her; sie muß die Form eines Fourierintegrals besitzen:

$$u(x, t) = \int a(\tau) \, e^{2 \pi i (\nu t - \tau x)} \, d\tau;$$

$\nu = \nu(\tau)$ ist dabei als Funktion der Wellenzahl τ aufzufassen.

Wir nehmen nun an, daß die Gruppe sehr schmal sei, daß also in dem Integral nur diejenigen Wellen mit endlicher Amplitude vorkommen, deren Wellenzahlen von der mittleren Wellenzahl τ_0 nur sehr wenig abweichen. Setzt man nun $\tau = \tau_0 + \tau_1$, ferner $\nu(\tau) = \nu_0 + \nu_1(\tau_1)$ und schließlich $a(\tau_0 + \tau_1) = b(\tau_1)$, so läßt sich die Wellengruppe in der Form schreiben:

$$u(x, t) = A(x, t) \, e^{2 \pi i (\nu_0 t - \tau_0 x)},$$

wobei

$$A(x, t) = \int b(\tau_1) \, e^{2 \pi i (\nu_1 t - \tau_1 x)} \, d\tau_1.$$

Man kann die Wellengruppe daher auffassen als eine einzelne Welle mit der Frequenz ν_0, der Wellenzahl τ_0 und mit einer räumlich und zeitlich variablen Amplitude $A(x, t)$; diese Auffassung ist darum berechtigt, weil $A(x, t)$ wegen unserer Voraussetzung eine gegenüber der Exponentialfunktion $e^{2 \pi i (\nu_0 t - \tau_0 x)}$ langsam veränderliche Funktion ist; ändert sie sich doch erst im Rhythmus der gegenüber ν_0 sehr kleinen Schwebungsfrequenz ν_1.

Als Gruppengeschwindigkeit bezeichnet man nun die Geschwindigkeit, mit der ein bestimmter Wert der Amplitude $A(x, t)$, z. B. ihr Maximum, mit der Welle mitwandert. Sie bestimmt sich also aus der durch zeitliche Ableitung der Gleichung $A(x, t) = $ konst. gewonnenen Beziehung

$$\frac{\partial A}{\partial x}\frac{dx}{dt} + \frac{\partial A}{\partial t} = 0.$$

Bezeichnen wir die Gruppengeschwindigkeit zum Unterschied von der Phasengeschwindigkeit mit U, so ergibt sich also

$$U = \left(\frac{dx}{dt}\right)_{A\,=\,konst} = -\frac{\dfrac{\partial A}{\partial t}}{\dfrac{\partial A}{\partial x}}.$$

Nun gilt offenbar

$$\frac{\partial A}{\partial t} = \quad 2\,\pi\,i \int b\,(\tau_1)\,\nu_1\,e^{2\,\pi\,i\,(\nu_1 t\,-\,\tau_1 x)}\,d\tau_1,$$

$$\frac{\partial A}{\partial x} = -\,2\,\pi\,i \int b\,(\tau_1)\,\tau_1\,e^{2\,\pi\,i\,(\nu_1 t\,-\,\tau_1 x)}\,d\tau_1.$$

Da unserer Voraussetzung gemäß die Gruppe auf einen sehr schmalen Wellenlängenbereich beschränkt ist, können wir $\nu_1(\tau_1)$ nach τ_1 entwickeln:

$$\nu_1\,(\tau_1) = \nu\,(\tau) - \nu_0 = \left(\frac{d\nu}{d\tau}\right)_0\tau_1 + \cdots.$$

Daher gilt

$$\frac{\partial A}{\partial t} = -\left(\frac{d\nu}{d\tau}\right)_0\frac{\partial A}{\partial x}$$

und man erhält so für die Gruppengeschwindigkeit den Ausdruck

$$U = \frac{d\nu}{d\tau},$$

während die Phasengeschwindigkeit gegeben ist durch

$$u = \frac{\nu}{\tau}.$$

X. Hamiltonsche Theorie und Wirkungsvariable
(zu S. 76).

Wir wollen ganz kurz die Mechanik mehrfach periodischer Bewegungen und die dazu gehörigen Quantisierungsvorschriften betrachten. Nach Hamilton wird der Bewegungszustand eines Systems vollkommen beschrieben durch die Angabe der Energie als Funktion der Koordinaten q_k und der Impulse p_k, der sogenannten Hamiltonfunktion $H(q_1, q_2, \ldots p_1, p_2, \ldots)$. (Bei gewöhnlichen rechtwinkligen Koordinaten werden die Impulse p_k gleich $m_k\dot{q}_k$; der Punkt bedeutet hier, wie im folgenden, partielle Differentiation nach der Zeit.) Dann lauten die Bewegungsgleichungen

$$\dot{q}_k = \frac{\partial H}{\partial p_k}, \qquad \dot{p}_k = -\frac{\partial H}{\partial q_k}.$$

Aus ihnen folgt sofort der Energiesatz; bildet man nämlich die totale zeitliche Ableitung von H, so gilt wegen der Bewegungsgleichungen:

$$\frac{dH}{dt} = \sum_k \left\{ \frac{\partial H}{\partial q_k}\, \dot{q}_k + \frac{\partial H}{\partial p_k}\, \dot{p}_k \right\} \equiv 0,$$

also Konstanz der Energie $H(q_k,\, p_k) = E$ des Systems.

Allgemein kann man statt des Paares (p_k, q_k) ein beliebiges Paar anderer kanonisch konjugierter Variabler einführen, wobei kanonische Variable eben dadurch definiert werden, daß für sie Gleichungen vom Typ der oben angegebenen Bewegungsgleichungen gelten. Die Aufsuchung einer solchen kanonischen Transformation führt auf ein mathematisches Problem (die sogenannte Hamilton-Jacobische Differentialgleichung), das in vielen Fällen lösbar ist. Wir wollen hier annehmen, wir könnten die Lösung finden. Dann läßt sich das Problem der Integration der Bewegungsgleichungen so umformen: Man soll neue kanonische Variable (J_k, w_k) finden, so daß die Energie nur von den J_k, aber nicht von den w_k abhängt. Dann folgt aus den Bewegungsgleichungen $\dot{J}_k = -\dfrac{\partial H}{\partial w_k} = 0$, also ist J_k während der ganzen Bewegung konstant. Andrerseits ist $\dot{w}_k = v_k = \dfrac{\partial H}{\partial J_k}$ wegen der Konstanz der J_k ebenfalls zeitlich konstant, w_k selbst wächst linear mit der Zeit an: $w_k = v_k t$. Damit ist das Integrationsproblem in den neuen Koordinaten gelöst und man hat nur mehr noch zurückzutransformieren.

Man nennt ein System ein- oder mehrfach periodisch, wenn die eben definierten Variablen sich so finden lassen, daß jede rechtwinklige Koordinate periodisch in den w_k ist, das heißt, sich als Fourierreihe dieser Variablen $w_1 \ldots w_k$ darstellen läßt:

$$x = \sum_{\tau_1,\, \tau_2 \ldots} a_{\tau_1,\, \tau_2 \ldots}\, e^{2\pi i (w_1 \tau_1 + w_2 \tau_2 + \cdots)} = \sum_{\tau_1,\, \tau_2 \ldots} a_{\tau_1,\, \tau_2 \ldots}\, e^{2\pi i (\tau_1 v_1 + \tau_2 v_2 + \cdots) t}.$$

Die Koeffizienten $a_{\tau_1,\, \tau_2,\, \ldots}$ sind dann Funktionen der J_k. Im Falle einer periodischen Bewegung bezeichnet man die J_k als **Wirkungsvariable** und die w_k als **Winkelvariable**. Ein Beispiel dieser Art haben wir bereits im Rotator kennengelernt. Als kanonische Koordinaten wurden da das Azimut φ und der Drehimpuls p verwandt. Dann lautet die Hamiltonfunktion $H = \dfrac{p^2}{2A}$, woraus die Bewegungsgleichungen

$$\dot{\varphi} = \frac{\partial H}{\partial p} = \frac{p}{A} = \omega, \quad \dot{p} = -\frac{\partial H}{\partial \varphi} = 0$$

folgen; sie besitzen die Lösungen $p = \text{konst}$ und $\varphi = \omega t$. Die rechtwinklige Koordinate wird dann dargestellt durch $x = a e^{i\varphi} = a e^{i\omega t}$.

Ehrenfest hat nun bewiesen, daß die Wirkungsvariablen J_k adiabatisch invariant sind, daß also die J_k quantisierbare Größen sind.

Wir postulieren nun für die J_k die Quantenbedingungen:

$$J_k = h\,n_k \qquad (n_k \text{ ganze Zahl}).$$

Es dürfen aber nur so viele solche Bedingungen angesetzt werden, als es nichtkommensurable Frequenzen bei der Bewegung gibt. Das kann man so einsehen. Betrachten wir z. B. zwei Freiheitsgrade; im Exponenten der Fourierreihe steht dann die Summe $\nu_1\tau_1 + \nu_2\tau_2$ mit ganzzahligem τ_1 und τ_2. Wenn nun z. B. $\nu_1 = k\nu_2$ ist, wo k eine ganze Zahl ist, so wird $\nu_1\tau_1 + \nu_2\tau_2 = \nu_2(k\tau_1 + \tau_2)$. Auch hier durchläuft $k\tau_1 + \tau_2$ mit τ_1 und τ_2 alle ganzen Zahlen. Man hat also in Wahrheit nur einen einfach periodischen Vorgang, eine einfach periodische Fourierreihe, und es ist klar, daß dann nur eine Quantenbedingung bestehen kann. Man nennt dies den Fall der Entartung.

Eine bequeme Bestimmung der kanonischen Variablen J_k und w_k ist möglich, wenn das System separierbar ist, wenn also nach Lösung der Bewegungsgleichungen jedes p_k nur von dem zugehörigen q_k abhängt:

$$p_k = p_k(q_k).$$

In diesem Falle läßt sich zeigen, daß die zur k-ten Periode gehörige Wirkungsvariable J_k gegeben ist durch

$$J_k = \oint p_k\,dq_k,$$

wobei das Integral über die ganze Periode zu erstrecken ist. Im Falle von separierbaren Koordinaten kann man daher sofort die Quantenbedingung angeben:

$$\oint p_k\,dq_k = h\,n_k.$$

Diesen Bedingungen sieht man nicht ohne weiteres an, ob Entartung vorliegt oder nicht. Man hat daher vor ihrer Anwendung genau zu untersuchen, welches die wahre Zahl nichtkommensurabler Perioden des Systems ist. Häufig ist es aber (Sommerfeld) bequem, darauf nicht zu achten und ruhig überschüssige Quantenbedingungen anzuschreiben. Die physikalisch beobachtbaren Größen wie Energie, Impuls usw. hängen dann nur von gewissen Kombinationen der Quantenzahlen $n_1, n_2 \ldots$ ab, so daß man sie durch eine kleinere Anzahl ganzer Zahlen ausdrücken kann. Widersprüche können so also nicht entstehen. Man hat aber andrerseits folgenden Vorteil: Wenn ein entartetes System z. B. durch ein äußeres elektrisches oder magnetisches Feld gestört wird, so wird im allgemeinen die Entartung aufgehoben und es erscheint eine neue, zu den alten Perioden inkommensurable Grundperiode. Hat man das ungestörte System bereits in geeigneten Variablen behandelt, bei denen mit einer überschüssigen Periode gerechnet wird, so kann man bei kleinen Störungen die Quantenbedingungen vom ungestörten Problem her direkt übernehmen. Wir werden ein Beispiel hierfür bei der Keplerbewegung kennenlernen.

XI. Quantisierung der Ellipsenbahnen in der Bohrschen Theorie (zu S. 81).

Die Quantisierung der Ellipsenbahnen im Bohrschen Atom erfolgt hier nach der in Anhang X beschriebenen Methode der Überquantisierung des Systems, indem man die Bewegung durch mehr Perioden beschreibt, als sie wirklich besitzt.

Wir haben zunächst die klassischen Bewegungsgesetze für zwei sich nach dem Coulombschen Gesetz anziehende Teilchen der Massen m und M und der Ladungen $-e$ und $Z\,e$ aufzustellen. (Sie entsprechen vollkommen den Bewegungsgesetzen in der Himmelsmechanik, nur daß dort die anziehende Kraft die Gravitationskraft ist.) Bezeichnen wir die Koordinaten von Elektron und Kern mit (x_1, y_1, z_1) bzw. (x_2, y_2, z_2), so ist die Energiefunktion W der Bewegung gegeben durch

$$W = \frac{m}{2}\,(\dot{x}_1^2 + \dot{y}_1^2 + \dot{z}_1^2) + \frac{M}{2}\,(\dot{x}_2^2 + \dot{y}_2^2 + \dot{z}_2^2) - \frac{Z\,e^2}{r}.$$

Nehmen wir den Schwerpunkt des Systems als ruhend an, so gilt für die x-Koordinate $m\,x_1 + M\,x_2 = 0$; führt man als neue Variablen die Relativkoordinaten x, y, z ein $(x = x_2 - x_1, \ldots)$, so wird

$$x_1 = \frac{-M}{M+m}\,x, \qquad x_2 = \frac{m}{M+m}\,x.$$

Das gleiche gilt für die entsprechenden Geschwindigkeitskomponenten. Das zugehörige Glied der kinetischen Energie wird dann gleich

$$\frac{m}{2}\,\dot{x}_1^2 + \frac{M}{2}\,\dot{x}_2^2 = \frac{\mu}{2}\,\dot{x}^2,$$

wo μ die sog. effektive Masse $\mu = \dfrac{m\,M}{m+M}$ bedeutet (vgl. in Abschnitt 21 die Ausführungen über die Mitbewegung des Kerns). Man kann daher das Problem als ein Keplerproblem für die Relativbewegung um den Schwerpunkt mit den Koordinaten x, y, z und mit der effektiven Masse μ behandeln.

Für solche Bewegungen um ein festes Zentrum gilt neben dem Energiesatz stets der Flächensatz (Drehimpulssatz). Letzterer besagt zunächst, daß die Bewegung eben ist. Wir nehmen diese Ebene als xy-Ebene an und führen in ihr Polarkoordinaten ein durch die Gleichungen $x = r \cos \varphi$, $y = r \sin \varphi$. Dann besagt der Drehimpulssatz

$$\mu\,r^2\,\dot{\varphi} = p_\varphi = \text{const}.$$

Die Energie wird in Polarkoordinaten gleich

$$W = \frac{\mu}{2}\left(\dot{r}^2 + r^2\,\dot{\varphi}^2\right) - \frac{Z\,e^2}{r} = \text{const}.$$

Eliminiert man hier $\dot{\varphi}$ mit Hilfe des Flächensatzes und berücksichtigt, daß $\dot{r} = \dfrac{dr}{d\varphi}\,\dot{\varphi} = \dfrac{p_\varphi}{\mu\,r^2}\dfrac{dr}{d\varphi}$, so erhält man

$$W = \frac{p_\varphi^2}{2\,\mu}\left\{\frac{1}{r^4}\left(\frac{dr}{d\varphi}\right)^2 + \frac{1}{r^2}\right\} - \frac{Z\,e^2}{r}.$$

Es empfiehlt sich hier, $\dfrac{1}{r} = \varrho$ als neue Veränderliche einzuführen; dann ergibt sich für ϱ die Differentialgleichung:

$$W = \frac{p_\varphi^2}{2\,\mu}\left\{\left(\frac{d\varrho}{d\varphi}\right)^2 + \varrho^2\right\} - Z\,e^2\,\varrho.$$

Ihre Lösung findet man leicht, wenn man diese Gleichung zunächst nochmal nach φ differenziert; läßt man dann den Faktor $\dfrac{d\varrho}{d\varphi}$ weg, so folgt die Differentialgleichung zweiter Ordnung

$$\frac{d^2\varrho}{d\varphi^2} + \varrho - \frac{Z\,e^2\,\mu}{p_\varphi^2} = 0,$$

deren allgemeine Lösung bekanntlich gegeben wird durch

$$\varrho = \frac{Z\,e^2\,\mu}{p_\varphi^2} + C\cos(\varphi - \varphi_0)$$

mit den beiden Konstanten C und φ_0. Letztere können wir stets durch geeignete Zählung von φ zum Verschwinden bringen. Bezeichnen wir noch zur Abkürzung

$$q = \frac{p_\varphi^2}{e^2\,Z\,\mu}, \qquad \varepsilon = C\,q = \frac{C\,p_\varphi^2}{e^2\,Z\,\mu},$$

so wird

$$r = \frac{1}{\varrho} = \frac{q}{1 + \varepsilon\cos\varphi}.$$

Diese Gleichung stellt bekanntlich einen Kegelschnitt dar. Damit wir eine periodische Bewegung erhalten, also einen Kegelschnitt, der vollständig im Endlichen liegt, darf der Nenner in der obigen Polargleichung niemals verschwinden; es muß also $|\varepsilon| < 1$ sein. Das Perihel, also den kleinsten Wert für r, erhalten wir beim Azimut $\varphi = 0$: $r_1 = \dfrac{q}{1+\varepsilon}$. Das Aphel liegt bei $\varphi = \pi$: $r_2 = \dfrac{q}{1-\varepsilon}$. Daraus ergibt sich als halbe große Achse a der Ausdruck

$$a = \frac{r_1 + r_2}{2} = \frac{q}{1 - \varepsilon^2}.$$

Für $\varphi = \pm\dfrac{\pi}{2}$ erhalten wir den Halbparameter $r = q$ der Ellipse (s. Abb. 45, S. 81). Ferner bestätigt man leicht, daß ε die numerische

Exzentrizität ist, während die kleine Achse gegeben wird durch $b = \dfrac{q}{\sqrt{1-\varepsilon^2}}$. Die Energie der Bewegung ergibt sich durch Einführung der Ellipsengleichung in den obigen Ausdruck für W, man erhält

$$W = \frac{p_\varphi^2}{2\mu}\left(\left(\frac{d\varrho}{d\varphi}\right)^2 + \varrho^2\right) - Ze^2\varrho = \frac{p_\varphi^2}{2\mu}\left(C^2 + \left(\frac{Ze^2\mu}{p_\varphi^2}\right)^2\right) - \frac{Z^2e^4\mu}{p_\varphi^2} = -\frac{e^2Z}{2a},$$

also die gleiche Formel wie bei der Kreisbahn (s. Abschnitt 21), wenn man den Radius durch die große Halbachse ersetzt.

Wir schreiben nun, obwohl nur eine Periode existiert, zwei Quantenbedingungen an:

$$\oint p_r\,dr = n'h, \qquad \oint p_\varphi\,d\varphi = kh.$$

Die zweite gibt wegen der Konstanz von p_φ sofort

$$p_\varphi = \frac{h}{2\pi}k.$$

Nicht so einfach läßt sich das erste Integral berechnen; hier gilt

$$n'h = \oint p_r\,dr = \oint \mu\dot{r}\,dr = \oint \mu\frac{dr}{d\varphi}\dot{\varphi}\frac{dr}{d\varphi}d\varphi = p_\varphi\oint\frac{1}{r^2}\left(\frac{dr}{d\varphi}\right)^2 d\varphi.$$

Es kommt hier also auf die Berechnung des Integrals an

$$J = \int_0^{2\pi}\frac{1}{r^2}\left(\frac{dr}{d\varphi}\right)^2 d\varphi = \int_0^{2\pi}\frac{1}{\varrho^2}\left(\frac{d\varrho}{d\varphi}\right)^2 d\varphi = \int_0^{2\pi}\frac{\varepsilon^2\sin^2\varphi\,d\varphi}{(1+\varepsilon\cos\varphi)^2},$$

erstreckt über einen vollen Umlauf, also integriert über φ von 0 bis 2π. Partielle Integration ergibt

$$J = \left[\frac{\varepsilon\sin\varphi}{1+\varepsilon\cos\varphi}\right]_0^{2\pi} - \int_0^{2\pi}\frac{\varepsilon\cos\varphi}{1+\varepsilon\cos\varphi}d\varphi = -\int_0^{2\pi}\frac{\varepsilon\cos\varphi}{1+\varepsilon\cos\varphi}d\varphi.$$

Multipliziert man den zweiten Ausdruck mit $+2$, den ersten mit -1 und addiert sie, so erhält man

$$J = -\int_0^{2\pi}\frac{\varepsilon^2\sin^2\varphi + 2\varepsilon\cos\varphi\,(1+\varepsilon\cos\varphi)}{(1+\varepsilon\cos\varphi)^2}d\varphi$$

$$= -\int_0^{2\pi}\frac{1 + 2\varepsilon\cos\varphi + \varepsilon^2\cos^2\varphi}{(1+\varepsilon\cos\varphi)^2}d\varphi + \int_0^{2\pi}\frac{1-\varepsilon^2}{(1+\varepsilon\cos\varphi)^2}d\varphi.$$

Von diesen beiden Integralen läßt sich das erste sofort ausführen und ergibt -2π; das zweite schreiben wir auf Grund der Ellipsengleichung in der Form

$$\int_0^{2\pi} \frac{1-\varepsilon^2}{(1+\varepsilon\cos\varphi)^2}\,d\varphi = \frac{(1-\varepsilon^2)}{q^2}\int_0^{2\pi} r^2\,d\varphi$$

an und erkennen in dieser Schreibweise, daß es, bis auf den Faktor $\dfrac{(1-\varepsilon^2)}{q^2}$, den doppelten Flächeninhalt der Bahnellipse darstellt, welcher bekanntlich gleich ist $\pi a b$, wenn a und b die beiden Achsen der Ellipse bedeuten. Setzen wir dafür die früher gefundenen Werte ein und fassen die Formeln zusammen, so ergibt die erste Quantenbedingung

$$n'h = -2\pi p_\varphi + p_\varphi \frac{(1-\varepsilon^2)}{q^2} 2\pi \frac{q^2}{(1-\varepsilon^2)^{3/2}} = -hk + \frac{2\pi p_\varphi}{\sqrt{1-\varepsilon^2}}$$

oder

$$\frac{4\pi^2 p_\varphi^2}{1-\varepsilon^2} = 4\pi^2 e^2 Z\mu a = h^2(n'+k)^2.$$

Setzt man

$$n'+k = n,$$

so folgt also

$$a = \frac{h^2 n^2}{4\pi^2 e^2 \mu Z}$$

und damit der Energieausdruck

$$E = -\frac{e^2 Z}{2a} = -\frac{2\pi^2 e^4 \mu Z^2}{h^2 n^2} = -\frac{Rh}{n^2}.$$

Damit haben wir auf Grund der Bohrschen Theorie den Balmerterm mit dem richtigen Koeffizienten gefunden.

Wir haben zunächst bei seiner Ableitung zwei Quantenbedingungen und damit auch zwei Quantenzahlen, die radiale Quantenzahl n' und die azimutale k eingeführt. Da jedoch die Bahn einfach periodisch ist, erwies sich die Verwendung der beiden Quantenzahlen bei der Ermittlung der Energieniveaus als überflüssig, da in letzteren nur die Summe n der beiden Quantenzahlen auftrat. Man nennt diese Quantenzahl die Hauptquantenzahl, da sie allein beim ungestörten Problem die Lage der Terme bestimmt.

Die Bedeutung der beiden anderen Quantenzahlen tritt erst hervor, wenn die Entartung durch irgendeine Störung aufgehoben wird (Abweichungen vom Coulombfeld, Berücksichtigung der relativistischen Massenveränderlichkeit, äußeres Feld usw.). Man kann sich jedoch rein geometrisch ein Bild von der Bedeutung der Quantenzahlen durch Betrachtung der Bahnellipse machen. Bezeichnen wir, wie in Abschnitt 21, mit

$$a_0 = \frac{h^2}{4\pi^2 \mu e^2}$$

den Radius der ersten Bohrschen Kreisbahn, so wird die große Halbachse der Ellipse gegeben durch

$$a = \frac{a_0}{Z}\, n^2 .$$

Durch Verwendung der früheren Formeln ergeben sich in analoger Weise für die kleine Halbachse b und für den Halbparameter die Werte

$$b = \frac{a_0}{Z}\, n\, k, \qquad q = \frac{a_0}{Z}\, k^2 .$$

Das Achsenverhältnis ist also gleich $b/a = k/n$. Für $n = k$ erhält man die Kreisbahnen des Bohrschen Atoms, für $k = 0$ die sog. Pendelbahnen (Geraden durch den Kern), die jedoch, wie im Text hervorgehoben wird, auszuschließen sind.

XII. Oszillator nach der Matrizenmechanik (zu S. 91).

Wir wollen den Grundgedanken der Matrizenmechanik an einem Beispiel klarzumachen suchen, nämlich an dem des linearen harmonischen Oszillators. Wir gehen aus von seiner klassischen Energiefunktion

$$W = \frac{1}{2\,\mu}\, p^2 + \frac{f}{2}\, q^2 ,$$

die zu den Bewegungsgleichungen führt

$$\dot p = -f\,q, \qquad \dot q = \frac{p}{\mu} \quad \text{oder} \quad \ddot q = -\frac{f}{\mu}\, q = -\omega_0^2\, q \quad \left(\omega_0 = \sqrt{\frac{f}{\mu}}\right).$$

Der Unterschied zwischen der klassischen Mechanik und der Quantenmechanik besteht, wie im Text ausgeführt wurde, darin, daß die p und q nicht mehr als gewöhnliche Funktionen der Zeit anzusehen sind, sondern Matrizen darstellen, deren Element q_{nm} die zum Übergang zwischen den beiden Energieniveaus E_n und E_m gehörige Quantenamplitude bedeutet; sein Quadrat ist genau so, wie in der klassischen Mechanik das Amplitudenquadrat q^2, ein Maß für die Intensität der bei diesem Übergang emittierten Spektrallinie. Bei Einführung der Matrizen in die klassischen Bewegungsgleichungen müssen wir noch als Quantenbedingung die Vertauschungsrelation

$$p\,q - q\,p = \frac{h}{2\,\pi\,i}$$

hinzufügen.

Die Auflösung dieser Gleichungen läßt sich leicht durchführen. Versuchen wir die Bewegungsgleichung $\ddot q + \omega_0^2\, q = 0$ durch die Matrix (q_{nm}) zu lösen, so muß diese Gleichung für jedes Matrixelement einzeln bestehen:

$$\ddot q_{nm} + \omega_0^2\, q_{nm} = 0 .$$

Machen wir den naheliegenden Ansatz

$$q_{nm} = q_{nm}^{(0)} \, e^{i \omega nm t},$$

so muß also gelten

$$(\omega_0^2 - \omega_{nm}^2) \, q_{nm} = 0;$$

d. h. entweder ist $q_{nm} = 0$ oder $\omega_{nm} = \pm \omega_0$. Es verschwinden also alle q_{nm} mit Ausnahme derjenigen, für welche $\omega_{nm} = + \omega_0$ oder $\omega_{nm} = - \omega_0$. Da wir über die Reihenfolge der Numerierung der Matrixelemente vorerst noch vollkommen frei verfügen können, so treffen wir folgende Festsetzung: Die Frequenz $\omega_{nm} = + \omega_0$ entspricht dem Übergang vom n-ten zum $(n - 1)$-ten Zustand (Emission), $\omega_{nm} = - \omega_0$ dem vom n-ten in den $(n + 1)$-ten Zustand (Absorption), so daß also

$$q_{nm} = 0, \quad \text{wenn} \quad m \neq n \pm 1,$$
$$q_{nm} \neq 0, \quad \text{wenn} \quad m = n \pm 1.$$

Diese Wahl der Reihenfolge wird sich später als zweckdienlich erweisen, da dann den einzelnen Zeilen, bzw. Spalten der Matrizen mit höheren Indizes auch Zustände mit höherer Energie entsprechen. Wir betonen jedoch ausdrücklich, daß wir durch diese Festsetzung der Reihenfolge nichts an Allgemeinheit bei der Lösung des Problems verloren haben.

Die Koordinatenmatrix besitzt also die folgende Gestalt

$$(q_{nm}) = \begin{pmatrix} 0 & q_{12} & 0 & 0 & \dots \\ q_{21} & 0 & q_{23} & 0 & \dots \\ 0 & q_{32} & 0 & q_{34} & \dots \\ \cdot & \cdot & \cdot & \cdot & \cdot \end{pmatrix}$$

Analog sieht die Impulsmatrix aus; aus $p = \mu \dot{q}$ folgt

$$p_{nm} = i \mu \, \omega_{nm} \, q_{nm}$$

und damit

$$(p_{nm}) = i \mu \begin{pmatrix} 0 & \omega_{12} q_{12} & 0 & 0 & \dots \\ \omega_{21} q_{21} & 0 & \omega_{23} q_{23} & 0 & \dots \\ 0 & \omega_{32} q_{32} & 0 & \omega_{34} q_{34} & \dots \\ \cdot & \cdot & \cdot & \cdot & \cdot & \cdot \end{pmatrix}$$

$$= i \mu \omega_0 \begin{pmatrix} 0 & - q_{12} & 0 & 0 & \dots \\ q_{21} & 0 & - q_{23} & 0 & \dots \\ 0 & q_{32} & 0 & - q_{34} & \dots \\ \cdot & \cdot & \cdot & \cdot & \cdot & \cdot \end{pmatrix}$$

wegen der obigen Festsetzung über die ω_{nm}.

Was uns bei dem Problem hauptsächlich interessiert, ist die Frage der Energieniveaus. Dazu berechnen wir unter Verwendung der eben gegebenen Koordinaten- und Impulsmatrix die Energiematrix auf Grund der klassischen Energiefunktion

$$W = \frac{1}{2\,\mu}\,p^2 + \frac{f}{2}\,q^2 = \frac{1}{2\,\mu}\,(p^2 + \mu^2\,\omega_0^2\,q^2)\,.$$

Wir müssen dazu die Quadrate q^2 und p^2 bilden. Dies geschieht nach der im Text gegebenen Multiplikationsregel für Matrizen: Sind a und b zwei Matrizen, so besitzt ihr Produkt $c = ab$ die Elemente

$$c_{nm} = \sum_k a_{nk}\,b_{km}\,.$$

Unter Verwendung dieser Regel erhält man leicht die beiden Ausdrücke

$$q^2 = \begin{pmatrix} q_{12}\,q_{21} & 0 & q_{12}\,q_{23} & \cdots \\ 0 & q_{21}\,q_{12} + q_{23}\,q_{32} & 0 & \cdots \\ q_{32}\,q_{21} & 0 & q_{32}\,q_{23} + q_{34}\,q_{43} \cdots \\ \cdot\quad\cdot\quad\cdot & \cdot\quad\cdot\quad\cdot & \cdot\quad\cdot\quad\cdot \end{pmatrix},$$

$$p^2 = \mu^2\,\omega_0^2 \begin{pmatrix} q_{12}\,q_{21} & 0 & -\,q_{12}\,q_{23} & \cdots \\ 0 & q_{21}\,q_{12} + q_{23}\,q_{32} & 0 & \cdots \\ -\,q_{32}\,q_{21} & 0 & q_{32}\,q_{23} + q_{34}\,q_{43} \cdots \\ \cdot\quad\cdot\quad\cdot & \cdot\quad\cdot\quad\cdot & \cdot\quad\cdot\quad\cdot \end{pmatrix}.$$

Geht man mit diesen Matrizen in den Energieausdruck ein, so erhält man als Energiematrix

$$W = \mu\,\omega_0^2 \begin{pmatrix} q_{12}\,q_{21} & 0 & 0 & \cdots \\ 0 & q_{21}\,q_{12} + q_{23}\,q_{32} & 0 & \cdots \\ 0 & 0 & q_{32}\,q_{23} + q_{34}\,q_{43} \cdots \\ \cdot\quad\cdot\quad\cdot & \cdot\quad\cdot\quad\cdot & \cdot\quad\cdot\quad\cdot \end{pmatrix}.$$

An dieser Matrix ist zunächst bemerkenswert, daß in ihr nur die Elemente in der Hauptdiagonale von Null verschieden sind. Dies ist aber gleichbedeutend mit dem Energiesatz, daß nämlich die Energie eines bestimmten Zustandes zeitlich konstant ist; denn die Zeitfaktoren fallen in den Diagonalgliedern durchwegs heraus; z. B. würde das erste Glied den Zeitfaktor $e^{i\,\omega_{12}t}\,e^{i\,\omega_{21}t}$ besitzen, der aber wegen $-\,\omega_{12} = \omega_{21} = \omega_0$ gleich 1 ist.

Die einzelnen Glieder der Hauptdiagonale stellen die Energien der einzelnen Zustände dar, und zwar gibt das Element W_{nn} die Energie des n-ten Quantenzustandes. In die Energiematrix gehen zunächst noch die Elemente der noch nicht vollkommen bestimmten Koordinatenmatrix ein. Sie lassen sich jedoch auf Grund der Vertauschungsrelation $pq - qp = \dfrac{h}{2\pi i}$ ermitteln, und damit ergeben sich auch die Energieniveaus.

Führt man nach den gleichen Regeln wie oben die Koordinaten- und Impulsmatrix in die Vertauschungsrelation ein, so erhält man leicht die Matrix

$$(pq - qp) = -2i\mu\omega_0 \begin{pmatrix} q_{12}\,q_{21} & 0 & 0 & \cdots \\ 0 & q_{23}\,q_{32} - q_{21}\,q_{12} & 0 & \cdots \\ 0 & 0 & q_{34}\,q_{43} - q_{32}\,q_{23} \cdots \\ \cdots\cdots\cdots\cdots\cdots\cdots\cdots\cdots\cdots \end{pmatrix}.$$

Diese Matrix soll gleich sein $\dfrac{h}{2\pi i}$, oder genauer gesagt, gleich $\dfrac{h}{2\pi i}$ mal der Einheitsmatrix

$$\begin{pmatrix} 1 & 0 & 0\cdots \\ 0 & 1 & 0\cdots \\ 0 & 0 & 1\cdots \\ \cdots\cdots\cdots \end{pmatrix}.$$

Die beiden Matrizen müssen also gliedweise übereinstimmen; dies führt zu dem Gleichungssystem

$$q_{12}\,q_{21} = \frac{h}{4\pi\mu\omega_0},$$

$$q_{23}\,q_{32} - q_{12}\,q_{21} = \frac{h}{4\pi\mu\omega_0},$$

$$q_{34}\,q_{43} - q_{32}\,q_{23} = \frac{h}{4\pi\mu\omega_0},$$

$$\cdots\cdots\cdots\cdots\cdots\cdots$$

Dieses Gleichungssystem läßt sich sukzessive lösen; man erhält

$$q_{n,\,n+1}\,q_{n+1,\,n} = n\,\frac{h}{4\pi\mu\omega_0}.$$

Setzt man diese Ausdrücke in die Energiematrix ein, so ergibt sich für das n-te Diagonalglied

$$W_{nn} = E_n = \mu\omega_0^2\,(q_{n,\,n+1}\,q_{n+1,\,n} + q_{n,\,n-1}\,q_{n-1,\,n})$$

$$= \frac{h\omega_0}{4\pi}\,(2n + 1) = h\nu_0\left(n + \frac{1}{2}\right).$$

Man erhält also auch hier als Termschema eine äquidistante Folge von Energieniveaus wie in der Bohrschen Theorie. Der einzige Unterschied besteht darin, daß das ganze Termschema der Quantenmechanik gegen das Bohrsche um ein halbes Energiequant verschoben ist. Wenn sich auch dieser Unterschied nicht im Spektrum auswirkt, so spielt er doch eine Rolle bei statistischen Fragen. Wichtig ist jedenfalls der Umstand, daß der harmonische lineare Oszillator im tiefsten Zustand eine Energie $\frac{1}{2} h \nu_0$, die sogenannte **Nullpunktsenergie**, besitzt.

XIII. Oszillator nach der Wellenmechanik (zu S. 97).

Wir bringen in diesem Anhang die Lösung der Wellengleichung des linearen harmonischen Oszillators. Diese lautet:

$$\left\{ \frac{d^2}{d q^2} + \frac{8 \pi^2 m}{h^2} \left(E - \frac{f}{2} q^2 \right) \right\} \psi = 0 \, .$$

Mit den Abkürzungen

$$\lambda = \frac{8 \pi^2 m}{h^2} E \, , \qquad \alpha = \frac{2 \pi m \omega_0}{h} = \frac{4 \pi^2 m \nu_0}{h} \qquad \left(\omega_0 = 2 \pi \nu_0 = \sqrt{\frac{f}{m}} \right)$$

geht sie über in die Gleichung

$$\left\{ \frac{d^2}{d q^2} + \lambda - \alpha^2 q^2 \right\} \psi \, .$$

λ ist der Eigenwertparameter, und wir müssen die Werte von λ suchen, für die die Gleichung eine im ganzen Raum endliche und eindeutige Lösung besitzt.

Eine Lösung der Gleichung kann man sofort angeben. Sie lautet

$$\psi = a_0 \, e^{-\frac{\alpha q^2}{2}} = a_0 \, e^{-\frac{2 \pi^2 m \nu_0 q^2}{h}} \, ,$$

wenn der Eigenwertparameter gleich $\lambda_0 = \alpha$ wird, wie man leicht durch Einsetzen in die Wellengleichung nachrechnet; die zugehörige Energie wird dann gleich

$$E_0 = \frac{h^2 \alpha}{8 \pi^2 m} = \frac{h \nu_0}{2} \, .$$

Es ist dies, um es vorwegzunehmen, der energetisch tiefste Term, ihm entspricht daher der Grundzustand. Man erhält also hier das gleiche Resultat wie bei der matrizenmäßigen Behandlung des Oszillators, daß der Grundzustand eine Nullpunktsenergie im Betrage eines halben Planckschen Energiequants besitzt.

Zur Auffindung der übrigen Lösungen der Wellengleichung ist es zweckmäßig, ψ in der Form

$$\psi = e^{-\frac{\alpha q^2}{2}} v(q)$$

anzusetzen. (Man könnte vom mathematischen Standpunkt versucht sein, auch einen entsprechenden Ansatz mit einem Pluszeichen im Exponenten zu machen; vom physikalischen Standpunkt aus ist aber ein solcher Ansatz unzulässig, da in diesem Falle die Wellenfunktion mit größer werdendem x über alle Grenzen anwachsen würde.)

Geht man mit dem obigen Ausdruck in die Differentialgleichung ein, so ergibt sich nach einfacher Rechnung für v die Differentialgleichung

$$\frac{d^2 v}{d q^2} - 2 \alpha q \frac{d v}{d q} + (\lambda - \alpha)\, v = 0;$$

der Faktor $e^{-\frac{\alpha}{2} q^2}$ fällt aus der homogenen Gleichung heraus. Der Vorteil dieser Differentialgleichung gegenüber der Wellengleichung besteht darin: Setzt man v als Potenzreihe in q an:

$$v = \sum_{\nu=0}^{\infty} a_\nu\, q^\nu,$$

und geht man mit dieser Reihe in die Differentialgleichung ein, so erhält man durch Vergleich der Koeffizienten der einzelnen Potenzen von x folgende zweigliedrige Rekursionsformel

$$(\nu + 2)\,(\nu + 1)\, a_{\nu+2} + (\lambda - \alpha\,(2\,\nu + 1))\, a_\nu = 0,$$

während man beim gleichen Versuch, die Wellengleichung durch eine Potenzreihe für ψ zu lösen, auf eine dreigliedrige Rekursionsformel geführt wird. Aus der obigen Rekursionsformel lassen sich die einzelnen Koeffizienten bestimmen.

Nun ergibt jedoch eine eingehendere Untersuchung, daß im allgemeinen die Potenzreihe, die man so erhält, für $\lim q \to \infty$ stärker als $e^{\frac{\alpha}{2} q^2}$ divergiert, so daß in diesem Falle die Wellenfunktionen im Unendlichen über alle Grenzen anwachsen würden. Konvergenz der Wellenfunktionen, also schwächeres Anwachsen der Potenzreihe als $e^{\frac{\alpha}{2} q^2}$ für $q \to \infty$, erhält man nur für den Fall, daß die Potenzreihe abbricht. Dieser Fall tritt für spezielle Werte des Parameters λ ein, und zwar bricht, wie man aus der Rekursionsformel leicht sieht, die Reihe mit dem Gliede $\nu = n$ ab, wenn der Faktor von a_n verschwindet, wenn also

$$\lambda = \lambda_n = \alpha\,(2\,n + 1).$$

Führt man hier wieder den Wert von λ ein, so erhält man für die Energie in diesem Falle den Ausdruck

$$E_n = h\,\nu_0 \left(n + \frac{1}{2}\right).$$

Es läßt sich streng der Nachweis erbringen, daß diese Werte von E die einzigen sind, für die die Differentialgleichung eine zulässige Lösung besitzt. Die Lösungen selbst sind für uns hier nicht von Interesse; sie stellen sich dar als das Produkt der oben gegebenen e-Potenz mit einem endlichen Polynom in x der Ordnung n; letztere sind in der mathematischen Literatur unter dem Namen Hermitesche Polynome bekannt. Wichtig für uns ist die Bemerkung, daß wir nach der Wellenmechanik die gleichen Energiestufen für den harmonischen Oszillator erhalten wie nach der Matrizenmechanik, nämlich eine Folge äquidistanter Terme; der charakteristische Unterschied gegenüber der Bohrschen Theorie besteht in dem Auftreten der Termverschiebung um einen halben Termabstand $\frac{h\,v_0}{2}$.

XIV. Schwingende kreisförmige Membran (zu S. 97).

Die Lösung der Schwingungsgleichung einer schwingenden kreisförmigen Membran

$$\Delta\psi + \lambda\psi = 0 \qquad \left(\Delta = \frac{\partial^2}{\partial x^2} + \frac{\partial^2}{\partial y^2}\right)$$

läßt sich in Polarkoordinaten leicht durchführen. Die Differentialgleichung nimmt dann bekanntlich die Form an

$$\frac{\partial^2\psi}{\partial r^2} + \frac{1}{r}\frac{\partial\psi}{\partial r} + \frac{1}{r^2}\frac{\partial^2\psi}{\partial\varphi^2} + \lambda\psi = 0\,.$$

Man erkennt, daß man die Lösung als Produkt einer Funktion R, die nur von r abhängt, und einer Funktion Φ von φ anschreiben kann; das Problem ist in Polarkoordinaten separierbar. Die Differentialgleichung läßt sich dann unter Einführung eines Separationsparameters, den wir m^2 nennen wollen, in zwei Differentialgleichungen aufspalten, mit den unabhängigen Variablen r bzw. φ:

$$\frac{d^2 R}{dr^2} + \frac{1}{r}\frac{dR}{dr} + \lambda R - \frac{m^2}{r^2}R = 0\,,$$

$$\frac{d^2\Phi}{d\varphi^2} + m^2\Phi = 0\,.$$

Die Lösung der zweiten Gleichung ergibt

$$\Phi = \begin{Bmatrix}\cos\\\sin\end{Bmatrix}(\pm\,m\,\varphi)\,.$$

Von der Schwingungsfunktion ist zu verlangen, daß sie eindeutig ist; dies ist jedoch nicht der Fall, wenn m keine ganze Zahl ist, denn dann würde man durch Vermehrung von φ um einen vollen Umlauf 2π einen anderen Wert der Wellenfunktion erhalten; also muß der Separationsparameter m ganzzahlig sein ($m \geq 0$).

Die Differentialgleichung für die radiale Abhängigkeit ist bekanntlich die der Besselfunktion $J_m(\sqrt{\lambda}\,r)$ der m-ten Ordnung mit dem Argument $\sqrt{\lambda}\,r$. Wir müssen jedoch hier die Randbedingungen berücksichtigen. Wir nehmen speziell an, daß die Membran am Rande fest eingespannt sein soll, so daß $R(\varrho) = 0$ für die Punkte des Randes (ϱ ist der Radius der Membran) gelten muß. Nun besitzt die Besselfunktion irgendeiner Ordnung unendlich viele Nullstellen (sie hat ja für nicht zu kleine Werte des Arguments die Gestalt eines Sinus); die Orte der Nullstellen der Besselfunktion $J_m(z)$ nennen wir z_0, z_1, z_2 .... Zur Erfüllung der Randbedingung muß für $r = \varrho$ das Argument der Besselfunktionen mit einer dieser Nullstellen zusammenfallen. Es sind daher nicht alle Werte des Parameters möglich, sondern nur diejenigen, für die

$$\sqrt{\lambda}\,\varrho = z_0 \quad \text{oder} \quad z_1 \quad \text{oder} \quad z_2 \ldots.$$

Im ersten Falle besitzt die Schwingungsfunktion außer den Nullstellen für $r = \varrho$ und (im Falle $m > 0$) auch für $r = 0$ keine anderen Nullstellen, im zweiten Falle noch eine, im dritten Falle noch zwei, also allgemein für den Eigenwert

$$\sqrt{\lambda_n}\,\varrho = z_n$$

noch n Nullstellen (Knotenlinien, s. Abb. 56, S. 98).

XV. Lösung der Schrödingergleichung des Keplerproblems (zu S. 98).

Die Schrödingergleichung des Keplerproblems lautet

$$\Delta\psi + \frac{8\,\pi^2 m}{h^2}\left(E + \frac{e^2 Z}{r}\right)\psi = 0\,.$$

Führt man räumliche Polarkoordinaten r, ϑ, φ ein, so erhält man die Differentialgleichung

$$\left\{\frac{\partial^2}{\partial r^2} + \frac{2}{r}\frac{\partial}{\partial r} + \frac{1}{r^2}\frac{\partial^2}{\partial\vartheta^2} + \frac{\cot\vartheta}{r^2}\frac{\partial}{\partial\vartheta} + \frac{1}{r^2\sin^2\vartheta}\frac{\partial^2}{\partial\varphi^2} + \frac{8\,\pi^2 m}{h^2}\left(E + \frac{e^2 Z}{r}\right)\right\}\psi = 0\,.$$

Diese Gleichung läßt sich ebenfalls separieren; wir machen den Ansatz:

$$\psi = R(r)\,\Theta(\vartheta)\,\Phi(\varphi)\,,$$

dann zerfällt die Gleichung in die drei Gleichungen

$$\left\{\frac{d^2}{dr^2} + \frac{2}{r}\frac{d}{dr} + \frac{8\,\pi^2 m}{h^2}\left(E + \frac{e^2 Z}{r}\right) - \frac{\lambda}{r^2}\right\}R = 0\,,$$

$$\left\{\frac{d^2}{d\vartheta^2} + \cot\vartheta\,\frac{d}{d\vartheta} + \lambda - \frac{m^2}{\sin^2\vartheta}\right\}\Theta = 0\,,$$

$$\left\{\frac{d^2}{d\varphi^2} + m^2\right\}\Phi = 0\,,$$

wobei m (wie früher) und λ die Separationsparameter darstellen. Die Lösung der dritten Gleichung kennen wir bereits:

$$\Phi = \begin{Bmatrix}\cos\\\sin\end{Bmatrix}(m\,\varphi) \quad \text{oder} \quad \Phi = e^{i\,m\,\varphi}\,;$$

m muß ganzzahlig sein, da sonst Φ nicht eindeutig wäre.

Die zweite Differentialgleichung ist die der Kugelfunktion $P_l^m(\cos\vartheta)$, wenn λ den Wert $l(l+1)$ annimmt und $|m| \leq l$ ist; für andere Werte besitzt die Gleichung keine eindeutige Lösung. Den Beweis führen wir gleich allgemein, indem wir die ϑ- und φ-Abhängigkeit in der allgemeinen Kugelfunktion $Y_l(\vartheta, \varphi)$ zusammenfassen. Wenn wir zur Abkürzung die Bezeichnung einführen

$$\varLambda = \frac{1}{\sin\vartheta}\,\frac{\partial}{\partial\vartheta}\,\sin\vartheta\,\frac{\partial}{\partial\vartheta} + \frac{1}{\sin^2\vartheta}\,\frac{\partial^2}{\partial\varphi^2}\,, \qquad \text{sodaß} \qquad \varDelta = \frac{\partial^2}{\partial r^2} + \frac{2}{r}\,\frac{\partial}{\partial r} + \frac{\varLambda}{r^2}\,,$$

so muß $Y_l(\vartheta, \varphi)$ der Differentialgleichung

$$\varLambda Y_l + \lambda Y_l = 0$$

genügen. Eine allgemeine Lösung dieser Gleichung erhält man auf folgende Weise: Wir betrachten ein homogenes Polynom l-ten Grades U_l in x, y, z, welches die Potentialgleichung

$$\varDelta U_l = 0$$

befriedigt. Definiert man nun eine Funktion Y_l der Verhältnisse x/r, y/r, z/r, also der Winkel ϑ und φ allein, durch die Gleichung

$$U_l = r^l Y_l$$

und geht mit diesem Ansatz in die Potentialgleichung $\varDelta U_l = 0$ ein, so ergibt sich durch Ausführung der r-Differentiation die Gleichung

$$\left(\frac{\partial^2}{\partial r^2} + \frac{2}{r}\,\frac{\partial}{\partial r}\right) r^l Y_l + \frac{\varLambda}{r^2}\,r^l Y_l \equiv r^{l-2}\left(\varLambda Y_l + l(l+1)Y_l\right) = 0\,,$$

d. h. wir haben in den oben definierten Funktionen Lösungen der Differentialgleichung $\varLambda Y_l + \lambda Y_l = 0$ gefunden für den Fall, daß

$$\lambda = l(l+1)\,.$$

Man kann zeigen, daß man für andere λ-Werte keine eindeutigen Lösungen dieser Gleichung erhält. Die Eigenwerte der Gleichung

$$\varLambda Y_l + \lambda Y_l = 0$$

sind daher gleich $l(l+1)$. Man kann übrigens leicht die Anzahl der in jeder Funktion l-ten Grades enthaltenen willkürlichen Parameter abzählen. Das allgemeinste homogene Polynom l-ten Grades in x, y, z enthält $\dfrac{(l+1)(l+2)}{2}$ willkürliche Konstanten; (es besitzt ein Glied mit x^l, zwei mit x^{l-1}, drei mit x^{l-2} usw., schließlich $l+1$ Glieder, die x nicht enthalten). Zwischen diesen Konstanten bestehen jedoch gewisse Relationen, die durch die Forderung $\varDelta U_l = 0$ gegeben werden; diese Gleichung ist äquivalent mit $\dfrac{l(l-1)}{2}$ Bestimmungsgleichungen für die Koeffizienten, denn $\varDelta U_l$ ist eine homogene Funktion $l-2$ Grades, die gliedweise verschwinden muß. U_l enthält daher

$$\frac{(l+1)(l+2) - l(l-1)}{2} = 2l+1$$

unabhängige Koeffizienten. Es gibt also $2l+1$ linear unabhängige Kugelfunktionen l-ten Grades. Schreibt man sie in der üblichen Form $Y_l^{(m)} = P_l^m\, e^{im\varphi}$, so entsprechen ihnen die $2l+1$ möglichen Werte der dritten (magnetischen) Quantenzahl m.

Wir gehen nun zur Differentialgleichung für die radiale Teilfunktion R über:

$$\left\{\frac{d^2}{dr^2} + \frac{2}{r}\frac{d}{dr} + \frac{8\pi^2 m}{h^2}\left(E + \frac{e^2 Z}{r}\right) - \frac{l(l+1)}{r^2}\right\} R = 0.$$

Ihre Lösung muß stetig und endlich sein für alle Werte r von Null bis Unendlich. Uns interessiert hier vor allem die Größe der Eigenwerte E, für die diese Gleichung eine zulässige Lösung besitzt. Im besonderen behandeln wir nur den Fall, daß $E < 0$ ist; er entspricht den Ellipsenbahnen in der Bohrschen Theorie, man muß Energie zuführen, um das Elektron an die Peripherie des Atoms oder besser gesagt in unendlich großen Abstand vom Kern zu bringen. Der Fall $E > 0$ würde den Bohrschen Hyperbelbahnen entsprechen.

Zur Vereinfachung führen wir rationelle Einheiten ein: Wir messen den Radius in Vielfachen des Bohrschen Radius $\dfrac{h^2}{4\pi^2 m e^2 Z}$ und die Energie in Einheiten des Grundzustandes des Bohrschen Atoms $-\dfrac{2\pi^2 m e^4 Z^2}{h^2}$, also

$$r = \varrho\,\frac{h^2}{4\pi^2 m e^2 Z}, \qquad E = \varepsilon\,\frac{-2\pi^2 m e^4 Z^2}{h^2}.$$

Dann vereinfacht sich die Wellengleichung:

$$\left\{\frac{d^2}{d\varrho^2} + \frac{2}{\varrho}\frac{d}{d\varrho} - \varepsilon + \frac{2}{\varrho} - \frac{l(l+1)}{\varrho^2}\right\} R = 0.$$

Wir fragen nun zunächst nach dem Verhalten der Funktion R für sehr große ϱ-Werte. Dazu streichen wir zunächst in der Differentialgleichung die Glieder mit $1/\varrho$ und $1/\varrho^2$, so daß wir für das asymptotische Verhalten die Gleichung zu lösen haben: $\left\{\dfrac{d^2}{d\varrho^2} - \varepsilon\right\} R_\infty = 0$. Ihre Lösung ist $R_\infty = e^{\pm \varrho \sqrt{\varepsilon}}$; das obere Vorzeichen ist jedoch unbrauchbar, da dann die Wellenfunktion für wachsendes r und ϱ exponentiell über alle Grenzen anwachsen würde und daher nicht als Eigenfunktion angesehen werden kann.

Der zweite kritische Punkt ist der Nullpunkt. Hier erhalten wir eine angenäherte Funktion, wenn wir in der Differentialgleichung die Glieder weglassen, die schwächer als $1/\varrho^2$ für $\varrho = 0$ gegen ∞ gehen:

$$\left\{\frac{d^2}{d\varrho^2} + \frac{2}{\varrho}\frac{d}{d\varrho} - \frac{l(l+1)}{\varrho^2}\right\} R_0 = 0.$$

Hier werden die Lösungen gegeben durch $R_0 = \varrho^l$ und $R_0 = \varrho^{-l-1}$; davon ist die zweite unbrauchbar, da sie am Nullpunkt unendlich wird.

Wir kennen also jetzt den Verlauf unserer gesuchten Funktion an den beiden singulären Stellen $\varrho = 0$ und $\varrho = \infty$. Es ist naheliegend, für die vollständige Funktion R den Ansatz zu machen

$$R = e^{-\varrho\sqrt{\varepsilon}}\,\varrho^l\,f(\varrho),$$

wobei dann f eine Funktion von ϱ darstellt, die natürlich in diesen beiden Punkten sich regulär verhalten muß (d. h. im Unendlichen nicht stärker als $e^{+\varrho\sqrt{\varepsilon}}$ ansteigen darf), und die den Verlauf der ganzen Funktion im Übergangsgebiet zwischen den Gültigkeitsbereichen der Potenz und der Exponentialfunktion regelt. Geht man mit dem obigen Ansatz in die Differentialgleichung ein, so erhält man leicht für f die Differentialgleichung

$$\frac{d^2 f}{d\varrho^2} + \frac{2(l+1)}{\varrho}\,\frac{df}{d\varrho} - 2\sqrt{\varepsilon}\,\frac{df}{d\varrho} + \frac{2}{\varrho}\left(1 - \sqrt{\varepsilon}\,(l+1)\right)f = 0.$$

Wir versuchen sie durch eine Potenzreihe nach ϱ (oder, was besser ist, nach $2\varrho\sqrt{\varepsilon}$) zu lösen und machen dazu den Ansatz

$$f = \sum_0^\infty a_\nu\,(2\sqrt{\varepsilon}\,\varrho)^\nu.$$

Geht man damit in die Differentialgleichung ein und ordnet die Glieder etwas um, so erhält man

$$\sum_{\nu=0}^\infty a_\nu\,(2\sqrt{\varepsilon}\,\varrho)^{\nu-2}\,\nu\,(\nu + 2l + 1) - \sum_{\nu=0}^\infty a_\nu\,(2\sqrt{\varepsilon}\,\varrho)^{\nu-1}\left(\nu + l + 1 - \frac{1}{\sqrt{\varepsilon}}\right) = 0.$$

Diese Reihe muß gliedweise verschwinden, so daß man für die Koeffizienten die Rekursionsformel

$$a_{\nu+1}\,(\nu+1)\,(\nu+2l+2) = a_\nu\left(\nu + l + 1 - \frac{1}{\sqrt{\varepsilon}}\right)$$

erhält. Im Nullpunkt ist die Funktion f natürlich endlich und gleich dem ersten Glied a_0. Im Unendlichen wird jedoch f unendlich groß, und zwar, wie eine genauere Analyse zeigt, stärker als $e^{+\varrho\sqrt{\varepsilon}}$, wenn die Reihe für f nicht abbricht; bricht aber die Reihe ab, so wird zwar f unendlich groß, die Funktion R selbst verschwindet jedoch wegen des Exponentialfaktors $e^{-\varrho\sqrt{\varepsilon}}$. Die Bedingung für das Abbrechen der Reihe entnimmt man aus der Rekursionsformel: Sie bricht nach dem n_r-ten Glied ab, wenn

$$n_r + l + 1 = \frac{1}{\sqrt{\varepsilon}};$$

$\dfrac{1}{\sqrt{\varepsilon}}$ muß also gleich einer ganzen positiven Zahl > 0 sein, also

$$\varepsilon = \frac{1}{n^2},$$

wenn man $n = n_r + l + 1$ setzt. n nennt man die Hauptquantenzahl, n_r die radiale Quantenzahl.

Man erhält also nur für bestimmte diskrete Werte des Parameters ε Lösungen der Differentialgleichung, die den Forderungen nach Endlichkeit, Stetigkeit und Eindeutigkeit genügen. Es sind dies die Werte $\varepsilon = \dfrac{1}{n^2}$. Es ergeben sich daher nur bestimmte mögliche Energieniveaus, und zwar gerade

$$E = -\frac{2\,\pi^2\,m\,e^4\,Z^2}{h^2\,n^2} = -\frac{h\,R_0\,Z^2}{n^2},$$

also diejenigen, die die Bohrsche Theorie zur Erklärung der Spektren eingeführt hat.

Wir bemerken noch, daß die Polynome f Laguerresche Polynome genannt werden; wir gehen jedoch nicht weiter auf sie ein, sondern erwähnen nur, daß ihre Nullstellen die Lage der Knotenflächen $r = \mathrm{konst}$ bestimmen; und zwar besitzt $R\, n_r$ Knoten, wenn man die Nullstellen für $r = 0$ (im Falle $l > 0$) und $r = \infty$ nicht mitzählt.

XVI. Gesamtdrehimpuls (zu S. 100).

Im Text haben wir die den Drehimpulskomponenten entsprechenden Operatoren angegeben

$$\mathfrak{M}_x = \frac{h}{2\,\pi\,i}\left(y\,\frac{\partial}{\partial z} - z\,\frac{\partial}{\partial y}\right).$$

$$\cdot \quad \cdot \quad \cdot \quad \cdot \quad \cdot \quad \cdot \quad \cdot \quad \cdot \quad \cdot$$

Das Quadrat des Betrages des Drehimpulses ist

$$\mathfrak{M}^2 = \mathfrak{M}_x^2 + \mathfrak{M}_y^2 + \mathfrak{M}_z^2;$$

hierbei bedeutet die Bildung $\mathfrak{M}_x^2$ die Iterierung des Operators $\mathfrak{M}_x$; d. h. haben wir den Operator $\mathfrak{M}_x$ auf eine Funktion ψ angewandt, so bedeutet die Anwendung von $\mathfrak{M}_x^2$ auf diese Funktion die Bildung von $\mathfrak{M}_x\,(\mathfrak{M}_x\psi)$.

Nun gilt z. B. für die erste Komponente

$$\mathfrak{M}_x^2\psi = -\left(\frac{h}{2\,\pi}\right)^2\left(y\,\frac{\partial}{\partial z} - z\,\frac{\partial}{\partial y}\right)\left(y\,\frac{\partial}{\partial z} - z\,\frac{\partial}{\partial y}\right)\psi$$

oder bei Ausführung der Differentiationen

$$= \left(\frac{h}{2\,\pi}\right)^2\left(-y^2\,\frac{\partial^2\psi}{\partial z^2} + 2\,y\,z\,\frac{\partial}{\partial y}\,\frac{\partial\psi}{\partial z} - z^2\,\frac{\partial^2\psi}{\partial y^2} + y\,\frac{\partial\psi}{\partial y} + z\,\frac{\partial\psi}{\partial z}\right),$$

der Operator $\mathfrak{M}_x^2$ ist daher identisch mit dem Operator

$$\left(\frac{h}{2\,\pi}\right)^2\left(-y^2\,\frac{\partial^2}{\partial z^2} - z^2\,\frac{\partial^2}{\partial y^2} + 2\,y\,z\,\frac{\partial}{\partial y}\,\frac{\partial}{\partial z} + y\,\frac{\partial}{\partial y} + z\,\frac{\partial}{\partial z}\right).$$

Summiert man über die drei Koordinatenrichtungen, so ergibt sich

$$\mathfrak{M}^2 = \left(\frac{h}{2\pi}\right)^2 \left\{ - \left[(y^2 + z^2)\frac{\partial^2}{\partial x^2} + (z^2 + x^2)\frac{\partial^2}{\partial y^2} + (x^2 + y^2)\frac{\partial^2}{\partial z^2}\right] \right.$$

$$+ 2\left[xy\frac{\partial}{\partial x}\frac{\partial}{\partial y} + yz\frac{\partial}{\partial y}\frac{\partial}{\partial z} + zx\frac{\partial}{\partial z}\frac{\partial}{\partial x}\right]$$

$$\left. + 2\left[x\frac{\partial}{\partial x} + y\frac{\partial}{\partial y} + z\frac{\partial}{\partial z}\right]\right\}$$

oder anders zusammengefaßt $\left(\text{unter Beachtung von } \left(x\frac{\partial}{\partial x}\right)^2 = x\frac{\partial}{\partial x}x\frac{\partial}{\partial x}\right.$

$\left. = x^2\frac{\partial^2}{\partial x^2} + x\frac{\partial}{\partial x}\right)$

$$\mathfrak{M}^2 = \left(\frac{h}{2\pi}\right)^2 \left\{ - r^2\left(\frac{\partial^2}{\partial x^2} + \frac{\partial^2}{\partial y^2} + \frac{\partial^2}{\partial z^2}\right) + \left(x\frac{\partial}{\partial x} + y\frac{\partial}{\partial y} + z\frac{\partial}{\partial z}\right)^2 \right.$$

$$\left. + \left(x\frac{\partial}{\partial x} + y\frac{\partial}{\partial y} + z\frac{\partial}{\partial z}\right)\right\}.$$

Nun gilt aber bekanntlich $\dfrac{x}{r}\dfrac{\partial}{\partial x} + \dfrac{y}{r}\dfrac{\partial}{\partial y} + \dfrac{z}{r}\dfrac{\partial}{\partial z} = \dfrac{\partial}{\partial r}$, so daß man erhält

$$\mathfrak{M}^2 = \left(\frac{h}{2\pi}\right)^2 \left\{ - r^2\varDelta + r\frac{\partial}{\partial r}r\frac{\partial}{\partial r} + r\frac{\partial}{\partial r}\right\}.$$

Führt man nun Polarkoordinaten ein, so erkennt man (siehe Anhang XV), daß

$$\mathfrak{M}^2 = \left(\frac{h}{2\pi}\right)^2 \left\{ - r^2\left(\frac{1}{r^2}\frac{\partial^2}{\partial r^2} + \frac{2}{r}\frac{\partial}{\partial r}\right) - \varDelta + r\frac{\partial}{\partial r}r\frac{\partial}{\partial r} + r\frac{\partial}{\partial r}\right\}$$

$$= -\frac{h^2}{4\pi^2}\varDelta.$$

Dies bedeutet aber nichts anderes, als daß $\mathfrak{M}^2$ für jeden Zustand mit der azimutalen Quantenzahl l den Eigenwert $\dfrac{h^2}{4\pi^2}l(l+1)$ besitzt. Der Betrag des Gesamtdrehimpulses ist daher gequantelt und besitzt den Wert $\dfrac{h}{2\pi}\sqrt{l(l+1)}$.

Ferner gilt in Polarkoordinaten mit der Polarachse z:

$$\mathfrak{M}_z = \frac{h}{2\pi i}\left(x\frac{\partial}{\partial y} - y\frac{\partial}{\partial x}\right) = \frac{h}{2\pi i}\frac{\partial}{\partial\varphi}.$$

Wendet man diesen Operator auf die eindeutige Funktion $e^{im\varphi}$ (mit $m = 0, \pm 1, \pm 2, \ldots$) an, so erhält man

$$\mathfrak{M}_z\, e^{im\varphi} = \frac{h}{2\pi}\,m\, e^{im\varphi},$$

d. h. auch die Komponente $\mathfrak{M}_z$ des Drehimpulses ist gequantelt, ihre Eigenwerte sind die ganzzahligen Vielfachen der Bohrschen Drehimpulseinheit $\frac{h}{2\pi}$. Wie sich dann die beiden anderen Komponenten $\mathfrak{M}_x$, $\mathfrak{M}_y$ verhalten, darauf können wir hier nicht eingehen; nur soviel sei gesagt, daß die zu ihnen gehörigen Matrizen sich nach der im folgenden Anhang XVII dargelegten Methode berechnen lassen.

XVII. Ableitung der Auswahlregeln beim Keplerproblem (zu S. 105).

Wie in Abschnitt 24 gezeigt wurde, ist die Ausstrahlung bei einem Quantensprung im wesentlichen gegeben durch das Matrixelement der Koordinate, das in der im Text angegebenen Weise mit dem wellenmechanischen Mittelwert des elektrischen Dipolmomentes zusammenhängt:

$$M_x = \int x\,\psi^*_{n'\,l'\,m'}\,\psi_{n\,l\,m}\,dx\,dy\,dz \qquad \text{usw.}$$

Wir wollen hier beweisen, daß eine große Anzahl dieser Integrale verschwindet, und daß nur für gewisse, den „Auswahlregeln" genügende Quantenzahl-Kombinationen (l, m) und (l', m') von Null verschiedene Werte dieser Integrale folgen.

Dazu müssen wir auf die im Anhang XV abgeleiteten Eigenfunktionen der einzelnen Zustände eingehen, von denen wir gezeigt haben, daß sie sich in der Form

$$\psi_{n,\,l} = R_{n,\,l}(r)\,Y_l(\vartheta, \varphi)$$

schreiben lassen, wobei $R_{n,\,l}(r)$ eine Funktion des Radius allein ist und $Y_l(\vartheta, \varphi)$ eine allgemeine Kugelfunktion bedeutet, die der Differentialgleichung

$$\Lambda Y_l + l(l+1)\,Y_l = 0 \qquad \left(\Lambda = \frac{1}{\sin\vartheta}\frac{\partial}{\partial\vartheta}\sin\vartheta\frac{\partial}{\partial\vartheta} + \frac{1}{\sin^2\vartheta}\frac{\partial^2}{\partial\varphi^2}\right)$$

genügt. Wir erinnern daran, daß wir die Y_l durch Abspalten des Faktors r^l aus einem homogenen Polynom l-ten Grades $U_l(x, y, z)$ gewonnen haben, das der Laplaceschen Differentialgleichung (Potentialgleichung) $\Delta U_l = 0$ genügt. Führen wir diese Darstellung der Wellenfunktionen in das obige Matrixelement ein, so zerfällt das Integral in zwei Bestandteile, ein Integral über das Winkelelement $d\omega = \sin\vartheta\,d\vartheta\,d\varphi$, das die Form

$$J_{ll'}^{(x)} = \int \frac{x}{r}\,Y_{l'}^*\,Y_l\,d\omega$$

besitzt und daher von r nicht abhängt, und in das radiale Integral

$$\int R_{n'\,l'}^*\,R_{n\,l}\,r\,r^2\,dr$$

(es gilt ja $dx\,dy\,dz = r^2 dr\,d\omega$). Wir werden uns hier nur mit dem ersteren Integral beschäftigen, da dieses bereits die Auswahlregeln gibt; das radiale Integral bestimmt dann nurmehr noch die Abstufung der Strahlungsintensität für die verschiedenen Übergänge.

Die Behauptung geht nun dahin, daß $J_{l\,l'}^{(x)}$ nur dann von Null verschieden ist, wenn die Auswahlregel $l' = l \pm 1$ erfüllt ist. Zum Beweis müssen wir etwas weiter ausholen: Zunächst ist leicht einzusehen, daß das Integral

$$N_{l\,l'} = \int Y_{l'}^* Y_l \, d\omega$$

nur für $l = l'$ von Null verschieden ist. Denn aus der Differentialbeziehung

$$Y_{l'}^* \Lambda Y_l - Y_l \Lambda Y_{l'}^* = [l'\,(l'+1) - l\,(l+1)]\, Y_{l'}^* Y_l$$

folgt durch Einführung der Bedeutung von Λ

$$\frac{1}{\sin\vartheta}\,\frac{\partial}{\partial\vartheta}\left[\sin\vartheta\left(Y_{l'}^*\frac{\partial Y_l}{\partial\vartheta} - Y_l\frac{\partial Y_{l'}^*}{\partial\vartheta}\right)\right] + \frac{1}{\sin^2\vartheta}\,\frac{\partial}{\partial\varphi}\left(Y_{l'}^*\frac{\partial Y_l}{\partial\varphi} - Y_l\frac{\partial Y_{l'}^*}{\partial\varphi}\right)$$
$$= [l'\,(l'+1) - l\,(l+1)]\, Y_{l'}^* Y_l.$$

Multipliziert man die Gleichung mit $d\omega = \sin\vartheta\, d\vartheta\, d\varphi$ und integriert über den ganzen Bereich der Winkel φ und ϑ, so verschwindet die linke Seite stets, der erste Teil wegen des Verschwindens von $\sin\vartheta$ an den Grenzen, der zweite Teil wegen der Periodizität bezüglich φ. Daher muß das Integral über die rechte Seite ebenfalls verschwinden; aus

$$[l'\,(l'+1) - l\,(l+1)]\iint Y_{l'}^* Y_l \, d\omega = 0$$

folgt aber die obige Behauptung, da der Faktor $l'\,(l'+1) - l\,(l+1)$ nur für $l' = l$ gleich Null wird (l und $l' \geq 0$); für $l' \neq l$ muß daher das Integral verschwinden.

Der weitere Beweis für die Auswahlregeln verläuft nun so: Wie sogleich gezeigt werden soll, läßt sich ein Ausdruck von der Form $\dfrac{x}{r}\,Y_l$ stets als Summe zweier allgemeiner Kugelfunktionen der Ordnungen $l + 1$ und $l - 1$ darstellen, also

$$\frac{x}{r}\,Y_l = Y_{l+1} + Y_{l-1}.$$

Führt man diese Beziehung in das Integral $J_{l\,l'}^{(x)}$ ein, so folgt aus dem eben bewiesenen Hilfssatz, daß es nur dann nicht identisch verschwindet, falls $l' = l \pm 1$, da jetzt nur Integrale vom Typus $N_{l\,l'}$ auftreten.

Der Beweis für die eben verwendete Gleichung ergibt sich aus dem Satz, daß sich jedes homogene Polynom n-ten Grades $F\,(x, y, z)$ eindeutig auf die Form bringen läßt

$$F = U_n + r^2 U_{n-2} + r^4 U_{n-4} + \cdots + r^{2h} U_{n-2h} + \cdots,$$

wobei die U_n die oben eingeführten Potentialfunktionen sind. Für n gleich 0 oder 1 ist der Satz trivial, da jedes Polynom nullter oder erster Ordnung bereits eine Potentialfunktion ist. Wir beweisen seine Gültigkeit durch vollständige Induktion. Vorausgesetzt, der Satz gilt für alle Polynome von einem Grade $< n$, so läßt sich ΔF als Polynom $(n-2)$-ten Grades sicher in der Form schreiben

$$\Delta F = U^*_{n-2} + r^2 U^*_{n-4} + \cdots + r^{2h-2} U^*_{n-2h} + \cdots,$$

wo die U^*_n andere Potentialfunktionen sind als die U_n. Wir behaupten, daß diese Gleichung gelöst wird durch den Ansatz

$$F = G + \frac{r^2 U^*_{n-2}}{2\,(2\,n-1)} + \frac{r^4 U^*_{n-4}}{4\,(2\,n-3)} + \cdots + \frac{r^{2h} U^*_{n-2h}}{2\,h\,(2\,n-2\,h+1)} + \cdots,$$

wobei G eine willkürliche Funktion von höchstens n-tem Grade ist, die der Potentialgleichung $\Delta G = 0$ genügt; wenn wir ein beliebiges Glied dieser Reihe herausgreifen, so gilt

$$\Delta r^{2h} U^*_{n-2h} = r^{2h} \Delta U^*_{n-2h} + 2 \operatorname{grad} r^{2h} \operatorname{grad} U^*_{n-2h} + \Delta r^{2h} U^*_{n-2h}$$
$$= 0 + 2 \cdot 2\,h\,r^{2h-2}\,(n-2\,h)\,U^*_{n-2h} + 2\,h\,(2\,h+1)\,r^{2h-2}\,U^*_{n-2h}$$
$$= 2\,h\,(2\,n-2\,h+1)\,r^{2h-2}\,U^*_{n-2h},$$

wie behauptet; es wurde dabei von dem Eulerschen Satz für homogene Polynome Gebrauch gemacht. Die integrierte Reihe für F besitzt die geforderte Gestalt, wenn wir $U^*_{n-2h} = 2\,h\,(2\,n-2\,h+1)\,U_{n-2h}$ und $U_n = G$ setzen.

Damit sind wir aber bereits am Ende unseres Beweises angelangt: $x\,U_l$ ist ein Polynom $(l+1)$-ten Grades, es läßt sich also in die oben angegebene Form bringen; da jedoch $\Delta\,(x\,U_l) = 2\,\dfrac{\partial U_l}{\partial x}$ selbst eine Potentialfunktion ist $\left(\text{denn es ist } \Delta\,\dfrac{\partial U_l}{\partial x} = \dfrac{\partial}{\partial x}\,\Delta U_l\right)$, und zwar vom Grade $l-1$, so tritt darin nur das erste Glied der Reihenentwicklung, nämlich U_{l-1} auf, in $x\,U_l$ selber also nur die beiden ersten Glieder der Entwicklung; also gilt

$$x\,U_l = U_{l+1} + r^2 U_{l-1},$$

oder, wenn man zu den Y_l übergeht und die Gleichung durch r^{l+1} dividiert, wie oben behauptet wurde:

$$\frac{x}{r}\,Y_l = Y_{l+1} + Y_{l-1}.$$

Nachdem wir nun allgemein die Gültigkeit der Auswahlregel $l' = l \pm 1$ für die Azimutalquantenzahl bewiesen haben, betrachten wir noch den Fall, daß z. B. durch ein äußeres Magnetfeld auch die Niveaus mit verschiedenen magnetischen Quantenzahlen aufspalten, und fragen nach den Auswahlregeln, die für einen Übergang zwischen diesen einzelnen Niveaus bestehen.

Wir gehen hierzu zu der speziellen Schreibweise der Wellenfunktionen über, die die Größe des Drehimpulses um eine ausgezeichnete

Achse unmittelbar erkennen läßt: An die Stelle der allgemeinen Kugelfunktion $Y_l(\vartheta, \varphi)$ tritt hier die spezielle Funktion $P_l^m e^{im\varphi}$; dann ist der Drehimpuls um die Polarachse gleich $m\,\dfrac{h}{2\pi}$. Das Integral $J_{l\,l'\,m\,m'}$ zerfällt dann in zwei Integrale über ϑ und φ allein, wobei uns hier nur das Integral über φ interessiert; das Integral über ϑ gibt dann nur die bereits oben abgeleitete Auswahlregel für l.

Es kommt also auf die drei Integrale

$$I_x = \int_0^{2\pi} x\, e^{i(m-m')\varphi}\, d\varphi,$$

$$I_y = \int_0^{2\pi} y\, e^{i(m-m')\varphi}\, d\varphi,$$

$$I_z = \int_0^{2\pi} z\, e^{i(m-m')\varphi}\, d\varphi,$$

an, die sich bei Einführung von Polarkoordinaten für x, y und z sofort berechnen lassen. Das dritte gibt wegen $z = r\cos\vartheta$ nur für $m' = m$ einen von Null verschiedenen Wert. Die beiden anderen fassen wir in der Weise zusammen:

$$I_x \pm i\,I_y = \int_0^{2\pi} (x \pm i\,y)\, e^{i(m-m')\varphi}\, d\varphi = r\sin\vartheta \int_0^{2\pi} (\cos\varphi \pm i\sin\varphi)\, e^{i(m-m')\varphi}\, d\varphi$$

$$= r\sin\vartheta \int_0^{2\pi} e^{i(m-m'\pm1)\varphi}\, d\varphi;$$

man erhält dafür die Auswahlregel $m' = m \pm 1$.

Was bedeutet nun das Auftreten dieser beiden verschiedenen Auswahlregeln bei den Matrixelementen $\overline{x}$, $\overline{y}$, $\overline{z}$ für die Ausstrahlung? Wir haben oben gesehen, daß diese Matrixelemente, bis auf den Faktor e (= Elementarladung), den wellenmechanischen Mittelwert (Erwartungswert) für das elektrische Dipolmoment bei einem Übergang vom Zustand nlm zum Zustand $n'l'm'$ bedeutet. Nach dem Korrespondenzprinzip bedingt aber das Bestehen eines zeitlich veränderlichen Dipolmomentes die Aussendung einer elektromagnetischen Strahlung; und zwar zeigt das Strahlungsfeld eines oszillierenden Dipols die Besonderheit, daß in der Schwingungsrichtung keine Ausstrahlung erfolgt. Wenn also die Auswahlregel $m' = m$ nur für die z-Komponente des Dipolmomentes gilt, so ist das gleichbedeutend damit, daß die dem Übergang $m \to m$ entsprechende Strahlung nur beim Schwingen der elektrischen Ladungswolke in der ausgezeichneten Richtung (z-Richtung) auftritt; dies heißt aber, diese Strahlung kann man nur bei Beobachtung schräg (senkrecht) zur ausgezeichneten Richtung beobachten. Anders im Falle der beiden Übergänge $m \to m \pm 1$, die man in allen Richtungen beobachten kann. Bei Beobachtung z. B. in der x-Richtung sieht man die Strahlung, die durch die Dipolschwingung in der y-Richtung bedingt ist, und zwar schwingt dann der elektrische Vektor der Strahlung in dieser Richtung. Bei Beobachtung in der z-Richtung findet man ebenfalls diese Strahlungskomponenten, sie sind jedoch zirkular polarisiert; dem Übergang $m \to m + 1$ entspricht, wie man aus der obigen Ableitung sofort entnimmt, eine Schwingung der Ladungswolke mit dem maßgebenden Dipolmoment $x + iy$, also eine Kreisschwingung um die z-Achse mit positivem Umlaufsinn; entsprechendes gilt für den Übergang $m \to m - 1$.

Diese Aussagen der Theorie lassen sich im Falle des normalen Zeemaneffektes unmittelbar prüfen. Bekanntlich sieht man bei transversaler Beobachtung (senkrecht zum Magnetfeld) das normale Lorentzsche Triplett, also eine Aufspaltung in drei Komponenten, von denen die mittlere, die dem Übergang $m \to m$ entspricht und daher unverschoben ist, in der Richtung des Magnetfeldes polarisiert ist, während die beiden anderen Komponenten den Übergängen $m \to m \pm 1$ entsprechen und transversal polarisiert sind. Bei longitudinaler Beobachtung fällt die unverschobene Komponente aus, man beobachtet nur die beiden verschobenen Komponenten, die in Übereinstimmung mit der Theorie zirkular polarisiert sind.

XVIII. Anomaler Zeemaneffekt der Na-D-Linien
(zu S. 116).

Wir leiten das Aufspaltungsbild der D-Linien des Natriums im anomalen Zeemaneffekt ab. Wie in Abschnitt 25 angegeben wurde, entspricht die D_1-Linie dem Übergang von einem p-Term mit der inneren Quantenzahl $\frac{1}{2}$, also von $(l = 1, j = \frac{1}{2})$ nach einem s-Term, also nach $(l = 0, j = \frac{1}{2})$; die D_2-Linie ergibt sich als Übergang von $(l = 1, j = \frac{3}{2})$ nach $(l = 0, j = \frac{1}{2})$.

Wir bestimmen zunächst die Landéschen Aufspaltungsfaktoren für die drei in Betracht kommenden Terme. Es gilt $s = \frac{1}{2}$; auf Grund der Formel $g = \dfrac{3}{2} + \dfrac{s(s+1) - l(l+1)}{2\,j\,(j+1)}$ erhält man:

$$l = 0,\ j = \frac{1}{2}:\quad g = \frac{3}{2} + \frac{\frac{1}{2}\cdot\frac{3}{2}}{2\cdot\frac{1}{2}\cdot\frac{3}{2}} = 2;$$

$$l = 1,\ j = \frac{1}{2}:\quad g = \frac{3}{2} + \frac{\frac{1}{2}\cdot\frac{3}{2} - 1\cdot 2}{2\cdot\frac{1}{2}\cdot\frac{3}{2}} = \frac{2}{3};$$

$$l = 1,\ j = \frac{3}{2}:\quad g = \frac{3}{2} + \frac{\frac{1}{2}\cdot\frac{3}{2} - 1\cdot 2}{2\cdot\frac{3}{2}\cdot\frac{5}{2}} = \frac{4}{3}.$$

In den beiden folgenden Schemata stellen wir nun Werte für die Aufspaltung der Terme zusammen, wobei wir als Einheit die Aufspaltung beim normalen Zeemaneffekt annehmen. Wir tragen also die Werte $m\,g$ für die oberen und unteren Terme der beiden Linien ein.

D_1	$m =$	$-\tfrac{1}{2}$	$+\tfrac{1}{2}$
$l = 1,\quad j = \tfrac{1}{2}$		$-\tfrac{1}{3}$	$+\tfrac{1}{3}$
$l = 0,\quad j = \tfrac{1}{2}$		-1	$+1$

D_2	$m =$	$-\tfrac{3}{2}$	$-\tfrac{1}{2}$	$\tfrac{1}{2}$	$\tfrac{3}{2}$
$l = 1,\quad j = \tfrac{3}{2}$		-2	$-\tfrac{2}{3}$	$+\tfrac{2}{3}$	$+2$
$l = 0,\quad j = \tfrac{1}{2}$			-1	$+1$	

Die m-Werte müssen, wie j, halbzahlig sein, da sie ja gleich $-j$, $-j + 1$, $\ldots j$ sind.

Die eingezeichneten Pfeile deuten die möglichen Übergänge an, sie geben also die Lagen der Linien im Zeemaneffekt. Hierbei sind die Auswahlregeln zu berücksichtigen, die für die magnetische Quantenzahl m gelten. Man kann sie genau so wie im Abschnitt 21 aus dem Korrespondenzprinzip ableiten (vgl. auch Anhang XVII). m bestimmt die Präzessionsbewegung um die Feldrichtung, korrespondenzmäßig entspricht daher der Übergang $\Delta m = \pm 1$ den klassischen Schwingungen senkrecht zu H; man nennt diese Komponenten der Ausstrahlung σ-Komponenten, sie erscheinen, entsprechend den klassischen Verhältnissen, im Falle longitudinaler Beobachtung (in der Feldrichtung) zirkular polarisiert, für transversale Beobachtung linear und senkrecht zum Felde polarisiert. Ferner sind noch die Übergänge $\Delta m = 0$ erlaubt; sie entsprechen den klassischen Schwingungen in der Feldrichtung, werden als π-Komponenten bezeichnet und sind nur in transversaler Beobachtung als Schwingungen parallel zum Felde sichtbar (in der Schwingungsrichtung eines Dipols, also im vorliegenden Falle in der Richtung des Magnetfeldes, ist die Ausstrahlung gleich Null).

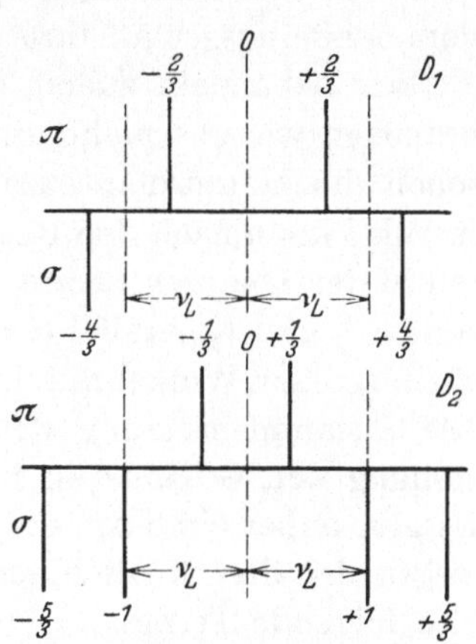

Abb. 95. Aufspaltung der Natrium-D-Linien im anomalen Zeemaneffekt. Als Einheit ist die Aufspaltung des normalen Effektes aufgetragen. Die parallel zum Feld polarisierten (π-) Komponenten sind oben, die senkrecht dazu polarisierten (σ-) Komponenten unten aufgetragen.

Nach diesen Auswahlregeln kann man nun sofort die Lage der Komponenten in der Zeemanaufspaltung der D-Linien angeben. Wir stellen sie so dar, daß wir ihre Lage von einer Nullmarke nach beiden Seiten auftragen; als Einheit dient dabei, wie schon früher, die Aufspaltung im normalen Zeemaneffekt, in der Frequenzskala also ν_L. Die π-Komponenten tragen wir oberhalb, die σ-Komponenten unterhalb des Striches auf. Es ergibt sich so das Aufspaltungsbild der Abb. 95. Dieses theoretisch abgeleitete Aufspaltungsbild stimmt mit dem experimentell gefundenen vollständig überein (siehe Abb. 59b, S. 111).

XIX. Abzählung der Terme bei zwei p-Elektronen
(zu S. 130).

Wir bringen hier ein Beispiel für die Abzählung der Terme eines Atoms im Falle zweier Valenzelektronen (Hund); die Kenntnis der Termzahl ist von größter Wichtigkeit für die Analyse des entsprechenden Spektrums, auch ist sie erforderlich für Fragen statistischer Art.

Wir denken uns beispielsweise zwei p-Elektronen als maßgebend für die Lage der Terme und fragen nach ihrer Anzahl. Wir müssen dabei unterscheiden, ob diese beiden Elektronen äquivalent sind oder nicht, ob also ihre Hauptquantenzahlen gleich sind oder nicht, da ja voraussetzungsgemäß ihre Azimutalquantenzahlen beide gleich 1 sind.

Wir behandeln zuerst den zweiten Fall als den einfacheren; hier brauchen wir uns nicht um das Paulische Prinzip zu kümmern, da ja schon die Hauptquantenzahlen verschieden sind. Der gesamte Bahnimpuls l kann nach den Regeln der Zusammensetzung von Drehmomenten in der Quantentheorie die drei Werte 0, 1, 2 annehmen. [Entweder stehen l_1 und l_2 parallel ($l = 2$) oder antiparallel ($l = 0$) oder sie bilden einen solchen Winkel miteinander, daß ihre Vektorsumme gleich 1 wird.] Die Zusammensetzung der beiden Spinmomente ergibt bei Parallelstellung den Gesamtspin 1, bei Antiparallelstellung den Gesamtspin 0. Es gibt daher ein Triplett- und ein Singulettsystem. Andrerseits treten wegen der drei Möglichkeiten für l S-, P- und D-Terme auf. Es gibt also folgende Terme:

$$^1S,\ ^1P,\ ^1D;\quad ^3S,\ ^3P,\ ^3D.$$

Term	l	s	j	$2j+1$
^1S	0	0	0	1
$^1P_1$	1	0	1	3
$^1D_2$	2	0	2	5
^3S	0	1	1	3
$^3P_0$	1	1	0	1
$^3P_1$	1	1	1	3
$^3P_2$	1	1	2	5
$^3D_1$	2	1	1	3
$^3D_2$	2	1	2	5
$^3D_3$	2	1	3	7
Zusammen				36

Da der ^3S-Term einfach ist (s. die Ausführungen im Texte S. 127), so existieren in diesem Falle im ganzen 10 verschiedene Terme.

Diese Anzahl erhöht sich jedoch bei Anlegen eines äußeren Feldes beträchtlich infolge der verschiedenen Einstellungen des gesamten Drehmomentes gegen die ausgezeichnete Richtung; und zwar besitzt ein Term mit dem Gesamtmoment j im Felde $2j + 1$ Einstellungsmöglichkeiten. Man erhält so das vorstehende Schema. In einem äußeren Felde gibt es also für zwei nichtäquivalente p-Elektronen im ganzen 36 verschiedene Energieniveaus.

Komplizierter gestaltet sich die Abzählung im Falle äquivalenter Elektronen, da wir hier das Pauliprinzip berücksichtigen müssen. Es ist daher erforderlich, hier das vollständige System der 8 Quantenzahlen anzugeben und alle die Fälle zu streichen, bei denen alle Quantenzahlen der beiden Elektronen übereinstimmen würden. Wir denken uns daher zunächst die Richtungsentartung durch ein äußeres Feld aufgehoben, so daß es sinnvoll ist, die Komponenten der Drehmomente auf die ausgezeichnete Richtung anzugeben. Als Quantenzahlen verwenden wir neben $n_1 = n_2$ und $l_1 = l_2 = 1$ die Projektionen μ_1, μ_2 der Bahnmomente und σ_1, σ_2 der Spinmomente auf die ausgezeichnete Richtung.

Wir stellen uns im folgenden Schema die möglichen Kombinationen für diese vier Quantenzahlen zusammen, wobei wir gleich alle Kombinationen weggelassen haben, die mit dem Pauliprinzip im Widerspruch stehen würden. Ferner haben wir auch diejenigen Kombinationen nicht angeschrieben, die aus einer bereits angeschriebenen lediglich durch Vertauschung der Quantenzahlen der beiden Elektronen hervorgehen; denn diese sind ja wegen der Nichtunterscheidbarkeit der beiden Elektronen identisch und gehören natürlich zum gleichen Energieterm. Es folgt also das nebenstehende Schema. In der 5. und 6. Spalte wurden die Summen $\mu = \mu_1 + \mu_2$ und $\sigma = \sigma_1 + \sigma_2$ eingetragen. Man erkennt also, daß es im Magnetfeld im

μ_1	μ_2	σ_1	σ_2	μ	σ
1	1	$\tfrac{1}{2}$	$-\tfrac{1}{2}$	2	0
1	0	$\pm\tfrac{1}{2}$	$\pm\tfrac{1}{2}$	1	1, 0, 0, -1
1	-1	$\pm\tfrac{1}{2}$	$\pm\tfrac{1}{2}$	0	1, 0, 0, -1
0	0	$\tfrac{1}{2}$	$-\tfrac{1}{2}$	0	0
0	-1	$\pm\tfrac{1}{2}$	$\pm\tfrac{1}{2}$	-1	1, 0, 0, -1
-1	-1	$\tfrac{1}{2}$	$-\tfrac{1}{2}$	-2	0

ganzen nur 15 Terme gibt (magnetische Aufspaltung), während, wie wir oben sahen, im Falle nichtäquivalenter Elektronen im Magnetfeld im ganzen 36 Terme existieren.

Uns interessiert nun aber nicht die Termaufspaltung im Magnetfeld, sondern die im ungestörten Atom. Wir müssen also immer diejenigen Terme im Magnetfeld zu einem Term des ungestörten Atoms zusammenfassen, die die gleiche innere Quantenzahl j und das gleiche Bahnimpulsmoment l besitzen; denn wir wissen ja von früher her, daß ein Term mit der inneren Quantenzahl j im Magnetfeld in $2j + 1$ Terme aufspaltet. Aus der obigen Tabelle entnehmen wir nun, daß es mindestens einen Term mit dem Bahnmoment $l = 2$ geben muß (D-Term), da ja Komponenten dieses Momentes auf die ausgezeichnete Richtung mit den Werten 2 und -2 vorkommen. Gleichzeitig sieht man, daß die zugehörige Spinquantenzahl $s = 0$ sein muß, da in diesen Termen nur die Spinkomponente $\sigma = 0$ vorkommt; es handelt sich also hier um einen ^1D-Term mit der inneren Quantenzahl $j = \vec{l} + \vec{s} = 2$, der daher im Magnetfeld in 5 Terme aufspalten muß; es sind dies Terme mit $\sigma = 0$ und $\mu = -2, -1, \ldots, +2$. Von den restlichen 10 Termen kann man sich ebenso leicht überzeugen, daß 9 zu P-Termen ($l = 1$) mit den Spinquantenzahlen $\sigma = -1, 0, 1$ gehören, während der letzte Term ein ^1S-Term ist. Man erhält also die folgende Zuordnung:

$$
\begin{array}{llll}
\multicolumn{2}{c}{\text{Multiplett}} & \multicolumn{2}{c}{\text{Termbezeichnung}}
\end{array}
$$

$$
\left\{\begin{array}{l} \mu = -2, -1, 0, 1, 2 \\ \sigma = \qquad\quad 0 \end{array}\right.
\quad
\begin{array}{l} \text{entspricht} \\ \text{,,} \end{array}
\quad
\left.\begin{array}{l} l = 2 \\ s = 0 \end{array}\right\} {}^1D
$$

$$
\left\{\begin{array}{l} \mu = \quad -1, 0, 1 \\ \sigma = \quad -1, 0, 1 \end{array}\right.
\quad
\begin{array}{l} \text{,,} \\ \text{,,} \end{array}
\quad
\left.\begin{array}{l} l = 1 \\ s = 1 \end{array}\right\} {}^3P
$$

$$
\left\{\begin{array}{l} \mu = \qquad 0 \\ \sigma = \qquad 0 \end{array}\right.
\quad
\begin{array}{l} \text{,,} \\ \text{,,} \end{array}
\quad
\left.\begin{array}{l} l = 0 \\ s = 0 \end{array}\right\} {}^1S
$$

Es gibt also hier (bei äquivalenten p-Elektronen) nur 5 Terme ohne Magnetfeld, im Gegensatz zu zehn Termen im Falle nicht-äquivalenter Elektronen. Die oben gefundenen Terme ^3S, ^1P und ^3D fallen hier (wegen des Pauliprinzips) aus.

Eine analoge Abzählung für mehr äquivalente p-Elektronen liefert das nebenstehende Schema. Was die energetische Lage der Terme betrifft, so gibt eine quantenmechanische Abschätzung in Übereinstimmung mit der Erfahrung, daß stets der Term mit der größten Multiplizität, also mit größtem s, der tiefste ist; also ist im Falle von zwei oder vier p-Elektronen der Grundzustand ein ^3P-Term, bei drei Elektronen ein ^4S-Term. Gibt es mehrere Terme gleicher Multiplizität, so ist der mit dem größten l der tiefste.

Zahl der p-Elektronen	Terme
6	^1S
1 oder 5	^2P
2 oder 4	^1S, ^3P, ^1D
3	^4S, ^2P, ^2D

XX. Temperaturabhängigkeit des Paramagnetismus
(zu S. 135).

Um die Temperaturabhängigkeit des Paramagnetismus zu verstehen, betrachten wir ein vereinfachtes Modell einer paramagnetischen Substanz: Sie möge aus einer großen Zahl von Partikeln bestehen, die alle das gleiche magnetische Moment $\mathfrak{m}$ besitzen sollen; außerdem sehen wir zunächst von der Richtungsquantelung ab, wir nehmen also an, daß sich ihr Moment nicht nur unter bestimmten Winkeln, sondern unter jedem beliebigen Winkel ϑ gegen die Richtung des Feldes einstellen kann.

Solange ein Partikel sich ungestört im Magnetfelde bewegt, wird das magnetische Moment, das stets mit einem Drehmoment um die gleiche Richtung verbunden ist (Kreisel), eine Präzessionsbewegung um die Feldrichtung ausführen, wobei sich der Einstellwinkel gegen die Feldrichtung nicht ändert. Die magnetische Energie der Einstellung ist gegeben durch

$$E = - \mathfrak{m}\, H \cos \vartheta .$$

Durch die Wechselwirkung mit den anderen Partikeln (Zusammenstöße) wird jedoch dieser Gleichgewichtszustand gestört werden, indem nach dem Stoße die Einstellung unter einem anderen Winkel erfolgt als vor dem Stoße. Wir wissen bereits aus der kinetischen Gastheorie, daß die durch die Wärmebewegung bedingten Stöße dahin wirken, daß sich mit der Zeit eine gleichmäßige Verteilung über alle möglichen Zustände (hier Einstellungsmöglichkeiten) ausbildet. Dieser Ausgleichung wirkt jedoch das Magnetfeld entgegen, demzufolge die Einstellungen in seiner Richtung energetisch gegenüber denen in der Gegenrichtung begünstigt sind. Es wird sich ein Gleichgewichtszustand einstellen, den man mit den Methoden der Statistik ermitteln kann.

Wir haben bereits bei der Behandlung der kinetischen Gastheorie gezeigt, daß aus der Statistik das Boltzmannsche Verteilungsgesetz für die Wahrscheinlichkeit eines bestimmten energetischen Zustandes folgt, dem zufolge einem bestimmten Zustand mit der Energie E die Wahrscheinlichkeit

$$W \sim e^{-\frac{E}{kT}}$$

zukommt. Das Auftreten der Temperatur ergibt sich auf Grund der Thermodynamik; k ist die Boltzmannsche Konstante. In unserem Falle ist also die Wahrscheinlichkeit für die Einstellung des Momentes unter einem bestimmten Winkel ϑ gegen die Feldrichtung gegeben durch

$$W \sim e^{\frac{\mathfrak{m}\, H \cos \vartheta}{kT}} = e^{\beta \cos \vartheta} \qquad \left(\beta = \frac{\mathfrak{m}\, H}{kT} \right).$$

Wir fragen nun nach dem mittleren magnetischen Moment in der Feldrichtung. Wäre das Feld gleich Null oder würde die Wärmebewegung (im Falle sehr hoher Temperaturen) die richtende Wirkung des Magnetfeldes weitaus überwiegen, so daß eine annähernde Gleichverteilung der Richtungen eintreten würde, so wäre das mittlere magnetische Moment in einer bestimmten Richtung, insbesondere in der Feldrichtung streng, bzw. angenähert gleich Null. Bei niedrigen Temperaturen, bzw. bei genügend starken Feldern, bei denen die magnetische Energie $\mathfrak{m} H$ von gleicher Größenordnung ist wie die thermische Energie kT, wird sich eine ausgesprochene Bevorzugung der Richtungen parallel zum Feld ergeben und daher zu einem endlichen mittleren magnetischen Moment in dieser Richtung führen. Die Rechnung läßt sich im Falle der klassischen Vorstellung, nach der alle Einstellungsrichtungen möglich sind, leicht durchführen. Definitionsgemäß gilt

$$\overline{\mathfrak{m}\cos\vartheta} = \mathfrak{m}\,\frac{\int\limits_0^\pi \cos\vartheta\, e^{\beta\cos\vartheta}\sin\vartheta\, d\vartheta}{\int\limits_0^\pi e^{\beta\cos\vartheta}\sin\vartheta\, d\vartheta}\,.$$

Die Berechnung dieses Ausdruckes ergibt

$$\overline{\mathfrak{m}\cos\vartheta} = \mathfrak{m}\,\frac{d}{d\beta}\log\int\limits_0^\pi e^{\beta\cos\vartheta}\sin\vartheta\, d\vartheta = \mathfrak{m}\,\frac{d}{d\beta}\log\frac{e^\beta - e^{-\beta}}{\beta}$$

$$= \mathfrak{m}\left(\frac{e^\beta + e^{-\beta}}{e^\beta - e^{-\beta}} - \frac{1}{\beta}\right)$$

$$= \mathfrak{m}\left(\mathfrak{Cotg}\,\beta - \frac{1}{\beta}\right).$$

Im Grenzfall $\beta \ll 1$, also für schwache Felder oder hohe Temperaturen, erhält man daraus durch Reihenentwicklung nach β den Ausdruck

$$\overline{\mathfrak{m}\cos\vartheta} = \mathfrak{m}\left(\frac{1}{3}\beta + \cdots\right) = \frac{\mathfrak{m}^2 H}{3\,kT}\,.$$

In diesem Grenzfalle hätten wir allerdings das Resultat dadurch einfacher ableiten können, daß wir bereits in der Definitionsformel für $\overline{\mathfrak{m}\cos\vartheta}$ die Entwicklung nach β durchgeführt hätten. In diesem Falle ergibt sich

$$\overline{\mathfrak{m}\cos\vartheta} = \mathfrak{m}\,\frac{\int\limits_0^\pi \cos\vartheta\,(1 + \beta\cos\vartheta + \cdots)\sin\vartheta\, d\vartheta}{\int\limits_0^\pi (1 + \beta\cos\vartheta + \cdots)\sin\vartheta\, d\vartheta}\,.$$

Im Zähler verschwindet das erste Glied bei der Ausführung der Integration, das zweite gibt $\frac{2\beta}{3}$. Im Nenner ist bereits das erste Glied von Null verschieden, nämlich gleich 2. Als Quotient ergibt sich der oben angegebene Ausdruck.

Nun ist es wichtig zu wissen, daß die gleiche Formel herauskommt, wenn man quantentheoretisch rechnet, also nur eine diskrete Anzahl von Einstellungen berücksichtigt. Voraussetzung dafür sind kleine Werte von β und große Werte des Gesamtdrehimpulses. Daß man in diesem Fall das klassische Resultat für $\overline{\mathfrak{m}\cos\vartheta}$ erhält, ist verständlich, wenn man das Korrespondenzprinzip berücksichtigt (Grenzfall hoher Quantenzahlen!). Es ist aber vielleicht doch angezeigt, sich durch direktes Ausrechnen der Summen von der Richtigkeit der obigen Behauptung zu überzeugen. Wenn der Gesamtdrehimpuls gleich j ist, so gibt es $2j + 1$ Einstellungsmöglichkeiten gegen die Feldrichtung; und zwar kann die

Projektion von j auf diese die Werte $-j,\ -j+1,\ \ldots,\ +j$ annehmen. Wir haben also in der vorigen Rechnung nur $\cos\vartheta$ durch m/j und die Integrale durch Summen zu ersetzen und erhalten

$$\overline{\mathfrak{m}\cos\vartheta} = \mathfrak{m}\,\frac{\sum\limits_{-j}^{+j}\frac{m}{j}\,e^{\beta\frac{m}{j}}}{\sum\limits_{-j}^{+j}e^{\frac{\beta m}{j}}}\ .$$

Bei Entwicklung nach β erhält man unter Berücksichtigung der Summen-

formel $\sum\limits_{0}^{n}v^2 = \dfrac{(2\,n+1)\,n\,(n+1)}{6}$

$$\overline{\mathfrak{m}\cos\vartheta} = \mathfrak{m}\,\frac{\sum\limits_{-j}^{+j}\frac{m}{j}\left(1+\beta\frac{m}{j}\right)}{\sum\limits_{-j}^{+j}\left(1+\beta\frac{m}{j}\right)} = \mathfrak{m}\,\beta\,\frac{\dfrac{(2\,j+1)\,j+1}{3}\,j}{2\,j+1} = \frac{\mathfrak{m}\,\beta}{3}\,\frac{j+1}{j}$$

oder für große j-Werte, $\overline{\mathfrak{m}\cos\vartheta} = \dfrac{\mathfrak{m}\,\beta}{3}$, wie oben auf klassischem Wege abgeleitet wurde.

Als Suszeptibilität χ bezeichnet man das magnetische Moment der Substanz pro Einheit der Feldstärke H; pro Mol ergibt sich $\chi = \dfrac{L\,\mathfrak{m}^2}{3\,k\,T}$ $= \dfrac{(L\,\mathfrak{m})^2}{3\,k\,T}$. Man nennt dies das Gesetz von Curie. Es besagt, daß die magnetische Suszeptibilität umgekehrt proportional der Temperatur geht, also mit zunehmender Temperatur abnimmt.

Nun noch einige kurze Bemerkungen über die oben gemachten Vereinfachungen. Für einen rohen Überblick über die beim Paramagnetismus auftretende Temperaturabhängigkeit genügt die obige Betrachtung sicherlich. Will man jedoch speziell aus den gemessenen Werten für die Suszeptibilität auf die Größe der atomaren magnetischen Momente schließen, so muß man genauere Betrachtungen durchführen. Erstens muß man, wie wir schon oben angedeutet haben, die Existenz der Richtungsquantelung berücksichtigen; sie bewirkt, daß in dem oben angeschriebenen Ausdruck für das mittlere magnetische Moment in der Feldrichtung der Faktor $\dfrac{j+1}{j}$ auftritt. Ferner muß man berücksichtigen, daß im allgemeinen nicht alle Atome einer Substanz das gleiche magnetische Moment besitzen. Bei der Behandlung des anomalen Zeemaneffektes haben wir gesehen, daß das Gesamtmoment eines Atoms gleich ist dem Bohrschen Magneton multipliziert mit dem Gesamtdrehimpuls j und noch mit dem sogenannten Landéschen Faktor g, der von den drei Quantenzahlen j, s und l abhängt. Man müßte daher konsequenterweise auch noch über alle möglichen Kombinationen der Quantenzahlen mitteln.

Wir erwähnen im Zusammenhang damit noch folgendes: Aus seinen Messungen der Suszeptibilitäten verschiedener Substanzen glaubte Weiß den Schluß ziehen zu müssen, daß es ein magnetisches Elementarmoment gebe, das „Magneton", als dessen ganzzahlige Vielfache die magnetischen Momente der einzelnen Substanzen erscheinen; dieses Weißsche Magneton ist rund fünfmal kleiner als das Bohrsche Magneton $\dfrac{e\,h}{4\,\pi\,\mu\,c}$, das nach der Theorie auftreten müßte. Grund dafür war die Anwendung der ohne Berücksichtigung der Quantentheorie abgeleiteten Formel auf die Meßresultate. Neuere Messungen haben jedoch unter Berücksichtigung der Quantentheorie das Bohrsche Magneton als elementare Einheit bestätigt.

XXI. Stefan-Boltzmannsches Gesetz und Wienscher Verschiebungssatz (zu S. 144).

Die thermodynamische Ableitung des Stefan-Boltzmannschen Gesetzes beruht auf der Tatsache des Strahlungsdruckes. Man denke sich einen Hohlraum, der durch einen beweglichen Stempel mit spiegelnder Fläche abgeschlossen ist. Auf den Stempel wird vom Strahlungsfeld ein Druck ausgeübt, seine Größe ist lediglich eine Funktion der Strahlungsdichte u im Hohlraum, und zwar ergibt sowohl die Maxwellsche Theorie als auch die quantenmäßige Korpuskulartheorie des Lichtes die Formel

$$p = \frac{u}{3}\,.$$

Dieser Strahlungsdruck ist bedingt durch den Impuls, den die Strahlung mit sich führt. Im Falle der Lichtquantenvorstellung ist dies klar, nach ihr besitzt jedes Lichtquant der Energie $h\nu$ den Impuls $\dfrac{h\nu}{c}$. Auch die Maxwellsche Theorie schreibt jedem Strahlungsfeld mit der Energiedichte u die „Impulsdichte" $|\mathfrak{g}| = \dfrac{u}{c} = \dfrac{1}{c^2}|\mathfrak{S}|$ zu, wenn $\mathfrak{S}$ den Poyntingschen Strahlvektor darstellt; man beweist dies etwa dadurch, daß man sich eine ebene Lichtwelle auf ein Metall auffallend denkt, wo sie absorbiert wird, und nach den Maxwellschen Gleichungen die dabei bestehende Kraftwirkung auf das Metall berechnet. Der in einem bestimmten Volumen des Strahlungsfeldes enthaltene Impuls ist also nach beiden Theorien gleich dem c-ten Teil der in diesem Volumen enthaltenen Strahlungsenergie. Die weitere Berechnung zur Gewinnung des Strahlungsdruckes verläuft nun aber genau so wie die des mechanischen Druckes in der kinetischen

Gastheorie. Auf einen cm^2 der Wand trifft im Zeitelemente dt aus dem Raumwinkel $d\omega$ die Strahlungsenergie $\dfrac{u\,c}{4\pi}\,dt\,d\omega\cos\vartheta$ auf, die bei der Reflexion an der Wand auf diese einen Impuls vom Betrage der doppelten Komponente des Strahlungsimpulses senkrecht zur Wand überträgt, also den Impuls $2\,\dfrac{u}{c}\,\dfrac{c\,dt}{4\pi}\,d\omega\cos^2\vartheta$. Integriert man diesen Ausdruck über den Halbraum, so ergibt sich der Druck $p=\dfrac{u}{3}$ als der pro Zeiteinheit durch die Strahlungsreflexion auf die Wand übertragene Impuls.

Man betrachtet nun die Strahlung als Arbeitsmaschine und wendet auf sie die thermodynamische Grundgleichung an, die den ersten und zweiten Hauptsatz zusammenfaßt. Sei W die Gesamtenergie, S die Entropie, T die absolute Temperatur und V das Volumen, so gilt bekanntlich

$$T\,dS = d\,W + p\,dV.$$

Nun ist $W = V\,u$, wobei die Energiedichte u eine Funktion von T allein ist; somit gilt

$$T\,dS = dV\,u + V\,\frac{du}{dT}\,dT + \frac{u}{3}\,dV = V\,\frac{du}{dT}\,dT + \frac{4\,u}{3}\,dV.$$

Man kann daraus schließen, daß

$$\frac{\partial S}{\partial V} = \frac{4\,u}{3\,T}, \qquad \frac{\partial S}{\partial T} = \frac{V}{T}\,\frac{du}{dT},$$

und daraus folgt

$$\frac{\partial^2 S}{\partial V\,\partial T} = \frac{4}{3}\,\frac{d\,\dfrac{u}{T}}{dT} = \frac{\partial}{\partial V}\left(\frac{V}{T}\,\frac{du}{dT}\right).$$

Mithin hat man

$$\frac{du}{dT} = 4\,\frac{u}{T} \qquad \text{oder} \qquad u = a\,T^4,$$

also das Stefan-Boltzmannsche Strahlungsgesetz. Man verifiziert übrigens leicht, daß die Entropie S gegeben wird durch $S = \frac{4}{3}\,a\,V\,T^3$.

Das Wiensche Verschiebungsgesetz beruht auf der Tatsache des Dopplereffektes. Bekanntlich wird ein Wellenvorgang, dessen Quelle sich mit der Geschwindigkeit v bewegt und mit der Frequenz ν schwingt, von einem ruhenden Beobachter mit einer um $\varDelta\nu$ verschobenen Frequenz beobachtet. Und zwar ist nur die Komponente der Geschwindigkeit in der Beobachtungsrichtung wirksam, und es gilt die Formel $\dfrac{\varDelta\nu}{\nu} = \dfrac{v}{c}\cos\vartheta$, wenn ϑ den Winkel zwischen Bewegungsrichtung und Beobachtungsrichtung bedeutet.

Bewegt sich nun ein Spiegel, an dem eine Welle der Frequenz ν reflektiert wird, mit der Geschwindigkeit v in Richtung der Wellenfortpflanzung, so können wir die einfallende Welle als von einer ruhenden Lichtquelle kommend denken. Dann muß sich die reflektierte Welle so verhalten, als wenn sie vom Spiegelbild dieser gedachten Lichtquelle herkäme. Dieses Spiegelbild bewegt sich aber infolge der Spiegelbewegung in der Richtung der Spiegelnormalen mit der Geschwindigkeit $2v$. Mithin ist die durch Reflexion am bewegten Spiegel bedingte Frequenzänderung $-2\,\dfrac{v}{c}\,\nu$, und bei schiefem Einfall unter dem Winkel ϑ hat man

$$\nu' = \nu \left(1 - \frac{2v}{c}\cos\vartheta\right).$$

Weiter kann man leicht einsehen, daß die Strahlungsintensität eines auf den bewegten Spiegel auffallenden Wellenzuges durch die Reflexion im gleichen Verhältnis geändert wird. Denn in der Zeit dt ist die auf den ganzen Spiegel der Fläche F auftreffende Strahlungsenergie $JF\,dt$, die reflektierte $J'F\,dt$; ihr Unterschied muß gleich sein der vom Strahlungsdruck bei der Bewegung des Spiegels geleisteten Arbeit, also gleich $PFv\,dt$, wobei $P = \dfrac{2J}{c}\cos\vartheta$. Man erhält so

$$J' = J\left(1 - \frac{2v}{c}\cos\vartheta\right).$$

Wir wollen jetzt die Thermodynamik nicht auf die Gesamtstrahlung anwenden, sondern auf einen bestimmten schmalen Wellenlängenbereich des Spektrums. Dabei ist zu berücksichtigen, daß bei jeder Arbeitsleistung, die mit einer Bewegung des spiegelnden Stempels verbunden ist, nach der Dopplerformel eine Verschiebung der Strahlung in einen anderen Frequenzbereich verbunden ist. Diese wird keineswegs Null, wenn man zu unendlich langsamen Bewegungen des Spiegels übergeht. Um uns das klarzumachen, denken wir uns den Hohlraum ganz von spiegelnden Wänden eingeschlossen, so daß ein bestimmtes Strahlenbündel in einer Zickzackbahn im Hohlraum herumläuft und immer wieder den Spiegel trifft. Wenn man nun die Geschwindigkeit des Stempels doppelt so klein macht, so wird die Häufigkeit der Spiegelungen am bewegten Stempel gerade doppelt so groß, so daß die gesamte Dopplerverschiebung bei $v \to 0$ einem endlichen Grenzwert zustrebt.

Wir wollen nun die gesamte Änderung der Energie $V u_\nu\,d\nu$ der Hohlraumstrahlung eines bestimmten Frequenzintervalles $(\nu,\nu + d\nu)$ während der Zeit dt berechnen, die infolge der Reflexion an dem mit der Geschwindigkeit v bewegten Spiegel eintritt. Zunächst werden alle Strahlungskomponenten dieses Spektralbereiches, die auf den Spiegel auftreffen, infolge des Dopplereffektes aus ihm entfernt. Dafür werden alle die Strahlungskomponenten in diesen Spektralbereich eintreten, deren Frequenzen vor der Reflexion im Intervall zwischen ν' und $\nu' + d\nu'$ lagen, wenn $\nu' = \nu\left(1 + 2\,\dfrac{v}{c}\cos\vartheta\right)$. Die sekundlich auf die

Fläche F des Spiegels auftreffende Energiemenge des Frequenzintervalles (v, dv) aus dem Raumkegel $d\omega$ ist

$$\Delta E = u_v \frac{c}{4\pi} F \cos \vartheta \, dt \, d\omega \, dv ,$$

Hieraus erhält man die in das Intervall (v, dv) durch die Reflexion geworfene Energie, indem man erstens mit dem Energiefaktor $\left(1 - \frac{2v}{c} \cos \vartheta \right)$ multipliziert, zweitens dv durch $dv' = dv \left(1 + \frac{2v}{c} \cos \vartheta \right)$ ersetzt und drittens die Entwicklung

$$u_{v'} = u_v \left(1 + 2 \frac{v}{c} \cos \vartheta \right) = u_v + v \frac{\partial u_v}{\partial v} 2 \frac{v}{c} \cos \vartheta$$

vornimmt. Das Produkt der beiden ersten Faktoren ist aber von dv nur um ein Glied 2. Ordnung in v/c verschieden, das weggelassen werden kann. Man hat also für die durch Reflexion dem Intervall (v, dv) zugeführte Energie

$$\left(u_v + v \frac{\partial u_v}{\partial v} 2 \frac{v}{c} \cos \vartheta \right) \frac{c}{4\pi} F \cos \vartheta \, dt \, d\omega \, dv ;$$

die Energievermehrung des Strahls durch Reflexion beträgt daher

$$v \frac{\partial u_v}{\partial v} \frac{1}{2\pi} dV \, dv \cos^2 \vartheta \, d\omega ,$$

wobei $F v \, dt = d V$ gesetzt ist. Integriert man dies über alle Richtungen der Halbkugel, wobei $\int \cos^2 \vartheta \, d\omega = \frac{2\pi}{3}$ wird, so erhält man die gesamte Energievermehrung durch Spiegelung $d(u_v V) dv$. Somit ergibt sich

$$d (u_v V) = \frac{v}{3} \frac{\partial u_v}{\partial v} dV .$$

Das ist eine Differentialgleichung für u_v als Funktion von v und V:

$$\frac{\partial (V u_v)}{\partial V} = \frac{1}{3} \frac{\partial u_v}{\partial v} v \quad \text{oder} \quad V \frac{\partial u_v}{\partial V} = \frac{v}{3} \frac{\partial u_v}{\partial v} - u_v .$$

Man sieht leicht, daß diese Gleichung durch den Ansatz

$$u_v = v^3 \varphi (v^3 V)$$

gelöst wird, wobei φ eine beliebige Funktion darstellt.

Wir gehen noch einen Schritt weiter. Wir denken uns die Volumveränderung adiabatisch, also ohne Wärmezufuhr durchgeführt. Dies bedeutet, daß die Entropie der Hohlraumstrahlung während der Kompression konstant bleibt. Nun haben wir oben bei der Ableitung des Stefan-Boltzmannschen Gesetzes gesehen, daß diese Entropie proportional ist dem Produkt aus dem Volumen V und der dritten Potenz der Temperatur, die Konstanz der Entropie ist daher gleichbedeutend mit

$$V T^3 = \text{konst} .$$

Führt man, um im Strahlungsgesetz von der Form und Größe des Hohlraumes unabhängig zu sein, statt V vermöge dieser Beziehung die Temperatur ein, so ergibt sich

$$u_\nu = \nu^3 F\left(\frac{\nu}{T}\right).$$

Dies ist das im Text angegebene Wiensche Verschiebungsgesetz.

XXII. Absorption des Oszillators (zu S. 146).

Wir wollen jetzt den Beweis der im Text angegebenen Formel

$$\delta A = \frac{\pi\, e^2}{3\, m}\, u_\nu$$

für die von einem Strahlungsfeld an einem Oszillator sekundlich geleistete Arbeit nachtragen. Das Strahlungsfeld charakterisieren wir durch Angabe des elektrischen Vektors $\mathfrak{E}$ in seiner Abhängigkeit von der Zeit. Dabei wollen wir aus Konvergenzgründen annehmen, daß das Strahlungsfeld nur in der Zeit zwischen $t = 0$ und $t = T$ besteht; man kann nachträglich leicht zum Grenzfall $T \to \infty$ übergehen. Wir zerlegen nun eine Komponente, z. B. $\mathfrak{E}_x$, spektral nach Fourier:

$$\mathfrak{E}_x(t) = \int\limits_{-\infty}^{+\infty} f(\nu)\, e^{2\pi i \nu t}\, d\nu\,,$$

wobei die Amplituden $f(\nu)$ bestimmt sind durch

$$f(\nu) = \int\limits_{-\infty}^{+\infty} \mathfrak{E}_x(t)\, e^{-2\pi i \nu t}\, dt = \int\limits_{0}^{T} \mathfrak{E}_x(t)\, e^{-2\pi i \nu t}\, dt\,;$$

da $\mathfrak{E}_x$ reell ist, gilt für den konjugiert komplexen Wert

$$f^*(\nu) = f(-\nu)\,.$$

Analoges gilt auch für die anderen beiden Komponenten. Die gesamte Energiedichte des Strahlungsfeldes wird dann nach den Regeln der Elektrodynamik gegeben durch

$$u = \frac{1}{8\pi}\overline{(\mathfrak{E}^2 + \mathfrak{H}^2)} = \frac{1}{4\pi}\overline{\mathfrak{E}^2} = \frac{3}{4\pi}\overline{\mathfrak{E}_x^2}\,;$$

letzteres folgt aus Symmetriegründen. Die Striche bedeuten zeitliche Mittelwertbildung. Weiter folgt

$$\overline{\mathfrak{E}_x^2} = \frac{1}{T}\int\limits_{0}^{T} \mathfrak{E}_x^2\, dt = \frac{1}{T}\int\limits_{0}^{T} \mathfrak{E}_x\, dt \int\limits_{-\infty}^{+\infty} f(\nu)\, e^{2\pi i \nu t}\, d\nu\,,$$

wenn man für einen Faktor $\mathfrak{E}_x$ die obige Fourierzerlegung einführt.

Vertauscht man nun die Integrationsfolge, so erhält man unmittelbar als Wert des zweiten Integrals $f^*(\nu)$:

$$\overline{\mathfrak{E}_x^2} = \frac{1}{T} \int\limits_{+\infty}^{-\infty} f(\nu)\, d\nu \int\limits_0^T \mathfrak{E}_x\, e^{2\pi i \nu t}\, dt$$

$$= \frac{1}{T} \int\limits_{-\infty}^{+\infty} f(\nu)\, f^*(\nu)\, d\nu = \frac{2}{T} \int\limits_0^\infty |f(\nu)|^2\, d\nu,$$

da $|f(\nu)|^2 = f(\nu)\, f(-\nu) = |f(-\nu)|^2$ ist.

Es ergibt sich also für die ganze Strahlungsdichte der Ausdruck

$$u = \int\limits_0^\infty u_\nu\, d\nu = \frac{3}{2\pi\, T} \int\limits_0^\infty |f(\nu)|^2\, d\nu$$

und damit für die spektrale Verteilung

$$u_\nu = \frac{3}{2\pi\, T} |f(\nu)|^2\,.$$

Nach diesen Vorbemerkungen über das Strahlungsfeld gehen wir nun zur Schwingungsgleichung des linearen harmonischen Oszillators über; sie lautet, wenn der Oszillator zwangsläufig nur in der x-Richtung schwingen kann:

$$m\ddot{x} + a\, x = e\, \mathfrak{E}_x(t)\,,$$

wobei die Eigenfrequenz ν_0 gegeben ist durch

$$m\,(2\pi\, \nu_0)^2 = a\,; \qquad \nu_0 = \frac{1}{2\pi} \sqrt{\frac{a}{m}}\,.$$

Nun erhält man bekanntlich die allgemeinste Lösung einer inhomogenen Gleichung durch Addition einer Lösung der inhomogenen Gleichung zu einer beliebigen Lösung der homogenen Gleichung. Diese letztere können wir mit zwei willkürlichen Konstanten x_0 und φ in der Form schreiben

$$x(t) = x_0 \sin(2\pi\, \nu_0\, t + \varphi)\,.$$

Wir behaupten nun, daß eine Lösung der inhomogenen Gleichung mit den Anfangsbedingungen $x(0) = 0$ und $\dot{x}(0) = 0$ durch den Ausdruck

$$x(t) = \frac{e}{2\pi\, \nu_0\, m} \int\limits_0^t \mathfrak{E}_x(t') \sin 2\pi\, \nu_0\,(t - t')\, dt'$$

gegeben wird; wir beweisen dies durch Ausführung der Differentiation:

$$\dot{x}\,(t) = \frac{e}{2\,\pi\,\nu_0\,m}\,[\mathfrak{E}_x\,(t')\sin 2\,\pi\,\nu_0\,(t-t')]_{t=t'}$$

$$+ \frac{e}{m}\int_0^t \mathfrak{E}_x\,(t')\cos 2\,\pi\,\nu_0\,(t-t')\,dt';$$

hier verschwindet das erste Glied. Nun wird

$$\ddot{x}\,(t) = \frac{e}{m}\,[\mathfrak{E}_x\,(t')\cos 2\,\pi\,\nu_0\,(t-t')]_{t=t'}$$

$$- \frac{e\,2\,\pi\,\nu_0}{m}\int_0^t \mathfrak{E}_x\,(t')\sin 2\,\pi\,\nu_0(t-t')\,dt' = \frac{e}{m}\,\mathfrak{E}_x\,(t) - \frac{a}{m}\,x\,(t)\,,$$

also wird die inhomogene Differentialgleichung in der Tat durch diesen Ausdruck befriedigt.

Wir interessieren uns nun für die vom Feld am Oszillator geleistete Arbeit. Aus der Schwingungsgleichung erkennt man leicht (Multiplikation mit $\dot{x}$ und Integration über die Zeit führt auf den Energiesatz!), daß die pro Zeiteinheit geleistete Arbeit gegeben wird durch

$$\delta A = \frac{e}{T}\int_0^T \dot{x}\,(t)\,\mathfrak{E}_x\,(t)\,dt\,.$$

Nun gilt die eigentlich selbstverständliche Tatsache, daß der Anteil der Arbeit, der von der freien Schwingung (Lösung der homogenen Differentialgleichung) herrührt, verschwindet. Die sekundlich geleistete Arbeit erhält man daher durch Auswertung des Integrals über den andern Bestandteil allein:

$$\delta A = \frac{e}{T}\,\frac{e}{m}\int_0^T \mathfrak{E}_x\,(t)\,dt\int_0^t \mathfrak{E}_x\,(t')\cos 2\,\pi\,\nu_0\,(t-t')\,dt'\,.$$

Offenbar ist der Integrand symmetrisch in t und t'; daher kann man den Ausdruck für δA in folgender Weise umformen. Man sieht unmittelbar, daß er gleich ist

$$\delta A = \frac{e^2}{m\,T}\int_0^T \mathfrak{E}_x\,(t')\,dt'\int_{t'}^T \mathfrak{E}_x\,(t)\cos 2\,\pi\,\nu_0\,(t-t')\,dt\,.$$

Denn zunächst ist über t' von 0 bis t und dann über t von 0 bis T zu integrieren; man erhält jedoch natürlich das gleiche, wenn man zuerst über t von t' bis T und dann t' von 0 bis T integriert. Vertauscht man nun noch die Integrationsbuchstaben t und t', so kann man dA auch in der Form

$$\delta A = \frac{1}{2}\frac{e^2}{mT}\int_0^T \mathfrak{E}_x(t)\,dt\left\{\int_0^t + \int_t^T\right\}\mathfrak{E}_x(t')\cos 2\pi\nu_0(t-t')\,dt'$$

schreiben, beziehungsweise, wenn man für

$$\cos 2\pi\nu_0(t-t') = \tfrac{1}{2}\left(e^{2\pi i\nu_0(t-t')} + e^{-2\pi i\nu_0(t-t')}\right)$$

setzt, auch in der Form

$$\delta A = \frac{1}{4}\frac{e^2}{mT}\left\{\int_0^T \mathfrak{E}_x(t)\,e^{2\pi i\nu_0 t}\,dt \int_0^T \mathfrak{E}_x(t')\,e^{-2\pi i\nu_0 t'}\,dt'\right.$$

$$\left. + \int_0^T \mathfrak{E}_x(t)\,e^{-2\pi i\nu_0 t}\,dt \int_0^T \mathfrak{E}_x(t')\,e^{2\pi i\nu_0 t'}\,dt'\right\}$$

$$= \frac{e^2}{2mT}\,|f(\nu_0)|^2 .$$

Also ist die sekundlich vom Feld am linearen Oszillator geleistete Arbeit gleich

$$\delta A = \frac{e^2}{2mT}\frac{2\pi T}{3}u_\nu = \frac{\pi e^2}{3m}u_\nu ,$$

wenn man die oben für die Strahlungsdichte abgeleitete Formel benutzt; man erhält also gerade den im Text angegebenen Ausdruck.

XXIII. Thermische Elektronenemission (zu S. 175).

Wir wollen hier die beiden Formeln beweisen, die wir im Text für den thermischen Elektronenstrom (Richardsoneffekt) einmal nach der klassischen Statistik und dann nach der Fermi-Diracschen Statistik angegeben haben. Dazu ist es erforderlich, die Anzahl der pro Sekunde auf 1 cm² der Wand auftreffenden Elektronen im Metall zu berechnen, deren kinetische Energie senkrecht zur Metallwand ausreicht, um das Elektron über die den Rand darstellende Energieschwelle der Höhe ε_a hinwegzuheben. Wir müssen also auf Grund des Verteilungsgesetzes die Anzahl der Elektronen bestimmen, für die beispielsweise

$$\frac{m}{2}v_x^2 > \varepsilon_a .$$

Beginnen wir mit der klassischen Statistik. Nach ihr ist die Anzahl der Elektronen, deren Geschwindigkeit zwischen v und $v+dv$ liegt, gegeben durch

$$dN = 4\pi n V\left(\frac{m}{2\pi kT}\right)^{3/2} e^{-\frac{m}{2}\frac{v^2}{kT}} v^2\,dv$$

(s. Abschnitt 6); daraus ergibt sich die Zahl der Elektronen mit einer Geschwindigkeitskomponente zwischen v_x und $v_x + dv_x$:

$$dN_x = n\,V \left(\frac{m}{2\,\pi\,k\,T}\right)^{3/2} dv_x \iint\limits_{-\infty}^{+\infty} e^{-\frac{m}{2}\frac{(v_x^2 + v_y^2 + v_z^2)}{k\,T}} dv_y\,dv_z$$

$$= n\,V \sqrt{\frac{m}{2\,\pi\,k\,T}}\; e^{-\frac{m}{2}\frac{v_x^2}{k\,T}} dv_x\,.$$

Um die Zahl der pro Sekunde auf die Flächeneinheit der Wand auftreffenden Elektronen zu bestimmen, müssen wir die obige Anzahl zunächst durch V dividieren, um die Dichte der Elektronen zu bekommen, und dann noch mit v_x multiplizieren, da in der Zeiteinheit alle' die Moleküle mit der Komponente v_x auf die Wand auftreffen, die in der vor der Wand liegenden Schicht von der Breite v_x enthalten waren (s. Abschnitt 3). Man erhält so den austretenden Strom durch Auswertung des Integrals

$$i = e\,n \sqrt{\frac{m}{2\,\pi\,k\,T}} \int\limits_{\sqrt{\frac{2\,\varepsilon_a}{m}}}^{\infty} v_x e^{-\frac{m}{2}\frac{v_x^2}{k\,T}} dv_x\,.$$

Es läßt sich streng integrieren und ergibt

$$i = e\,n \sqrt{\frac{k\,T}{2\,\pi\,m}}\; e^{-\frac{\varepsilon_a}{k\,T}}\,,$$

also den im Text angegebenen Ausdruck.

Analog verläuft auch die Rechnung im Falle der Fermiverteilung Hier müßten wir von der Verteilungsfunktion

$$dN = \frac{8\,\pi\,V}{h^3} \frac{\sqrt{2\,m^3}\,\sqrt{\varepsilon}\,d\varepsilon}{e^{\alpha + \frac{\varepsilon}{k\,T}} + 1} \qquad \left(\varepsilon = \frac{m}{2}\,v^2\right)$$

ausgehen, wobei sich der Entartungsparameter α aus der Nebenbedingung $\int dN = N$ bestimmt. Wenn wir uns jedoch auf relativ niedere Temperaturen (Zimmertemperatur) beschränken, dann können wir die in Abschnitt 39 angegebene Näherungsformel

$$dN = \frac{8\,\pi\,V}{h^3} \frac{\sqrt{2\,m^3}\,\sqrt{\varepsilon}\,d\varepsilon}{e^{\frac{\varepsilon - \varepsilon_0}{k\,T}} + 1} = \frac{8\,\pi\,V m^3}{h^3} \frac{v^2\,dv}{e^{\frac{\varepsilon - \varepsilon_0}{k\,T}} + 1}$$

benützen, wobei

$$\varepsilon_0 = \frac{h^2}{2\,m} \left(\frac{3\,n}{8\,\pi}\right)^{2/3}$$

die Nullpunktsenergie darstellt. Den Richardsonstrom erhalten wir hier in der gleichen Weise wie früher durch Berechnung des Integrals

$$i = e\,\frac{2\,m^3}{h^3} \iint\limits_{-\infty}^{+\infty} dv_y\,dv_z \int\limits_{\sqrt{\frac{2\,\varepsilon_a}{m}}}^{\infty} dv_x\,\frac{v_x}{e^{\frac{\varepsilon-\varepsilon_0}{kT}}+1}\,.$$

Nun ist bei einem Metall bei Zimmertemperatur stets $\varepsilon_a - \varepsilon_0 \gg kT$; $\varepsilon - \varepsilon_0$ beträgt einige e-Volt (s. Abschnitt 40), während kT für $300^0\,\mathrm{K}$ einer Energie von rund 0,03 e-Volt entspricht. Im Integranden ist daher stets $e^{\frac{\varepsilon-\varepsilon_0}{kT}} \gg 1$, so daß wir die 1 im Nenner vernachlässigen können und so das Integral erhalten:

$$i = \frac{2\,m^3 e}{h^3}\,e^{\frac{\varepsilon_0}{kT}} \iint\limits_{-\infty}^{+\infty} dv_y\,dv_z \int\limits_{\sqrt{\frac{2\,\varepsilon_a}{m}}}^{\infty} v_x\,dv_x\,e^{-\frac{m}{2}\,\frac{v_x^2+v_y^2+v_z^2}{kT}}\,.$$

Die Integrationen über v_y und v_z entsprechen dem Integral über eine Gaußsche Fehlerkurve (vgl. Anhang I), das Integral über v_x ist, wie früher, elementar auswertbar und ergibt

$$i = \frac{4\,\pi\,e\,m}{h^3}\,(kT)^2\,e^{-\frac{\varepsilon_a-\varepsilon_0}{kT}}\,,$$

also das im Text angegebene Gesetz.

XXIV. Theorie der Valenzbindung (zu S. 201).

Der Grundgedanke der Heitler-Londonschen Theorie der Valenzbindung ist folgender: Wir denken uns als Modell eines Wasserstoffmoleküls zwei Kerne a und b auf der x-Achse im Abstande R und zwei Elektronen 1 und 2, die sich um die Kerne herumbewegen. Dem Zustand zweier weitgetrennter neutraler Atome entspricht ein großer Wert von R und eine solche Bewegung der Elektronen, daß jedes einen der zwei Kerne umläuft. Beide Atome seien im Grundzustand und haben die gleiche Energie $E_0^1 = E_0^2 = E_0$. Die Elektronenbewegung wird durch Eigenfunktionen u beschrieben, die, relativ zu den entsprechenden Kernen, identisch sind, also aus einander hervorgehen, wenn man in der zweiten x durch $x + R$ ersetzt; wir wollen sie abkürzend folgendermaßen schreiben:

$$\psi_a^{(1)} = u(x_1, y_1, z_1)\,,$$
$$\psi_b^{(2)} = u(x_2 + R, y_2, z_2)\,.$$

Die Funktionen u stimmen mit den in Anhang XVI abgeleiteten Eigenfunktionen des atomaren Wasserstoffes überein. Es sind daher die beiden Schrödingergleichungen

$$H_a^0 \, \psi_a^{(1)} = E_0 \, \psi_a^{(1)} ,$$
$$H_b^0 \, \psi_b^{(2)} = E_0 \, \psi_b^{(2)} .$$

identisch erfüllt; dabei bedeutet H^0 den Energieoperator des H-Atoms (s. Abschnitt 24); die Indizes a und b zeigen an, daß im einen Falle die Koordinaten der Elektronen auf den Kern a, im andern auf den Kern b zu beziehen sind (s. o.).

Der Energieoperator des Moleküls, der bei Annäherung der Atome (Verkleinerung von R) entsteht, unterscheidet sich von der Summe $H_a^0 + H_b^0$ durch die Wechselwirkungsenergie

$$V = e^2 \left(\frac{1}{r_{ab}} + \frac{1}{r_{12}} - \frac{1}{r_{a2}} - \frac{1}{r_{b1}} \right)$$

der beiden Atome, wobei r_{ab} den Abstand der beiden Kerne (gleich R), r_{12} den der beiden Elektronen und r_{a2} und r_{b1} die Abstände der Elektronen vom Kern des anderen Atoms bedeuten. Man hat also für das Molekül die Schrödingergleichung:

$$(H_a^0 + H_b^0 + V) \, \psi^{(1,\,2)} = E \, \psi^{(1,\,2)} .$$

Man versucht nun, diese Gleichung näherungsweise dadurch zu lösen, daß man die Funktion $\psi^{(1,\,2)}$ der Koordinaten der beiden Elektronen (in erster Näherung) als Produkt irgendeiner Eigenfunktion $\psi_a^{(1)}$ des einen und $\psi_b^{(2)}$ des anderen Elektrons ansetzt. Es ist jedoch dabei zu beachten, daß der Zustand des Systems entartet ist. Zur Gesamtenergie der beiden getrennten Atome

$$E = E_0^1 + E_0^2 = 2\,E_0$$

gehört nicht nur die Produktfunktion $\psi_a^{(1)} \, \psi_b^{(2)}$, sondern auch $\psi_a^{(2)} \, \psi_b^{(1)}$, sowie jede beliebige Kombination dieser beiden Ausdrücke. Die beiden angegebenen Schwingungsformen werden durch die Koppelung bei Annäherung der beiden Atome viel stärker miteinander in Wechselwirkung treten als mit den Schwingungen irgendwelcher anderen Energiestufe. Es genügt daher in grober Annäherung, sie allein der Approximation zugrunde zu legen, d. h. zu versuchen, die Funktion $\psi^{(1,\,2)}$ näherungsweise linear aus den beiden Funktionen $\psi_a^{(1)} \, \psi_b^{(2)}$ und $\psi_a^{(2)} \, \psi_b^{(1)}$ zusammenzusetzen. Statt dieser beiden kann man auch als Ausgangsfunktion die symmetrische und die antisymmetrische Kombination benützen:

$$\psi_{sym} = \psi_a^{(1)} \, \psi_b^{(2)} + \psi_a^{(2)} \, \psi_b^{(1)} ,$$
$$\psi_{antis} = \psi_a^{(1)} \, \psi_b^{(2)} - \psi_a^{(2)} \, \psi_b^{(1)} ,$$

und hat dabei zweierlei Vorteile: 1. zeigt eine nähere Überlegung, daß die symmetrische und die antisymmetrische Funktion durch die Schrödingergleichung in erster Näherung nicht miteinander gekoppelt sind, daß also jede für sich einen gesonderten Zustand des Moleküls darstellt. 2. lassen sie sich sehr leicht mit Hilfe des Spins kennzeichnen. Nach dem Pauliprinzip müssen nämlich die Eigenfunktionen eines Systems in allen Koordinaten der beiden Elektronen antisymmetrisch sein (natürlich mit Berücksichtigung des Spins, vgl. Abschnitt 36). Würde man also den Elektronen Spinvariable zuordnen, wie wir es bei den Atomspektren ausgeführt haben (Abschnitt 32), so müßte die zugehörige Spinfunktion zur Erfüllung des Pauliprinzips bei ψ_{sym} antisymmetrisch, bei ψ_{antis} symmetrisch sein. Dies bedeutet, daß bei ψ_{sym} die Spins antiparallel stehen und sich gegenseitig kompensieren, bei ψ_{antis} hingegen parallel stehen und sich addieren.

Die Störungsrechnung zeigt nun, daß sich der Eigenwert $2E_0$ des nicht gekoppelten Systems beim Zusammenbringen der beiden Atome (Zunehmen der Koppelung) in zwei Werte aufspaltet:

$$E_1 = 2E_0 - W_1, \qquad E_2 = 2E_0 + W_2.$$

Und zwar bedeuten die $W(R)$ die folgenden Ausdrücke

$$W_1 = \frac{H_1 S + H_2}{1 + S}; \qquad W_2 = \frac{H_1 S - H_2}{1 - S};$$

$$H_1 = \iint \psi_a^{(1)\,2}\,\psi_b^{(2)\,2}\,V\,d\tau_1\,d\tau_2,$$

$$H_2 = \iint \psi_a^{(1)}\,\psi_a^{(2)}\,\psi_b^{(1)}\,\psi_b^{(2)}\,V\,d\tau_1\,d\tau_2,$$

$$S = \iint \psi_a^{(1)}\,\psi_a^{(2)}\,\psi_b^{(1)}\,\psi_b^{(2)}\,d\tau_1\,d\tau_2$$

(zu integrieren ist über die Koordinaten beider Elektronen). Da $|\psi|^2$ bis auf einen Faktor die Dichte der Ladungswolke des Elektrons bedeutet, so stellt das erste Integral die Coulombsche Wechselwirkung der Ladungsverteilungen der beiden Atome aufeinander dar. Das zweite Integral ist für die Quantentheorie charakteristisch, da hier die Eigenfunktionen nicht in der quadratischen Verknüpfung eingehen und daher eine Interpretation auf Grund der Ladungsdichten nicht möglich ist. Man nennt dieses Integral „Austauschintegral".

Die Ausrechnung der Integrale als Funktion von R, die recht mühsam ist, ergibt für die Energie in der Abhängigkeit vom Abstand die in Abb. 88 (S. 192) eingezeichneten Kurven. Und zwar liefert die in den Elektronenkoordinaten symmetrische Ausgangsfunktion ψ_{sym} die untere Kurve, nach der die Energie bei einem bestimmten Molekülabstand ein Minimum besitzt, während die antisymmetrische Funktion ψ_{antis} zum monoton ansteigenden Kurvenast führt, der einer dauernden Abstoßung der beiden Atome entspricht. Es zeigt sich also, daß gerade der Zustand zur Bindung führt, bei dem die Elektronenspins sich kompensieren. So kommt es, daß man die Spins als physikalischen Ersatz für die chemischen Valenzstriche auffassen kann. Jedoch führt, wie schon im Text gesagt wurde, diese Auffassung bei mehratomigen Molekülen zu Schwierigkeiten, die erst in neuerer Zeit überwunden werden konnten (Heitler, Rumer, Weyl).

XXV. Theorie der van der Waalsschen Kräfte (zu S. 204).

Die Theorie der van der Waalsschen Kräfte nach London beruht auf einer für die Quantentheorie charakteristischen Tatsache, nämlich der Existenz einer endlichen Nullpunktsenergie (vgl. den Fall des harmonischen Oszillators, Anhang XII und XIII). Nach der klassischen Theorie ist der Zustand niedrigster Energie eines Oszillators der mit der Energie Null, es ist dies der Zustand der Ruhe in der Gleichgewichtslage. In der Wellenmechanik aber hat der Grundzustand eine endliche Energie

$E_0 = \dfrac{h\,v_0}{2}$ mit einer ihm entsprechenden Eigenfunktion $\psi_0 = a\,e^{-\frac{\alpha}{2}\,q^2}$,

wobei $\alpha = \dfrac{4\,\pi^2\,m\,v_0}{h}$ und v_0 die Eigenfrequenz des Oszillators ist. Man kann diese Nullpunktsenergie aus der Heisenbergschen Unschärferelation verstehen: Bei scharf vorgegebener Energie darf nach dieser ja der Ort des Teilchens nicht scharf bestimmbar sein. Die Eigenfunktion, die eine Gaußsche Fehlerkurve ist, drückt direkt die Unschärfe aus. Denn aus dieser Fehlerkurve folgt sofort das mittlere Schwankungsquadrat der Koordinate (wegen $\bar{q} = 0$)

$$\overline{\Delta q^2} = \overline{q^2} = \frac{\int\limits_{-\infty}^{+\infty} q^2\,\psi_0^2\,dq}{\int\limits_{-\infty}^{+\infty} \psi_0^2\,dq} = \frac{1}{2\,\alpha} = \frac{h}{8\,\pi^2\,m\,v_0}.$$

Andrerseits ergibt sich aus der Energiegleichung

$$E = \frac{1}{2\,m}\,p^2 + \frac{m}{2}\,(2\,\pi\,v_0)^2\,q^2$$

bei scharfer Energie das Schwankungsquadrat des Impulses

$$\overline{\Delta p^2} = m^2\,(2\,\pi\,v_0)^2\,\overline{\Delta q^2} = \frac{h\,v_0\,m}{2}.$$

Daraus folgt

$$\overline{\Delta q^2}\;\overline{\Delta p^2} = \frac{h^2}{16\,\pi^2},$$

oder

$$\sqrt{\overline{\Delta q^2}\;\overline{\Delta p^2}} = \frac{h}{4\,\pi}.$$

Dies ist die Aussage der Heisenbergschen Unschärferelation in exakter Fassung $\left(\Delta q \text{ ersetzt durch } \sqrt{\overline{\Delta q^2}},\ \Delta p \text{ durch } \sqrt{\overline{\Delta p^2}}\right)$.

Nach diesem Exkurs über die Nullpunktsenergie und die prinzipielle Unschärfe in Koordinate und Impuls bei scharf bestimmter Energie kehren wir nun zur Erklärung des Zustandekommens der van der Waalsschen Kräfte durch London zurück. Wir betrachten als einfaches Modell zwei lineare Oszillatoren im Abstand R, die in der Richtung ihrer Verbindungslinie (x-Achse) schwingen. Und zwar denken wir uns die Oszillatoren als schwingende elektrische Dipole, bei denen die positiven Ladungen e in der Gleichgewichtslage festgehalten werden, während die negativen Ladungen $-e$ um diese Ruhelagen Schwingungen mit den Elongationen x_1 und x_2 ausführen. Die rücktreibenden Kräfte der Oszillatoren setzen wir in der Form $-\dfrac{e^2}{a}\,x_1$ und $-\dfrac{e^2}{a}\,x_2$ an, ihre potentiellen Energien sind dann $\dfrac{e^2}{2\,a}\,x_1^2$ bzw. $\dfrac{e^2}{2\,a}\,x_2^2$. Dazu tritt noch die Kopplungskraft zwischen den beiden Oszillatoren, für die wir das Coulombsche Kraftgesetz anwenden. Die potentielle Energie dieser Wechselwirkung ist

$$\frac{e^2}{R} + \frac{e^2}{R+x_1+x_2} - \frac{e^2}{R+x_1} - \frac{e^2}{R+x_2}\,,$$

oder, wenn man R sehr groß gegenüber x_1 und x_2 annimmt und entwickelt,

$$\frac{2\,e^2\,x_1\,x_2}{R^3}\,.$$

Die Energiegleichung der beiden Oszillatoren besitzt daher die Gestalt

$$W = \frac{1}{2\,m}\,(p_1^2 + p_2^2) + \frac{e^2}{2\,a}\,(x_1^2 + x_2^2) + \frac{2\,e^2\,x_1\,x_2}{R^3}\,.$$

Ohne das Kopplungsglied würden die Resonatoren für sich mit der Frequenz

$$\nu_0 = \frac{1}{2\,\pi}\sqrt{\frac{e^2}{a\,m}}$$

schwingen. Bei Berücksichtigung der Kopplung tritt eine Aufspaltung der Frequenz auf, wie wir schon mehrfach erwähnt haben. Wir wollen diese Aufspaltung hier wirklich berechnen. Dazu verfährt man am bequemsten so, daß man den quadratischen Ausdruck für die potentielle Energie auf „Hauptachsen" transformiert, wobei die kinetische Energie ihre Form behält. Dies geschieht durch die Transformation

$$x_s = \frac{1}{\sqrt{2}}\,(x_1 + x_2)\,, \qquad x_a = \frac{1}{\sqrt{2}}\,(x_1 - x_2)\,;$$

daraus folgt wegen $p = m\,\dot{x}$ auch

$$p_s = \frac{1}{\sqrt{2}}\,(p_1 + p_2)\,, \qquad p_a = \frac{1}{\sqrt{2}}\,(p_1 - p_2)\,.$$

Setzt man diese neuen Koordinaten und Impulse in den Energieausdruck ein, so ergibt sich

$$W = \frac{1}{2\,m}\,(p_s^2 + p_a^2) + \frac{e^2}{2\,a}\,(x_s^2 + x_a^2) + \frac{e^2}{R^3}\,(x_s^2 - x_a^2)$$

oder in anderer Zusammenfassung

$$W = \left\{\frac{1}{2\,m}\,p_s^2 + \left(\frac{e^2}{2\,a} + \frac{e^2}{R^3}\right) x_s^2\right\} + \left\{\frac{1}{2\,m}\,p_a^2 + \left(\frac{e^2}{2\,a} - \frac{e^2}{R^3}\right) x_a^2\right\}.$$

Dies ist aber die Energiegleichung für zwei nichtgekoppelte Oszillatoren, die mit den beiden Frequenzen

$$\nu_s = \frac{1}{2\,\pi} \sqrt{\frac{e^2}{m}\left(\frac{1}{a} + \frac{2}{R^3}\right)} \quad \text{und} \quad \nu_a = \frac{1}{2\,\pi} \sqrt{\frac{e^2}{m}\left(\frac{1}{a} - \frac{2}{R^3}\right)}$$

schwingen. Die quantisierte Energie des Systems beträgt daher

$$E_{n_s n_a} = h\,\nu_s\,(n_s + \tfrac{1}{2}) + h\,\nu_a\,(n_a + \tfrac{1}{2})$$

und hängt von R ab, da ja die neuen Schwingungsfrequenzen Funktionen des Oszillatorenabstandes sind. Für den Grundzustand erhält man die Nullpunktsenergie der beiden Oszillatorschwingungen

$$E_{00} = \frac{h\,(\nu_s + \nu_a)}{2},$$

also, wenn man auch hier entwickelt,

$$E_{00} = \frac{h}{4\,\pi}\left(\sqrt{\frac{e^2}{m}\left(\frac{1}{a} + \frac{2}{R^3}\right)} + \sqrt{\frac{e^2}{m}\left(\frac{1}{a} - \frac{2}{R^3}\right)}\right)$$

$$= \frac{h}{2\,\pi} \sqrt{\frac{e^2}{m\,a}}\left(1 - \frac{a^2}{2\,R^6} + \cdots\right) = h\,\nu_0\left(1 - \frac{a^2}{2\,R^6} + \cdots\right).$$

Die Zusatzenergie ist also negativ und hängt vom Abstand der Oszillatoren umgekehrt proportional der sechsten Potenz ab; die Oszillatoren selbst ziehen sich infolgedessen mit einer Kraft $\sim 1/R^7$ an. Die Größe der Anziehung wird außer durch ν_0 noch durch das Quadrat der Konstanten a bestimmt, die offenbar ein Maß der Deformierbarkeit der Oszillatoren ist.

Ganz entsprechende Überlegungen lassen sich auf beliebige Atomsysteme mit Wechselwirkung übertragen und führen immer auf das Resultat, daß zwischen zwei Systemen im Grundzustande eine Anziehungskraft besteht, deren potentielle Energie umgekehrt mit der sechsten Potenz der Entfernung geht und deren Stärke proportional ist dem Produkt der Deformierbarkeiten der beiden Atome.

Literaturverzeichnis.

Man findet die heutige Physik zusammengefaßt in vier großen Handbüchern:

Handbuch der Physik (24 Bde). Herausgegeben von H. Geiger und K. Scheel.
2. Aufl. im Erscheinen. Berlin: Julius Springer.
Handbuch der Experimentalphysik (26 Bde). Herausgegeben von W. Wien †
und F. Harms. Leipzig: Akad. Verlagsgesellschaft.
Handbuch der Radiologie (6 Bde). Herausgegeben von E. Marx. 2. Aufl. im Er-
scheinen. Leipzig: Akad. Verlagsgesellschaft.
Müller-Pouillet (5 Bde). 11. Aufl. im Erscheinen. Braunschweig: Vieweg
& Sohn.

Außerdem seien folgende Monographien erwähnt:

Zum ersten Vortrag.

Herzfeld, K. F.: Kinetische Theorie der Wärme, 3. Band, 2. Hälfte von
Müller-Pouillets: Lehrbuch der Physik, 11. Aufl. Braunschweig: F. Vie-
weg & Sohn 1925.
Jäger, G.: Die Fortschritte der kinetischen Gastheorie, Bd. 12 der Sammlung
„Die Wissenschaft“, 2. Aufl. Braunschweig: F. Vieweg & Sohn 1919.

Zum zweiten Vortrag.

Aston, F. W.: Isotope. Leipzig: S. Hirzel 1923.
Born, M.: Die Relativitätstheorie Einsteins. Berlin: Julius Springer 1920.
Gamow, G.: Der Bau des Atomkernes und die Radioaktivität (übersetzt von
C. und F. Houtermans). Leipzig: S. Hirzel 1932.
v. Hevesy, G., u. F. Paneth: Lehrbuch der Radioaktivität, 2. Aufl. Leipzig:
Johann Ambrosius Barth 1931.
Laue, M.: Die Relativitätstheorie, 2 Bände, 4. Aufl. Braunschweig: F. Vieweg
& Sohn 1921.
Lenard, P.: Quantitatives über Kathodenstrahlen aller Geschwindigkeiten. Hei-
delberg: C. Winter 1918.

Zum dritten und vierten Vortrag.

Bohr, N.: Über den Bau der Atome. Berlin: Julius Springer 1924.
Born, M.: Vorlesungen über Atommechanik, Bd. 2 von „Struktur der Materie
in Einzeldarstellungen“. Berlin: Julius Springer 1925.
Born, M., u. P. Jordan: Elementare Quantenmechanik, Bd. 9 von „Struktur
der Materie in Einzeldarstellungen“. Berlin: Julius Springer 1930.
Darrow, K. K.: Elementare Einführung in die Wellenmechanik, aus dem Eng-
lischen übersetzt und ergänzt durch E. Rabinowitsch. 2. Aufl. Leipzig:
S. Hirzel 1932.
Haas, A.: Atomtheorie, 2. Aufl. Berlin: Walter de Gruyter & Co. 1929.
Heisenberg, W.: Die physikalischen Prinzipien der Quantentheorie. Leipzig:
S. Hirzel 1930.

March, A.: Die Grundlagen der Quantenmechanik, 2. Aufl. Leipzig: Johann Ambrosius Barth 1931.

Schrödinger, E.: Abhandlungen zur Wellenmechanik, 2. Aufl. Leipzig: Johann Ambrosius Barth 1928.

Sommerfeld, A.: Atombau und Spektrallinien Bd. 1, 5. Aufl. Braunschweig: F. Vieweg & Sohn 1931.

Sommerfeld, A.: Atombau und Spektrallinien. Wellenmechanischer Ergänzungsband. Braunschweig: F. Vieweg & Sohn 1929.

Zum fünften Vortrag.

Grotrian, W.: Graphische Darstellung der Spektren von Atomen und Ionen mit ein, zwei und drei Valenzelektronen, I. und II. Teil, Bd. 7 von „Struktur der Materie in Einzeldarstellungen". Berlin: Julius Springer 1928.

Hund, F.: Linienspektren und das periodische System der Elemente, Bd. 4 von „Struktur der Materie in Einzeldarstellungen". Berlin: Julius Springer 1927.

Zum sechsten Vortrag.

Brillouin, L.: Die Quantenstatistik und ihre Anwendung auf die Elektronentheorie der Metalle, Bd. 13 von „Struktur der Materie in Einzeldarstellungen". Berlin: Julius Springer 1931.

Darrow, K. K.: Elementare Einführung in die physikalische Statistik, insbesondere in die Theorie des metallischen Zustandes, aus dem Englischen übersetzt und ergänzt von E. Rabinowitsch. Leipzig: S. Hirzel 1931.

Fowler, R. H.: Statistische Mechanik, aus dem Englischen übersetzt von O. Halpern und H. Smereker. Leipzig: Akad. Verlagsgesellschaft 1931.

Zum siebenten Vortrag.

Debye, P.: Polare Molekeln. Leipzig: S. Hirzel 1929.

Kohlrausch, K. W. F.: Der Smekal-Raman-Effekt, Bd. 12 von „Struktur der Materie in Einzeldarstellungen". Berlin: Julius Springer 1931.

Schäfer-Matossi: Das ultrarote Spektrum, Bd. 10 von „Struktur der Materie in Einzeldarstellungen". Berlin: Julius Springer 1930.

***Methoden der mathematischen Physik.** Von R. Courant, ord. Professor der Mathematik an der Universität Göttingen, und D. Hilbert, ord. Professor der Mathematik an der Universität Göttingen. Erster Band. Zweite, verbesserte Auflage. („Grundlehren der mathematischen Wissenschaften", Band XII.) Mit 26 Abbildungen. XIV, 469 Seiten. 1931.
RM 29.20; gebunden RM 30.80

***Die mathematischen Hilfsmittel des Physikers.** Von Professor Dr. Erwin Madelung, Frankfurt a. M. Zweite, verbesserte Auflage. („Grundlehren der mathematischen Wissenschaften", Band IV.) Mit 20 Textfiguren. XIII, 283 Seiten. 1925. RM 13.50; gebunden RM 15.—

***Funktionentheorie und ihre Anwendung in der Technik.** Vorträge von R. Rothe, Berlin, W. Schottky, Berlin, K. Pohlhausen, Berlin, E. Weber, Brooklyn, F. Ollendorff, Berlin, und F. Noether, Breslau. Veranstaltet durch das Außeninstitut der Technischen Hochschule zu Berlin in Gemeinschaft mit dem Elektrotechnischen Verein, E. V. zu Berlin. Herausgegeben von R. Rothe, Berlin, F. Ollendorff, Berlin, und K. Pohlhausen, Berlin. Mit 108 Textabbildungen. VII, 173 Seiten. 1931. Gebunden RM 16.—

***Die Relativitätstheorie Einsteins und ihre physikalischen Grundlagen.** Elementar dargestellt von Max Born. Dritte, verbesserte Auflage. („Naturwissenschaftliche Monographien und Lehrbücher", Band III.) Mit 135 Textabbildungen. XII, 268 Seiten. 1922.
Gebunden RM 10.—

***Die Grundlagen der Einsteinschen Gravitationstheorie.** Von Erwin Freundlich. Mit einem Vorwort von Albert Einstein. Vierte, erweiterte und verbesserte Auflage. VI, 96 Seiten. 1920. RM 2.90

***Die Idee der Relativitätstheorie.** Von Professor Hans Thirring, Wien. Zweite, durchgesehene und verbesserte Auflage. Mit 8 Textabbildungen. IV, 171 Seiten. 1922. RM 4.50

Die Relativitätstheorie. Von Dr. Ludwig Hopf, Professor an der Technischen Hochschule Aachen. („Verständliche Wissenschaft", Band XIV.) Mit 30 Abbildungen. VIII, 148 Seiten. 1931. Gebunden RM 4.80

Atomtheorie und Naturbeschreibung. Vier Aufsätze mit einer einleitenden Übersicht. Von Niels Bohr. IV, 77 Seiten. 1931.
RM 5.60

***Das Atom und die Bohrsche Theorie seines Baues.** Gemeinverständlich dargestellt von H. A. Kramers, Dozent am Institut für Theoretische Physik der Universität Kopenhagen, und Helge Holst, Bibliothekar an der Königlichen Technischen Hochschule Kopenhagen. Deutsch von F. Arndt, Professor an der Universität Breslau. Mit 35 Abbildungen, 1 Bildnis und einer farbigen Tafel. VII, 192 Seiten. 1925.
RM 7.50; gebunden RM 8.70

Physikalisches Handwörterbuch. Herausgegeben von Arnold Berliner und Karl Scheel. Zweite Auflage. Mit 1114 Textfiguren. VI, 1428 Seiten. 1932. RM 96.—; gebunden RM 99.60

** Auf die vor dem 1. Juli 1931 erschienenen Bücher wird ein Notnachlaß von 10%/₀ gewährt.*

Optik. Ein Lehrbuch der elektromagnetischen Lichttheorie. Von Professor Dr. **Max Born**, Göttingen. Mit 252 Figuren. VII, 591 Seiten. 1933.
RM 36.—; gebunden RM 38.—

Einführung in die theoretische Elektrotechnik. Von K. **Küpfmüller**, ord. Professor an der Technischen Hochschule Danzig. Mit 320 Textabbildungen. VI, 285 Seiten. 1932.
RM 18.—; gebunden RM 19.50

Einführung in die Theorie der Schwachstromtechnik. Von Professor Dr. phil. J. **Wallot**, Berlin. Mit 347 Textabbildungen. IX, 331 Seiten. 1932.
RM 21.50; gebunden RM 23.—

*** Vorlesungen über Atommechanik.** Von Professor Dr. **Max Born**, Göttingen. Herausgegeben unter Mitwirkung von Dr. **Friedrich Hund**, Göttingen.

Erster Band. Mit 43 Abbildungen. IX, 358 Seiten. 1925.
RM 15.—; gebunden RM 16.50

Zweiter Band: **Elementare Quantenmechanik.** Von Professor Dr. **Max Born**, Göttingen, und Professor Dr. **Pascual Jordan**, Rostock. XI, 434 Seiten. 1930.
RM 28.—; gebunden RM 29.80

(„Struktur der Materie", Band II und IX.)

*** Probleme der Atomdynamik.** Von Professor Dr. **Max Born**, Göttingen.

Erster Teil: **Die Struktur des Atoms.**

Zweiter Teil: **Die Gittertheorie des festen Zustandes.** Dreißig Vorlesungen, gehalten im Wintersemester 1925/26 am Massachusetts Institute of Technology. Mit 42 Abbildungen und einer Tafel. VIII, 184 Seiten. 1926.
RM 10.50

*** Lehrbuch der Elektrodynamik.** Von Professor Dr. **J. Frenkel**, Leningrad.

Erster Band: **Allgemeine Mechanik der Elektrizität.** Mit 39 Abbildungen. X, 365 Seiten. 1926.
RM 28.50; gebunden RM 29.70

Zweiter Band: **Makroskopische Elektrodynamik der materiellen Körper.** Mit 50 Abbildungen. XII, 505 Seiten. 1928. RM 45.—; gebunden RM 46.20

Der Smekal-Raman-Effekt. Von Professor Dr. **K. W. F. Kohlrausch**, Graz. („Struktur der Materie", Band XII.) Mit 85 Abbildungen. VIII, 392 Seiten. 1931.
RM 32.—; gebunden RM 33.80

*** Das ultrarote Spektrum.** Von Professor Dr. **Clemens Schaefer**, Breslau, und Dr. **Frank Matossi**, Breslau. („Struktur der Materie", Band X.) Mit 161 Abbildungen. VI, 400 Seiten. 1930. RM 28.—; gebunden RM 29.80

---

* *Auf die vor dem 1. Juli 1931 erschienenen Bücher wird ein Notnachlaß von 10% gewährt.*

***Einführung in die Wellenmechanik.** Von Dr. J. Frenkel, Professor für Theoretische Physik am Polytechnischen Institut in Leningrad. Mit 10 Abbildungen. VIII, 317 Seiten. 1929. RM 26.—

***Vier Vorlesungen über Wellenmechanik.** Gehalten an der Royal Institution in London im März 1928. Von E. Schrödinger, ord. Professor der Theoretischen Physik an der Universität Berlin. Mit 3 Abbildungen. V, 57 Seiten. 1928. RM 3.90

***Anregung von Quantensprüngen durch Stöße.** Von Dr. J. Franck, Professor an der Universität Göttingen, und Dr. Pascual Jordan, Professor an der Universität Rostock. („Struktur der Materie", Band III.) Mit 51 Abbildungen. VIII, 312 Seiten. 1926. RM 19.50; gebunden RM 21.—

Die Quantenstatistik und ihre Anwendung auf die Elektronentheorie der Metalle. Von Léon Brillouin, Professor der Theoretischen Physik an der Sorbonne in Paris. Aus dem Französischen übersetzt von Dr. E. Rabinowitsch, Göttingen. („Struktur der Materie", Band XIII.) Mit 57 Abbildungen. X, 530 Seiten. 1931. RM 42.—; gebunden RM 43.80

Elektrische Gasentladungen, ihre Physik und Technik. Von A. v. Engel und M. Steenbeck. Erster Band: Grundgesetze. Mit 122 Textabbildungen. VII, 248 Seiten. 1932. RM 24.—; gebunden RM 25.50

Lichtelektrische Zellen und ihre Anwendung. Von Dr. H. Simon, Berlin, und Professor Dr. R. Suhrmann, Breslau. Mit 295 Textabbildungen. VII, 373 Seiten. 1932. RM 33.—; gebunden RM 34.20

***Lichtelektrische Erscheinungen.** Von Bernhard Gudden, o. Professor der Experimentalphysik an der Universität Erlangen. („Struktur der Materie", Band VIII.) Mit 127 Abbildungen. IX, 325 Seiten. 1928. RM 24.—; gebunden RM 25.20

Braunsche Kathodenstrahlröhren und ihre Anwendung. Von Dr. phil. E. Alberti, Regierungsrat und Mitglied des Reichspatentamts, Berlin. Mit 158 Textabbildungen. VII, 214 Seiten. 1932. RM 21.—; gebunden RM 22.20

Handbuch der Bildtelegraphie und des Fernsehens. Grundlagen, Entwicklungsziele und Grenzen der elektrischen Bildfernübertragung. Unter besonderer Mitwirkung des Laboratoriums Karolus in Leipzig bearbeitet und herausgegeben von Professor Dr. phil. Fritz Schröter, Berlin. Mit 365 Textabbildungen. XVI, 487 Seiten. 1932. Gebunden RM 58.—

** Auf die vor dem 1. Juli 1931 erschienenen Bücher wird ein Notnachlaß von 10⁰|₀ gewährt.*

Handbuch der Physik

Herausgegeben von

H. Geiger und **Karl Scheel**

In zweiter Auflage

Band XXII

Erster Teil: **Elektronen. Atome. Ionen.** Redigiert von **H. Geiger.** Mit 163 Abbildungen. VII, 492 Seiten. 1933. RM 42.—; gebunden RM 44.70

Inhaltsübersicht: Elektronen. Von Professor Dr. W. Gerlach, München. A. Die Ladung des Elektrons. — B. Die spezifische Ladung des Elektrons. — Atomkerne. A. Kernladung und Kernmasse. Von Dr. K. Philipp, Berlin-Dahlem. — B. Kernstruktur. Von Professor Dr. Lise Meitner, Berlin-Dahlem. — C. Künstliche Umwandlung und Anregung von Atomkernen. Von Dr. H. Fränz, Charlottenburg, und Professor Dr. W. Bothe, Heidelberg. — Radioaktivität. A. Der radioaktive Zerfall. Von Professor Dr. W. Bothe, Heidelberg. — B. Die radioaktiven Stoffe. Von Professor Dr. St. Meyer, Wien. — C. Die Verwendung der radioaktiven Elemente und Atomarten in der Chemie. Von Professor Dr. O. Hahn, Berlin-Dahlem. — D. Die Bedeutung der Radioaktivität für die Geschichte der Erde. Von Professor Dr. G. Kirsch, Wien. — Die Ionen in Gasen. Von Professor Dr. K. Przibram, Wien. — Das natürliche System der chemischen Elemente. Von Professor Dr. F. Paneth, Königsberg i. Pr.

Zweiter Teil: **Negative und positive Strahlen.** Redigiert von **H. Geiger.** Mit 345 Abbildungen. V, 364 Seiten. 1933. RM 32.—; gebunden RM 34.70

Inhaltsübersicht: Durchgang von Elektronen durch Materie. Von Professor Dr. W. Bothe, Heidelberg. — Durchgang von Kanalstrahlen durch Materie. Von Professor Dr. E. Rüchardt, München. — Durchgang von α-Strahlen durch Materie. Von Professor Dr. H. Geiger, Tübingen. — Der Wirkungsquerschnitt von Gasmolekülen gegenüber langsamen Elektronen und langsamen Ionen. Von Professor Dr. C. Ramsauer und Dr. R. Kollath, Berlin-Reinickendorf. — Beugung von Materiestrahlen. Von Dr. R. Frisch und Professor Dr. O. Stern, Hamburg.

Band XXIII

Erster Teil: **Quantenhafte Ausstrahlung.** Redigiert von **H. Geiger.** Mit 209 Abbildungen. V, 373 Seiten. 1933. RM 32.—; gebunden RM 34.70

Inhaltsübersicht: Die Methoden zur h-Bestimmung und ihre Ergebnisse. Von Professor Dr. R. Ladenburg, z. Z. Princeton (N. J.). — Anregung von Quantensprüngen durch Stoß. (Mit Ausschluß der Erscheinungen an Korpuskularstrahlen hoher Geschwindigkeit.) Von Dr. W. de Groot, Eindhoven, und Dr. F. M. Penning, Eindhoven. — Anregung von Lichtemission durch Einstrahlung. Von Professor Dr. P. Pringsheim, Berlin. — Photochemie. Von Dr. W. Noddack, Berlin-Charlottenburg.

Zweiter Teil: **Röntgenstrahlung** ausschließlich Röntgenoptik. Redigiert von **H. Geiger.** Erscheint im Sommer 1933.

Inhaltsübersicht: Absorption und Zerstreuung der Röntgenstrahlen. Von Professor Dr. W. Bothe, Heidelberg. — Das kontinuierliche Röntgenspektrum. Von Professor Dr. H. Kulenkampff, München. — Kosmische Ultrastrahlung. Von Privatdozent Dr. E. Steinke, Königsberg i. Pr. — Erforschung der festen Materie durch Röntgenstrahlen. Von Professor Dr. P. P. Ewald, Stuttgart.

Band XXIV

Erster Teil: **Quantentheorie.** Redigiert von **A. Smekal.** Erscheint im Frühjahr 1933.

Inhaltsübersicht: Ursprung und Entwicklung der älteren Quantentheorie. Von Professor Dr. A. Rubinowicz, Lemberg. — Die allgemeinen Prinzipien der Wellenmechanik. Von Professor Dr. W. Pauli, Zürich. — Quantenmechanik der Ein- und Zwei-Elektronen-Probleme. Von Privatdozent Dr. H. Bethe, München. — Allgemeine Quantenmechanik des Atom- und Molekelbaues. Von Professor Dr. F. Hund, Leipzig. — Wellenmechanik der Stoß- und Strahlungsvorgänge. Von Professor Dr. G. Wentzel, Zürich. — Wellenmechanik und Kernphysik. Von Dr. N. F. Mott, Cambridge.

Zweiter Teil: **Aufbau der zusammenhängenden Materie.** Redigiert von **A. Smekal.** Erscheint im Frühjahr 1933.

Inhaltsübersicht: Größe und Bau der Moleküle. Von Professor Dr. K. F. Herzfeld, Baltimore. — Beziehungen zwischen Molekülbau und Kristallbau. Von Dr. R. de L. Kronig, Groningen. — Theorie des metallischen Zustandes. Von Geh. Rat Professor Dr. A. Sommerfeld, München, und Privatdozent Dr. H. Bethe, München. — Dynamische Gittertheorie der Kristalle. Von Professor Dr. M. Born, Göttingen, und Dr. Maria Göppert-Mayer, Göttingen. — Die Eigenschaften realer Festkörper. Von Professor Dr. A. Smekal, Halle a. S. — Atombau und Chemie (Atomchemie). Von Professor Dr. H. G. Grimm, Ludwigshafen a. Rh., und Dr. H. Wolff, Ludwigshafen a. Rh.

Jeder Teilband ist einzeln käuflich.

Verlag von Julius Springer / Berlin